普通高等教育“十一五”国家级规划教材
机械工业出版社精品教材

自动控制系统

——工作原理、性能分析与系统调试

第2版

主　编　孔凡才
副主编　王　楠　颜小辛
参　编　蒋明琴
主　审　杨正堂

机 械 工 业 出 版 社

本书内容分3篇：第1篇主要从物理过程上，概括地讲述常用检测元件、常用电动机和电力电子供电电路等基本部件的工作原理（4～30学时）。第2篇内容包括系统数学模型、MATLAB软件及其应用、系统性能分析和系统校正等。本篇主要从传递函数与系统框图出发，应用Simulink系统仿真分析，以定性分析为主，阐述各环节（及各参数）对系统性能的影响与改进性能的途径（24学时）。第3篇为各种常见典型自动控制系统的工作原理、性能分析和系统调试（16～48学时）。

本书从基础知识→自动控制原理→自动控制系统→具体电路→系统调试→故障排查，为读者提供了一个完整的认知过程和一个理论联系实际的实践过程，内容全面丰富。

本书的特点是内容新，理论联系实际，突出物理过程的分析，注重方法论的阐述，注意基础知识的复习与应用，分析细致，通俗易懂。并可根据不同专业要求，有6种方案可供选择（学时为50～96）。

全书每章均有小结、思考题与习题，它们多为生产实际中的问题。书中还安排了较多的阅读材料、实例分析和读图练习，以利学生的自学、分析和实践能力的提高。此外，还有与教材配套的实践项目内容和相应的实践装置介绍。

为便于新版教材的使用，本书还附带一张配套的多媒体光盘（CAI光盘）。光盘内容包括**【教学指导】、【参考电子教案】、【自学辅导】、【疑难问题解答】、【实例分析】**及**【实践装置和实验、实训指导书】**等。该光盘对教师教学及学生学习，都将会有很大的帮助。

本书可供应用型本科、技师学院、高等专科学校、高等职业技术学院、职工大学的电气工程类专业、应用电子类专业、机械类专业、机电一体化专业、数控机床维修专业和计算机应用类专业选用，也可供工程技术人员参考，并可作为技师和高级技师技术培训教材。

图书在版编目（CIP）数据

自动控制系统——工作原理、性能分析与系统调试/孔凡才主编．—2版．—北京：机械工业出版社，2009.4（2024.1重印）

普通高等教育“十一五”国家级规划教材．机械工业出版社精品教材

ISBN 978-7-111-11529-8

Ⅰ．自…　Ⅱ．孔…　Ⅲ．自动控制系统-高等学校-教材　Ⅳ．TP273

中国版本图书馆CIP数据核字（2009）第008314号

机械工业出版社（北京市百万庄大街22号　邮政编码100037）
策划编辑：王　宁　责任编辑：王宗锋　版式设计：霍永明
责任校对：陈延翔　封面设计：马精明　责任印制：郜　敏
中煤（北京）印务有限公司印刷
2024年1月第2版第12次印刷
184mm×260mm・18.75印张・462千字
标准书号：ISBN 978-7-111-11529-8
　　　　　ISBN 978-7-89451-180-5（光盘）
定价：55.00元（含1CD）

电话服务
客服电话：010-88361066
　　　　　010-88379833
　　　　　010-68326294

网络服务
机　工　官　网：www.cmpbook.com
机　工　官　博：weibo.com/cmp1952
金　书　网：www.golden-book.com
机工教育服务网：www.cmpedu.com

前　言

本书是在原教材的基础上，根据工科应用型人才侧重技术应用和面向生产现场工作的特点，并考虑到现代教育侧重能力培养（自学能力、分析能力、实践能力和创新能力的培养）的要求和高新技术普遍应用的现状而进行修订的，修订的指导思想是：

1. 以定性分析为主，着重物理过程阐述，删减数学推导。

2. 在自动控制原理中，以 MATLAB 软件中的 Simulink 系统仿真分析，取代数学分析。

3. 增添近期先进技术（如 PWM、SPWM 控制，无刷直流电动机控制系统及交流伺服系统等），同时删除一些过时或过深的内容。

4. 增加典型电路和对实际系统的分析与调试。

在体系安排上，保持了原教材中受到读者好评的特点，即书中所有的知识点基本上都有出处与归宿，能使读者了解它们用于何处和怎样具体应用。本书从基础知识→自动控制原理→自动控制系统→具体电路→系统调试→故障排查，为读者提供了一个完整的认知过程和一个理论联系实际的实践过程。

此外为了满足更多读者的需要，本书以不具备必要技术基础知识的读者为出发点，增设了基础知识篇（第 1 篇），其中包括常用检测元件、常用电动机和电力电子电路。列入这些内容的目的，一是为了对基础知识进行复习和必要的补充，二是为了弥补有些专业未开设这些基础课程而带来的学习困难，三是为现场技术人员提供一本比较完整的、实用的技术参考书。

本书列入了各种常用的典型控制系统（第 9 ~ 15 章），又列入了自动控制原理（第 5 ~ 8 章）及技术基础知识（第 1 ~ 4 章），知识丰富而全面，可以说为读者提供了一个可供选择的“菜单”。各校可根据专业的需要和使用对象，进行选择与组合。下面提出了 6 种参考方案和它们的适用专业，供大家参考。

篇次		1				2				3							总学时
篇学时		30				24				42							96
章次		1	2	3	4	5	6	7	8	9	10	11	12	13	14	15	
章名		自动控制系统概述	常用检测元件	常用电动机	电力电子供电电路	自动控制系统的数学模型	MATLAB软件及其在系统性能分析中的应用	自动控制系统的性能分析	自动控制系统的校正	晶闸管直流不可逆调速系统	晶闸管直流可逆调速系统	双极晶体管—脉宽调制控制的直流调速系统	绝缘栅双极晶体管—正弦脉宽调制控制的交流异步电动机调速系统	位置随动系统	无刷直流电动机控制系统与交流伺服系统	步进控制系统	
章学时		4	6	8	12	6	6	6	6	10	4	4	8	4	8	4	
方案	Ⅰ	√								12	6	√	10	√	√	√	52
	Ⅱ	√				√	√	√	√	8		√	√	√			52
	Ⅲ	√	√			√	√	√	√	6		√	√	√	√	√	68
	Ⅳ	√	√	√	√					6		√	6	√			50
	Ⅴ	√	4	4	6	√	√	√	√	4		√	4	√			58
	Ⅵ	√	√	√	√	√	√	√	√	√	√	√	√	√	√	√	96

各种方案适用专业说明（供参考）：

方案Ⅰ：技术基础课程、自动控制原理已学，对调速系统要求较高的专业（如电气、自动化专业）。

方案Ⅱ：技术基础课程已学，要求兼顾自动控制原理与自动控制系统的专业（如机电一体化专业）。

方案Ⅲ：与方案Ⅱ相近，但对伺服系统要求较高的专业（如数控机床专业）。

方案Ⅳ：对自动控制原理没要求，主要讲述自动控制系统的专业（如一般工科专业）。

方案Ⅴ：对技术基础、自动控制原理与自动控制系统均有要求但学时较少的专业（如应用电子专业、计算机硬件专业）。

方案Ⅵ：与方案Ⅴ相近，但要求较高，学时也较多的专业（如机电一体化专业、机械类专业、技师与高级技师培训、技师学院的相关专业）（对方案Ⅵ，也可分两门课开设）。

书中在一些典型产品电路标题后面加注“阅读材料”的用意：一是读者运用已学知识，自己能读懂；二是供教师选讲；三是可作为学生讨论课的议题，由学生上台宣讲；四是在CAI光盘中，会有对应的图解分析。

在编写时，考虑到应用型技术教育的特点，力求做到理论联系实际，突出物理过程的分析，注重方法论的阐述，注意基础知识的复习与应用，以期学生对自动控制系统的组成、工作原理、性能分析和系统调试有一个完整的认识。此外，书中每章末均有小结（它概括了每章的基本内容与要求，是要求读者记住的）、思考题、习题和读图练习。这些题目多为实际生产中遇到的问题，期望读者能借此提高自学能力、分析能力，学会把理论知识应用于生产实际，并能有所创新地去改进系统的性能。

编者认为，对“自动控制系统”这样实践性很强的课程，必须通过读者自己的实践，才能真正掌握。为此，编者在多年实践的基础上，研发了与教材配套的实验、实训装置，实训项目见附录C，全部实训指导书已录入CAI光盘中，供读者参考。

为便于新版教材使用，本书还附带一张配套的多媒体光盘。光盘内容包括**【教学指导】**、**【参考电子教案】**、**【自学辅导】**、**【疑难习题解答】**、**【实例分析】**及**【实践装置和实验、实训指导书】**等。该光盘对教师教学及学生学习，都将会有很大的帮助。

本书由上海理工大学孔凡才任主编，王楠、颜小辛任副主编，其中王楠编写第4章、第5章和第12章，颜小辛编写第6章、第13章，蒋明琴编写第15章，其余均由孔凡才编写。上海理工大学杨正堂副教授审阅了全书，并提出许多宝贵的意见与建议，在此表示衷心的感谢。此外对参考文献与参考资料的著者，在此也表示衷心的感谢。

本书所附光盘的脚本由孔凡才撰写，光盘图文由亚龙科技集团研发中心张杰、郑秀、王雷芳等同志录制。

编者在修编过程中虽然花了不少精力，并力求能学以致用，但限于编者水平，仍会有差错与不足，敬请广大读者不吝指正，并欢迎采用本书做教材的教师来信进行交流，作者Email：Kongfanc@ 163. com。

编　者

目　录

第2篇 自动控制原理

第1篇　自动控制系统常用的基本部件

第1章　自动控制系统概述

内容提要

本章概括地叙述开环控制和闭环控制的特点，介绍自动控制系统的基本组成、自动控制系统的分类和自动控制系统的性能指标，并简单介绍了自动控制的发展历史和研究方法。

1.1　引言

在工业、农业、交通运输和国防各个方面，凡要求较高的场合，都离不开自动控制。**所谓自动控制，就是在没有人直接参与的情况下，利用控制装置，对生产过程、工艺参数、目标要求等进行自动的调节与控制，使之按照预定的方案达到要求的指标。**自动控制系统性能的优劣，将直接影响到产品的产量、质量、成本、劳动条件和预期目标的完成。因此，自动控制越来越受到人们的重视，使控制理论和技术应用方面也因此获得了飞速的发展。

自动控制的应用虽然可以追溯到18世纪（1788年）瓦特（Watt）利用小球离心调速器使蒸汽机转速保持恒定的开创性的突破，以及19世纪（1868年）麦克斯韦（Maxwell）对轮船摆动（稳定性）的研究；但在初期，自动控制应用的进展比较缓慢。自动控制的真正发展是在20世纪。例如1920年海维赛德（Heaviside）在无线电方面的研究（首先引入了拉普拉斯变换、傅里叶变换和表征声强比的单位分贝）和1932年奈奎斯特（Nyquist）对控制系统稳定性的研究（奈氏稳定判据）等。此后，在第二次世界大战中，由于对更快和更精确的武器系统的需要，并借助数学方面的成果，自动控制理论获得迅速的发展。1945年博德（Bode）提出用图解法来分析和综合反馈控制系统的方法，形成控制理论的频率法。1948年维纳（Weiner）出版了划时代著作《控制论》，对控制理论作了系统的阐述，随后伊文斯（Evans）在1950年创立了根轨迹法，1954年钱学森创立工程控制论，1962年柴达（Zadeh）提出状态变量法等等。20世纪60年代以后，以现代控制理论为核心，在多输入—多输出、变参量、非线性、高精度、高效能等控制系统的研究，在最优控制、最佳滤波、系统辨识、自适应控制等理论方面都获得了重大的发展，近年来由于计算机技术和现代应用数学研究的迅速发展，在大系统理论和人工智能控制等方面都取得了很大的进展；特别是80年代后MATLAB软件的开发与应用，使得自动控制的研究方法发生了深刻的变化；功能强大的MATLAB软件使自动控制系统的仿真与设计变得简单、精确和灵活，如今MATLAB软件已成为控制领域应用最广的计算机辅助工具软件。

同样，在机电控制技术方面，早在20世纪30年代就出现了电子管调节器和模拟计算机，出现了液压仿型机床；到40年代出现了电机放大机—发电机—电动机控制系统；到50年代出现了晶体管、集成电路、步进电动机和三维数控机床；到60年代，出现了晶闸管、大规模集成电路、新型伺服电动机，以及电液伺服阀的普及和计算机技术的发展；到70年代及以后，随着微电子技术和计算机技术的迅猛发展，可编程序控制器（PLC）、单片机和工业控制机的普遍使用，相继出现了大型多功能数控机床、数控加工中心、机械手、机器人等机电一体化的高新设备；近年来，由于新器件的涌现和计算机控制技术的发展，在电力拖动控制方面，原先的晶闸管器件已逐渐被MOSFET与IGBT所取代，相位控制逐渐被脉宽调制（PWM）控制取代，模拟控制逐渐被数字控制取代，直流调速（与伺服）逐渐被交流调速（与伺服）取代；在生产制造技术方面，相继出现了计算机辅助设计CAD（Computer Aided Design）、计算机辅助制造CAM（Computer Aided Manufacturing）、柔性制造系统FMS（Flexible Manufacturing System）、虚拟制造系统VMS（Virtual Manufacturing System）和计算机集成制造系统CIMS（Computer Integrated Manufacturing System）等高新技术。如今，随着时间的推移，还会出现更多的高新产品和高新技术。

面对深奥的自动控制理论和浩如烟海的各种自动控制系统，本书只能说是一个入门。在自动控制原理方面，本书主要从传递函数和系统框图出发，去建立系统的数学模型；然后，在数学模型的基础上，再从传递函数和物理过程出发，并应用MATLAB软件中的Simulink系统仿真，去分析系统的性能和改善系统性能的途径。在自动控制系统方面，本书将通过典型的自动控制系统（如温度控制系统、直流调速系统、交流调速系统和位置随动系统）和实例分析，来阐述系统的组成、系统的工作原理、系统的性能分析、系统调试和系统故障的排除。此外，为便于读者理解，在本书第1篇中增补了常用检测元件、常用电动机和电力电子供电电路等基础知识。

编者期望通过上述内容的阐述，使读者对自动控制系统的工作原理、数学模型、性能分析、系统校正和系统调试等方面有一个相对完整的认识，能掌握对自动控制系统分析的一般方法，为读者在自动控制技术方面，打下一个初步的但却是非常重要的基础。

1.2 开环控制和闭环控制

若通过某种装置将能反映输出量的信号引回来去影响控制信号，这种作用称为“反馈”（Feedback）作用。我们通常按照控制系统是否设有反馈环节来进行分类：**设有反馈环节的，称为闭环控制系统；不设反馈环节的，则称为开环控制系统**（这里所说的“环”，是指由反馈环节构成的回路）。下面将概括地介绍这两种控制系统的控制特点。

1.2.1 开环控制系统

若系统的输出量不被引回来对系统的控制部分产生影响，则这样的系统称为开环控制系统（Open-loop Control System）。

例如，普通洗衣机就是一个开环控制系统，其浸湿、洗涤、漂清和脱水过程都是依设定的时间程序依次进行的，而无需对输出量（如衣服清洁程度、脱水程度等）进行测量。

又如，普通机床的自动加工过程，也是开环控制。它是根据预先设定的加工指令（切削深度、行程距离）进行加工的，而不依靠检测的实际加工的程度去进行自动修正。

再如，图1-1所示的由步进电动机驱动的（简易型）数控加工机床，也是一个未设反馈环节的开环控制系统。

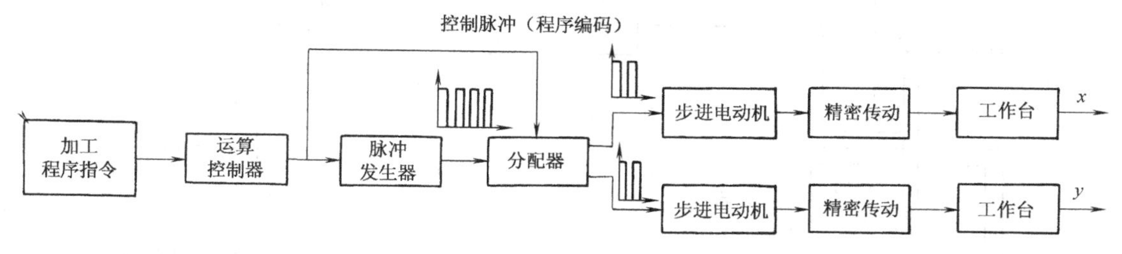

图1-1　数控加工机床示意图

它由预先设定的加工程序指令，通过运算控制器（可为微机或单片机），去控制脉冲的产生和分配，发出相应的脉冲，由它（通常还要经过功率放大）驱动步进电动机，通过精密传动机构，再带动工作台（或刀具）进行加工。如果能保证不丢失脉冲，并能有效地抑制干扰的影响，再采用精密传动机构（如滚珠丝杆），这样，整个加工系统虽然为开环系统，但仍能达到相当高的加工精度（常用的简易数控机床，即有采用这种控制方式的）。

如今采用微机控制，应用专用步进驱动模块驱动的伺服系统，可达到每转10000步的高分辨率。因此对小功率伺服系统，采用开环控制也可达到很高的控制精度。

图1-2为数控加工机床开环控制框图。此系统的输入量为加工程序指令（控制脉冲），输出量为机床工作台的位移，系统的控制对象为工作台，执行元件为步进电动机和传动机构。由图可见，系统无反馈环节，输出量并不返回来影响控制部分，因此是开环控制。

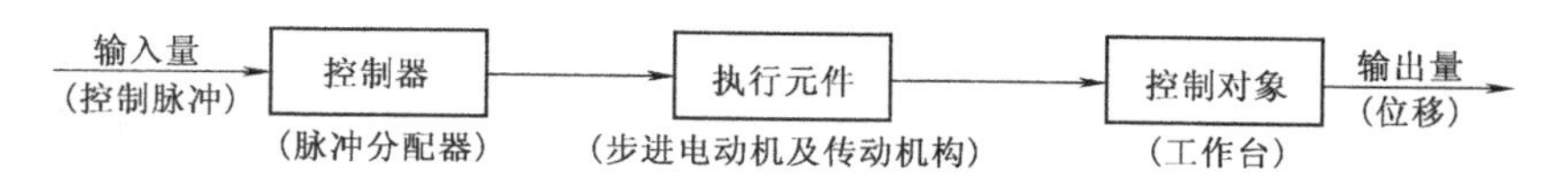

图1-2　数控加工机床开环控制框图

由于开环系统无反馈环节，一般结构简单，系统稳定性好，成本也低，这是开环系统的优点。因此，**在输出量和输入量之间的关系固定，且内部参数或外部负载等扰动因素不大，或这些扰动因素产生的误差可以预计确定并能进行补偿时，则应尽量采用开环控制系统。**

开环控制的缺点是当控制过程受到各种扰动因素影响时，将会直接影响输出量，而系统不能自动进行补偿。特别是**当无法预计的扰动因素使输出量产生的偏差超过允许的限度时，**开环控制系统便无法满足技术要求，这时就应考虑采用闭环控制系统。

1.2.2　闭环控制系统

若系统输出量通过反馈环节返回来作用于控制部分，形成闭合环路，则将这样的系统称为闭环控制系统（Closed-loop Control System），又称为反馈控制系统（Feedback Control System）。

图1-3为电炉箱恒温自动控制系统。

由电阻丝通电加热的电炉箱，由于炉壁散热和增、减工件，将使炉温产生变化，而这种变化通常是无法预先确定的。因此，若工艺要求保持炉温恒定，则开环控制将无法自动补

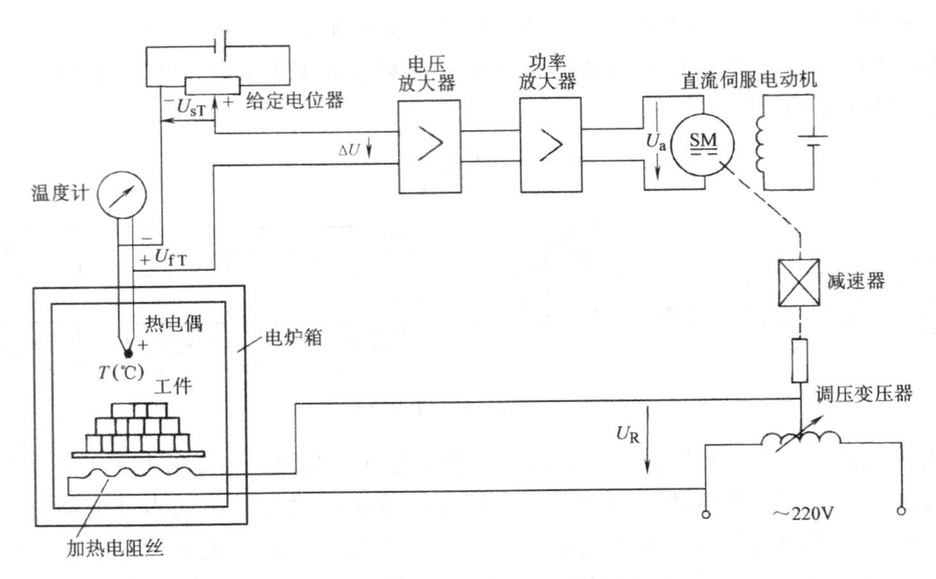

图 1-3 电炉箱恒温自动控制系统

偿，必须采用闭环控制。由于需要保持恒定的物理量是温度，所以最常用的方法便是采用温度负反馈。由图可见，如今采用热电偶来检测温度，并将炉温转换成电压信号 U_{fT}（毫伏级），然后反馈至输入端与给定电压 U_{sT}进行比较，由于是采用负反馈控制，因此两者极性相反，两者的差值 ΔU 称为偏差电压（$\Delta U=U_{sT}-U_{fT}$）。此偏差电压作为控制电压，经电压放大和功率放大后，去驱动直流伺服电动机（控制电动机电枢电压），电动机经减速器带动调压变压器的滑动触头，来调节炉温。电炉箱自动控制框图如图 1-4 所示。

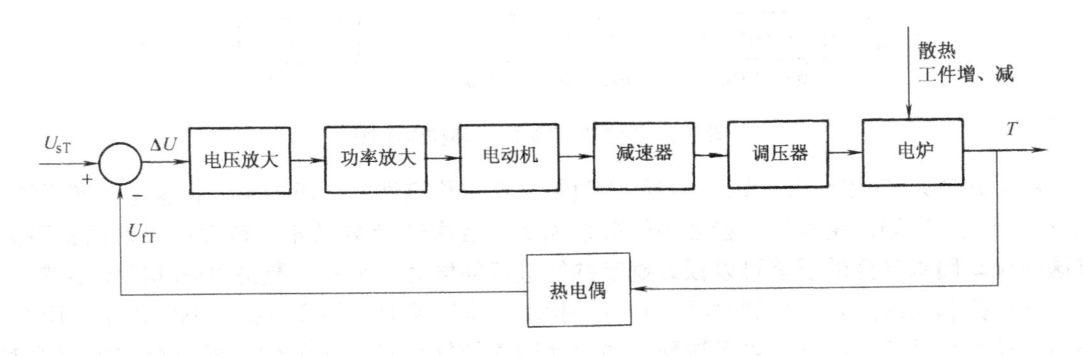

图 1-4 电炉箱自动控制框图

当炉温偏低时，$U_{fT}<U_{sT}$，$\Delta U=(U_{sT}-U_{fT})>0$，此时偏差电压极性为正，此偏差电压经电压放大和功率放大后，产生的电压 U_a（设 $U_a>0$），供给电动机电枢，使电动机“正”转，带动调压器滑点右移，从而使电炉供电电压（U_R）增加，电流加大，炉温上升，直至炉温升至给定值，即 $T=T_{sT}$（T_{sT}为给定值），$U_{fT}=U_{sT}$，$\Delta U=0$ 时为止。这样炉温可自动回复，并保持恒定。

炉温自动调节过程如图 1-5 所示。

反之，当炉温偏高时，则 ΔU 为负，经放大后使电动机“反”转，滑点左移，供电电压

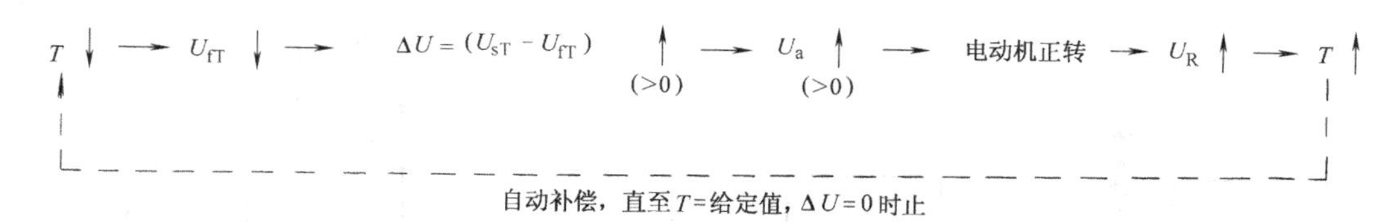

图 1-5 炉温自动调节过程

减小，直至炉温降至给定值。

炉温处于给定值时，$\Delta U=0$，电动机停转。

由以上分析可见，**反馈控制可以自动进行补偿，这是闭环控制的一个突出的优点**。当然，闭环控制要增加检测、反馈比较、调节器等部件，会使系统复杂、成本提高。而且闭环控制会带来副作用，使系统的稳定性变差，甚至造成不稳定。这是采用闭环控制时必须重视并要加以解决的问题。

1.2.3 半闭环控制系统

在闭环控制系统中，有时直接获取输出量有困难，于是采取与输出量相关的其他量来作为反馈量，这样的闭环控制系统称为半闭环控制系统。例如，在数控车床中，控制系统的输出量为走刀机构的线位移（x）。由于测量线位移往往比较麻烦，于是便以与线位移 x 近似成正比的、驱动走刀机构的电动机的角位移（θ）来作为反馈量，这样的闭环控制系统便是半闭环控制系统。

由于电动机还要通过丝杠等传动机构来带动走刀架，传动机构间的静摩擦和间隙等都会造成误差，从而影响加工精度，这也是半闭环控制不及（全）闭环控制的地方。

当然，若采用精密丝杠、静压导轨等精密传动机构，以光电编码盘作为角位移检测元件，采用计算机控制的数控机床，虽为半闭环控制，但仍能达到相当高的精度，可满足许多精密加工的要求，因而也获得广泛的应用。

1.3 自动控制系统的组成

现以如图 1-3 和图 1-4 所示的恒温控制系统来说明自动控制系统的组成和有关术语。

为了表明自动控制系统的组成以及信号的传递情况，通常把系统各个环节用框图表示，并用箭头标明各作用量的传递情况，图 1-6 便是图 1-3 所示系统的框图。框图可以把系统的组成简单明了地表达出来，而不必画出具体电路。

由图 1-6 可以看出，一般自动控制系统包括：

1）给定元件（Command Element）——由它调节给定信号（U_{sT}），以调节输出量的大小。此处为给定电位器。

2）检测元件（Detecting Element）——由它检测输出量（如炉温 T）的大小，并反馈到输入端。此处为热电偶。

3）比较环节（Comparing Element）——在此处，反馈信号与给定信号进行叠加，信号的极性以“+”或“-”表示。若为负反馈，则两信号极性相反；若极性相同，则为正反馈。

4）放大元件（Amplifying Element）——由于偏差信号一般很小，所以要经过电压放大

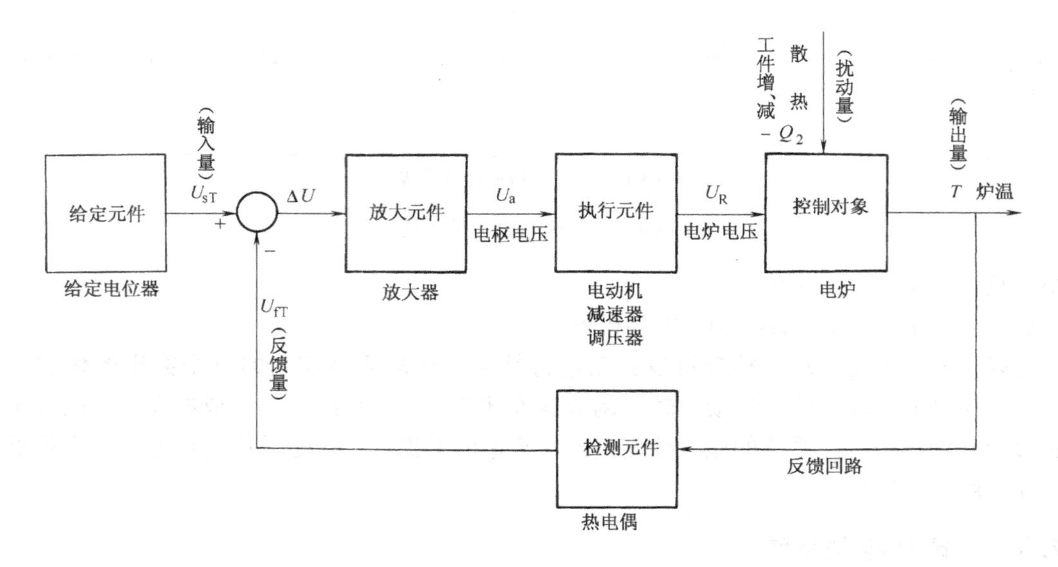

图 1-6 自动控制系统的框图

及功率放大，以驱动执行元件。此处为晶体管放大器或集成运算放大器。

5）执行元件（Executive Element）——是驱动被控制对象的环节。此处为伺服电动机、减速器和调压器。

6）控制对象（Controlled Plant）——亦称被调对象。在此恒温系统中即为电炉。

7）反馈环节（Feedback Element）——由它将输出量引出，再回送到控制部分。一般的闭环系统中，反馈环节包括检测、分压、滤波等单元，反馈信号与输入信号极性相同则为正反馈，相反则为负反馈。

对于各个元件的排列，通常将给定元件放在最左端，控制对象排在最右端。即输入量在最左端，输出量在最右端。从左至右（即从输入至输出）的通道称为顺馈通道（Feedforword Path）或前向通路（Forword Path），将输出信号引回输入端的通道称为反馈通道或反馈回路（Feedback Path）（参见图 1-6）。

由图 1-6 可见，系统的各种作用量和被控制量有：

1）输入量（Input Variable）——又称控制量或参考输入量（Reference Input Variable），所以输入量的角标常用 i（或 r）表示。它通常由给定信号电压构成，或通过检测元件将非电输入量转换成信号电压。如图 1-6 中的给定电压 U_{sT}。

2）输出量（Output Variable）——又称被控制量（Controlled Variable），所以输出量角标常用 o（或 c）表示。它是被控制对象的输出，是自动控制的目标。如图 1-6 中的炉温 T。

3）反馈量（Feedback Variable）——通过检测元件将输出量转变成与给定信号性质相同且数量级相同的信号。如图 1-6 中的反馈量即为通过热电偶将温度 T 转换成与给定电压信号性质相同的电压信号 U_{fT}。反馈量的角标常以 f 表示。

4）扰动量（Distrubance Variable）——又称干扰或“噪声”（Noise），所以扰动量的角标常以 d（或 n）表示。它通常指引起输出量发生变化的各种因素。来自系统外部的称为外扰动，例如电动机负载转矩的变化、电网电压的波动、环境温度的变化等。图 1-6 中的炉壁散热、工件增减均可看成是来自系统外部的扰动量。来自系统内部的扰动称为内扰动，如系统元件参数的变化、运放器的零点漂移等。

5）中间变量——它是系统各环节之间的作用量。它是前一环节的输出量，也是后一环节的输入量。如图1-6中的ΔU、U_a、U_R等就是中间变量。

由图1-6可以看到，框图可以直观地将系统的组成、各环节间的相互关系以及各种作用量的传递情况简单明了地概括出来。

综上所述，要了解一个实际的自动控制系统的组成，要画出组成系统的框图，就必须明确下面的一些问题：

1）哪个是控制对象？被控量是什么？影响被控量的主扰动量是什么？

2）哪个是执行元件？

3）测量被控量的元件有哪些？有哪些反馈环节？

4）输入量是由哪个元件给定的？反馈量与给定量是如何进行比较的？

5）此外还有哪些元件（或单元），它们在系统中处于什么地位？起什么作用？

下面举例说明如何分析系统的组成和画出系统的框图。

[例1-1] 水位控制系统。

1. 系统的组成

图1-7为一个水位控制系统的示意图。由图可见，系统的控制对象是水箱（而不是控制阀）。被控制量（或输出量）是水位高度H（而不是Q_1或Q_2）。使水位H发生改变的外界因素是用水量Q_2，因此Q_2为负载扰动量（它是主要扰动量）。使水位能保持恒定的可控因素是给水量Q_1，因此Q_1为主要作用量（理清H与Q_1、Q_2间的关系，是分析本系统组成的关键）。

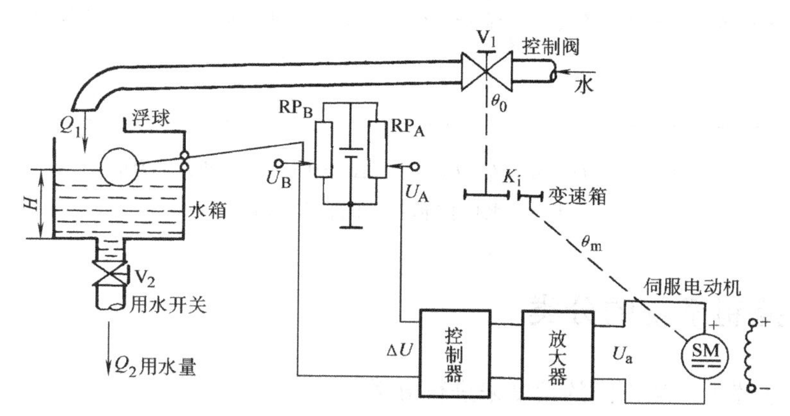

图1-7 水位控制系统示意图

控制Q_1的是由电动机驱动的控制阀门V_1，因此，电动机—变速箱—控制阀便构成执行元件。电压U_A由给定电位器RP_A给定（电位器RP_A为给定元件）。U_B由电位器RP_B给出，U_B的大小取决于浮球的位置，而浮球的位置取决于水位H。因此，由浮球—杠杆—电位器RP_B就构成水位的检测和反馈环节。U_A为给定量，U_B为反馈量，U_B与U_A极性相反，所以为负反馈。U_A与U_B的差值即为偏差电压$\Delta U(\Delta U=U_A-U_B)$，此电压经控制器与放大器放大后即为伺服电动机电枢的控制电压U_a。

根据以上的分析，便可画出系统的组成框图㊀，如图 1-8 所示。

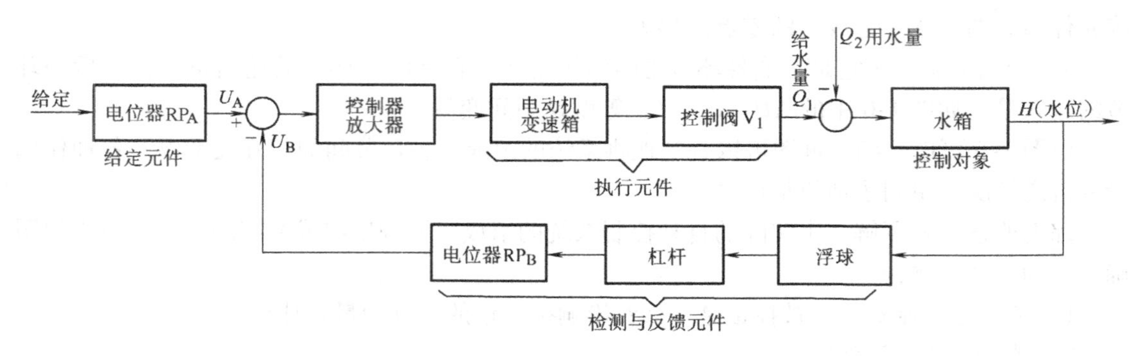

图 1-8 水位控制系统的组成框图

2. 工作原理

当系统处于稳态时，此时电动机停转，$\Delta U = U_A - U_B = 0$，即 $U_B = U_A$；同时，$Q_1 = Q_2$，$H = H_0$（稳态值，它由 U_A 给定）。若设用水量 Q_2 增加，则水位 H 将下降，通过浮球及杠杆的反馈作用，将使电位器 RP_B 的滑点上移，U_B 将增大；这样 $\Delta U = (U_A - U_B) < 0$，此电压经放大后，使伺服电动机反转，再经减速后，驱动控制阀 V_1，使阀门开大，从而使给水量 Q_1 增加，使水位不再下降，且逐渐上升并恢复到原位。这个自动调节的过程一直要继续到 $Q_1 = Q_2$，$H = H_0$（回复到原水位），$U_B = U_A$，$\Delta U = 0$，电动机停转为止。

3. 自动调节过程

水位控制系统的自动调节过程流程图如图 1-9 所示。

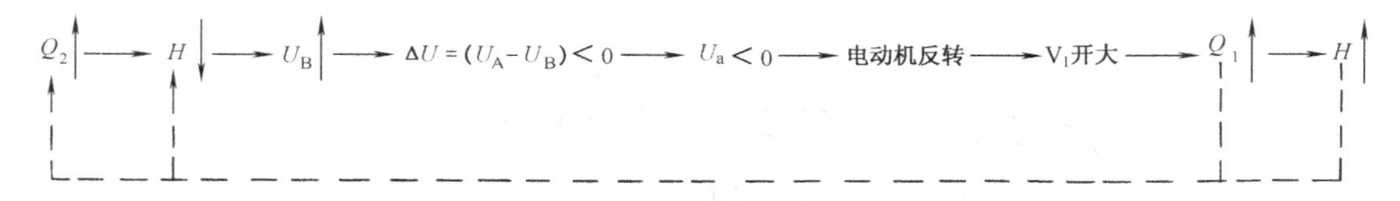

直至 $Q_1 = Q_2$，$H = H_0$，$U_B = U_A$，$\Delta U = 0$ 时，电动机停转为止

图 1-9 水位控制系统的自动调节过程

1.4 自动控制系统的分类

自动控制系统可以从不同的角度来进行分类。

1.4.1 按输入量变化的规律分类

1. 恒值控制系统

恒值控制系统（Fixed Set-Point Control System）的特点是：系统的输入量是恒量，并且要求系统的输出量相应地保持恒定。

㊀ 为区别由传递函数构成的系统框图，因此将由文字构成的框图称为“组成框图”。无需区别时，则按国家标准，统称为“框图”。

恒值控制系统是最常见的一类自动控制系统，如自动调速系统、恒温控制系统、恒张力控制系统等。此外许多恒压（液压）、稳压（电压）、稳流（电流）、恒频（电频率）的自动控制系统也都是恒值控制系统。图 1-3 所示的温度控制系统和图 1-7 所示的水位控制系统都是恒值控制系统。

2. 随动系统

随动系统（Follow-Up Control System）［又称伺服系统（Servo-System）］的特点是：输入量是变化着的（有时是随机的），并且要求系统的输出量能跟随输入量的变化而作出相应的变化。

这种控制系统的另一个特点是，可以用功率很小的输入信号操纵功率很大的工作机械（这只要选用大功率的功放装置和电动机即可）；此外还可以进行远距离控制。

图 1-10 为一雷达天线位置随动系统示意图。

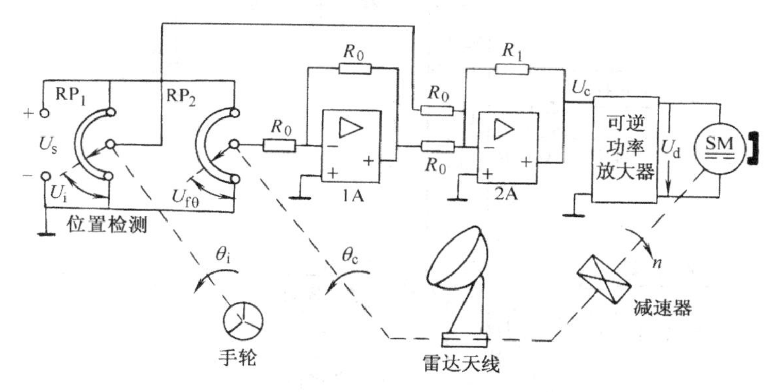

图 1-10 雷达天线位置随动系统示意图

图中系统的控制对象为雷达天线，被控制量是雷达天线转动的角位移 θ_c。驱动雷达天线的是伺服电动机，因此，永磁式直流伺服电动机 SM 及减速器为执行元件。为电动机提供电能的可逆直流调压电路为功率放大器。图中 2A 为由运算放大器构成的比例放大器，它兼作电压放大器和比较环节（其输入端为给定量与反馈量，对它们进行比较叠加）。该系统的给定指令 θ_i 由手轮转动给出，它通过与手轮联动的给定电位器 RP_1 转化为电压信号 U_i，因此 RP_1 为给定元件。图中 RP_2 为检测电位器，它与雷达天线联动。被控量 θ_c 通过 RP_2 转化为反馈信号电压 $U_{f\theta}$。为了保证跟随精度，要求采用位置负反馈，即要求 $U_{f\theta}$与 U_i 极性相反，而图中电位器 RP_1 与 RP_2 并接在同一个电源上，又具有公共的接地端，这样 $U_{f\theta}$与 U_i 极性将相同，于是增设了一个反相器 1A。这样在电压放大器输入端进行比较的信号为 U_i 与 $(-U_{f\theta})$，两者极性相反。

当手轮逆时针转动时，设 θ_i 为增加，并设 U_i 此时减小，则偏差电压 $\Delta U=(U_i-U_{f\theta})$ 将小于零。由于 2A 为反相端输入，因此其输出 U_k 将为正值，使 U_d 为正值，设此时电动机转动将带动雷达天线作逆时针转动。这过程要一直继续到 $\theta_c=\theta_i$，$\Delta U=0$，$U_c=0$，$U_d=0$，电动机停转才为止。

随动系统在工业和国防上有着极为广泛的应用，例如船闸牵曳系统、刀架跟随系统、火炮控制系统、雷达导引系统和机器人控制系统等。

3. 过程控制系统

生产过程通常是指把原料放在一定的外界条件下，经过物理或化学变化而制成产品的过程。例如化工、石油、造纸中的原料生产；冶炼、发电中的热力过程等。在这些过程中，往往要求自动提供一定的外界条件，例如温度、压力、流量、液位、粘度、浓度等参量在一定的时间内保持恒值或按一定的程序变化。对其中的每一个局部，它们可能是一种随动控制系统，也可能是按程序指令变化的恒值控制系统。

图 1-11 是化工生产中的精馏塔控制的示意图。图中黑点为检测点。

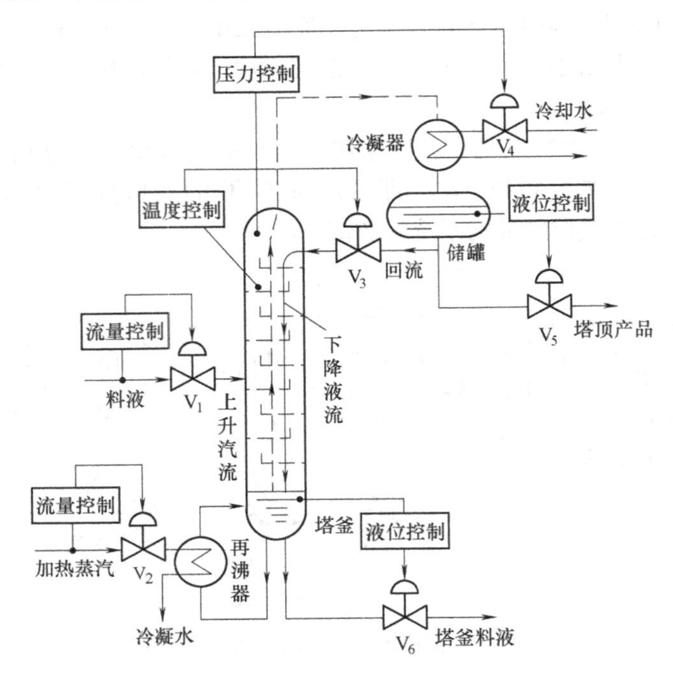

图 1-11 精馏塔控制示意图

图中的精馏塔将进入的多种成分混合的料液（如轻、重油混合料液），通过进入再沸器加热后，使沸点较低的轻质料液沸腾，变成蒸汽，上升至塔顶（如塔中的虚线所示），然后再引出经冷凝器凝结成轻质料液，再经储罐及液流阀 V_5 流出。这样，轻质料液便从塔顶流出，而重质料液则沉在塔釜中，通过液流阀 V_6 流出。图中 $V_1 \sim V_6$ 为流量控制阀，它们分别受到流量、压力、温度和液面的控制，它们的控制要求和程序，将根据化工的生产工艺来决定。精馏塔的控制便是一个典型的过程控制系统（Process Control System）。

1.4.2 按系统传输信号对时间的关系分类

1. 连续控制系统

连续控制系统（Continuous Control System）的特点是各元件的输入量与输出量都是连续量或模拟量［所以它又称为模拟控制系统（Analogue Control System）］。图 1-3 所示的恒温控制系统就是连续控制系统。连续系统的运动规律通常可用微分方程来描述。

2. 离散控制系统

离散控制系统（Discrete Control System）又称采样数据控制系统（Sampled-Data Control System）。它的特点是系统中有的信号是脉冲序列或采样数据量或数字量。通常，采用数字计算机控制的系统都是离散控制系统。离散控制系统的运动规律通常可用差分方程来描述。

图 1-1 所示的数控系统就是离散控制系统。

1.4.3 按系统的输出量和输入量间的关系分类

1. 线性系统

线性系统（Linear System）的特点是系统全部由线性元件组成，它的输出量与输入量间的关系用线性微分方程来描述。线性系统最重要的特性，是可以应用叠加原理。叠加原理说明，两个不同的作用量，同时作用于系统时的响应，等于两个作用量单独作用的响应的叠加。

2. 非线性系统

非线性系统（Nonlinear System）的特点是系统中存在非线性元件（如具有死区、出现饱和、含有库仑摩擦等非线性特性的元件），要用非线性微分方程来描述。非线性系统不能应用叠加原理（分析非线性系统的工程方法常用“描述函数”和“相平面法”）。

1.4.4 按系统中的参数对时间的变化情况分类

1. 定常系统

定常系统（又称时不变系统）（Time-Invariant System）的特点是系统的全部参数不随时间变化，它用定常微分方程来描述。在实践中遇到的系统，大多属于（或基本属于）这一类系统。

2. 时变系统

时变系统（Time-Varying System）的特点是系统中有的参数是时间 t 的函数，它随时间变化而改变。例如宇宙飞船控制系统，就是时变控制系统的一个例子（宇宙飞船飞行过程中，飞船内燃料质量、飞船受的重力，都在发生变化）。

当然，除了以上的分类方法外，还可以根据其他的条件进行分类。本书根据课程教学大纲的要求，只讨论定常线性系统（主要是调速系统和随动系统）。

1.5 自动控制系统的性能指标

自动控制系统的性能通常是指系统的稳定性、稳态性能和动态性能，现分别介绍如下。

1.5.1 系统的稳定性

当扰动作用（或给定值发生变化）时，输出量将会偏离原来的稳定值，这时，由于反馈环节的作用，通过系统内部的自动调节，系统可能回到（或接近）原来的稳定值（或跟随给定值）稳定下来，如图 1-12a 所示。但也可能由于内部的相互作用，使系统出现发散而处于不稳定状态，如图 1-12b 所示。显然，不稳定的系统是无法进行工作的。因此，**对任何自动控制系统，首要的条件便是系统能稳定正常运行**。对系统的稳定性（Stability）将在第 7 章中进行分析。

1.5.2 系统的稳态性能指标

当系统从一个稳态过渡到新的稳态，或系统受扰动作用又重新平衡后，系统会出现偏

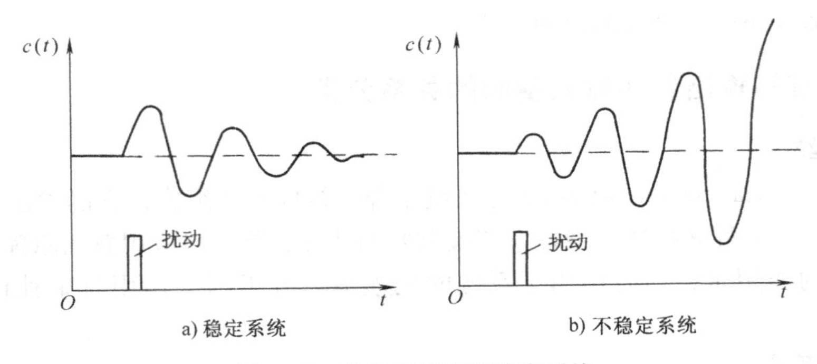

图 1-12　稳定系统和不稳定系统

差，这种偏差称为稳态误差（e_{ss}）（Steady-State Error）。系统稳态误差的大小反映了系统的稳态精度（或静态精度）（Static Accuracy），它表明了系统的准确程度。稳态误差 e_{ss}越小，则系统的稳态精度越高。若 $e_{ss}=0$，则系统称为无静差系统，如图 1-13b 所示。反之，若 $e_{ss}\neq0$，则称为有静差系统，如图 1-13a 所示。

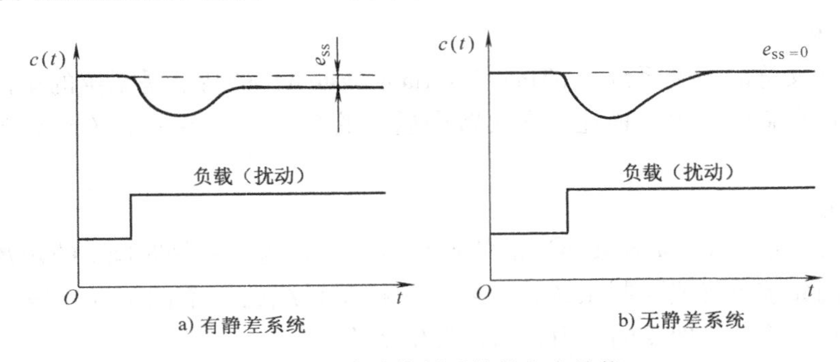

图 1-13　自动控制系统的稳态性能

事实上，对一个实际系统，要求系统的输出量丝毫不变地稳定在某一确定的数值上，往往是办不到的；要求稳态误差绝对等于零，也是很难实现的。因此，我们通常把系统的输出量进入并一直保持在某个允许的足够小的误差范围（称为误差带）内，即认为系统已进入稳定运行状态。此误差带的数值可看作系统的稳态误差。此外，对一个实际的无静差系统，在理论上，它的稳态误差 $e_{ss}=0$，但在实际上，只是其稳态误差极小而已。对系统的稳态性能，将在第 7 章中进行分析。

1.5.3　系统的动态性能指标

由于系统的对象和元件通常都具有一定的惯性（如机械惯性、电磁惯性、热惯性等），并且也由于能源功率的限制，系统中各种量值（加速度、位移、电流、温度等）的变化不可能是突变的。因此，系统从一个稳态过渡到新的稳态都需要经历一段时间，亦即需要经历一个过渡过程。表征这个过渡过程性能的指标叫做动态性能指标（Dynamic Performance Specification）。现在以系统对突加给定信号（阶跃信号）的动态响应来介绍动态性能指标。

图 1-14 为系统对突加给定信号的动态响应曲线。

动态性能指标通常用最大超调量（σ）、调整时间（t_s）和振荡次数（N）来衡量。现

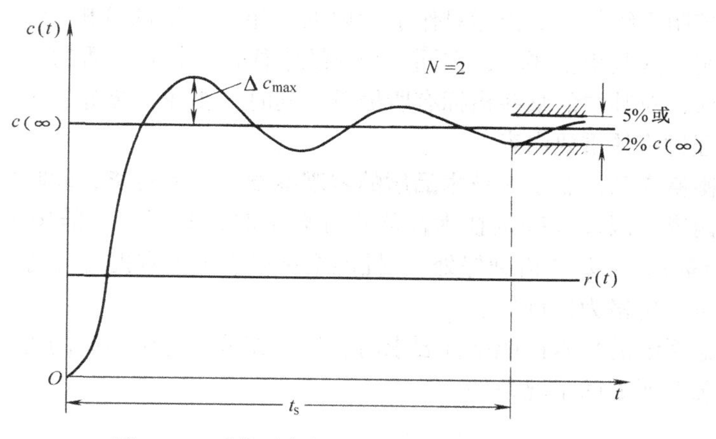

图 1-14 系统对突加给定信号的动态响应曲线

分别介绍如下：

1. 最大超调量（σ）

最大超调量（Maximum Overshoot）是输出量 $c(t)$ 与稳态值 $c(\infty)$ 的最大偏差 $\Delta c_{\max}$ 与稳态值 $c(\infty)$ 之比，即

$$\sigma = \frac{\Delta c_{\max}}{c(\infty)} \times 100\%$$

最大超调量反映了系统的动态精度，最大超调量越小，则说明系统过渡过程进行得越平稳。不同的控制系统，对最大超调量的要求也不同，例如，对一般调速系统，σ 可允许为 10% ~35%；轧钢机的初轧机要求 σ 小于 10%；对连轧机则要求 σ 为 2% ~5%；而在张力控制的卷取机和造纸机等则不允许有超调量。

2. 调整时间（t_s）

我们常用调整时间（Settling Time）来表征系统的过渡过程时间。但是实际系统的输出量往往在稳态值附近作很长时间的微小的波动，那么怎样确认过渡过程算是“结束”了呢？于是我们将系统输出量进入并一直保持在离稳态值的某一误差带内，作为过渡过程完成。在实际应用中，常把 $\pm\delta c(\infty)$ 作为允许误差带，δ 取 2% 或 5%。于是调整时间可定义为：

调整时间（t_s）是系统输出量进入并一直保持在离稳态值的允许误差带内所需要的时间。允许误差带为 $\pm\delta c(\infty)$。δ 取 2% 或 5%，见图 1-14。调整时间反映了系统的快速性。调整时间 t_s 越小，系统快速性越好。例如连轧机 t_s 为 0.2 ~0.5s；造纸机为 0.3s。

3. 振荡次数（N）

振荡次数（Order Number）是指在调整时间内，输出量在稳态值上下摆动的次数。如图 1-14 所示的系统，振荡次数为 2 次。振荡次数 N 越少，也表明系统稳定性能越好。例如普通机床一般可允许振荡 2 ~3 次；龙门刨床与轧钢机允许振荡 1 次；而造纸机传动则不允许有振荡。

在上述指标中，最大超调量和振荡次数反映了系统的稳定性能，调整时间反映了系统的快速性，稳态误差反映了系统的准确度。一般说来，我们总是希望最大超调量小一点，振荡次数少一点，调整时间短一些，稳态误差小一点。总之，希望系统能达到**稳、快、准**。

以上对自动控制系统的性能指标只作了扼要的介绍，详细的分析请见第 7 章。事实上，以后的分析将表明，这些指标要求，在同一个系统中往往是相互矛盾的。这就需要根据具体对象所提出的要求，对其中的某些指标有所侧重，同时又要注意统筹兼顾。分析和解决这些矛盾，正是本课程讨论的重要内容。

性能指标是衡量自动控制系统技术品质的客观标准，它是订货、验收的基本依据，也是技术合同的基本内容。因此在确定技术性能指标要求时，既要保证能满足实际工程的需要(并留有一定的余量)，又要“恰到好处”，性能指标要求也不宜提得过高，因为过高的性能指标要求是以昂贵的价格为代价的。

此外，在考虑系统的技术性能指标要求时，还要充分注意到系统的可靠性，整个装置的经济性以及控制装置所处的工况条件。

1.6 研究自动控制系统的方法

对自动控制系统进行分析研究，首先是对系统进行定性分析。所谓定性分析，主要是搞清各个单元及各个元件在系统中的地位和作用，以及它们之间的相互联系，并在此基础上搞清系统的工作原理。然后，在定性分析的基础上，可以建立系统的数学模型，再应用自动控制理论对系统的稳定性、稳态性能和动态性能进行定量分析。在系统分析的基础上就可以找到改善系统性能、提高系统技术指标的有效途径，这也就是系统的校正、设计和现场调试。

自动控制理论又分为经典控制理论和现代控制理论。

经典控制理论是建立在传递函数之上的，它对单输入—单输出系统是十分有效的。在经典控制理论中，又有时域分析法、频率响应法和根轨迹法等几种分析方法。

现代控制理论是建立在状态变量概念基础之上的，它适用于复杂的多输入—多输出控制系统及变参数非线性系统，实现自适应控制、最佳控制等。

由于考虑到工程技术教育主要侧重于生产现场的技术应用，因此本书将以定性分析为主，着重叙述典型自动控制系统（包括组成系统的各个基本部件）的工作原理和自动调节的物理过程，并从时域分析方法（主要是传递函数）出发，去分析、研究自动控制系统的性能和改善它们的途径。

近年来，MATLAB 软件的应用，使自动控制的研究方法发生了深刻的变革。如今在实际系统制作出来之前，可以应用 MATLAB 软件中的 Simulink 模块，对系统进行仿真与分析，并根据仿真结果，来调整系统的结构与参数。现在 MATLAB 软件已成为研究与分析自动控制系统的有力工具。

虽然理论为我们的研究提供了重要的方法，但实际系统往往比较复杂，有许多无法确定的因素，因而通过实验或根据现场实践进行研究，也是一条基本的途径。事实上，在进行设计时，也要依靠一些经验公式和经验数据，这也说明理论的分析必须和实践紧密结合起来，才能找到切实可行的有效的解决问题的途径。

小　结

(1) 开环控制系统结构简单、稳定性好，但不能自动补偿扰动对输出量的影响。当系统扰动量产生的偏差可以预先进行补偿或影响不大时，采用开环控制是有利的。当扰动量无法预计或控制系统的精度达不到预期要求时，则应采用闭环控制。

（2）闭环控制系统具有反馈环节，它能依靠负反馈环节进行自动调节，以补偿扰动对系统产生的影响。闭环控制极大地提高了系统的精度。但闭环系统使系统稳定性变差，需要重视并加以解决。

（3）自动控制系统通常由给定元件、检测元件、比较环节、放大元件、执行元件、控制对象和反馈环节等部件组成。系统的作用量和被控制量有输入量、反馈量、扰动量、输出量和各中间变量。

框图可直观地表达系统各环节（或各部件）间的因果关系，可以表达各种作用量和中间变量的作用点和传递情况以及它们对输出量的影响。

（4）恒值控制系统的特点是：输入量是恒量，并且要求系统的输出量也相应地保持恒定。

随动控制系统的特点是：输入量是变化着的，并且要求系统的输出量能跟随输入量的变化而作出相应的变化。

（5）对自动控制系统性能指标的要求主要是一稳、二准、三快。最大超调量（σ）和振荡次数（N）反映了系统的稳定性，稳态误差（e_{ss}）反映了系统的准确性，调整时间（t_s）反映了系统的快速性。

其中σ、t_s、N为系统的动态指标，e_{ss}为系统的稳态指标。

（6）自动控制系统的研究方法，包括理论分析和实践探索。在经典控制理论中，有时域分析法、频率响应法和根轨迹法。如今 MATLAB 软件为自动控制系统的分析与研究提供了一个强有力的工具。

思考题

1-1 填空：开环控制的特征是________，它的优点是________，缺点是________，应用场合是______；闭环控制的特征是________，它的优点是________，缺点是________，应用场合是________。

1-2 指出下列系统中哪些属于开环控制，哪些属于闭环控制？

①家用电冰箱 ②家用空调器 ③家用洗衣机 ④抽水马桶 ⑤普通车床 ⑥电饭煲 ⑦多速电风扇 ⑧高楼水箱 ⑨调光台灯 ⑩自动报时电子钟。

1-3 衡量一个自动控制系统的性能指标通常有哪些？它们是怎样定义的？

1-4 组成自动控制系统的主要环节有哪些？它们各有什么特点，起什么作用？

1-5 恒值控制系统、随动系统和过程控制系统的主要区别是什么？判断下列系统属于哪一类系统？电饭煲、空调机、燃气热水器、仿形加工机床，母子钟系统、自动跟踪雷达、家用交流稳压器、数控加工中心、啤酒生产自动线。

习题

1-6 图1-15为太阳能自动跟踪装置角位移$\theta_o(t)$的阶跃响应曲线。曲线Ⅰ为系统未加校正装置时的阶跃响应，曲线Ⅱ和Ⅲ为增加了不同的校正装置后的阶跃响应。试大致估算Ⅰ、Ⅱ、Ⅲ三种情况时的动态性能指标σ、t_s、N，并分析比较Ⅰ、Ⅱ、Ⅲ三种情况技术性能的优劣。

1-7 图1-16为一晶体管稳压电源电路图，试分别指出哪个量是给定量、被控量、反馈量、扰动量？画出系统的框图，写出其自动调节过程。

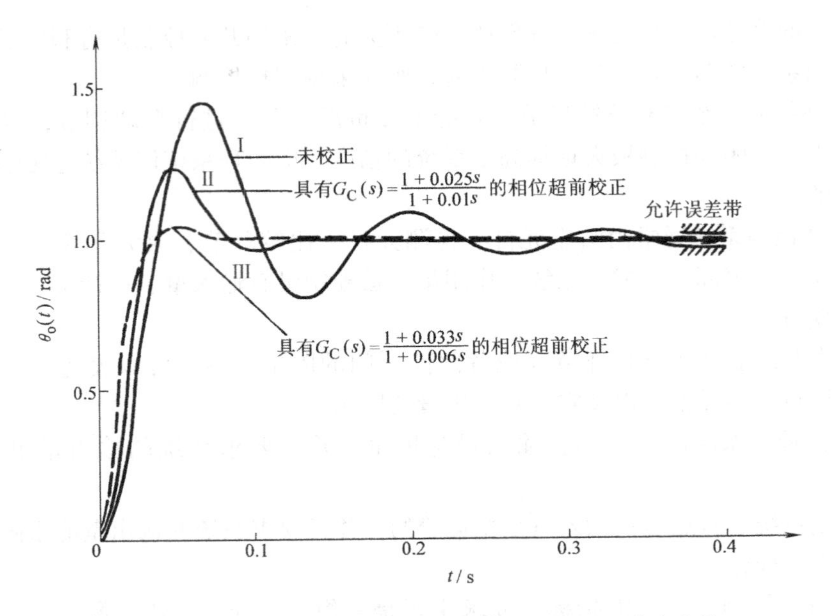

图 1-15 太阳能自动跟踪装置角位移 $\theta_o(t)$ 阶跃响应曲线

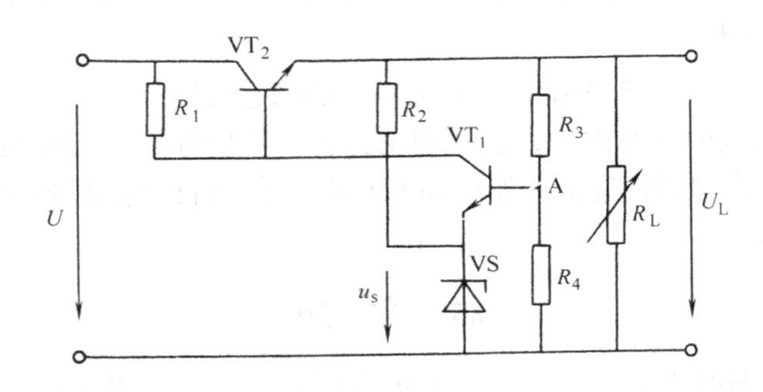

图 1-16 晶体管稳压电源电路

1-8 图 1-17 为仓库大门自动控制系统。试说明自动控制大门开起和关闭的工作原理。如果大门不能全开或全关，则怎样进行调整？

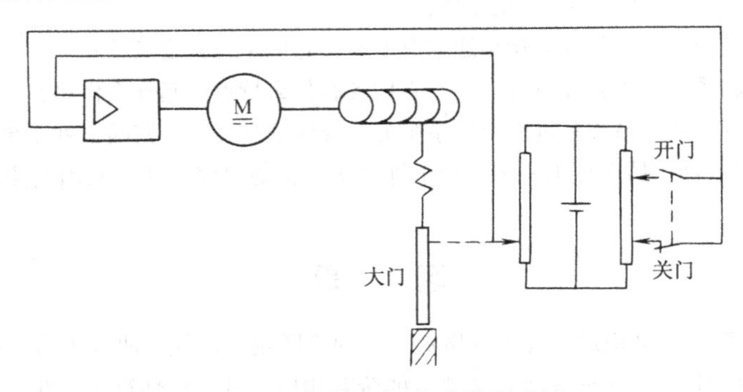

图 1-17 仓库大门自动控制系统

1-9 画出图 1-10 所示的雷达天线位置随动系统的系统框图和系统的自动跟随过程（设手轮逆时针转动时 θ_i 增加）。

读图练习

1-10 图1-18为卷绕加工的恒张力控制系统示意图。

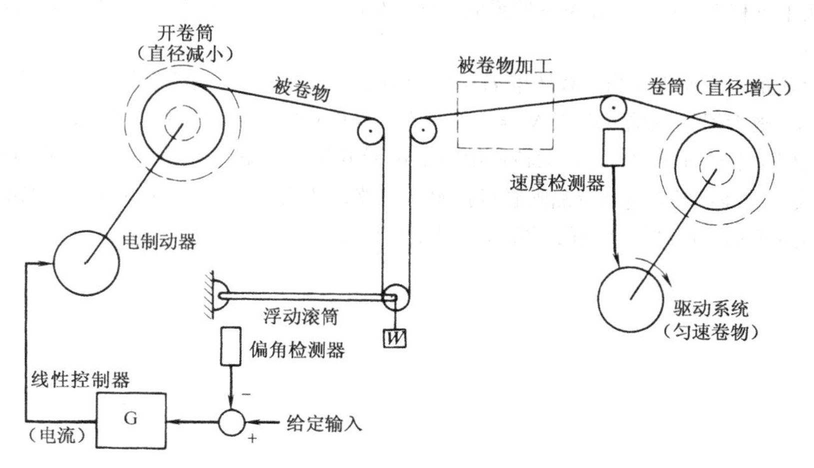

图1-18 卷绕加工的恒张力控制系统

在卷绕加工的系统中，为了避免发生像拉裂、拉伸变形或褶皱等这类不良的现象，通常使被卷物的张力保持在某个规定的数值上，这就是恒张力控制系统。在图1-18所示的恒张力控制系统中，右边是卷绕驱动系统，由它以恒定的线速度卷绕被卷物（如纸张等）。右边的速度检测器提供反馈信号以使驱动系统保持恒定的线速度（驱动系统的控制部分，此处省略未画出）。左边的开卷筒与电制动器相联，以保持一定的张力。为了保持恒定的张力，被卷物将绕过一个浮动的滚筒，滚筒具有一定的重量，滚筒摇臂的正常位置是水位位置，这时被卷物的张力等于浮动浮筒总重力 W 的一半。

在实际运行中，因为外部扰动、被卷物料的不均匀及开卷筒有效直径的减少而使张力发生变化时，滚筒摇臂便保持不了水平位置，这时通过偏角检测器测出偏角位移量，并将它转换成电压信号，与给定输入量比较，两者的偏差电压经放大后去控制电制动器。试画出该系统的组成框图。今设因外部扰动而使张力减小，请写出该系统的自动调节过程。

1-11 图1-19为一直流调速系统示意图。

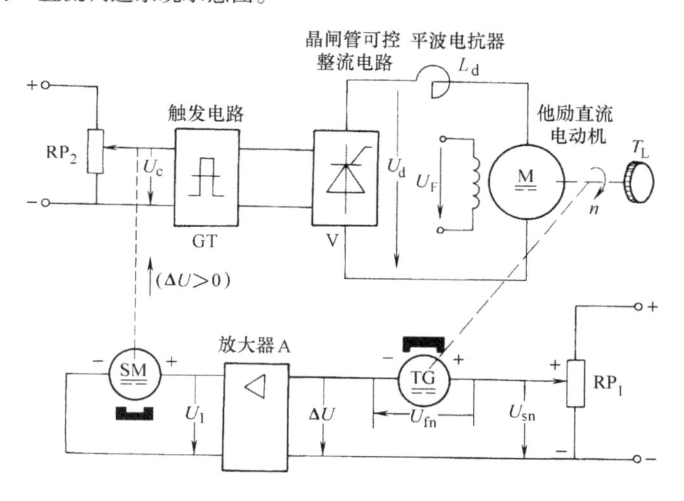

图1-19 直流调速系统示意图

图中 M 为他励直流电动机，它拖动负载的阻力转矩为 T_L，转速为 n。图中 V 为晶闸管可控整流电路，GT 为晶闸管触发电路，L_d 为使电流连续的平波电抗器，RP_2 为转速给定电位器，RP_1 为额定转速整定电位器，TG 为永磁直流测速发电机，A 为电压及功率放大器，SM 为永磁直流伺服电动机，它将带动电位器 RP_2 的滑动触头上下移动。试画出该系统的组成框图，写出该系统的自动调节过程（设转速 n 因负载转矩 T_L 增大而下降）。

提示：此系统的工作原理是当负载转矩 T_L 增大而使转速 n 下降时，永磁直流测速发电机的电压 U_{fn} 将随之下降；这样，放大器 A 的输入电压 $\Delta U=(U_{sn}-U_{fn})>0$（平衡时 $\Delta U=0$），经放大器 A 放大后，将使 $U_1>0$ 永磁直流伺服电动机转动，并带动转速给定电位器 RP_2 滑动触头上移（系统整定时使之上移），使给定电压 U_c 增大，它经过触发电路及晶闸管可控整流电路，使输出电压 U_d（电动机电枢电压）升高，它将使电动机转速 n 升高，以补偿转速的下降（详见第 9 章分析）。

第 2 章　常用检测元件

内容提要

本章主要介绍（机电）控制系统中常用的检测元件。它们包括线位移检测元件（磁栅传感器和光栅传感器）、角位移检测元件（伺服电位器、圆磁栅传感器、光电编码盘和旋转变压器）以及测速检测元件等。本章主要介绍它们的结构特点，检测原理及使用注意事项。

在自动控制系统中，为了监视和控制生产过程中的各个参数，使系统处于正常（或最佳）运行状态，就必须对这些参数进行检测。而检测的可靠性、精确度、灵敏度等，将直接影响整个系统的运行质量，因此检测元件和检测系统便成了自动控制系统中一个十分重要的基本部件。

2.1　检测的基本知识

2.1.1　检测系统的组成

检测系统通常包括传感器、测量电路和显示、记录装置三个部分，如图 2-1 所示。下面分别介绍这三部分的功能与特点。

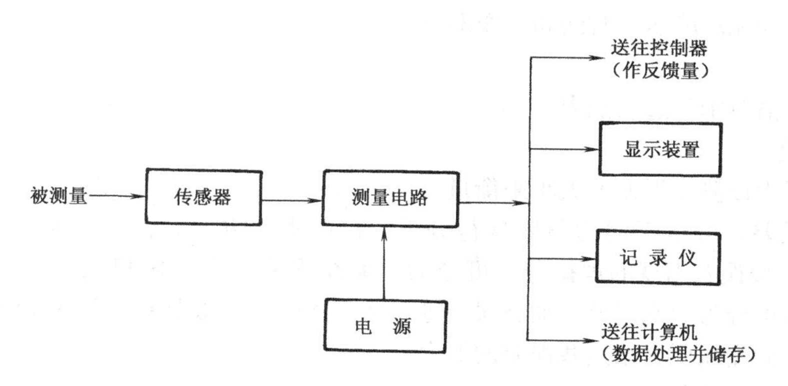

图 2-1　检测系统的组成

1. 传感器

传感器是将被测量（如物理量、化学量、生物量等）变换成另一种与之有确定对应关系的、便于测量的量（通常是电物理量）的装置。检测系统中，常用的传感器种类繁多，有各种不同的分类方法。

按用途分类：有机械量传感器（如位移传感器、力传感器、速度传感器、加速度传感器、应变传感器等）；有热工量传感器（如温度传感器、压力传感器、流量传感器、液位传感器等）；此外还有各种化学量传感器、生物量传感器等。

按物理原理分类，可分为：

1）电参量式传感器，包括电阻式、电感式、电容式等三种基本型式。

2）磁电式传感器，包括磁电感应式、霍尔式、磁栅式等。

3）光电式传感器，包括光电式、光栅式、激光式、光电码盘式、光导纤维式、红外式、摄像式等。

4）其他各种类型的传感器，如压电式、气电式、热电式、超声波式、微波式、射线式和半导体式等。

2. 测量电路

由于传感器输出的信号通常是很微弱的，因此需要由测量电路加以放大，并根据控制需要进行信号处理（如阻抗匹配、微分、积分、线性化补偿和整形等）。

3. 输送、显示、记录装置

经过测量电路放大和处理后的检测信号（如电压、电流），一方面，可送往自动控制系统的控制器（作为反馈量使用）；另一方面可通过数字式或模拟式的显示装置（仪器、仪表、液晶等）显示出来；同时还可送往计算机（数据处理并存储）或通过打印机打印出来。

2.1.2 检测元件的主要技术指标

对检测元件的一般要求有：可靠性，量程，精确度，灵敏度，分辨率，线性度和动态指标，以及检测元件对被测对象的影响，能耗，抗干扰能力和价格等。下面对几个常用的技术指标作一些简单的介绍。

1. 可靠性

主要有平均无故障运行时间和工作寿命。

2. 量程

主要指量值范围和过载能力。

3. 精确度

精确度通常以测量误差的大小来衡量。

对测量误差，可从不同的角度进行分类，按照表示方法分，可分为“绝对误差”和“相对误差”；按误差出现的规律分，可分为“系统误差”和“随机误差”；按误差与时间的关系分，又可分为静态误差和动态误差等。精确度属于静态误差，它是系统误差和随机误差的综合。下面先扼要介绍这些误差的概念。

（1）按表示方法分

1）绝对误差（δ）。检测元件指示值与真值（准确值）之间的差值。

2）相对误差（γ）。绝对误差与真值的比值。

（2）按误差出现的规律分

1）系统误差。在相同条件下，多次重复测量同一量时，呈现出的（相同的）误差，它取决于系统本身的状况，所以称为“系统误差”。系统误差是系统“准确度”的度量。

2）随机误差。它通常指因偶然因素而形成的误差，多呈无规律状，所以称为随机误差，又称偶然误差。随机误差是系统“精密度”的度量。

以上这两种误差的综合，便是系统的“精确度”。这意味着，若系统精确度高，则表明系统的“系统误差”和“随机误差”都比较小。

4. 灵敏度（s）

稳态下，检测元件指示量的增量（Δy）与被测量的增量（Δx）之比，即 $s=\Delta y/\Delta x$，称为灵敏度。

5. 分辨率

能准确测出的被测量的最小增量。

6. 线性度

检测元件的输出—输入特性与拟合直线㊀之间的最大偏差与满量程输出量之比。

除上述常用的技术指标（它们均为静态指标）外，根据控制对象提出的要求，还可能有其他的指标，如动态指标、环境指标等。

2.2 线位移检测元件

2.2.1 磁栅传感器

磁栅是一种新型位置检测元件，它由磁尺、磁头（又称读数头）和信号处理电路三部分组成。图 2-2a 为磁栅的外观图，图 2-2b 为结构示意图。现分别介绍如下：

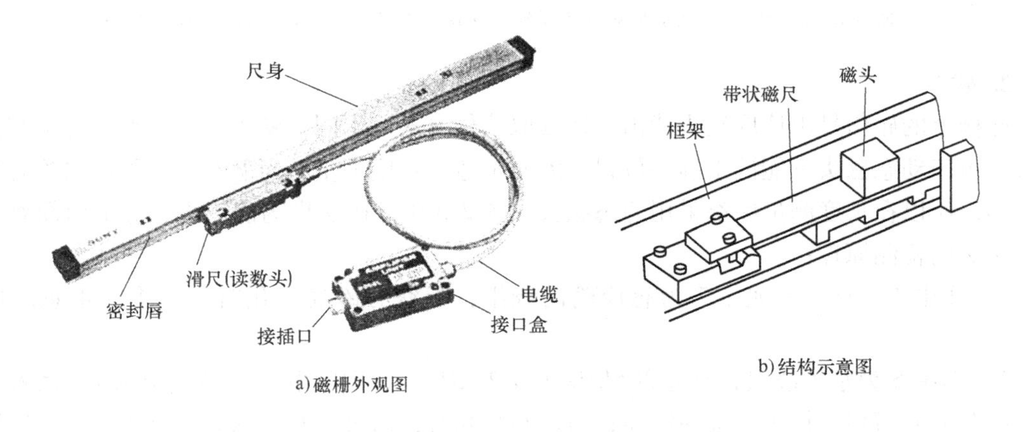

图 2-2 磁栅外观图和结构示意图

1. 磁尺

磁尺通常以非磁性材料（如 20mm 宽、0.2mm 厚的铜带）作基体，在上面镀一层均匀的磁性薄膜（如 Ni-Co 膜），经过录磁（类似磁头对磁带录音），在磁性薄膜上形成 N、S 相间的磁性区（参见图 2-3），磁性区的节距（W）一般为 0.05mm 或 0.02mm。磁尺通常固定在用低碳钢做的屏蔽壳内，并用框架固定在设备上（如机床床身上）。为防止磁头磨损磁尺，通常在磁尺表面涂上一层 1～2μm 厚的硬质保护膜（如图 2-3 中的 10 所示）。

㊀ 拟合直线是一种根据不同要求而制订的基准直线。

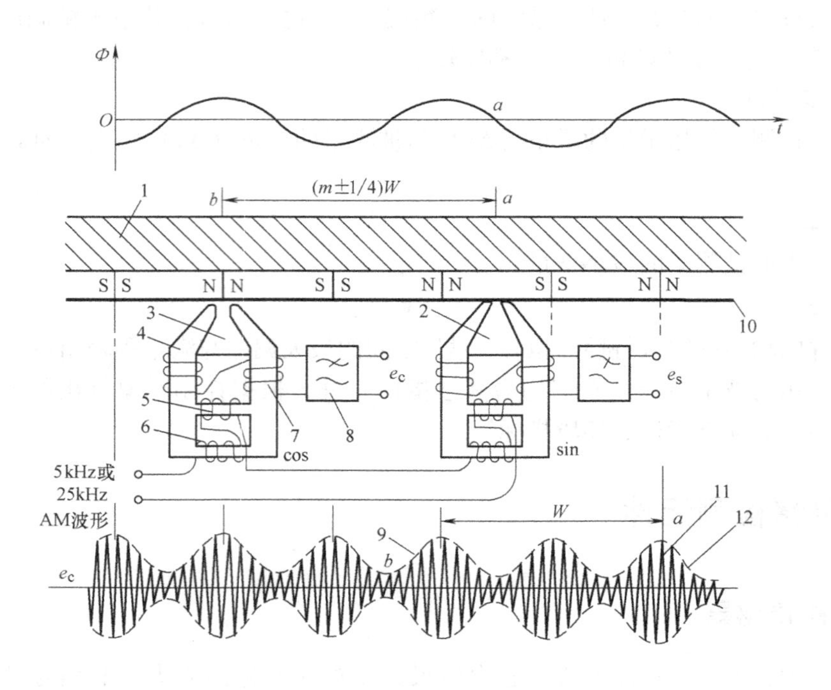

图 2-3 静态磁头的结构及与磁尺的关系

1—磁尺 2—sin 磁头 3—cos 磁头 4—磁极铁心 5—可饱和铁心 6—励磁绕组 7—感应输出绕组 8—低通滤波器 9—匀速运动时 sin 磁头的输出波形 10—保护膜 11—载波 12—包络线

2. 磁头

磁栅上的磁信号由读取磁头读出，按读取信号方式的不同，磁头又分为动态磁头和静态磁头。由于动态磁头不能读出静态位置，因而不适用长度测量；而静态磁头可读出静态位置及位移，所以在长度测量中都采用静态磁头，图 2-3 中的磁头即为静态磁头。下面简要介绍静态磁头的检测原理：

1）图中 4 为磁极铁心，7 为感应输出绕组，当铁心磁通变化时，它将产生感应电动势 e。

2）图中 6 为励磁绕组，它通以 5kHz（或 25kHz）的中频电流（载波电流），励磁绕组的铁心 5 的截面相对较小，很易饱和；当铁心饱和时，通过铁心的磁通变化将很小，这样铁心上感应输出绕组的感应电动势也将很小。

3）当磁头处于磁栅磁性软弱的区域（如图中 sin 磁头所处的 a 位置，它对应 ϕ 曲线上的零点位置）时，进入磁头的漏磁通很少，铁心不会饱和，感应输出绕组中感应电动势 e 的幅值较大，参见图 2-3 中的 a 点。

反之，当磁头处于磁栅磁性最强处（如 cos 磁头所处的 b 位置），这时进入铁心的漏磁最多，它将使铁心 5 饱和，使感应输出绕组产生的感应电动势的幅值减小，参见图 2-3 中的 b 点。

4）当磁头（设 sin 磁头）以匀速运动，则磁头在一个节距（W）内，将经历两次磁性的极大与极小区，其感应输出绕组的感应电动势 e_C 的波形如图 2-3 下方所示，它是一个调幅度。其载波的频率5kHz（或25kHz）由励磁电压决定，调幅波的包络线则反映了磁头移动的位移，包络线两个峰值间的距离即为半个节距（$W/2$），参见图2-3。

5）此调幅波经低通滤波（滤去中、高频载波）及检波电路（除去正、负波形中的一半）后，便成为一个能反映位移量的正弦波。

3. 检测信号处理方式

为了辨别磁头运动方式，常采用两只磁头（sin磁头与cos磁头）来读取信号，这两个信号的波形相差90°电角；对两个磁头，则相差（$m\pm1/4$）W距离即可，式中W为节距，m为整数。为了保证距离的准确性，通常将两个磁头做成一体。

磁栅信号的处理方式有鉴幅式、鉴相式等，这里采用鉴相式，将sin和cos两个磁头的励磁绕组串联起来，通以相同的励磁电流，两个磁头输出绕组的信号经合成，再经整理，可得

$$e=E_{\mathrm{m}}\sin(\omega t+\theta_x)=E_{\mathrm{m}}\sin(\omega t+2\pi x/W)$$

式中，x为磁头的位移量，$x=\dfrac{\theta_x}{2\pi}W$；通过电子电路，由$e\rightarrow\theta_x\rightarrow x$，获得位移量$x$，若$\theta_x$为正，则为正位移；若$\theta_x$为负，则为负位移，从而实现了对线位移的测量。

磁栅结构简单，录磁方便，测量范围宽（可达十几米，不需接长），精度可达几微米，因而在大型机床的自动检测和位置控制方面获得广泛的应用。

2.2.2　光栅传感器

光栅有透射型、反射型、长形、圆形等许多类型，这里主要通过常用的计量透射长光栅来简单介绍光栅的测长原理。图2-4为透射光栅测长的工作原理图。

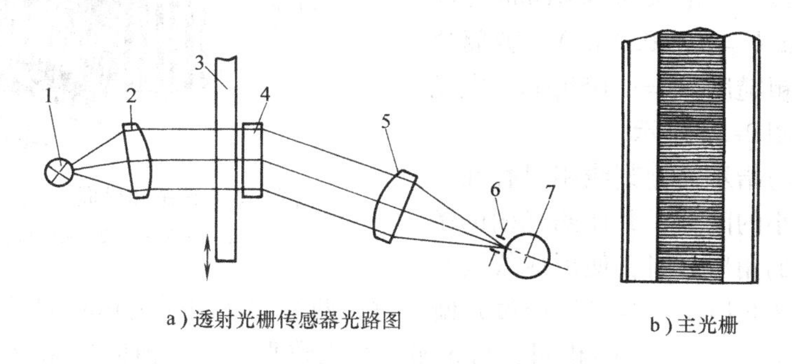

图2-4　透射光栅测长的工作原理图

1—光源　2—透镜　3—主光栅　4—指示光栅　5—聚光透镜　6—光阑　7—光电元件

图中1为光源；2为透镜，将点光源变换成平行光；3为主光栅，为刻有光栅条纹的工业用透明玻璃，如图2-4b所示，主光栅与被测物相连；4为指示光栅，为刻有与主光栅相同的光栅条纹的光学玻璃，指示光栅与主光栅组成光栅副；5为聚光透镜，将平行光聚焦成像；6为光阑，它可使成像更清晰；7为光电元件，将移动的干涉条纹转换成电脉冲信号。其中的主体是由主光栅和指示光栅组成的光栅副。（黑白）透射光栅是在透明的玻璃上刻上一系列平行等距的不透光的栅线，未刻栅线处即为透光的缝隙，这样由细密的栅线和缝隙便构成了光栅。图2-5为透射长光栅结构示意图。如果将光栅线纹放大，不透光栅线标以黑色

（实际上属毛玻璃），透光的缝隙标以白色，光栅条纹如图 2-5c 所示。图中栅线的宽度为 a，缝隙的宽度为 b，相邻两栅线间的距离 $W=a+b$，W 称光栅系数（或称光栅栅距），计量光栅条纹密度一般为 25 线/mm、50 线/mm、100 线/mm 和 250 线/mm 4 种。图 2-5b 表明，主光栅玻璃片的厚度为 7.5mm，栅线条纹刻在左面，光栅系数 $W=0.02$mm（此为 50 线/mm 条纹），缝隙为 0.01mm（即 $a:b=1:1$，也有 $a:b=1.1:0.9$ 的），玻璃片左右两面的表面粗糙度 $R_z=0.050\mu m$。主光栅正面的尺寸如图 2-5a 所示。

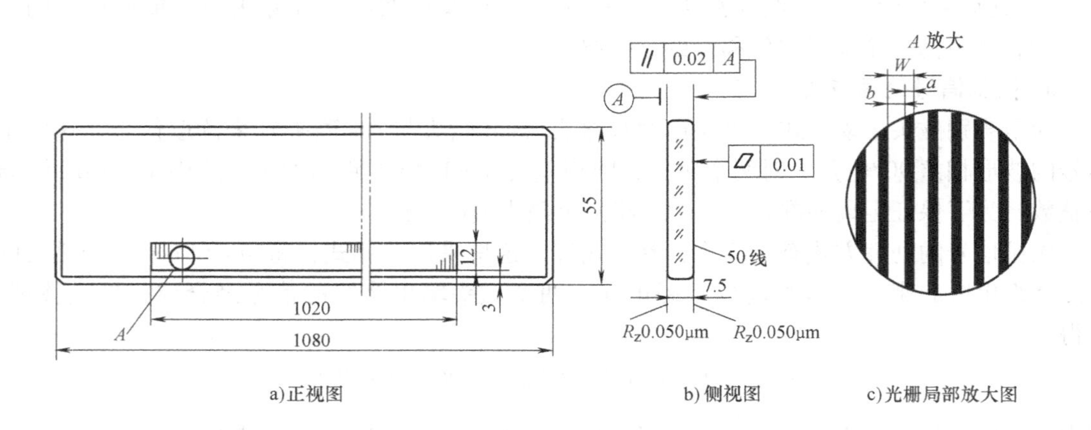

图 2-5 透射长光栅结构示意图

a—刻线宽 b—刻线缝隙宽 $W=a+b$—光栅节距（栅距） $a:b=1:1\sim1.1:0.9$

当把主光栅与指示光栅刻线相对叠在一起，中间留有很小的间隙，并使两光栅的条纹相错一个很小的角度 θ 时，便形成线纹相交的状况，如图 2-6 所示。当光线透过光栅副时，两组交叉的明暗相间的线纹，由于挡光效应（或光的衍射），便产生明暗相间、与光栅线纹大致垂直的、横向的条纹，这些条纹称为“莫尔条纹”，如图 2-6 所示。图中 a 为明条纹，b 为暗条纹。

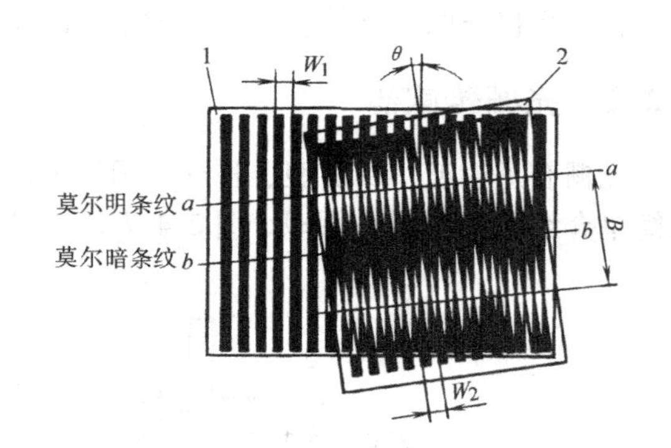

图 2-6 光栅和横向莫尔条纹形成

1—主光栅 2—指示光栅

当两光栅沿栅线垂直方向相对移动时（一般为主光栅移动），莫尔条纹将会沿栅线方向移动，而且两者有着确定的对应关系㊀，当主光栅 1 向右移动一个栅距 W_1 时，莫尔条纹将向下移动一个条纹间距 B；如果主光栅 1 向左移动，则莫尔条纹将向上移动。因此，可根据莫尔条纹的移动数量和移动方向，确定主光栅的位移量和位移方向，并由光电元件转换成电脉冲信号。

由于光栅传感器测量精度高（且为数字量），抗干扰能力强，而且寿命长，因此在精密机床和精密加工中，获得日益广泛的应用。

㊀ 参见参考文献［9］。

2.3　角位移检测元件

2.3.1　伺服电位器

图 2-7 为伺服电位器的原理图，伺服电位器较一般电位器精度高、摩擦转矩也较小。但由于通常为线绕电位器，因此它输出的信号不平滑，而且容易出现接触不良现象，因此一般应用于精度较低的系统中。其输出电压 ΔU 与角位移差 $\Delta\theta$ 成正比，即

$$\Delta U = K(\theta_i - \theta_o) = K\Delta\theta$$

伺服电位器线路简单，惯性小，消耗功率小，所需电源也简单，但通常的电位器有接触不良和寿命短的缺点。现在国内已生产光照射式的光电电位器，可以避免上述的缺点。

若将电位器做成直线形，同样可作线位移检测元件。

2.3.2　圆磁栅传感器

圆磁栅传感器如图 2-8 所示。它的工作原理和带形磁栅完全一样，只是以磁盘取代了磁尺，磁头由线位移变成了角位移，从而进行角位移的检测。

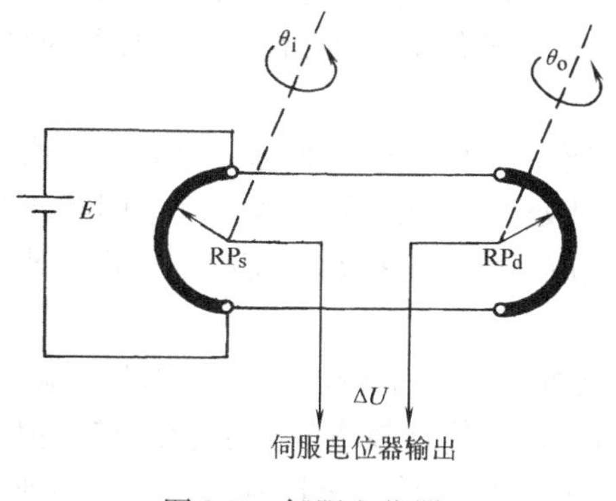

图 2-7　伺服电位器

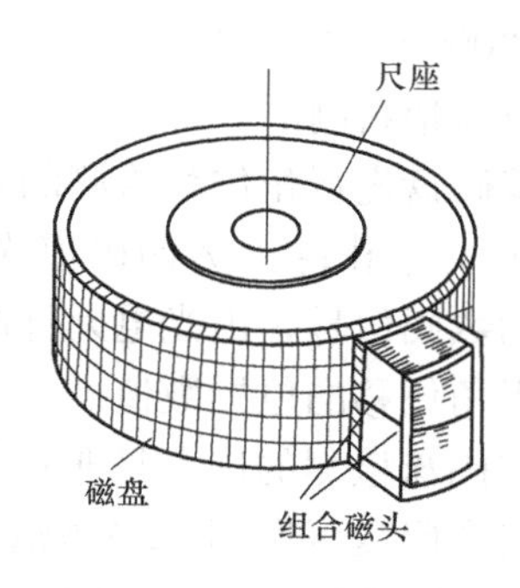

图 2-8　圆磁栅传感器

2.3.3　光电编码器

光电编码器（Encoder）又称光电编码盘（简称光电码盘），是数字编码器中最常用的一种㊀。它是一种旋转式位置传感器，它的转轴通常与被测轴连接，随被测轴一起转动。通过装在转轴上的带孔码盘（或明暗相间的码盘），将被测轴的角位移转换成脉冲列或某种制式的编码，并由此可得出转轴的位置或转速。光电编码盘有绝对式光电编码盘和增量式光电编码盘两种基本类型。绝对式光电编码盘输出的是编码［如二进制码或格雷码（GRAY）或 BCD 码］，它给出的是转轴对应的位置情况。增量式光电编码盘给出的是脉冲列，它可以同时给出转轴的转速、转向和位置情况。

㊀ 数字编码器有接触式、磁性和光电等几种。其中光电编码器应用最多，所以本节以光电编码器来说明它们的工作原理。

1. 绝对式光电编码盘

绝对式光电编码盘的示意图如图 2-9 所示，其检测原理示意图如图 2-9c 所示。

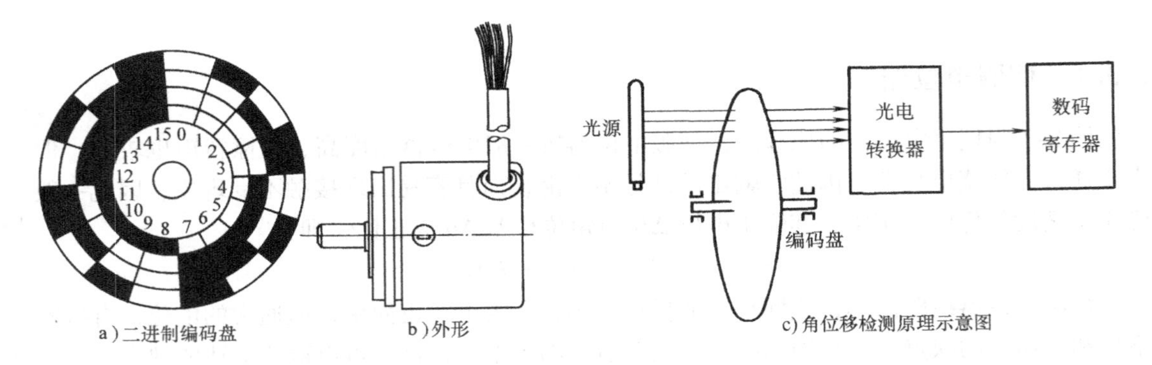

图 2-9　绝对式光电编码盘的二进制码盘、外形和角位移检测原理示意图

图 2-9a 所示的是一个二进制编码的绝对式光电编码盘，如今将圆盘分成若干等份（图 2-9 为 16 等份）；并分成若干圈，各圈对应着编码的位数，称为码道。图 2-9 所示的编码盘为四个码道。图 2-9a 即为一个四位二进制编码盘，其中透明（白色）的部分为“0”，不透明（黑色）的部分为“1”。由不同的黑、白区域的排列组合即构成与角位移位置相对应的数码，如“0000”对应“0”号位，“0011”对应“3”号位等。码盘的材料大多为玻璃，也有用金属与塑料制的。

应用编码盘进行角位移检测的示意图如图 2-9c 所示。对应码盘的每一个码道，有一个光电检测元件（图 2-9c 为四码道光电码盘）。当码盘处于不同的角度时，以透明与不透明区域组成的数码信号，由光电元件的受光与否，转换成电信号送往数码寄存器，由数码寄存器即可获得角位移的位置数值。

光电编码盘检测的优点是非接触检测，允许高转速，精度也较高。单个码盘可做到 18 个码道，组合码盘可做到 22 个码道。其缺点是结构复杂、价格较贵、安装较困难。但由于光电编码盘允许高转速，高精度，加上输出的是数字量，便于计算机控制，因此在高速、高精度的数控机床中获得广泛的应用。

图 2-10 为绝对式光电编码器在转盘工位检测中的应用。绝对式光电编码器输出的编码信号与转角位置是一一对应的，例如当输出信号为 0101（假设为二进制码）时，由图 2-9a 可知，它对应 5 号工位，通过计算机控制，便可使转盘准确地停在 5 号工位，继续进行加工。这种编码方式在加工中心（一种带刀库和自动换刀装置的数控机床）的刀库选刀控制中得到广泛应用。

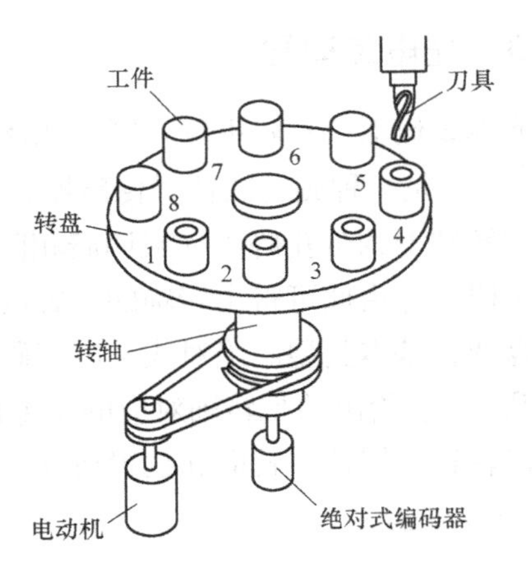

图 2-10　转盘工位检测中编码器的应用

2. 增量式光电编码盘

图 2-11 为增量式光电编码盘的结构示意图。它包括置于两副轴承中的转轴、码盘、发光二极管 LED、光栏板、光敏元件和电源及信号线连接座等

构成。

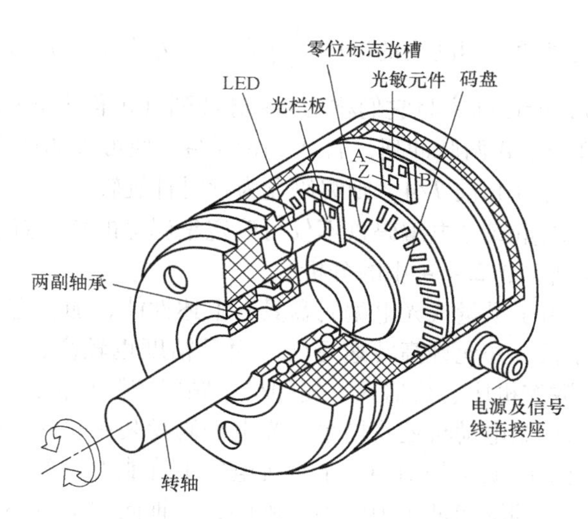

图 2-11 增量式光电编码盘结构示意图

光电编码盘与转轴连在一起。编码盘可用玻璃片（或塑料片）制成，表面镀上一层不透光的金属铬，然后在边缘制成向心透光缝隙。透光缝隙在编码盘圆周上等分，数量从几百条到几千条不等。这样，整个编码盘圆周上就等分成 n 个透光的槽。除此之外，增量式光电编码盘也可用不锈钢等金属薄板制成，然后在圆周边缘切割出均匀分布的透光槽，其余部分均不透光（金属编码盘每转缝隙一般在 2000 条以下），光电编码盘的光源常用有聚光效果的发光二极管（LED）。当光电编码盘随工作轴一起转动时，在光源的照射下，透过光电编码盘和光栏板缝隙形成忽明忽暗的光信号，光敏元件把此光信号转换成电脉冲信号，因此，根据电脉冲信号数量，便可推知转轴转动的角位移数值。

为了获得编码盘所处的绝对位置，还必须设置一个基准点［即起始零点（Zero Point）］，为此在编码盘边缘光槽内圈还设置了一个“零位标志光槽”（参见图 2-11），当编码盘旋转一圈，光线只有一次通过零位标志光槽射到光敏元件 Z 上，并产生一个脉冲（因此又称它为“一转脉冲”），此脉冲即可作为起始零点信号。参见图 2-11 的结构图、图 2-12a 的原理图和图 2-12b 的输出波形图。

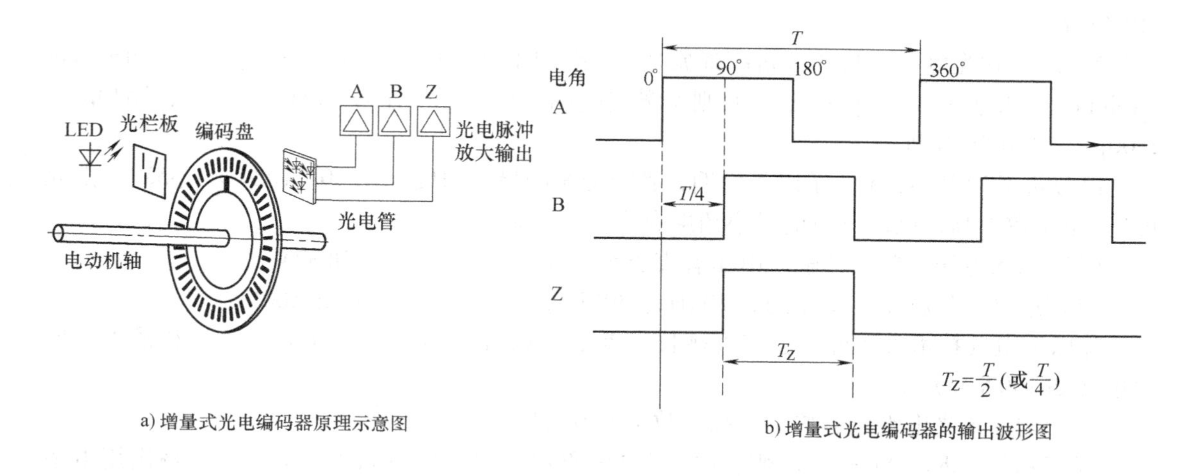

图 2-12 增量式光电编码器原理示意图及输出波形图

为了判断编码盘的旋转方向，光栏板上设置了两个相邻的缝隙，与两个相邻缝隙对应的有 A、B 两个光敏元件（参见图 2-11 和图 2-12a）。若设 A（或 B）产生脉冲的周期为 T，则希望 A 与 B 两个脉冲在时间上相差 $T/4$（90°电角），由此可推知，两个缝隙的间距应是编码盘两光槽间距的$\left(m+\frac{1}{4}\right)$倍（$m$为正整数）。由于A和B两个脉冲列相差$T/4$（90°电角），所以通常将它们称为cos脉冲列（A称为cos元件）和sin脉冲列（B称为sin元件）。对于A、B两脉冲列，若A超前$T/4$，便可推知如图2-12a所示的编码盘为逆时针旋转。反之，若B超前$T/4$，则编码盘为顺时针旋转。

增量式光电编码盘不仅可确定编码盘的角位置、角位移、转向，还可测定编码盘的转速（详见下节2.4.4中的分析）。

由于增量式光电编码盘具有上述性能，加上它是非接触式检测，没有接触磨损，编码盘寿命长，并允许高转速运转，而且精度也较高，因此在高转速、高精度的驱动控制系统中（如数控机床、机器人、复印机、阀门控制和精密仪器中）获得广泛的应用。此外许多高精度的伺服电动机还将增量式光电编码盘装在它的内部（连成一体）（见第14章分析）。光电编码盘的缺点是结构复杂，抗电气干扰能力较差，安装要求较高，此外，对玻璃材料的编码盘，受到轴向冲击力时容易破碎，耐轴向冲击力小。

3. 光电编码盘的主要技术参数（选型依据）

（1）输出类型

1）绝对式光电编码盘输出的是一组编码（二进制码或格雷码或BCD码），它可确定编码盘角位移，角位置与编码一一对应，不会因失电而丢失，抗干扰能力强，且可长距离（1000m）传输。

2）增量式光电编码盘输出的是脉冲列，可确定编码盘的角位移、转向和转速。光电编码盘输出的是数字信号，可很方便地与计算机接口连接。

（2）分辨率

1）绝对式光电编码盘的分辨率常用每转的位置数来表示。例如512位置/r，即在360°内产生512个独特代码。每转位置数愈多，则分辨率愈高。常见的分辨率有360位置/r、512位置/r等。

2）增量式光电编码盘的分辨率通常用每转产生的脉冲数（p/r）或（ppr）（pulses per revolution）来表示。若p/r数愈大则分辨率愈高。常见的分辨率有1024p/r、2540p/r、2500p/r、10000p/r等。

以分辨率为1024p/r的编码盘为例，其能分辨的最小角度$\alpha=360°/1024=0.352°$。由此可见，p/r数愈高，则能分辨的最小角度愈小，分辨率愈高。

（3）输入电压　常用的输入电压有直流5V、12V、15V、24V和32V等。

（4）最高工作频率　常见的有20kHz、30kHz、60kHz、100kHz和600kHz等。

除以上电气技术参数外，还有机械技术参数，如最大轴向受力（如50N）和最大径向力矩（如200Ncm）等。

（5）增量式光电编码器典型产品参数举例及说明

［**例2-1**］　ZKU8008—001型增量式光电编码器的技术参数如表2-1所示，输出用电缆导线颜色与信号名称对照如表2-2所示。

其中+5V、0V为电源线；U、V、W三个信号互差120°电角（参见图2-13），主要用于检测交流伺服电动机转子（磁极）的绝对位置，具体应用参见第14章。此外，每个信号均有其反相信号（如A与$\overline{A}$），主要作为差动信号输出，送往远处的运放器的正、反相输入端（采用差动输出—输入，可减小长距离传输时外界干扰对线路信号的影响）（参见图2-14）。

表 2-1　增量式光电编码器的技术参数

电源电压	DC +5V ±5%	输出用电缆	彩色电缆(见下表)
输出波形	方波	响应频率	0 ~ 200kHz
极数	(2.3.4)p(对极)(客户注明)	轴最大负荷	径向 30N,轴向 15N
分辨率	2000p/r	最高转速	5000r/min
零脉冲宽	$T_Z = \frac{1}{2}T$	消耗电流	≤180mA

表 2-2　电缆导线颜色与信号名称对照表

导线颜色	红	黑	绿	绿/黑	白	白/黑	黄	黄/黑	棕	棕/黑	灰	灰/黑	橙	橙/黑
信号	+5V	0V	A	$\overline{A}$	B	$\overline{B}$	Z	$\overline{Z}$	U	$\overline{U}$	V	$\overline{V}$	W	$\overline{W}$

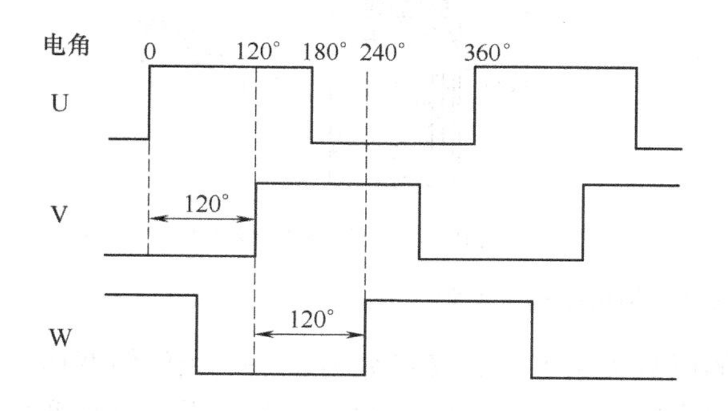

图 2-13　三个互差 120°电角的方波 U、V、W

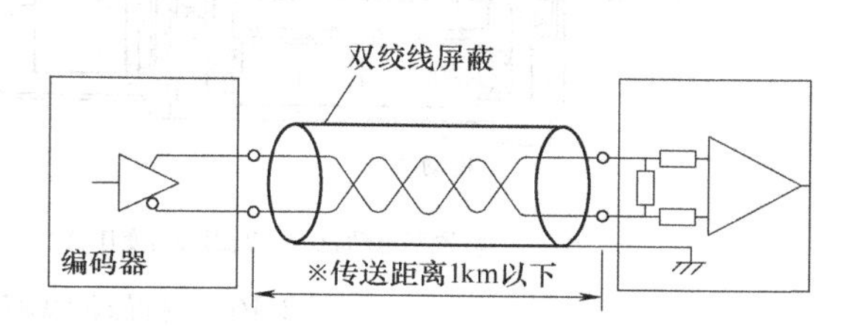

注意：传输距离主要依赖于环境条件。

图 2-14　差动信号输入的运放器

2.3.4　无刷旋转变压器

旋转变压器（Resolver）（简称旋变）是一种旋转式的变压器，它的外形类似一个微型电机（参见图 2-15、图 2-16 和 CAI 光盘），它由定子和转子两部分组成，定了和转子均为槽状铁心并嵌有绕组。其定子和转子绕组相当于变压器的一、二次绕组。当其中一个绕组通以一定频率的励磁交流电流时，则另一绕组中将有感应电动势产生，此电动势的大小除和励磁电压有关外，还和转子的转角有关（因转子绕组与定子绕组的耦合状况与转角有关），因此由感应电动势的大小便可间接测得转角的数值。

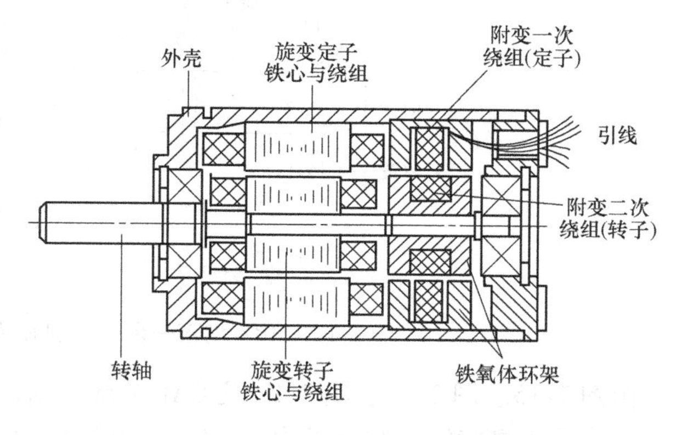

图 2-15　外置式无刷旋转变压器结构图

转子感应电动势引出的方式有两种：一种是通过集电环—电刷副引出，称为有刷旋转变压器；另一种则是在旋转变压器内部再增设一个附加变压器（简称附变），把与转角相关的信息传送出去（详见下面的介绍）。这样便省去了集电环与电刷，这种旋转变压器称为无刷旋转变压器（Brushless Resolver）。由于它没有机械滑动接触部分，因此工作可靠，精度高，寿命长，而且抗机械冲击和电磁干扰能力强，又可长距离传送，因而获得日益广泛的应用。

下面主要介绍无刷旋转变压器的基本结构、工作原理和它的应用。

1. 无刷旋转变压器的基本结构

在无刷旋转变压器中又分为外置式和内置式两种。外置式的特征是有转轴，结构如图 2-15 所示，它通过联轴器与电动机转轴相连；内置式的特征是留有轴孔，结构如图 2-16b所示，它套在电动机轴上，并用粘合剂固定，图 2-16a 为置于电动机内的无刷旋转变压器。

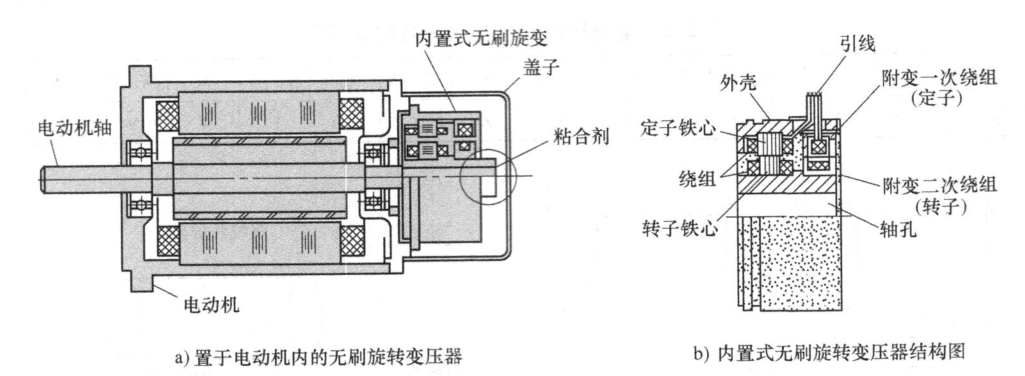

a) 置于电动机内的无刷旋转变压器　　b) 内置式无刷旋转变压器结构图

图 2-16　内置式无刷旋转变压器的结构与安装

对旋转变压器，按输出电压与转子转角间的函数关系不同，又可分为正—余弦旋转变压器、线性旋转变压器和比例式旋转变压器。下面主要介绍工业上常用的正—余弦无刷旋转变压器。

图 2-17 为日本多摩川公司 BRX 型正—余弦无刷旋转变压器原理示意图（图中符号为原产品符号）。

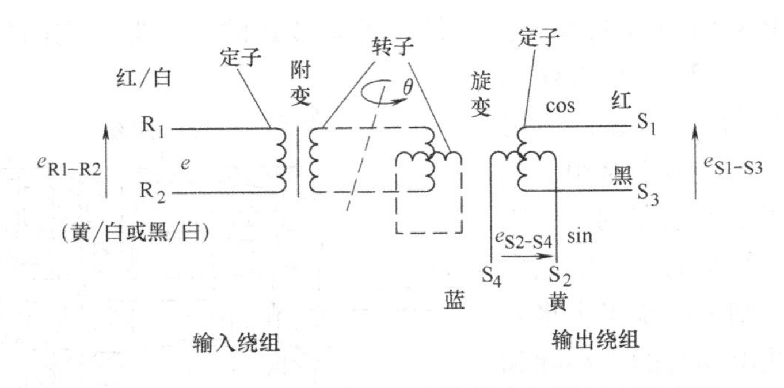

图 2-17　BRX 型正—余弦无刷旋转变压器原理示意图

由图 2-15、图 2-16、图 2-17 及 CAI 光盘可见，无刷旋转变压器实际上由两部分构成，其中一个是由槽状铁心和绕组构成的定子与转子（旋变本身），其定子与转子都各有两个绕组，由于这两个绕组在空间上相差 90°电角，所以一个称为正弦绕组，另一个则称为余弦绕组。无刷旋变的另一部分则是一个附加变压器（简称附变），它的一个绕组置于定子的铁氧体环内（为一次绕组），它的另一个绕组绕在转子铁氧体环上（为二次绕组），定子与转子的铁氧体环架构成磁路。如将附变一次绕组通以励磁电流，附变二次侧与旋变转子的余弦绕组相连，旋变转子正弦绕组自身短接，旋变定子的两个绕组（cos 与 sin 绕组）则为输出绕组（参见图2-17）。

2. 无刷旋转变压器的工作原理

在图2-17中，实线为定子绕组（左、右边各一组），虚线为转子绕组（中间的两组）。当附变一次侧通以励磁电流，则附变二次侧的感应电流将流过旋变转子的余弦绕组（旋变转子的另一个绕组自身短接，作为补偿绕组，以减小负载电流对输出电压波形产生的畸变影响）（参见图2-17）。旋变转子余弦绕组中的电流，通过电磁耦合，将在旋变定子的两个绕组中产生感应电动势。

综上所述，从整体来看，附加变压器定子绕组相当于一个输入绕组，它的输入电压即为励磁电压 e_o，今设

$$e_o = E_m \sin\omega_0 t$$

式中，ω_0 为励磁角频率，对应的励磁频率 f_0 通常为400Hz～10kHz。励磁频率愈高，经解码后的精度则愈高。

BRX型旋变的励磁电压为AC 7V（有效值），$f_0 = 10\text{kHz}$，最大电角误差为±10′。

旋转变压器的两个定子绕组相当变压器的两个输出绕组，它们的输出除与励磁电压e_o有关外，还与转子的转角 θ 有关，对余弦绕组：

$$e_{S1-S3} = Ke_o\cos\theta = KE_m\sin\omega_0 t\cos\theta$$

对正弦绕组：

$$e_{S2-S4} = Ke_o\sin\theta = KE_m\sin\omega_0 t\sin\theta$$

式中，K 为电压比。

由以上分析可见，BRX型正—余弦无刷旋转变压器是一相输入，两相输出，输出电压分别是转子转角 θ 的正、余弦函数[㊀]。

对上述正、余弦信号，通常可通过专用的解码芯片转换成常用的输出信号。图2-18为旋转变压器的输出信号，通过专用解码芯片（多摩川AU6802N1）（52引脚芯片）转换成等同于光电编码器的A、B、Z和U、V、W以及U_1、V_1、W_1的输出信号。由上节和下节的分析可知，由这些信号可获得转子的转角、转向和转速，以及为交流伺服电动机控制提供所需的换相指令信号（参见第14章）。这里，旋变输入的励磁电压主要来自解码芯片的励磁电

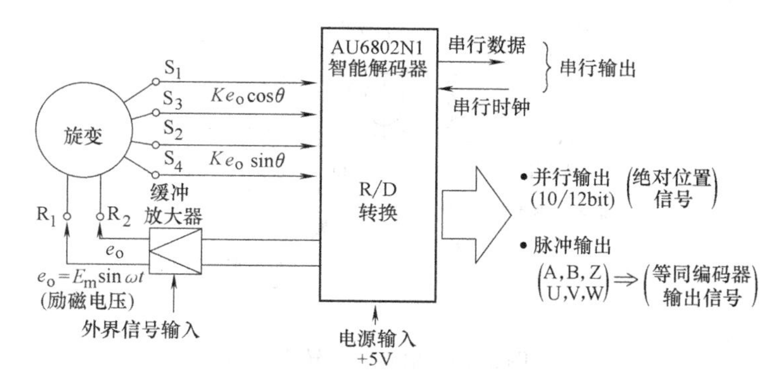

图2-18 旋转变压器输出通过专用解码芯片转换成常用信号

㊀ 也有正—余弦两相输入，一相输出的无刷旋转变压器，如BRT型。

源，由于芯片输出信号较小，因此再经过缓冲放大器（Buffer Amp.）将信号放大后，送往旋变的 R_1 和 R_2 端。励磁频率为10kHz或20kHz，将由输入芯片的指令决定。

3. 旋转变压器的应用

无刷旋转变压器检测精度高（可小于1′），使用可靠，维护方便，寿命长，耐机械冲击与抗电气干扰能力强，可远距离传送检测信号，因此被广泛应用于航空、航天、雷达、火炮等军事装备以及数控机床、机器人、自动阀门、汽车、纺织等工业设备中。

4. 扁平式旋转变压器

在实际应用中，除了上述类型的无刷旋转变压器外，还有一种仅检测绝对角度的扁平式旋转变压器，其外形如图2-19a所示，其定子与转子的示意图如图2-19b所示；其定子有三个绕组，一个是励磁绕组，另两个是正、余弦输出绕组；其转子是由硅钢片叠成的外形呈曲线状的铁心，由外形凸出部分的不同，可做成4极、6极及8极等多极的转子。转子外形如图2-19b所示，它的特点是转子与定子间的气隙与转轴的转角 θ 成正弦函数分布。当励磁绕组通以励磁电流以后，随着转子（铁心）的转动，由于定子—转子间气隙磁阻随转角 θ 成正弦函数分布，因此在定子输出绕组中将产生与 θ 呈正弦（或余弦）关系的感应电动势，其工作原理示意图如图2-19c所示。扁平式旋转变压器的输出电动势和后续的信号处理与上节“无刷旋转变压器的工作原理”中的叙述相同。

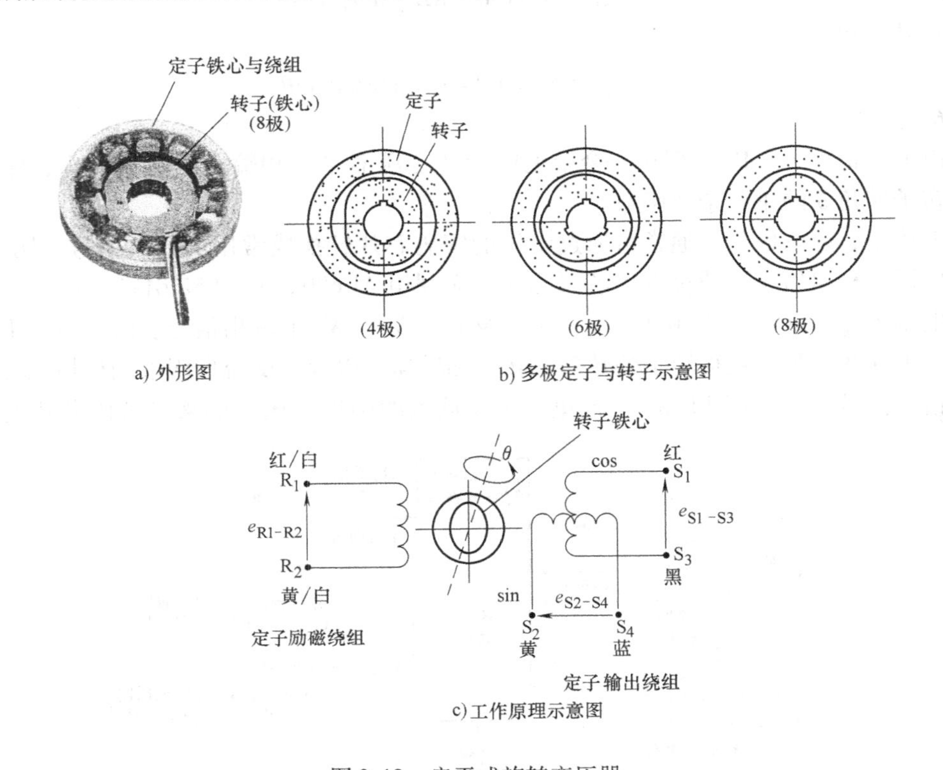

图2-19 扁平式旋转变压器

这种扁平式旋转变压器在运行条件恶劣的场合中获得广泛的应用。图2-20a为旋转变压器在混合动力汽车中检测轴的旋转位置；图2-20b为旋转变压器在燃料油（或气）管道阀门控制中检测阀门旋转的方位（转角）。

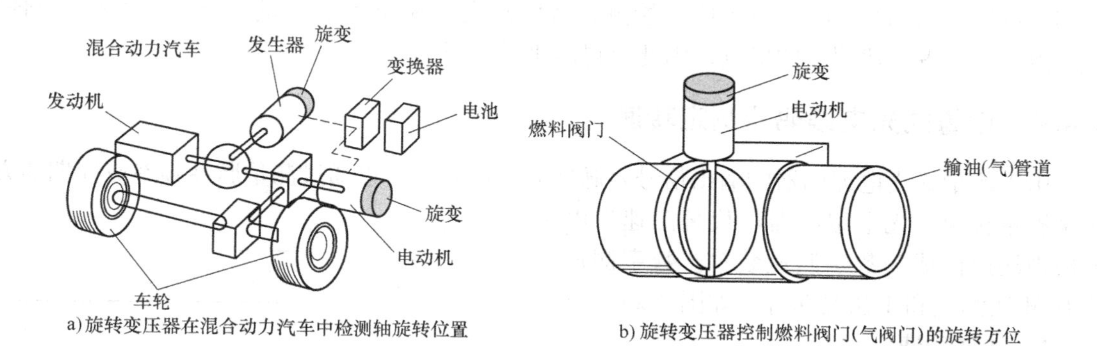

a)旋转变压器在混合动力汽车中检测轴旋转位置

b)旋转变压器控制燃料阀门(气阀门)的旋转方位

图2-20 扁平式旋转变压器的应用

2.4 转速检测元件

常用的转速检测元件有直流测速发电机、交流测速发电机、光电传感器、增量编码盘等。现从实际应用出发，介绍这几种测速元件的工作特性。

2.4.1 直流测速发电机

直流测速发电机的结构与直流伺服电动机相似，它的优点是输出特性［$u=f(n)$］基本上为线性（线性误差小于1%），单位转速产生的电压值（$\Delta u/\Delta n$）大。缺点是有换向器，运行时会有火花，可靠性较差，而且机械惯量也较大。目前用得较多的是稀土永磁式直流测速发电机（因它不需要励磁电源，且输出电压幅值较大）。（直流伺服电动机结构参见第3章）

2.4.2 交流测速发电机

交流测速发电机结构与两相交流伺服电动机相似，它的优点是构造简单，运行可靠，输出稳定，精度高，而且机械惯量小，因此在自动控制系统中也有许多应用。它的缺点是存在相位误差和剩余电压，单位转速产生的电压也小，此外它的输出特性还会随负载性质的不同而变化（两相交流伺服电动机的结构参见第3章）。

2.4.3 光电测速计

图2-21为光电测速计的结构原理图。旋转盘与被测转轴相连，转盘上刻有等间距的缝隙。指示盘具有与旋转盘相同间距的缝隙。在测量转速时，每当旋转盘转过一条缝隙，光线便产生一明一暗的变化，使光电元件感光一次，产生一个脉冲。当转轴不停旋转时，便产生一系列脉冲，此脉冲列的频率与转速成正比，因此检测脉冲频率即可得到相对应的转速。

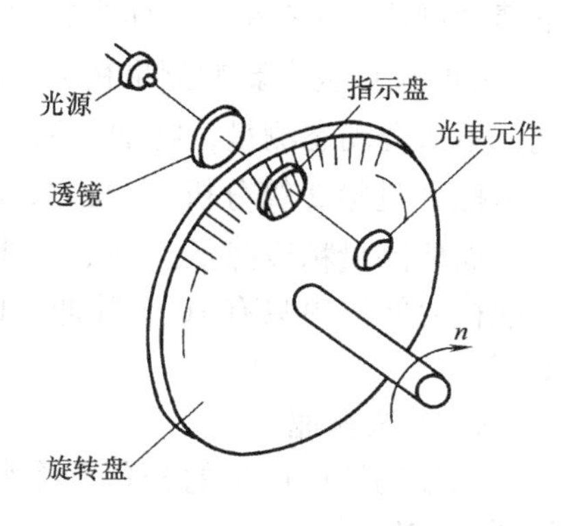

图2-21 光电测速计的结构原理图

这种测速方法所需的传感器结构简单，检测可靠，精度高，其精度可达0.02%，工作范围为0～7800r/min，分辨率可达0.1rad/s，而且为非接触检测，特别是它的输出为数字量，能供计算机控制使用。由于它有着上述明显的优点，因此获得越来越广泛的应用。

2.4.4 增量式光电编码器测定转速

由于增量式光电编码器的输出信号是脉冲列，因此，可以通过测量脉冲频率或周期的方法来测量转速。光电编码器可代替测速发电机的模拟测速而成为数字测速装置。数字测速方法有M法测速和T法测速等，如图2-22所示。

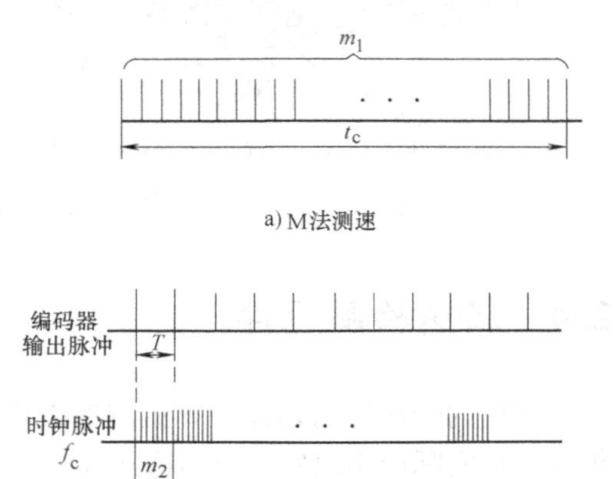

图2-22 增量式光电编码器测速方法

1. M法测速

在一定的时间间隔（取样时间）t_c内（如10s、1s、0.1s等），以编码器所产生的脉冲数来确定速度的方法，称为M法测速，如图2-22a所示。

若编码器每转产生N个脉冲，在t_c时间间隔内得到m_1个脉冲，则编码器所产生脉冲的频率为

$$f = m_1 / t_c$$

由于频率的单位为1/s，而转速的单位为r/min，于是由频率可推得编码器的转速n为

$$n = \frac{60f}{N} = \frac{60(m_1/t_c)}{N} = \frac{60m_1}{Nt_c}$$

若已知某光电编码器的技术指标为1024p/r（即$N=1024$），并且在$t_c=0.4$s时间内测得4K脉冲数（1K=1024）。于是由上式可得编码器转速n为

$$n = \frac{60m_1}{Nt_c} = \frac{60 \times 4 \times 1024}{1024 \times 0.4}\text{r/min} = 600\text{r/min}$$

M法测速适合于转速较快的场合。例如，脉冲的频率$f=1000$Hz，$t_c=1$s时，此时的测量精度可达0.1%左右；而当转速较慢时，编码器的脉冲频率较低，测量精度则降低。

t_c的长短也会影响测量精度。t_c取得较长时，测量精度较高，但不能反映速度的瞬时变化，不适合动态测量，特别是用作转速反馈时，取样时间t_c太长，会降低系统的稳定性和动态指标（见第2篇分析）。反之，t_c也不能取得太短，如太短会使在t_c时段内得到的脉冲太少，而使测量精度降低。例如，脉冲的频率f仍为1000Hz，若取样时间t_c缩短为0.01s，则在取样时间段里只有10个脉冲，1个脉冲的误差便是1/10或10%，显然误差太大，精度太低了。

2. T法测速

以编码器所产生的相邻两个脉冲之间的时间来确定被测转速的方法，称为T法测速，如图2-22b所示。

在T法测速中，必须使用一个作辅助用的标准频率f_c（其周期为T_c），例如设$f_c=$

1MHz，即 $T_c = 1\mu s$，现将 T_c 作为测量编码器周期 T 的“时钟”。

设编码器每转产生 N 个脉冲，若测出编码器输出的两个相邻脉冲上升沿之间时间段（参见图2-22b，即一个周期 T）内标准时钟脉冲的个数 m_2，这样就可得到编码盘脉冲的周期 T 的数值，即

$$T = m_2 T_c \quad \left(\text{或 } m_2 = \frac{T}{T_c} = \frac{f_c}{f}\right)$$

同理，由 $n = 60f/N$ 可得编码器的转速 n

$$n = \frac{60f}{N} = \frac{60}{TN} = \frac{60}{m_2 T_c N} = \frac{60f_c}{m_2 N}$$

若设某光电编码器的技术参数为1024p/r（即 $N = 1024$），并已知 $f_c = 1\text{MHz}$，且已测得在编码器脉冲周期 T 内有 $m_2 = 1000$ 个标准时钟脉冲，于是由上式可得

$$n = \frac{60f_c}{m_2 N} = \frac{60 \times 10^6}{1000 \times 1024}\text{r/min} = 58.6\text{r/min}$$

T法测速适合于转速较慢的场合。例如，当编码器输出脉冲的频率 $f = 10\text{Hz}$，$f_c = 10\text{kHz}$ 时，由前式有 $m_2 = f_c/f = 10\text{kHz}/10\text{Hz} = 1000$，因此测量精度可达0.1%左右；而当转速较快（编码器输出脉冲的周期较短）时，测量精度将降低。f_c 也不能取得太低，以至于在 T 时段内得到的脉冲太少，而使测量精度降低。

小　结

（1）检测系统通常由传感器（检测元件）、检测电路和输送、显示、记录等几部分组成。

（2）检测系统（或检测元件）的技术指标中，常用的有可靠性、量程、灵敏度、分辨率、精确度等，其中：

可靠性为平均无故障运行时间与工作寿命。

精确度为系统误差（准确度）和随机误差（精密度）的综合。

灵敏度为指示量的增量与被测量增量之比。

分辨率为能准确测出的被测量的最小增量。

（3）常用的线位移检测元件有磁栅传感器、光栅传感器等。其中，磁栅传感器的特点是精度高、结构简单、抗干扰性能较好、非接触测量、测量长度可达数十米，不足的是指示仪表较贵。光栅传感器测量精度高、抗干扰能力强，寿命长，输出量为数字量，便于计算机控制，因此应用日益广泛。

（4）常用的角位移检测元件有伺服电位器、圆磁栅传感器、无刷旋转变压器、光电编码器等。其中伺服电位器原理简单、价格便宜、但精度低，寿命也较短；圆磁栅传感器属于非接触式测量，测量精度高，抗干扰能力强；无刷旋转变压器惯性小，摩擦力矩也少，精度也较高，信号可远距离传送。

（5）光电编码器又分绝对式和增量式。它们的结构特点、输出信号、共同点、不同点以及用途列于表2-3中。

表 2-3 绝对式与增量式光电编码器的比较

比较方面 \ 型式	绝对式光电编码器	增量式光电编码器
码盘结构	多码道、多位置黑白相间编码	边缘为多位置光槽，内圈有一个零位标志光槽，设有相差 $T/4$ 的光槽栏板及对应光敏元件。此外还有互差120°电角的三个光槽与对应的栏板及光敏元件
输出信号	格雷码或二进制码或 BCD 码	A(cos)、B(sin)、Z(基准)及 $\overline{A}$、$\overline{B}$、$\overline{Z}$ 以及 U、V、W(三相换向指令)以及 $\overline{U}$、$\overline{V}$、$\overline{W}$
共同特点	非接触测量，无磨损、寿命长，精度高，可高速运转，信号可长距离输送，数字信号、便于与计算机接口连接；但结构复杂，安装困难，且价格也较贵	
不同特点	编码盘位置与编码数一一对应，失电后位置信息也不会丢失	通过 CPU 计算，可同时确定角位移、转向和转速
用途	精确的定位控制，如加工中心刀库的刀具更换控制等	需要同时检测系统的角位移、转速和转向的高性能控制系统，如数控机床、加工中心、机器人等

(6) 无刷旋转变压器的特点是输入励磁信号的绕组与输出检测角位移的（cos、sin）绕组均为定子绕组。它的信息传递途径如下图所示。

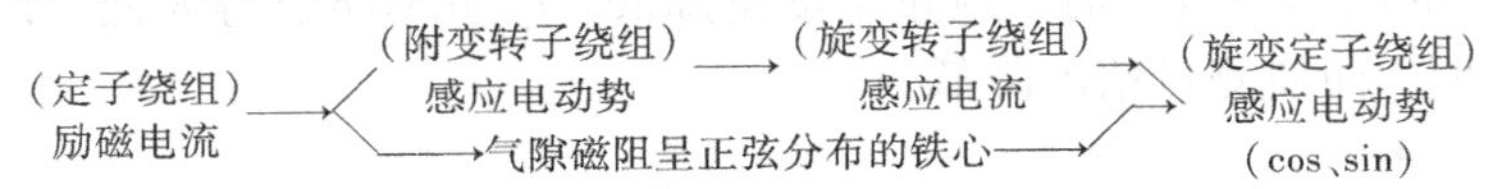

无刷旋转变压器的检测精度高，耐机械冲击及抗电气干扰能力强，工作可靠，可远距离检测，用途广泛。

(7) 常用的转速检测元件有直流测速发电机、交流测速发电机、光电测速计和增量编码盘等。在测速发电机中，用得较多的是稀土永磁式直流测速发电机；在自动控制系统中，用得更多的是增量式光电编码盘和光电测速计，因为它们输出的是数字量，便于计算机控制。

应用增量式光电编码盘测转速时，对高速运行，通常采用 M 法测速；对低速运行，通常采用 T 法测速。

思 考 题

2-1 测量的精确度与仪器的灵敏度及仪器的分辨率间有什么区别？

2-2 测量的系统误差与随机误差有什么区别？

2-3 在位置跟随系统中，若直线位移的长度为 1m，测量精度要求小于 0.01mm，且要求非接触式检测，则宜选哪一种检测元件？

2-4 在检测角位移时，常用哪些检测元件？

2-5 在数控机床伺服控制系统中，常用旋转变压器和增量式光电编码盘来检测角位移，试比较它们的优缺点。

2-6 在数控机床中，选择采用光栅或旋转变压器进行位置检测，试分析这两种方案的优缺点。

2-7 绝对式光电编码盘和增量式光电编码盘在结构、输出信号、性能特点和用途上各有什么不同？

2-8 在检测转速时，直流测速发电机与交流测速发电机各有什么特点？它们应用的场合有什么不同？

2-9　在采用光电编码盘进行测速时，什么情况下采用 M 法测速；什么情况下采用 T 法测速，这两种测速原理的区别何在？

读图练习

2-10　图 2-23 为一进口产品的结构示意图和原理示意图，请读出各部件的名称，说明它是什么器件，并简要说明它的工作原理。

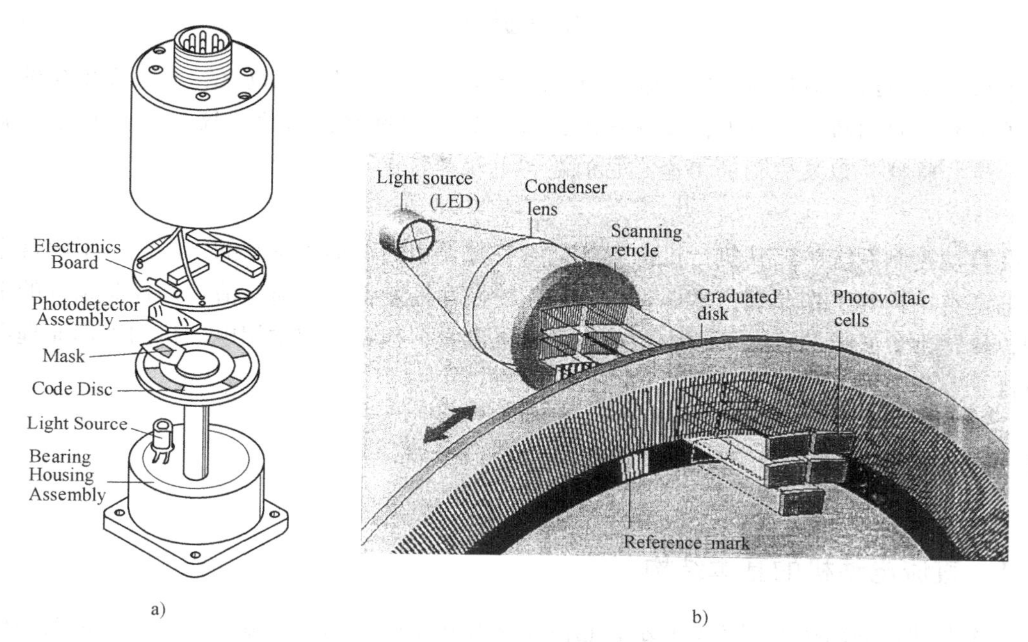

a)　　b)

图 2-23　某产品的结构示意图与原理示意图

第3章　常用电动机

内容提要

本章主要介绍自动控制系统中常用的直流电动机，三相异步电动机，交、直流伺服电动机。着重介绍它们的结构特点，工作原理，工作的物理过程，工作特性（机械特性、调节特性、运行特性）以及它们的用途。它们是“电机学”的核心内容。

在自动控制系统中，其执行机构大都是由各种类型的电动机驱动的，因此，了解常用电动机的基本结构和工作原理，掌握它们的工作特性和控制特点，对搞清自动控制系统的工作原理，便是十分必要的了。下面主要从物理过程出发，扼要介绍常用电动机的工作原理和工作特性，以作为对基础知识的复习和必要的补充。

3.1　直流电动机

3.1.1　直流电动机的基本结构

直流电动机的结构如图3-1所示，它由定子和转子两大部分组成。其中定子是电动机的静止部分，它的主体是机座、磁极和绕在磁极上的励磁绕组（微型电动机多采用永久磁钢作磁极）、电刷架与电刷、轴承和前后端盖等。转子是电动机的转动部分，通常称它为电枢，它的主体是轴、电枢铁心、电枢绕组、换向器和风扇等。直流电动机结构的主要特征是具有换向器和电刷。换向器是由许多楔形铜片围叠成空心的圆柱形，片间用云母片（或其他垫片）绝缘，每两片与一个电枢线圈相连；换向器装在转轴上，外表面与有弹簧压着的电刷相接触。换向器与电刷的作用，一方面使旋转着的电枢绕组能与静止的外电路（电源）相通，以引入直流电流；另一方面是为了使线圈中的电流方向能随线圈转入相反磁极时而同步反向。

3.1.2　直流电动机的工作原理

1. 直流电动机的转动原理

图3-2为直流电动机的工作原理示意图。图中N、S为一对主磁极，设电枢绕组只有一个线圈，因而对应的换向器也只需两个半圆形的铜片1和2，换向器上压着两个与外电路（电源）相通的电刷A和B。当合上开关S后，直流电流将由+→A→1→abcd→2→B→－，形成回路。这样，在磁极下的线圈ab边和cd边将在磁场中受到电磁力F的作用，力的大小$F=BlI$，力的方向遵循左手定则（如图3-2a所示），电磁力构成的电磁转矩T_e将使电枢沿逆时针方向旋转。

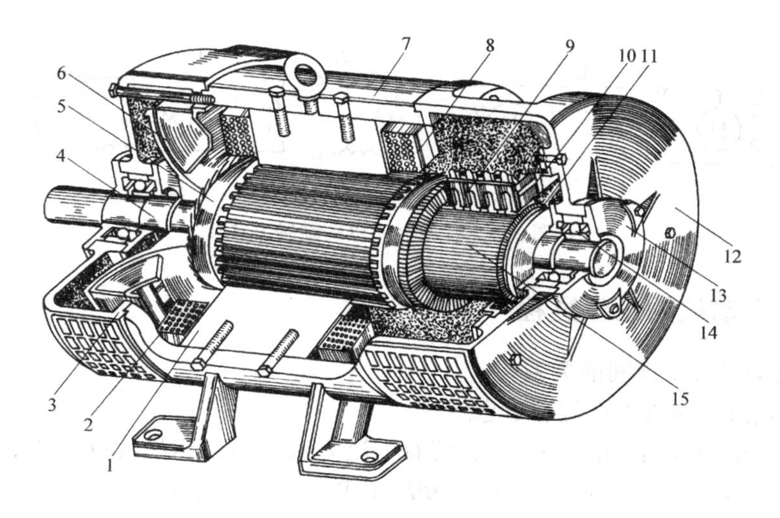

图 3-1 直流电动机的结构

1—磁极铁心 2—磁极绕组 3—后端盖 4—轴 5—电枢绕组 6—风扇 7—机座 8—电枢铁心 9—电刷 10—电刷架 11—轴承内盖 12—前端盖 13—轴承端盖 14—轴承 15—换向器

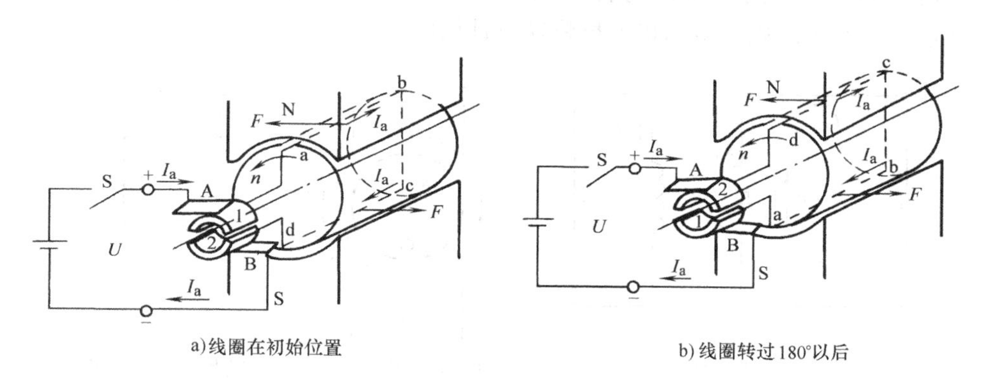

a)线圈在初始位置 b)线圈转过180°以后

图 3-2 直流电动机的工作原理

随着电枢的转动，线圈 ab 边将从磁极 N 处转到 S 极处（cd 边则转到 N 极处），如图 3-2b所示。这时换向片 1 也将随线圈（电枢）从与电刷 A 接触转到与电刷 B 接触，换向片 2 则转到与电刷 A 接触，此时电流将由 + →A→2 →dcba→1 →B→ − 。这样使处于磁极下线圈电流的方向能保持不变，从而保证电枢旋转时产生的电磁转矩的方向保持不变，实现电动机的连续转动。

2. 直流电动机的励磁方式

直流电动机的主磁场是由励磁绕组中的励磁电流产生的，由于励磁方式的不同，使得各种励磁方式的直流电动机具有不同的工作特性。直流电动机励磁方式有下列五种，如图 3-3 所示。其中，图 3-3a 为他励电动机，励磁绕组由另一组独立的电源供电；图 3-3b 为并励电动机，励磁绕组与电枢并联后由同一电源供电；图 3-3c 为串励电动机，励磁绕组与电枢串联后由同一电源供电；图 3-3d 为复励电动机，它既有并励绕组，又有串联绕组；图 3-3e 为永磁电动机，它的磁极为永久磁钢。下面主要以自动控制系统中用得较多的他励电动机为例，分析直流电动机的工作过程与工作特性。

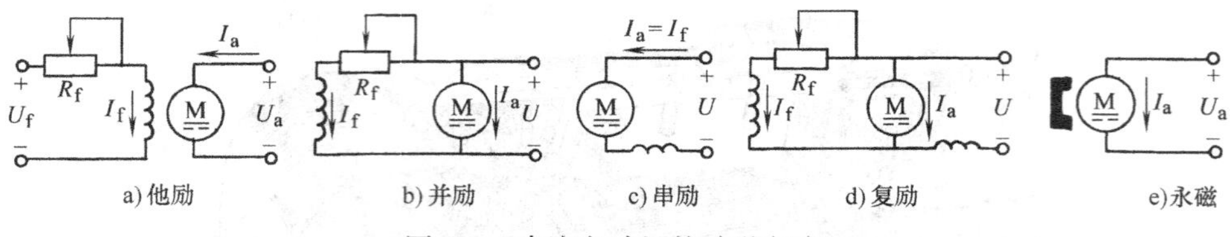

图 3-3　直流电动机的励磁方式

3.1.3　直流电动机的工作过程

1. 直流电动机各物理间的关系

图 3-4 为直流电动机工作状态示意图。

当电动机电枢两端加上电压 U_a 后，便有电流 I_a 在电枢绕组里流过，此电流在磁场作用下，产生电磁转矩 T_e。在物理中已知 $F=BlI_a$（式中 B 为磁极磁感应强度，l 为线圈有效长度），但在工程上通常写成 $T_e=K_T\Phi I_a$[㊀]，式中 Φ 为主磁极磁通，I_a 为电枢电流，K_T 为转矩恒量。由图 3-4c 可见，电枢电流 I_a 产生的磁场与主磁场（磁极磁场）垂直，产生的转矩为最大。当电磁转矩 T_e 大于负载阻力转矩 T_L 时，电动机便起动旋转，设此时 N 极下线圈电流方向向内，由左手定则，电动机电枢将逆时针旋转。

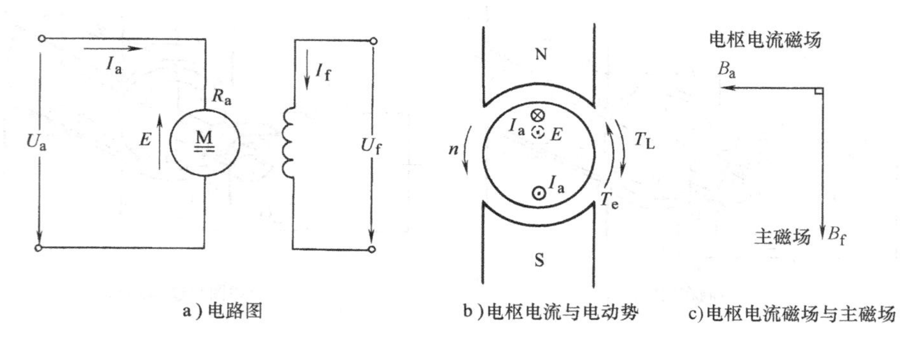

a) 电路图　　b) 电枢电流与电动势　　c) 电枢电流磁场与主磁场

图 3-4　直流电动机工作状态示意图

当线圈在磁场中运动并切割磁力线时，将产生感应电动势 E，由物理已知 $E=Blv$，但在工程上通常写成 $E=K_e\Phi n$[㊁]，式中 Φ 为主磁通，n 为电动机转速（单位为 r/min），K_e 为电动势恒量，由右手定则可知，其方向向外，与电流方向相反[㊂]（因而 E 又称为反电动势）。此电动势将阻碍电流通过，因此，电枢电流 $I_a=(U_a-E)/R_a$，式中 U_a 为电枢电压，E 为电动机电动势，R_a 为电枢电阻。由上式可得 $U_a=E+I_aR_a$。

㊀ 已知 $T_e=Fd$（d 为电枢等效直径），$B=\Phi/S$（Φ 为主磁极磁通，S 为磁极等效截面积），于是有 $T_e=Fd=BlI_ad=\left(\frac{ld}{S}\right)\Phi I_a=K_T\Phi I_a$。

㊁ 在 $E=Blv$ 中，线速度 v 的单位为米/秒，而转速 n 的单位为转/分，因此 $v=\pi dn/60$，式中 d 为电枢等效直径，而 $B=\Phi/S$，代入前式有 $E=Blv=\left(\frac{\pi ld}{60S}\right)\Phi n=K_e\Phi n$。

㊂ 在直流电动机的同一个磁场中，电流产生的电磁力方向按左手法则；而转速（与电磁转矩同向）产生的电动势则按右手法则；由此可推知，此电动势必定与电流相反，故常称它为电动机的反电动势。

当电动机处于匀速稳定运行时，由牛顿定律可推知，电动机处于力矩平衡状态，即 $T_e = T_L + T_f$，式中 T_e 为电磁转矩，T_L 为负载阻力转矩，T_f 为摩擦阻力转矩，当 $T_f \ll T_L$ 时，T_f 可略而不计，于是有 $T_e = T_L$。

综上所述，可得到直流电动机稳定运行时的关系式：

$$\begin{cases} U_a = I_a R_a + E \quad 或 \quad I_a = \dfrac{U_a - E}{R_a} & (3\text{-}1) \\ T_e = K_T \Phi I_a & (3\text{-}2) \\ T_e = T_L & (3\text{-}3) \\ E = K_e \Phi n \quad 或 \quad n = \dfrac{E}{K_e \Phi} = \dfrac{U_a - I_a R_a}{K_e \Phi} & (3\text{-}4) \end{cases}$$

由以上各式，便可进一步分析直流电动机工作的物理过程。

2. 直流电动机工作的物理过程

1）由式（3-1）~式（3-4），可得各物理量间的关系如下：

$$U_a \xrightarrow{I_a = \frac{U_a - E}{R_a}} I_a \xrightarrow{T_e = K_T \Phi I_a} T_e \xrightarrow{T_e \geq T_L} n$$

$$n \xrightarrow{E = K_e \Phi n} E \rightarrow U_a$$

2）当电动机负载转矩 T_L 发生变化时，直流电动机内部将会进行一个自动调节的过程，以达到新的平衡状态。现以 T_L 增加为例，介绍其自动调节过程。

$$T_L \uparrow \xrightarrow{T_e < T_L} n \downarrow \xrightarrow{E = K_e \Phi n} E \downarrow \xrightarrow{I_a = \frac{U_a - E}{R_a}} I_a \uparrow \xrightarrow{T_e = K_T \Phi I_a} T_e \uparrow$$

直至 $T_e = T_L$，达到新的稳态

由上述自动调节过程可以看出：

① 电动机内部的自动适应负载变化的能力，是通过电动机内部的反电动势 E 的变化而实现的。

② 电动机电磁转矩的大小，取决于负载（阻力）转矩；而电枢电流取决于电磁转矩，因而也就是电枢电流取决于负载转矩。

3.1.4　直流电动机的机械特性

电动机的机械特性通常是指电动机的转速 n 与转矩 T 间的关系。若从机械负载运行角度看，常采用 $n = f(T)$ 的形式[㊀]，即以 T 为自变量（横轴），n 为应变量（纵轴）。

由于直流电动机的机械特性是稳定运行状态间的关系，因此可从电动机稳态运行时的关系式（3-1）~式（3-4）导出转速公式（此时 $T_e = T_L = T$），即

$$n = \frac{E}{K_e \Phi} = \frac{U_a - I_a R_a}{K_e \Phi} = \frac{U_a}{K_e \Phi} - \frac{R_a}{K_e K_T \Phi^2} T = n_0 - \Delta n \qquad (3\text{-}5)$$

㊀ 严格讲，机械特性应为转速 n 与负载转矩 T_L 间的关系，即 $n = f(T_L)$，由于这里略去了摩擦阻力转矩，因此有 $T_e = T_L = T$，所以采用 $n = f(T)$ 形式，式中 T 采用电磁转矩。但请注意：T_e 与 T_L 性质不同，仅数值近似相等而已。

由式（3-5）可知：当 $T=0$ 时，$n=n_0=\dfrac{U_a}{K_e\Phi}$。

n_0 称为理想空载转速[⊖]，U_a 愈低，则 n_0 愈小。Δn 称为转速降，在同样的转矩 T 下，若 Δn 愈小，则机械特性愈好（称为“愈硬”，反之称为“愈软”）。

由式（3-5）可知，n 与 T 间的关系为一下垂的斜直线，如图 3-5 所示。对应不同的电枢电压 U_a，$n=f(T)$ 为一簇斜直线，U_a 愈小，斜直线愈低。

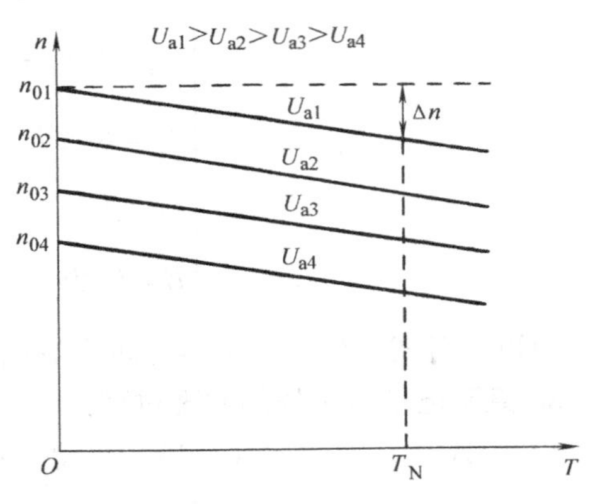

图 3-5 直流电动机的机械特性

由图 3-5 还可见，直流电动机从空载到满载，转速降 Δn 很小，转速变化不大（机械特性硬），所以**直流电动机的转速 n 的大小，主要取决于电枢电压 U_a**。

起动时，转速 $n=0$，因此，对应 $n=0$ 的 T 为起动转矩（T_{st}）。在图 3-5 中，则为 $n=f(T)$ 直线与横轴的交点，不难看出，交点在横轴很远处，这意味着**直流电动机的起动转矩很大，这也是直流电动机的一大优点**（当然，**起动时还要注意起动电流不可过大**）。

综上所述，直流电动机机械特性硬，而且呈线性［$n=f(T)$ 为直线］，起动转矩大，瞬时过载能力强，调速范围宽，这些都是它的优点，因而至今仍有着广泛的应用。它的缺点是有换向器，会产生火花，维护不便；也不适宜在矿井、加油站等不允许出现火花的场合使用。加上它体积大，价格贵，这些又限制了它的使用。

3.1.5 直流电动机的起动、反向和调速

1. 直流电动机的起动特性

在图 3-5 所示的机械特性 $n=f(T)$ 曲线上，当 $n=0$ 时，如前所述，即 $n=f(T)$ 曲线与横轴相交处，此时起动转矩 T_{st} 将很大，因此直流电动机可重载起动，这是直流电动机的一大优点。但在直流电动机刚接通电源的起动瞬间（转速 $n=0$），由式（3-4）有 $E=K_e\Phi n=0$，又由式（3-1）可知，起动电流 $I_a=\dfrac{U_a-E}{R_a}=\dfrac{U_a}{R_a}$，一般 R_a 是很小的，这样起动电流会很大，数值高达额定电流的十几倍（如某他励电动机 $P_N=40\text{kW}$，$U_N=220\text{V}$，$I_N=210\text{A}$，$R_a=0.07\Omega$，起动时，若全压起动，则起动电流 $I_a=U_a/R_a=220/0.07\text{A}=3143\text{A}$，为额定电流 I_N 的 15 倍）。这样大的起动电流会烧坏电动机与电源，因此**直流电动机是不允许直接起动的**。通常采取的办法是降低加在电枢两端的电压，或在电枢回路中串接附加起动电阻。

2. 直流电动机的反转

由决定转向的左手定则可知，改变直流电动机转向有两种方案，一是使电枢电压 U_a 的极性反向，二是使励磁绕组电压 U_f 的极性反向。这两种方案的利弊可参见第 10 章 10.1.1 中的分析。

⊖ 由于实际上总存在一定的摩擦阻力，$T=0$ 时，电动机不会转动，此处假设摩擦阻力为零，是“理想”状况，故称“理想空载转速”。

3. 直流电动机的调速方法

由式（3-5）$n=\dfrac{U_a-I_aR_a}{K_e\Phi}$可知，在负载转矩 T 一定的情况下，要改变转速 n 有三种方案：

1）在电枢回路串可变电阻，以改变电枢回路总电阻 R_a 的方法来改变转速。这种方法，电阻耗能多，仅适用于小电动机且调速要求不高的场合。

2）改变励磁电压，以改变磁通 Φ 的方法来改变转速。这种方法的不足是：磁通过大会饱和；磁通过小，会使电磁转矩减小，结果又会迫使电枢电流增大。

3）改变电枢电压 U_a 来改变转速，由图3-5可见，这种方法使电动机的机械特性上下平移，硬度不变。在 T 一定的情况下，n 与 U_a 成线性关系，调速范围大，且易于控制，因此这是直流调速系统中调速采用的主要方案。

3.1.6 他励直流电动机技术数据举例

他励直流电动机技术数据举例如表3-1所示。

表3-1 他励直流电动机技术数据举例

型　号	功率/kW	电压/V	电流/A	转速/（$r\cdot min^{-1}$）	励磁电压/V	绝缘等级
Z_3—95	30	220	160.5	750	220	B

3.2 三相异步电动机

3.2.1 三相异步电动机的基本结构

异步电动机又称感应电动机，它也是由定子和转子两部分组成，如图3-6所示。

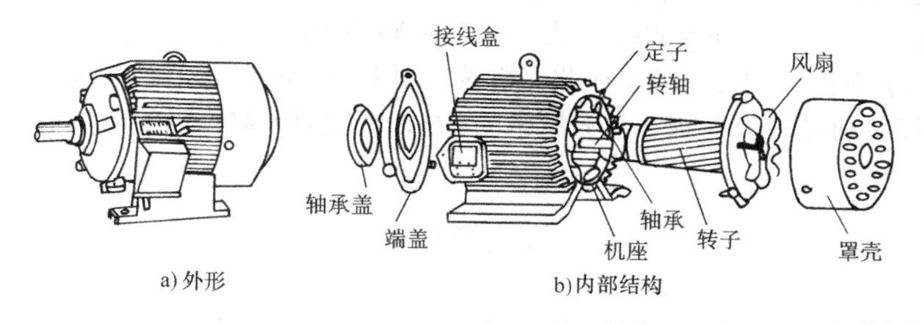

图3-6 三相笼型异步电动机的外形和结构

1. 定子

定子的主体是机座、定子铁心、定子绕组和前后端盖等。定子铁心由硅钢片叠成，铁心槽内嵌有U、V、W三相绕组，三相绕组的位置在空间上彼此互差120°（电角）。三相绕组可接成星形（Y）（4kW以下小功率电动机），也可接成三角形（△）（4kW以上电动机）。

2. 转子

转子的主体是转轴、轴承、转子铁心、转子绕组和风扇等。转子铁心也由硅钢片叠成。

转子绕组有笼型和绕线转子型两种结构。笼型转子绕组为嵌在槽内的裸铜条与焊接在两端的短接铜集电环构成的封闭回路，由于此回路好像白老鼠踩踏的笼子，所以又称鼠笼式转子（简称笼型转子），目前小功率的笼型回路多用铝材一次铸成。笼型异步电动机结构简单、运行可靠、维护方便、价格便宜，是所有电动机中应用最广泛的一种（如一般的机床、传动机械、农用机械等）。至于绕线转子型转子绕组，是在转子铁心槽内嵌入绝缘的三相铜绕组，并通过三副铜集电环—电刷引出与外电路相连，用以改变（或控制）转子电流的大小与相位，从而改善电动机的起动特性、调速特性和节约电能等。由于绕线转子型异步电动机结构复杂，维护麻烦，加上价格较贵，因此一般只用于功率较大、对起动与调速要求较高的场合（如起重机、轧钢机、矿井提升机等）。

3.2.2 三相异步电动机的工作原理

1. 异步电动机定子的旋转磁场

下面以二极电动机为例来说明旋转磁场的产生。二极电动机的三相绕组（U、V、W）在空间上彼此互差 120°（如图 3-7b 所示），现通以彼此在时间上互差 $T/3$（即互差 120°电角）的三相交流电流 i_U、i_V、i_W（三相电流波形如图 3-7c 所示）。现将三相绕组接成 Y 形，其中 U_1、V_1、W_1 为首端（电流参考方向为流入），U_2、V_2、W_2 为尾端（电流参考方向为流出），尾端连接在一起（如图 3-7a、b 所示），图 3-7b 中的虚线为绕组示意图。

我们可以根据三相电流在各个时刻的大小和流向，来画出它们产生的合成磁场，如在 $\omega t=0$ 处（即图 3-7c 中的 1 处），根据 $i_U=0$、i_V 为（－）i_W 为（＋），再依据图 3-7b 所示的参考方向（“＋”与参考方向一致，“－”便与参考方向相交），这样便可画出图 3-7d 中（1）所示的图形，然后再根据右手定则，由电流即可得到合成磁场的方向。

用同样的方法，可得到 $\omega t=120°$、$\omega t=240°$和 $\omega t=360°$等各个时刻的合成磁场情况，如图 3-7d 中的（2）、（3）和（4）所示。

由图 3-7d 不难看出：它们的合成磁场将是一个旋转的磁场。可以证明㊀，它还是一个匀速旋转的等大的磁场。由图 3-7d 还可见：对二极电动机，电流每变化一周，则磁场恰好旋转一圈。若电流的频率为 f，则每秒将旋转 f 圈；又由于它的单位为 Hz（1/s），而转速 n 通常用 r/min 表示，由于 1min = 60s，于是可知，旋转磁场的转速 $n=60f$。

若电动机为 p 对极，则三相绕组彼此在机械空间上的间隔为 $120°/p$。这样，电流变化一周，磁场从 N 极转到另一个 N 极，只有原来的 $1/p$，因此对 p 对磁极的电动机，旋转磁场的转速 n_1 便为

$$n_1=\frac{60f}{p} \tag{3-6}$$

n_1 又称为同步转速。当 $f=50\text{Hz}$ 时，对 $p=1$、2、3、4 的电动机，它们的同步转速 n_1 分别为 3000r/min、1500r/min、1000r/min 和 750r/min，这些都是常遇到的数据。

2. 异步电动机的转动原理

设电动机定子的旋转磁场以同步转速 n_1 逆时针转动，如图 3-8 所示，则转子线圈将切割磁力线，产生感应电动势 E_2，由于转子绕组为闭合回路，因而形成感应电流 I_2，由右手定

㊀ 数学证明可见 CAI 光盘。这一点，在物理上也是不难想像的，在空间互差 120°电角度，在时间又互差 1/3 周期的三个电流产生的综合磁场，就像广告牌边沿上依次发亮的彩灯，看上去，灯泡好像在环绕广告牌旋转一样。

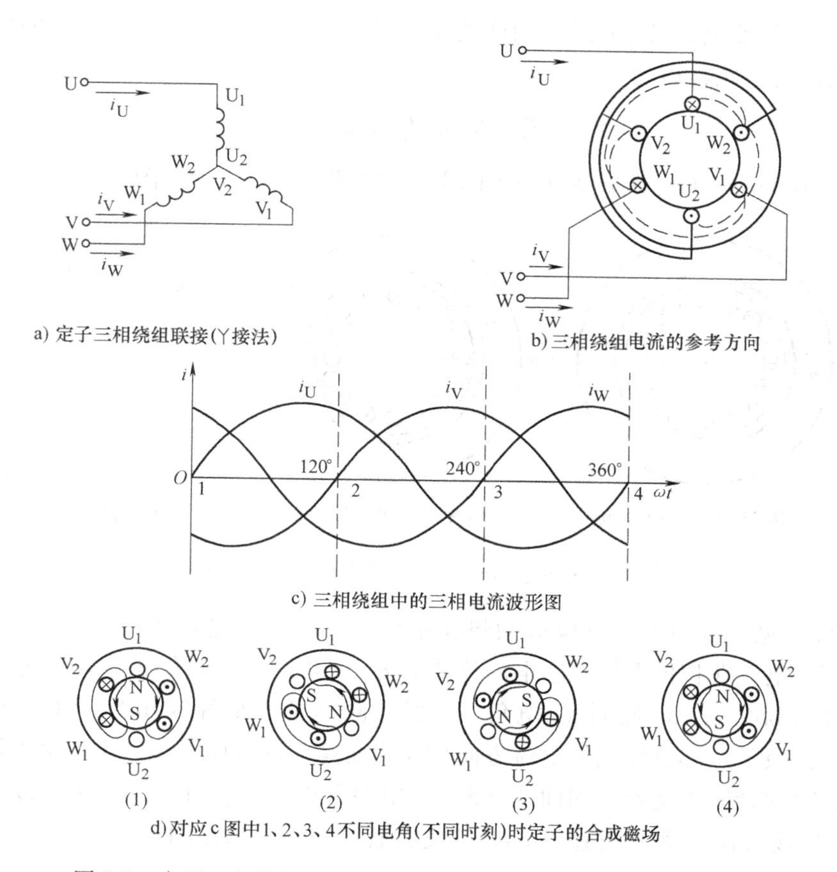

图 3-7 定子三相绕组通以三相电流时产生的合成磁场（旋转磁场）

则，可判定上部导线电流向里，下部导线电流向外[⊖]。此电流 I_2 在原磁场中，将产生电磁力 $\boldsymbol{F}$，它们将构成电磁转矩 T_e，由左手定则可确定电磁力的方向，由图3-8可见，T_e 与 n_1 的方向一致，它将驱动转子沿 n_1 的方向转动，其转速为 n。

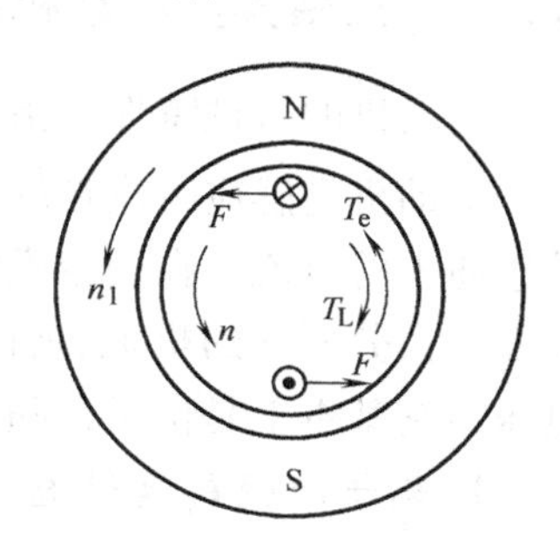

图 3-8 异步电动机的转动原理示意图

由以上分析可推知，n 必小于 n_1（即 $n < n_1$）。因为若 $n = n_1$，则相对转速 $\Delta n = n_1 - n = 0$，没有相对运动，导线不割切磁力线，那么上述的过程不会形成。因此，n 必定小于 n_1。这就是“异步”电动机的由来。由于转子的电流是感应产生的，所以又称它为感应电动机。

3.2.3 三相异步电动机的电磁转矩

由电磁作用力（参考直流电动机电磁转矩的形式）可知，电磁转矩 T_e 将与主磁通 Φ 及转子电流 I_2 成正比。由于转子电流是感应产生的交流电，转子绕组对交流电，不仅存在电阻 R_2，而且还有漏磁电感产生电感抗 X_2，电感抗不仅使电流减小，还使电流的相位较电动势

⊖ 注意：导线切割磁力线的方向与磁场运动的方向相反。

滞后 φ_2 电角，它将使电磁转矩减小，因此还要乘以一个系数 $\cos\varphi_2$（转子电路的功率因数），这样异步电动机的电磁转矩为

$$T_e = K_T \Phi I_2 \cos\varphi_2 \tag{3-7}$$

式（3-7）中 $\cos\varphi_2$ 对电磁转矩 T_e 产生影响的物理过程，可参见图 3-9。

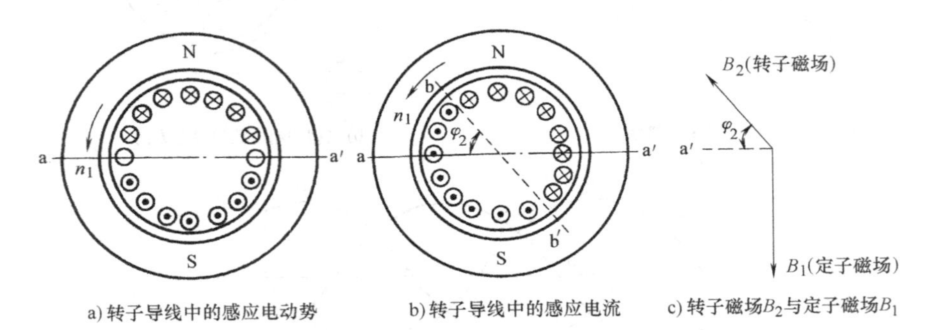

图 3-9 $\cos\varphi_2$ 系数对 T_e 产生影响的物理过程

由图 3-9a 可见，线圈中的感应电动势在中性面[⊖] aa′上方是向里的，在 aa′下方是向外的。但由于感应电流在相位上较感应电动势滞后 φ_2 电角度，而磁场是在旋转着的，这意味着电流的中性面 bb′要较 aa′滞后 φ_2 电角。这样，便形成了如图 3-9b 所示的情况，由图可见，在同一个磁极下，部分导线的电流方向相反。而这些反方向电流产生的电磁转矩，与主转矩相反，它将使合转矩削弱，因而式（3-7）中要乘以 $\cos\varphi_2$ 的系数。这时转子电流磁场（B_2）与定子磁场（B_1）距垂直还差 φ_2，它使合转矩减小，参见图 3-9c。

3.2.4 三相异步电动机的机械特性

电动机的机械特性是指电动机的转速 n 与负载转矩 T_L 间的关系［即 $n=f(T_L)$］，由于异步电动机是感应电流在旋转磁场中产生的电磁转矩，情况比较复杂（而直流电动机则是外边通入的电流，在固定磁场中产生电磁转矩的），所以从式（3-7）所示的电磁转矩公式出发，去分析它的机械特性。在式（3-7）$T_e = K_T\Phi I_2\cos\varphi_2$ 中，主磁通 Φ 主要取决于定子电压，它基本上是恒量，随转速变化的主要是 I_2 与 $\cos\varphi_2$，现分述如下：

1. 转子电流 I_2 与转速 n 的关系

在起动时（$n=0$），磁场切割转子绕组的相对速度（转速差 Δn）最大，因此产生的感应电动势 E_2 也最大，它将形成很大的转子电流 I_2。随着转速 n 增大，则有 $n\uparrow \rightarrow \Delta n\downarrow \rightarrow E_2\downarrow \rightarrow I_2\downarrow$，电流 I_2 逐渐减小，I_2 与 n 间的关系如图 3-10a 中的曲线 a 所示。

2. 转子电路功率因数 $\cos\varphi_2$ 与转速 n 间的关系

由电工基础可知

$$\cos\varphi_2 = \frac{R_2}{\sqrt{R_2^2 + X_2^2}} \tag{3-8}$$

⊖ 中性面是感应电动势（或电流）为零的平面。

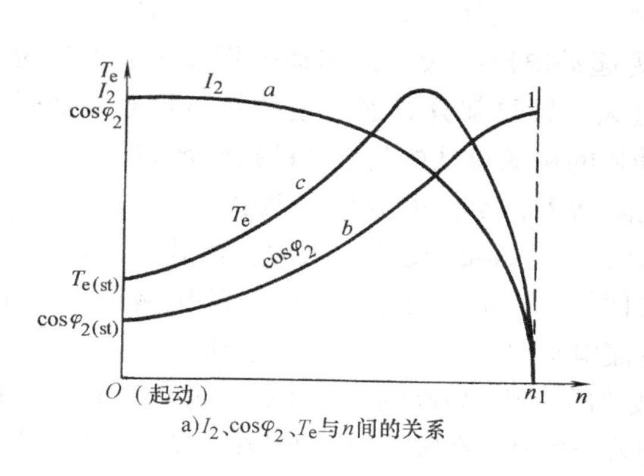

a) I_2、$\cos\varphi_2$、T_e与n间的关系

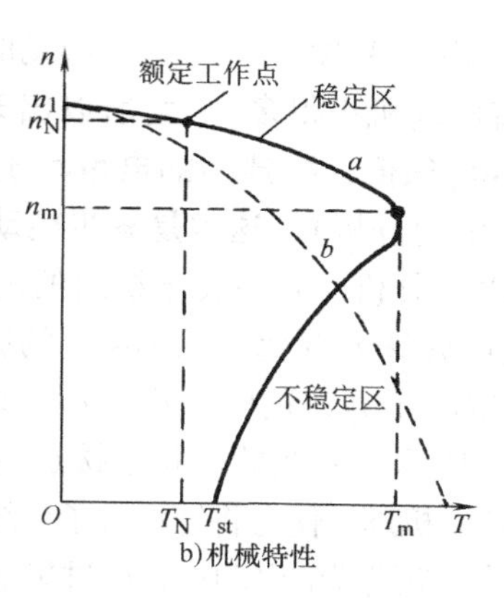

b) 机械特性

图 3-10 三相异步电动机的机械特性

式中，R_2 为转子电路电阻；X_2 为转子电路漏磁电抗。而 $X_2=2\pi f_2 L_2$，式中 f_2 为转子感应电动势（或电流）的频率，L_2 为漏磁电感。

在起动时，$n=0$，$\Delta n=n_1-n=n_1$（最大），这使 f_2 亦为最大（$f_2=f_1$），因此 X_2 亦为最大，由式（3-8）可知，若转子电阻 R_2 很小，当 X_2 很大时，则 $\cos\varphi_2$ 将很小，参见图3-10a。随着转速 n 的增加，有 $n\uparrow\rightarrow\Delta n\downarrow\rightarrow f_2\downarrow\rightarrow X_2\downarrow\rightarrow\cos\varphi_2\uparrow$，在这过程中 R_2 是不变的。$\cos\varphi_2$ 与 n 间的关系如图 3-10a 中的曲线 b 所示。

3. 电磁转矩 T_e 与转速 n 间的关系

由式（3-7）$T_e\propto I_2\cos\varphi_2$，于是将 $I_2\sim n$、$\cos\varphi_2\sim n$ 两根曲线上对应同一个 n 点的 I_2 与 $\cos\varphi_2$ 的数值相乘，即可得到 $T_e\sim n$ 的曲线，参见图 3-10a 中的曲线 c。

4. 异步电动机的机械特性

如前所述，机械特性为 $n=f(T_L)$，而负载转矩 $T_L=T_e-T_f$，式中的 T_f 为摩擦转矩，当 $T_f\ll T_L$ 时，可将 T_f 略而不计，于是有 $T_L=T_e=T$，这样，由图 3-10a 中的曲线 c，将纵、横坐标改换一下，即可得到如图 3-10b 中的曲线 a，这就是异步**电动机的机械特性曲线**。

5. 异步电动机机械特性分析

（1）最大转矩 T_m　与直流电动机机械特性相比，最大的差异是，**三相异步电动机有一个最大转矩 T_m，机械负载阻力转矩 T_L 必须小于 T_m**。T_m 的数值就是 $T_e=f(n)$ 曲线的极大值，见图 3-10a 中的曲线 c。若 $T_L\geqslant T_m$，则电动机将堵转。一般 $T_m=(1.8\sim2.2)T_N$（T_N 为额定转矩），由此可见，**异步电动机的过载（包括瞬时过载）的能力是不大的**。

（2）稳定区和不稳定区　以最大转矩 T_m 为界，机械特性分为两个区域，上边为稳定运行区，下边为不稳定区，这也是与直流电动机有着显著差别的地方。

1）在稳定运行区：当 $T_L\uparrow\rightarrow n\downarrow\rightarrow T_e\uparrow$ 直至 $T_e=T_L$ 为止，达到新的平衡状态。**稳定运行区是电动机正常工作的稳态区域**（参见 3.2.5 分析）。

2）在不稳定区：当$(T_L\geqslant T_m)\rightarrow n\downarrow\rightarrow T_e\downarrow\rightarrow n\downarrow\downarrow\rightarrow T_e\downarrow\rightarrow n\downarrow\downarrow\rightarrow(n=0)$（堵转）。反之，当 $T_L<T_m$ 时，$n\uparrow$ 迅速进入稳定区，**不稳定区是起动过程中的一个过渡区**。

3）起动特性　由图 3-10a 可见，起动时，转子电流 I_2 很大，而定子电流 I_1 与 I_2 成正比（与变压器一、二次侧相似，$I_1=I_2/K_i$），因此，起动时，I_1 也很大，一般 $I_{1(st)}=(4\sim7)I_N$（I_N 为额定电流）（参见 3.2.5 分析）。

同样，由图 3-10a、b 可见，起动时，起动转矩（T_{st}）却不大，一般 $T_{st}=(0.8\sim2.2)T_N$（比直流电动机小得多）。**之所以出现起动电流很大，而起动转矩却不大的情况，是由于起动时 $\cos\varphi_2$ 很低，I_2 滞后的电角 φ_2 过大，导致部分导线产生的转矩相互抵消过多的缘故**（见 3.2.3 中的分析），**这也是异步电动机的机械特性如此怪异的症结所在**。

根据以上分析，若使转子绕组的电阻增大，不仅可减小起动电流、提高 $\cos\varphi_2$，还可减小 X_2（它随转速 n 变化）对 $\cos\varphi_2$ 的影响。当 $\cos\varphi_2$ 变化不大时，由式（3-7）可知，这时 T_e 便主要取决于 I_2，这样，$T_e\sim n$ 曲线便与 $I_2\sim n$ 曲线相近。这时的机械特性便如图 3-10b 中的曲线 b 所示。曲线的形状已接近直流电动机，并具有较大的起动转矩。

根据这一机理，便有将笼形转子导线改用电阻率较高的材料（如黄铜、青铜）的电动机，也有将转子做成绕线式的电动机，通过集电环与电刷，在转子绕组回路中（起动时）增加电阻。

3.2.5 三相异步电动机的工作过程和运行特性

1. 工作过程

当负载阻力转矩 T_L 增加时，异步电动机内部的自动调节过程如下：

$$\Phi\downarrow \longrightarrow E_1\downarrow \longrightarrow I_1\uparrow$$

$$T_L\uparrow \xrightarrow{T_e<T_L} n\downarrow \longrightarrow \Delta n\uparrow \longrightarrow E_2\uparrow \longrightarrow I_2\uparrow \longrightarrow T_e\uparrow$$

直到 $T_e=T_L$ 时为止（$T_L<T_{max}$）

当负载增加 T_L 增大时，转速 n 略有下降，使转差 Δn 增大，转子感应电动势 E_2 将增大（E_2 与 Δn 成正比），这样转子电路的感应电流 I_2 也将增大（I_2 与 E_2 成正比），并使电磁转矩 T_e 增大，直至 $T_e=T_L$ 达到新的平衡状态（条件是 $T_L<T_m$，否则电动机将堵转）。与此同时，当转子电路电流 I_2 增加时，它将使主磁通 Φ 略有削弱，而定子电路的感应电动势 E_1 与主磁通 Φ 成正比，这导致 E_1 略有减小，由于定子电流 $\dot I_1=(\dot U_1-\dot E_1)/Z_1$（$\dot U_1$ 为定子电路电压，Z_1 为定子电路阻抗），E_1 减小，将使 I_1 增加[⊖]。上述过程表明，**转子和定子间的联系，是由电动机气隙间的主磁通（工作磁通）构成的电磁联系（与变压器相似）**。

由以上分析可见，异步电动机电磁转矩 T_e，取决于负载转矩 T_L，而转子电流 I_2 则取决于电磁转矩 T_e，定子电流 I_1 又取决于转子电流 I_2，即 T_L 决定 T_e，T_e 决定 I_2，I_2 决定 I_1，因此**定子电流 I_1 归根到底取决于负载 T_L 的大小**。

2. 运行特性

电动机的运行特性是指在电源电压 U_1 和频率 f_1 固定为额定值时，电动机定子电流 I_1、定子电路的功率因数 $\cos\varphi_1$ 以及电动机效率 η 与电动机输出机械功率 P_2 之间的关系。这些关系可用 $I_1=f(P_2)$、$\cos\varphi_1=f(P_2)$ 和 $\eta=f(P_2)$ 三条曲线表示，如图 3-11 所示。

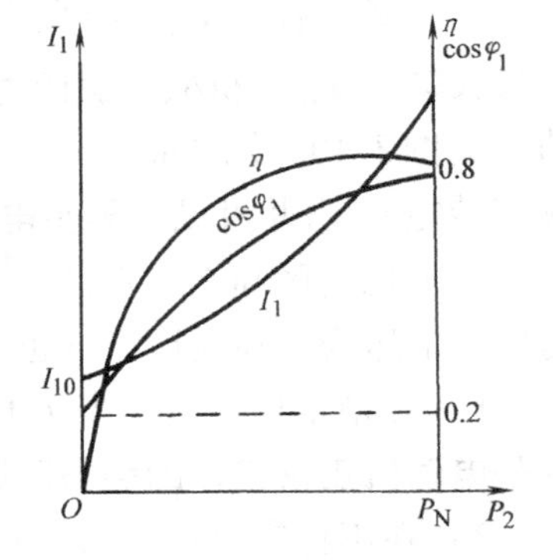

图 3-11 异步电动机的运行特性

⊖ 在 $\dot I_1=(\dot U_1-\dot E_1)/Z_1$ 中，$I_1Z_1\ll U_1$，因此当 E_1 略有下降时，将使 I_1 增加较多；电动机从空载到满载，E_1 变化并不多，这意味着工作磁通 Φ 变化不多，基本保持恒量（与变压器的电磁过程相似）。

（1）$I_1=f(P_2)$ 曲线　前已述及，异步电动机定子电流 I_1 随输出负载的增大而增大，其原理与变压器一次电流随负载增大而增大相似。但空载电流 I_{10} 比变压器大得多，约为额定电流的20%～40%。

（2）$\cos\varphi_1=f(P_2)$ 曲线　异步电动机空载电流 I_{10} 是产生工作磁通的励磁电流，是电感性的，所以空载时的功率因数很低，一般在0.2左右，电动机轴上加机械负载后，随着输出功率的增大，功率因数逐渐提高，到额定负载时一般为0.7～0.9。

（3）$\eta=f(P_2)$ 曲线　电动机的效率 η 是指其输出机械功率 P_2 与输入电功率 P_1 的比值，即

$$\eta=\frac{P_2}{P_1}\times100\%=\frac{P_2}{\sqrt{3}U_{\mathrm{L}}I_{\mathrm{L}}\cos\varphi_1}\times100\%$$

$$=\frac{P_2}{P_2+\Delta P_{\mathrm{Cu}}+\Delta P_{\mathrm{Fe}}+\Delta P_{\mathrm{m}}}\times100\%$$

式中，ΔP_{Cu}、ΔP_{Fe} 和 ΔP_{m} 分别为铜损、铁损和机械损耗；U_{L} 为线电压；I_{L} 为线电流，$\cos\varphi_1$ 为定子相功率因数；P_2 为输出机械功率。

空载时，$P_2=0$，而 $P_1>0$，故 $\eta=0$；随着负载的增大，开始 η 上升很快，后因铜损迅速增大（铁损和机械损耗基本不变），η 反而有所减小。η 的最大值一般出现在额定负载的80%附近，其值约为80%～90%。

由图3-11可知，三相异步电动机在其额定负载的70%～100%时运行，其功率因数和效率都比较高，因此应该**合理选用电动机的额定功率，使它运行在满载或接近满载的状态，尽量避免或减少轻载和空载运行的时间。**

3.2.6 三相异步电动机的起动、反转和调速

1. 三相异步电动机的起动

起动的方式有两大类：

（1）直接起动　容量在7kW以下的小型电动机通常采用直接起动。

（2）减压起动　由于容量较大的三相异步电动机的起动电流很大，会对电网造成很大冲击，这是不允许的。因此要通过降低起动时加在电动机上的电压来降低起动电流。降低起动电压的常用方法有：

1）Y-△换接起动。4kW以上的三相异步电动机的定子绕组通常为三角形接法，较大功率三相异步电动机起动时，可将三角形接法换接成星形，这样加在定子每相绕组上的电压降低为原来的 $1/\sqrt{3}$。待起动完成后，再换接成原先的三角形。

2）采用自耦变压器减压起动。自耦变压器的电压比通常有80%、60%和40%三档可供选择。

3）采用软起动器减压起动。软起动器是一个采用晶闸管的三相交流调压装置，它可实现低电压起动，起动后电压逐步上升至额定值，从而实现平稳的起动。

以上这些降压装置都有现成的系列产品供应。减压起动虽然降低了起动电流，但同时也降低了起动转矩（因 $T_{\mathrm{e}}\propto U_1^2$），会影响电动机的带载能力，减压起动不能重载起动，这是采用减压起动时必须注意的问题。

2. 三相异步电动机的反转

由于电动机的转向取决于定子旋转磁场的转向，而旋转磁场在空间的旋转方向，则由电流的相序[㊀]来决定。由图 3-7 不难发现，三相绕组中任意两相绕组接入的电压互换，即可使转向反向（若 U →V →W 构成的圆圈的转向为顺时针，则 V →U →W 或 U →W →V 或 W →V →U 构成的圆圈的转向均为逆时针）。因此，只要将定子绕组三相端线 U、V、W 中的任意两根互换一下接上电源，即可改变电动机的转向。

3. 三相异步电动机的调速

三相异步电动机的调速方案有多种，下面主要介绍笼型电动机几种常用的调速方案。

（1）变极调速　由于三相异步电动机的转速 n 十分接近同步转速 n_1（$n \approx n_1 95\%$），由式（3-6）$n_1 = 60f/p$ 可见，改变极对数 p，即可改变转速，因此，市场上有多速电动机产品（如 2/4 极双速电动机）。但这种变速方案只能使转速成倍的增加（或减小），无法实现无级调速。

（2）调压调速　当电动机电压 U_1 改变时，电动机的机械特性 $n = f(T)$ 也将发生变化，如图 3-12a 所示。降低定子电压 U_1，即可使转速降低。但电压降低时，会使机械特性变软，起动转矩减小，这是它的缺点。图中 U_{1N} 为额定时的定子电压。由于外加电压一般不宜超过电动机的额定电压，因此这种方案只能在额定电压以下通过降压进行无级调速。但这是以机械特性变软及带载能力下降为代价的。

（3）变频调速　由式（3-6）$n_1 = 60f/p$ 可见，改变供电电源电压的频率 f，即可改变电动机的转速。图 3-12b 为不同频率时的机械特性，图中 f_N 为额定频率，$f_N = 50\text{Hz}$。由图 3-12b可见，改变频率时，（在工作区的）机械特性基本上是平行的，且均为线性，这是变频调速的优点。是高性能调速的主要方式。如今有系列的通用变频器产品（变频调速可参见第 12 章分析）。

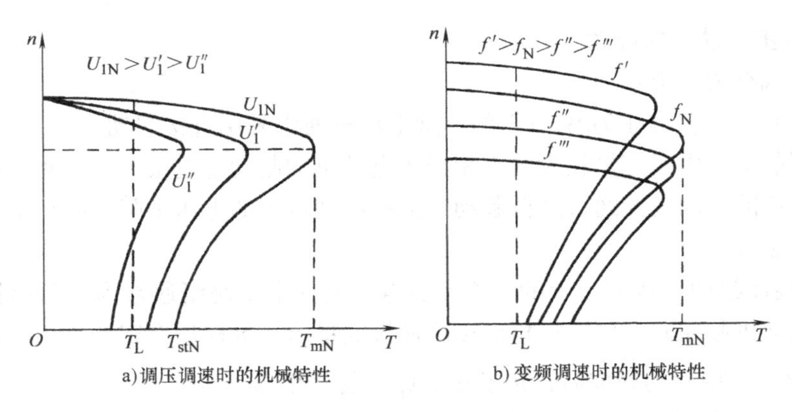

图 3-12　三相异步电动机调压调速与变频调速时的机械特性

以上的调速方案主要是针对笼型三相异步电动机的。对绕线转子型三相异步电动机，则采用调节串联在转子绕组回路中的电阻来进行调速。对大功率的拖动机组（如矿山提升电

㊀ 相序是指三相电压（或电流）在相位上的先后顺序。国家标准规定，电源线以 L_1 为第一相（标以黄色），L_2 为第二相（标以绿色），L_3 为第三相（标以红色）。此外中线（N）标以淡蓝色，保护接地线（PE）标以黄绿双色。请读者记住，不可搞错。

动机），还常采用将转子绕组的电流引出，经整流→直流→逆变→交流，再经变压器变压后回馈电网的方式来进行调速和制动，这种调速方式称为“串级调速”。

3.2.7 三相异步电动机技术数据举例

三相异步电动机技术数据举例如表3-2所示。

表3-2 三相笼型异步电动机技术数据举例

型号	功率/kW	电压/V	电流/A	转速/(r·min^{-1})	频率/Hz	接法	绝缘等级	工作方式
Y160L—4	15	380	30.3	1460	50	△	B	s_1（连续）

3.3 直流伺服电动机

3.3.1 控制系统对伺服电动机的要求

伺服电动机是自动控制系统中常用的一种执行元件，它的作用是将控制电压信号转换成转轴上的角位移或角速度输出，通过改变控制电压的极性、大小或频率，能变更伺服电动机的转向和转速，而转速对时间的积累便是角位移。为了实现快速而准确的控制，控制系统对伺服电动机提出了较高的控制性能要求：

1）宽广的调速范围D（D为额定负载下，最高转速n_{max}与最低转速n_{min}之比，即$D=n_{max}/n_{min}$）。

2）线性的机械特性和调节特性。

3）无“自转”现象，即要求控制电压为零时，电动机能自行停转。

4）快速响应，即电动机的转速能迅速响应控制电压的改变，机电时间常数小。

5）空载始动电压低，电动机转子在任意位置，从静止到连续转动的最小控制电压，叫做始动电压。始动电压愈小，电动机愈灵敏。

由于上述的要求，因此伺服电动机与普通电动机相比，其电枢形状较细较长（惯量小），磁极与电枢间的气隙较小，加工精度与机械配合要求高，铁心材料好（磁极多用稀土永久磁钢）。

3.3.2 直流伺服电动机的结构特点

直流伺服电动机按照其励磁方式的不同，又可分为电磁式（即他励式）和永磁式（即其磁极为稀土永久磁钢）。现在用得较多的是永磁式直流伺服电动机，如图3-13所示。伺服电动机通常与光电编码器结合在一起（参见CAI光盘）。

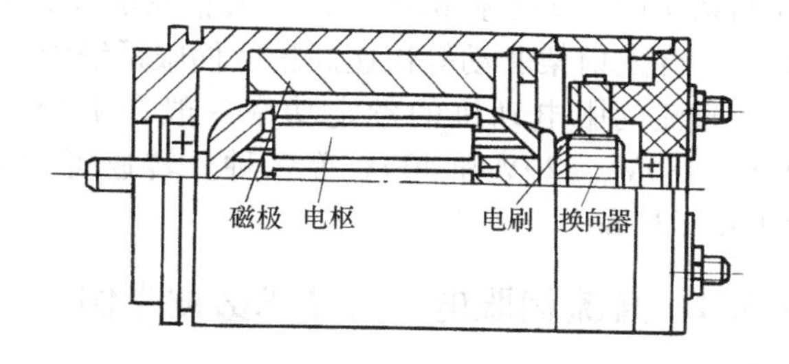

图3-13 永磁式直流伺服电动机

3.3.3 直流伺服电动机的工作原理、机械特性与调节特性

1. 直流伺服电动机的工作原理

与他励直流电动机相同。

2. 直流伺服电动机的机械特性和调节特性

（1）机械特性　直流伺服电动机的机械特性，本质上与他励直流电动机是相同的，如图3-14a所示［由于伺服电动机调速范围大，所以将横坐标压缩，画出了 $n=f(T)$ 全貌］。

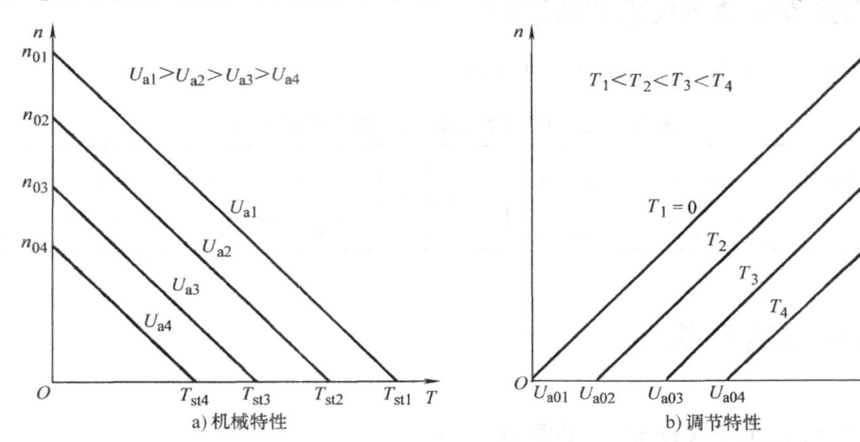

图3-14　直流伺服电动机的机械特性与调节特性

（2）调节特性　电动机的调节特性通常是指电动机的转速 n 与控制电压 U 间的关系。永磁式直流伺服电动机以电枢电压作为控制电压，下面分析以电枢电压作为控制电压时的调节特性，即分析 n 与 U_a 间的关系。

由式（3-5）有：$n=\dfrac{U_a}{K_e\Phi}-\dfrac{R_a}{K_eK_T\Phi^2}T$，同样可得到 n 与 U_a 间的关系：

当 $T=0$ 时，n 与 U_a 成正比，即 $n=U_a/(K_e\Phi)$。

当 $T\neq0$ 时，对应不同的 T，它们是一簇上升的斜直线。T 愈大，则在横轴上的起点 U_{a0} 愈远，亦即起动时所需的电枢电压愈高，见图3-14b。起动时所需的电枢电压 U_{a0}，就是调节特性曲线的死区。

由以上分析可见，直流伺服电动机的机械特性和调节特性均为直线（当然，这里未计及摩擦阻力等非线性因素，因此实际曲线还是略有弯曲的），而且调节的范围也比较宽（可达6000以上），加上调速控制平滑，起动转矩大，运行效率高等优点，因此在高精度的自动控制系统中（如数控机床，机器人精密驱动，军用雷达天线驱动，天文望远镜驱动以及火炮、导弹发射架驱动等快速高精度伺服系统中）获得广泛的应用。

直流伺服电动机的额定功率一般在10kW以下。额定电压有12V、24V、30V、75V、90V、180V、320V和400V等多种。转速可达1000～6000r/min。机电时间常数一般低于0.03s（30ms）。

3.3.4　直流伺服电动机技术数据举例

永磁式直流伺服电动机技术数据举例如表3-3所示。

表3-3　永磁式直流伺服电动机技术数据举例

型　号	额定功率/W	额定转速/(r/min)	额定转矩/N·m	额定电压/V	额定电流/A	峰值转矩/N·m	机电时间常数/ms	重量/kg
巨风85SZD—08	400	3000	1.27	90	5.6	8	11.4	4

3.4 两相交流伺服电动机

3.4.1 两相交流伺服电动机的结构特点

两相交流伺服电动机[⊖]也是自动控制系统中一种常用的执行元件。它实质上是一个两相感应电动机。它的定子装有两个在空间上相差90°的绕组：励磁绕组A和控制绕组B。运行时，励磁绕组A始终加上一定的交流励磁电压（其频率通常有50Hz或400Hz等几种）；控制绕组B则接上交流控制电压。常用的一种控制方式是在励磁回路串接电容C（见图3-15），这样控制电压在相位上（亦即在时间上）与励磁电压相差90°电角。

交流伺服电动机的转子通常有笼型和空心杯式两种。笼型转子结构与普通笼型电动机的笼型转子相似。空心杯转子如图3-16所示，它是用铝合金等非导磁材料制成的薄壁杯形转子，杯内置有固定的铁心。这种转子的突出优点是惯量小、动作迅速灵敏，多应用在要求灵敏响应的场合，它的缺点是气隙大，因而效率较低。

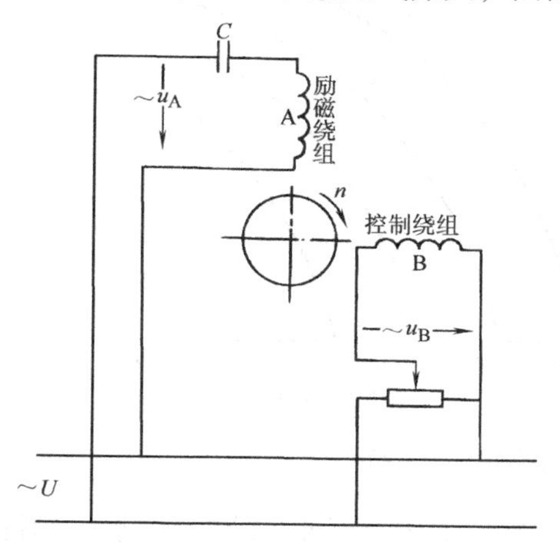

图3-15 交流伺服电动机的电路图

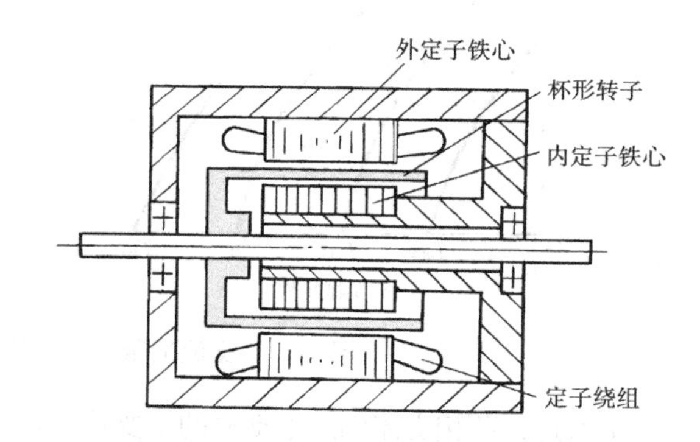

图3-16 空心杯转子交流伺服电动机结构示意图

3.4.2 两相交流伺服电动机的工作原理

当定子的两个在空间上相差90°的绕组（励磁绕组和控制绕组）里，通以在时间上相差90°电角的电流时，可以证明，两个绕组产生的综合磁场是一个强度不均匀的旋转磁场。与三相异步电动机的工作原理一样，在此旋转磁场的作用下，转子导体相对地切割着磁力线，产生感生电动势，由于转子导体为闭合回路，因而形成感应电流。此电流在磁场作用下，产生电磁力，构成电磁转矩，使伺服电动机转动，其转动方向与旋转磁场的转向一致。分析表明，增大控制电压，将使伺服电动机的转速增加；改变控制电压极性，将使旋转磁场反向，从而导致伺服电机反转。

⊖ 除两相交流伺服电动机外，还有三相交流伺服电动机（它实际上是三相永磁同步电动机），这将在第14章中进行介绍。

3.4.3 两相交流伺服电动机的机械特性与调节特性

(1) 机械特性　如前所述，电动机的机械特性是控制电压不变时，转速 n 与转矩 T 间的关系。由于交流伺服电动机的转子电阻较大，因此它的机械特性为一略带弯曲的下垂斜线。即当电动机转矩增大时，其转速将下降。对于不同的控制电压 U_B，它为一簇略带弯曲的下垂斜线，见图 3-17a。由图可见，在低速时，它们近似为一簇直线，而交流伺服电动机较少用于高速，因此有时近似作线性特性处理。

(2) 调节特性　如前所述，电动机的调节特性是电磁转矩（或负载转矩）不变时，电动机的转速 n 与控制电压 U_B 间的关系。交流伺服电动机的调节特性，如图 3-17b 所示。对不同的转矩，它们是一簇弯曲上升的斜线，转矩愈大，则对应的曲线愈低，这意味着，负载转矩愈大，要求达到同样的转速，所需的电枢电压愈大。此外，由图可见，交流伺服电动机的调节特性是非线性的。

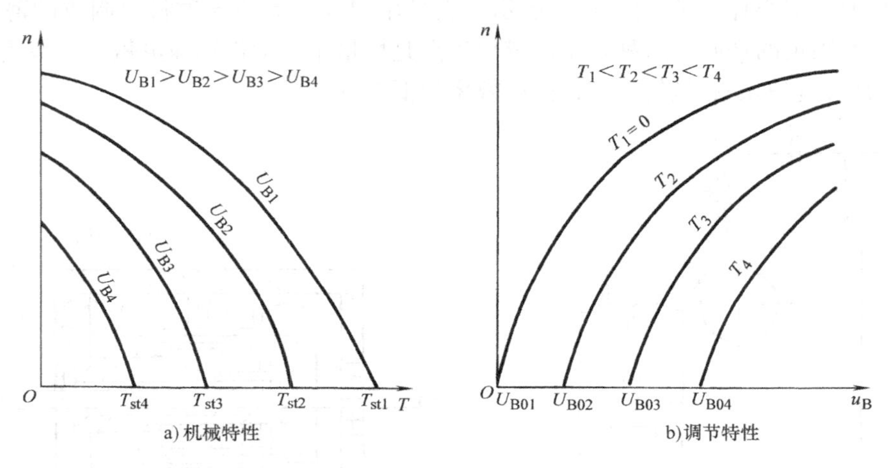

图 3-17　交流伺服电动机的机械特性与调节特性

综上所述，两相交流伺服电动机的主要特点是结构简单，转动惯量小，动态响应快，运行可靠，维护方便。但它的机械特性与调节特性线性度差，效率低，所以常用于小功率伺服系统中。

小　结

(1) 直流电动机换向器的作用，是使**直流电压极性随电刷位置的变化，实质上变成正、负方波电压**，去加在电枢绕组上；以适应电枢绕组所处磁极极性的改变，从而保证绕组所受的电磁转矩方向保持不变。而且由图 3-4c 可见，转子磁场与定子磁场垂直，产生的转矩为最大。

(2) 分析直流电动机性能的依据是：转速公式 $n=\dfrac{U_a}{K_e\Phi}-\dfrac{I_aR_a}{K_e\Phi}$。它是由直流电动机参数方程式 (3-1) ~ 式 (3-4) 导出的。

(3) 直流电动机内部的自动调节过程是通过反电动势 E 的变化而实现的（见 3.1.3 中分析）。直流电动机的转速 n，主要取决于电枢电压 U_a。而电枢电流 I_a，则主要取决于负载转矩 T_L。

(4) 对电动机的机械特性进行分析时，要明确它是稳态特性，并注意下列几个点的状况：

1）$n=0$ 的点。它为起动（或堵转）状况，注意 T_{st} 和 I_{st} 的大小。T_{st} 表征电动机起动时的带载能力，I_{st} 表示起动时的电流。

2）$T=0$ 的点。它为理想空载状况，注意空载时转速 n_0 的大小。

3）$T=T_N$ 的点。它为额定运行状况，注意 T_N 的大小和 T_{st}/T_N 比值（同样功率的电动机，转速 n_N 愈高，则转矩 T_N 则愈小，取用的电流愈小，电动机的体积也小些）。其次注意 n_N 和 Δn_N（n_0-n_N）的大小，n_N 为额定运行时的转速，为电动机重要指标。此外 Δn_N 愈小，表明机械特性愈硬。

4）$n=f(T)$ 的斜率。斜率愈陡，则特性愈软；斜率不是常量，则为非线性。注意 T_e 是否有极值。

5）机械特性随电源参数（如电压、频率、相位）改变而变化，由此可分析电动机的各种特性（如调速、起动、反转、制动等）。

（5）分析三相异步电动机性能的依据是：电磁转矩公式 $T_e=K_T\Phi I_2\cos\varphi_2$，以及 I_2 和 $\cos\varphi_2$ 随转速 n 的变化，由此得到电磁转矩 T_e 随 n 变化的曲线 $T_e=f(n)$，再由此推得 $n=f(T)$ 曲线。

（6）三相异步电动机的机械特性与直流电动机的机械特性有如此大的差异的物理原因是，当转子电流 I_2 较转子电动势 E_2 滞后 φ_2 角后，使同一磁极下，出现相反流向电流的导体，它们产生的电磁转矩相互抵消的缘故（转子磁场与定子磁场距垂直差 φ_2）。因此设法增加转子电阻，以提高转子功率因数 $\cos\varphi_2$（减小 φ_2），便成为改善异步电动机机械特性的重要方法（如绕线转子加外接电阻来改善起动特性、交流伺服电动机转子采用高电阻率材料做导线等）。

（7）当负载转矩 T_L 增加时，三相异步电动机内部的自动调节过程主要是：$T_L\uparrow\rightarrow\Delta n\uparrow\rightarrow E_2\uparrow\rightarrow I_2\uparrow\rightarrow T_e\uparrow$，直至到达新的平衡状态。同时有 $I_2\uparrow\rightarrow\Phi\downarrow\rightarrow E_1\downarrow\rightarrow I_1\uparrow$。

（8）伺服电动机要求调速范围宽，机械惯性小，快速性好（机电时间常数小），线性的机械特性和调节特性，控制性能好等。在位置随动系统中，常用的执行电动机有直、交流伺服电动机，永磁同步电动机和步进电动机等。直流伺服电动机的结构、特性与他励直流电动机相同。

思 考 题

3-1 如何在外观上区分三相异步电动机和直流电动机？

3-2 说明（他励）直流电动机的主要优点和缺点以及它的主要用途。

3-3 直流电动机有关物理量间的关系式是哪些？

3-4 导出直流电动机的转速公式，并由此得出直流电动机的机械特性方程和调节特性方程，它们的前提条件是什么？画出它的机械特性曲线，并标出起动、空载和额定运行点。

3-5 当负载增加时，直流电动机内部是怎样过渡到新的平衡状态的？

3-6 直流电动机起动特性是怎样的？起动时要采取什么措施？

3-7 如何调节直流电动机的转速？其中哪一种是最常用的方法？

3-8 如何实现直流电动机的反向转动？

3-9 说明三相异步电动机的主要优点和缺点以及它的主要用途？

3-10 三相异步电动机有关物理量间的关系式是哪些？

3-11 在什么情况下，三相异步电动机的转向与旋转磁场的方向相反，这时电动机处于怎样的状态？

3-12　三相异步电动机转矩公式中 $\cos\varphi_2$ 的 φ_2 指的是什么？当 φ_2 较大时，为什么电动机的电磁转矩会明显下降？

3-13　画出三相异步电动机的机械特性曲线，并标出起动、空载、额定运行和最大负载点。

3-14　三相异步电动机的机械特性与直流电动机的机械特性为什么有那样大的差异？而交流伺服电动机的机械特性却与直流电动机的相近，这是为什么？

3-15　三相异步电动机的起动特性是怎样的？起动时要采取什么措施？

3-16　对三相异步电动机，采用减压起动的目的是什么？它会带来怎样的副作用？

3-17　三相异步电动机的调速方案有哪几种？其中哪种方案的调速性能比较好？采用这种方案的不足是什么？

3-18　如何实现三相异步电动机的反向转动？

3-19　在选择执行电动机时，对伺服电动机和一般电力拖动电动机，在要求上有什么不同？

3-20　直流伺服电动机和交流伺服电动机在使用性能方面各有什么特点，各用于什么场合？

3-21　伺服电动机的机械特性和调节特性有什么区别？它们是静态特性，还是动态特性？理想的机械特性和调节特性是怎样的？

习　题

3-22　当负载转矩增大时，写出他励直流电动机内部的自动调节过程。若负载转矩增加过大（设 $T_L \geqslant 3T_N$），问会发生怎样的情况？（T_N 为额定转矩）。

3-23　当负载转矩增大时，写出三相异步电动机内部的自动调节过程。若负载转矩过大（设 $T_L \geqslant 3T_N$），问会发生怎样的情况？

读图练习

3-24　图 3-18a ~ i 为各种电动机调速时的机械特性曲线，试判断它们是哪种电动机，采用的是哪一种调速方案？

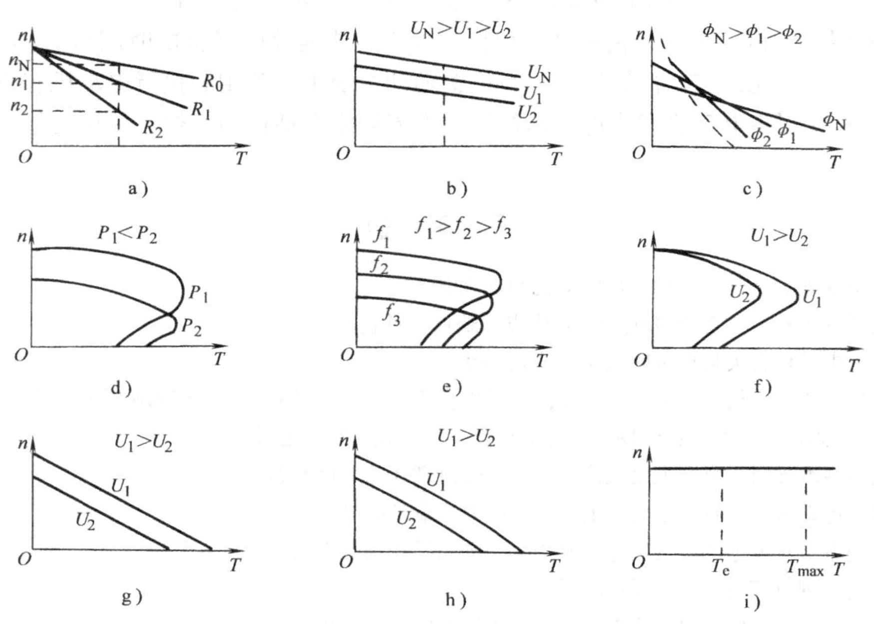

图 3-18　各种电动机调速时的机械特性曲线

第4章　电力电子供电电路

内容提要

本章主要介绍常用的电力电子器件，它们的触发（或驱动）电路和各种保护环节；介绍不同负载下的单相（和三相）整流电路；单相（和三相）交流调压电路；单相（和三相）逆变电路以及脉宽调制（PWM）供电电路和正弦脉宽调制（SPWM）供电电路等。这些基本上概括了典型自动控制系统的电力电子供电电路。它们也是“电力电子技术”课程的核心内容。

4.1　电力电子供电电路概述

电力电子技术是以电力（供电）为对象的电子技术，它是利用电力电子器件对电能的电压、电流、频率、相位和波形等方面进行控制和变换的技术，它是横跨电力、电子和控制三大学科的交叉学科，是当前发展极为迅速的学科之一。当代许多高新技术，常与供电电路的电压、电流、频率和相位等基本参数的转换与控制有关，而现代电力电子技术能够实现对这些参数的精确控制与高效率的变换，因此电力电子技术已成为现代科学技术、现代生产和现代生活中一门十分重要的学科和技术。电力电子供电电路常用的类型有：

（1）可控整流电路　把交流电压变换为可调的（或固定的）直流电压。如应用于电解、电镀、直流电动机的调压调速，以及高压输电等方面。

（2）直流斩波电路　把固定的（或变化的）直流电压变换为可调的（或固定的）直流电压。如应用于电气机车、城市电车牵引和电瓶叉车等方面。

（3）交流调压电路　把交流电压变换为大小可调的（或固定的）交流电压。如应用于灯光控制、温度控制等方面。

（4）交流变频电路　把固定（或变化）频率的交流电变换为频率可调的（或恒定的）交流电。如应用于变频电源（如中频加热电源、高频加热电源）和变频调速等。

（5）逆变电路　把直流电压变换为频率固定（或可调）的交流电压。若将此交流电送往交流电网，这称为“有源逆变”，如高压直流输电、牵引机（或提升机）的电能回馈制动等。若此交流电不送往电网，供给负载，则称为“无源逆变”，如不间断电源（UPS[㊀]）、高精度交流电源等。

（6）无触点功率静态开关　接通或切断交流（或直流）电流通路，用于取代接触器、继电器（又称固态接触器、固态继电器）。

电力电子供电电路采用的电力电子器件有：晶闸管（Th）、双极晶体管（BJT）、场效应晶体管（MOSFET）和绝缘栅双极型晶体管（IGBT）、场效应晶闸管（MCT）等，现代的电力

㊀ UPS是不间断电源装置（Uninterruptable Power System）的英文缩写。

电子器件日益向全控化、高频化、复合化、集成化和多功能化发展，新型的器件不断涌现，使电力电子技术呈现日新月异、迅猛发展的状况。

4.2 晶闸管及其触发、保护电路

4.2.1 晶闸管

晶闸管（Th）[㊀]是一种功率半导体器件，它主要用于对电能的整流（将交流转换为可控直流）、逆变（将直流转换为可控交流）、斩波（将固定直流变为可控直流）、变频（将直流或交流转换为频率可调的交流）以及开关（控制电路通断）等方面的控制。由于它具有容量大、效率高、控制特性好、寿命长和体积小等多方面的优点，因此自20世纪60年代问世以来，获得迅速的发展和广泛的应用。目前晶闸管已成为以弱电控制强电的重要的电力电子器件。

晶闸管是一个由三个PN结构成的半导体器件，它有三个电极：阳极A、阴极K和门极G。它的外形与符号如图4-1所示。它通常装有散热器，图中未画散热器。

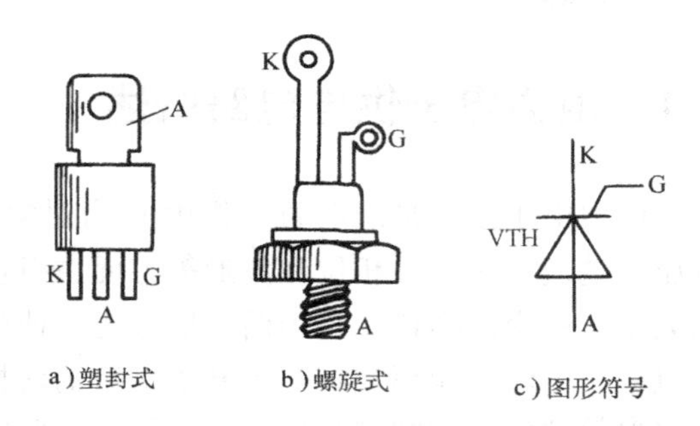

图4-1 晶闸管的外形与符号

它的控制特性是：在晶闸管的阳极和阴极之间加上一个正向电压（阳极为高电位）；在门极与阴极之间再加上一定的电压（称为触发电压），通以一定的电流（称为门极触发电流），（这通常由触发电路发给一个触发脉冲来实现），则阳极与阴极间在电压的作用下便会导通。当晶闸管导通后，即使触发脉冲消失，晶闸管仍将继续导通而不会自行关断[㊁]，只能靠加在阳极和阴极间的电压接近于零，通过的电流小到一定的数值（称为维持电流）以下，晶闸管才会关断。

晶闸管最主要的额定参数是：

1）额定电压——允许加上的正、反向重复峰值电压（一般在100～3000V之间）。

2）额定电流——在规定的散热条件下，允许通过的工频（50Hz）正弦半波电流的平均值（规格有1A、5A、10A、20A、30A、50A、100A、200A、…、1000A等）。

其他参数还有门极触发电压（3～5V），触发电流（3～400mA），管压降（导通时产生的电压降）（如1.5V）等。

普通晶闸管的型号为KP，如KP50—8，则表明为50A、800V的普通型晶闸管。此外还有各种品牌和规格的晶闸管（可查阅晶闸管器件手册）。

4.2.2 晶闸管的触发电路

1. 触发电路的组成

如前所述，晶闸管的导通需要有一个触发电路来提供触发脉冲。触发电路大致可分成

㊀ Th为晶闸管（Thyristor）英文缩写。晶闸管曾称可控硅（SCR）（Silicon Controlled Rectifier）。

㊁ 现在又有一种新的器件，叫“可关断晶闸管”（GTO）（Gate Turn Off Thyristor），当触发脉冲消失后，再加上一个反向触发脉冲，晶闸管能自行关断。

四个部分：脉冲形成、移相控制、同步电路和脉冲功率放大。触发电路的组成如图 4-2 所示。现分别介绍如下：

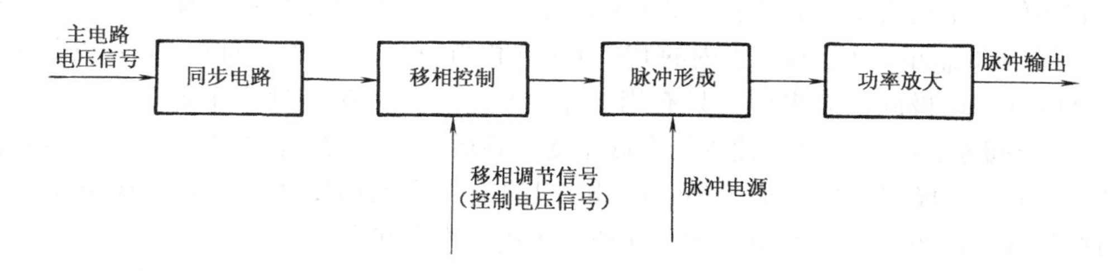

图 4-2 触发电路的组成

（1）脉冲形成 它是触发电路的核心，它的功能是产生一定功率（一定的幅值与脉宽）的脉冲。常用的有单结晶体管自激振荡电路、单稳态触发电路和集成触发电路等。

（2）移相控制 它的功能是调节触发脉冲发生的时刻（即调节控制角 α 的大小）。常用锯齿波与给定信号电压进行比较来进行移相控制。

（3）同步电路 它的功能是使触发脉冲每次产生的时刻，都能准确地对应着主电路电压波形上的 α 时刻。通常采用的方法是把主电路的电压信号直接引入，或通过同步变压器（或经过阻容移相电路）从主电路引入，来作为触发同步信号。

（4）脉冲功率放大 若触发驱动的晶闸管的容量较大，则要求触发脉冲有较大的输出功率。若形成的脉冲的功率不够大时，这时还要增加脉冲功率放大环节。通常采用由复合管组成的射极输出器或采用强功率触发脉冲电源。

2. 触发电路的工作原理[⊖]

（1）单结晶体管自激振荡电路 下面以单结晶体管组成的触发电路为例来说明触发电路的组成和工作原理。单结晶体管是由两个基极（b_1 和 b_2）和一个阴极构成的一种特殊类型的晶体管，其构造示意图和符号如图 4-3a、b 所示。它有两个显著的特点：

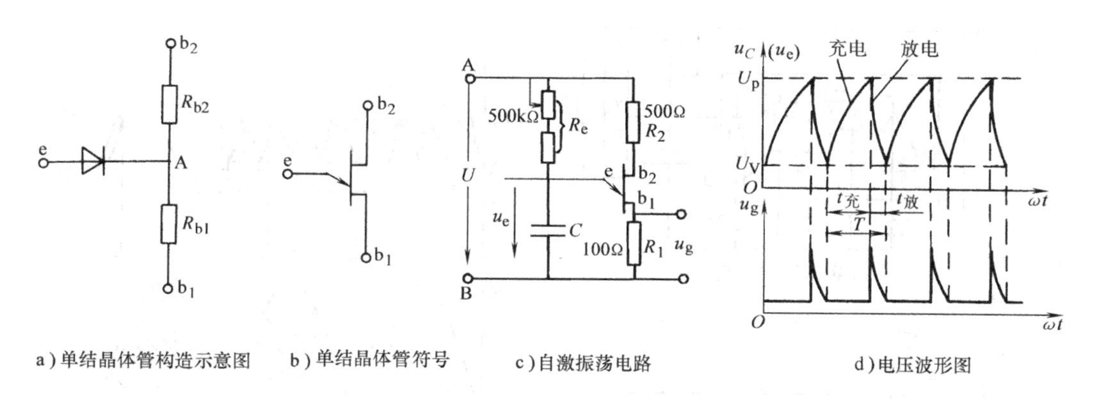

图 4-3 单结晶体管自激振荡电路与电压波形图

⊖ 晶闸管的触发电路现在多采用集成电路，这里为说明触发电路的工作原理，仍从分立元器件的触发电路讲起。

第一个特点是当在两个基极 b_1 和 b_2 上加上一个电压 U_{bb}后，第一基极上的电压 U_A（参见图4-3a，A点在管子内部）将按照固定的比例（η）分配，即 $U_A=\eta U_{bb}$，式中 η 称为分压比（它由管子结构决定，通常在0.3～0.9之间）。第二个特点是：当加在阴极和第一基极 b_1 间的电压 U_{eb1}小于 U_A 时，管内的PN结（它相当一个二极管，见图4-3a）处于反偏而截止，这时e、b_1 极间没有电流。只有当 $U_{eb1}>U_A$，内部PN结处于正偏时，管子才会导通，e、b_1 极间才有电流通过（使管子由截止变为导通的 U_{eb1}的数值相对较高，称为峰点电压 U_P）。当e、b_1 极间有电流通过后，e、b_1 间的电阻将大幅度降低（从几千欧降至几十欧），这样，e、b_1 间的电流将迅速增大而使管子进入饱和状态。

当管子导通以后，U_{eb1}只有降到一个较低的数值（称为谷点电压 U_V），管子才能重新由导通变为截止。

利用单结晶体管的上述特性，再与 RC 充放电电路相结合，就可以组成一个自激振荡电路，如图4-3c所示。当电路AB间加上一直流电压 U 后，一方面，电源经 R_2、单结晶体管、R_1 构成分压电路（其中单结晶体管按分压比 η 进行分压）。另一方面，电源通过 R_e 向电容 C 充电，由电工基础可知，电容上的充电电压 u_C 是按指数曲线逐渐上升的（见图4-3d）。由于电容并接在单结晶体管 eb_1 结与 R_1 上，当电容上的电压 u_C 达到单结晶体管的峰点电压 U_P 时，单结晶体管迅速导通，已充了电的电容将经管子 eb_1 结向输出电阻 R_1 放电，R_1 上将有一个突变上升的电压输出；随着电容对 R_1 的放电，电容上的电压又将迅速按指数曲线下降；R_1 上的输出电压也按指数曲线下降，当电容电压 u_C 下降到管子的谷点电压 U_V 时，管子又重新截止；于是又开始了新一轮的充放电过程，如此周而复始，形成一个自激振荡的过程。电容上的电压近似锯齿波形，输出电阻 R_1 上的电压波形即为电容放电时的电压波形，它是一列尖脉冲，见图4-3d。这种自激振荡电路又称为张弛振荡器。

（2）单结晶体管自激振荡电路的应用　图4-4a为应用单结晶体管自激振荡电路组成的触发电路。

图中 R_d 为需要获得可调直流电压的电阻负载，它由两个晶闸管和两个整流二极管构成

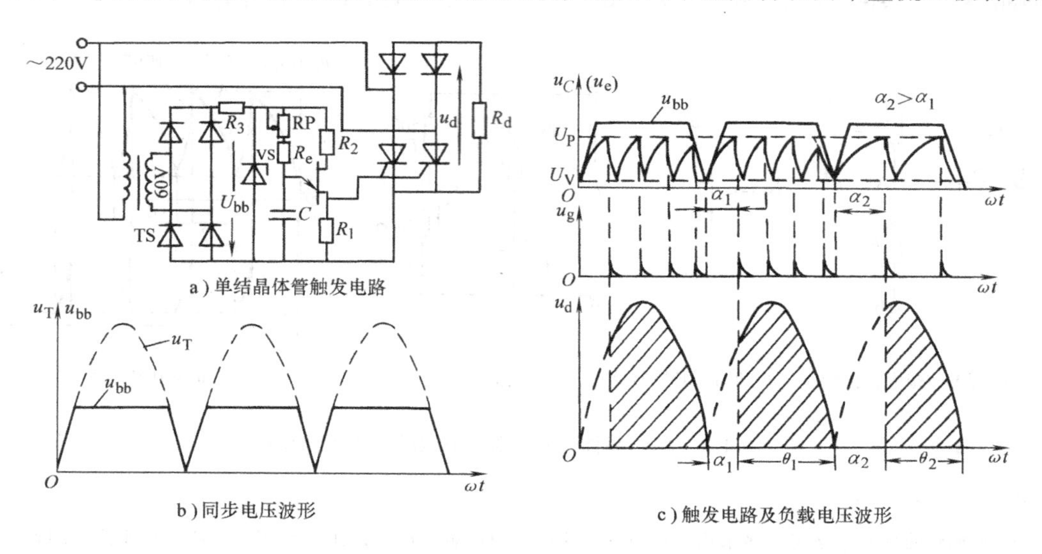

图4-4　单结晶体管触发电路和电压波形图

的单相桥式半控整流电路供电。触发电路的脉冲形成部分为单结晶体管自激振荡电路，由输出电阻 R_1 上的脉冲电压提供给两个晶闸管的门极（由于此处两个晶闸管共阴极，所以可以直接同时提供给两个晶闸管。若两个晶闸管没有公共端，则要通过脉冲变压器的两个二次绕组，输出两个独立的触发脉冲）。

触发电路的移相控制是通过调节电位器 RP 来实现的。若调节 RP，使 R_P 增大，则电容充电的时间常数（$\tau = RC$）增大，充电过程减慢，使电容电压到达峰点电压的时刻延后，这意味着产生脉冲的时刻延后，亦即控制角 α 增大，导通角 θ[㊀]减小，整流电路的输出平均电压减小，即 $R_P\uparrow \rightarrow \tau\uparrow \rightarrow \alpha\uparrow \rightarrow \theta\downarrow \rightarrow U_d\downarrow$，如图 4-4c 所示，反之，$R_P\downarrow \rightarrow \tau\downarrow \rightarrow \alpha\downarrow \rightarrow \theta\uparrow \rightarrow U_d\uparrow$，输出平均电压增大，从而实现了移相控制。

触发电路中的同步电路是由同步变压器 TS、桥式二极管整流电路及电阻 R_3、稳压管 VS 构成的，这是一个削波稳压电路。当同步变压器二次电压 U_T 超过稳压管转折电压 U_V 时，输出电压被 VS 钳制在 U_V 数值上，（U_T 与 U_V 的差值为 R_3 上的电压降），其输出电压近似为一梯形波，如图 4-4b 所示。此电压的过零点与主电路过零点是完全一致的，因此可满足同步触发的需要。由于这个同步电压在工作区间基本上是一个平稳的直流电压，因此在要求不高的场合，又可兼作自激振荡电路的电源电压，如图 4-4a 所示。

由于此处的晶闸管容量较小，所以未另设脉冲电源和脉冲功率放大环节[㊁]。

单结晶体管触发电路输出的尖脉冲的脉宽比较小，脉冲功率也比较小，通常用于要求不高的小功率供电线路中。对功率较大或要求较高的场合，常采用锯齿波同步触发电路或集成触发电路（如 KC、KJ 和 KG 等系列产品）。

3. 集成触发电路

图 4-5 为 KJ004 集成移相触发电路。

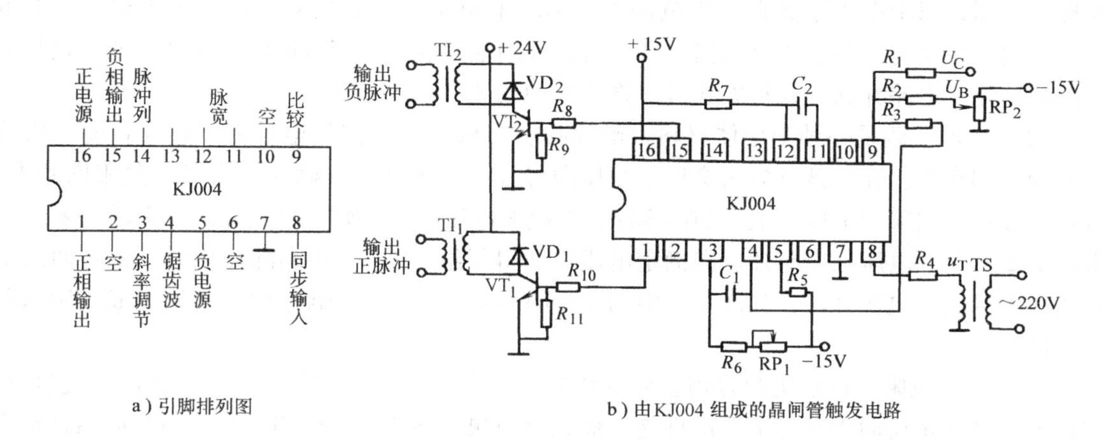

a) 引脚排列图　　b) 由KJ004 组成的晶闸管触发电路

图 4-5　KJ004 集成移相触发电路

图 4-5b 中，TS 为同步变压器，TI_1 和 TI_2 为脉冲变压器，R_8、R_9、VT_2 和 R_{10}、R_{11}、VT_1 构成电压放大电路，VD_1 和 VD_2 为续流二极管，触发脉冲宽度取决于电阻 R_7 和电容 C_2，锯齿波斜率取决于 R_6、RP_1 和 C_1，电位器 RP_1 用于调节锯齿波斜率，电压 U_C 为移相控

㊀ 导通角是指晶闸管导通区间的电角。

㊁ 在后面系统实例中，将会出现这些环节。

制输入电压，电位器 RP_2 用于调节锯齿波偏置电压 U_B，此电路可输出正、负触发脉冲。KJ004 电源电压为 ±15V，电源电流正电流不大于 15mA、负电流不大于 8mA，移相范围为 170°，脉冲幅值为 13V，输出脉冲电流为 100mA（由引脚①和⑮输出的电流）。

4.2.3 晶闸管电路的保护环节

由于晶闸管的过载能力（承受过电流和过电压的能力）和承受电冲击的能力（如承受 dv/dt 过大、di/dt 过大的能力）都是比较差的，所以晶闸管电路都有许多保护环节，其中主要是过电压保护和过电流保护。

1. 过电压保护环节

常用的过电压保护环节如图 4-6 所示。现分别介绍如下。

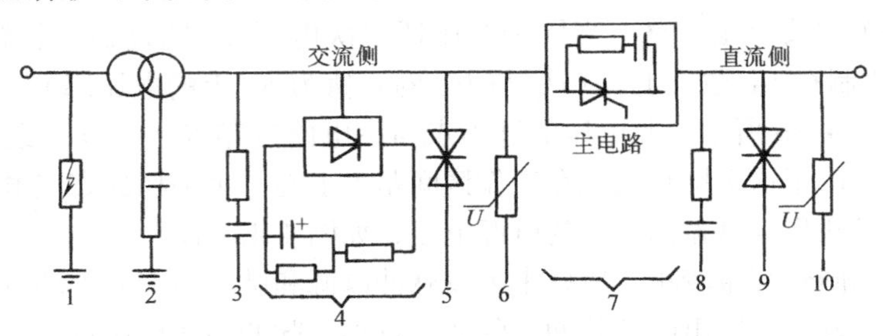

图 4-6 晶闸管装置可能采用的过电压保护环节
1—避雷器 2—接地电容 3、8—阻容吸收 4—整流式阻容吸收
5、9—硒堆 6、10—压敏电阻 7—晶闸管器件侧阻容吸收

（1）阻容吸收电路 阻容吸收电路主要是利用电容两端的电压不会突变的特性，吸收尖峰过电压，以把电压限制在允许范围内；串联电阻是为了消耗瞬时过电压传送过来的电能。常用的接法有：与直流侧电路并联，与器件两端并联，与交流侧电路并联，或经过整流桥路与交流侧电路并联等几种方式（见图 4-6 中的 8、7、3、4）。

（2）硒堆 硒是一种半导体材料，硒片具有二极管的单向导电性能。它与普通二极管最大的差别在于：在它被反向击穿后，当反向过高电压消失时，硒片会自行恢复阻断状态。每片硒片的反向额定电压一般为 20～30V，若电源电压较高，则可将数片硒片串联起来（通常以 1.2 倍电源电压除以每片反向额定电压，即得每组片数）。在实际使用时，常将两组硒片相向串接后与电源并联，如图 4-6 中的 5、9 所示。由于两组硒片均由多片组成，所以称为硒堆。

（3）压敏电阻 压敏电阻是由金属氧化物（如氧化锌、氧化铋等）烧结而成，它具有类似硒堆吸收正反向尖峰过电压的性能，而且反应快、体积小、价格便宜，因此应用日益广泛。压敏电阻的符号和应用如图 4-6 中的 6、10 所示。

2. 过电流保护环节

常用的过电流保护环节如图 4-7 所示。现分别介绍如下：

（1）快速熔断器 快速熔断器（简称快熔）是针对硅整流器件过载能力差而专门设计、制造的。当流过 5 倍快熔额定电流时，它能在 0.02s 内熔断（普通熔丝为 2s）。它主要用于短路保护，切断短路电流。快速熔断器可以与晶闸管串联，也可以与直流或交流侧电路串联，如图 4-7 中的 3、4、5。当快熔与晶闸管串联时，快熔的额定值通常取晶闸管的额定电

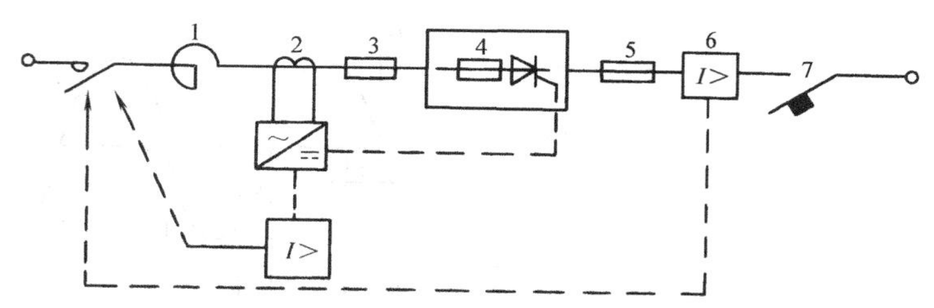

图 4-7 晶闸管装置可能采用的过电流保护环节
1—进线电抗限流 2—电流检测和过电流继电器 3、4、5—快速熔断器
6—过电流继电器 7—直流快速开关

流值，如 50A 晶闸管取 50A 快熔。

（2）过电流继电器 保护晶闸管的过电流继电器，常采用高灵敏度的电磁继电器，当电流超过允许值时，电磁继电器动作，切断自动开关或电源接触器，从而起到保护作用。过电流继电器可装在直流侧，见图 4-7 中 6。也可装在交流侧，装在交流侧时，常经过电流互感器，再经整流后去驱动过电流继电器，见图 4-7 中 2。

（3）进线电抗器 进线电抗器通常是空心绕制的线圈，它在交流电进线处，与晶闸管装置线路串接，见图 4-7 中 1。它主要利用电感线圈中的电流不能突变的特性，来限制短路电流和电流的上升率（$\mathrm{d}i/\mathrm{d}t$）。在大容量装置中，为保护元件（限制 $\mathrm{d}i/\mathrm{d}t$），在各元件线路上还套上一个空心的线圈。

（4）直流快速开关 直流快速开关是经特殊设计能快速动作的开关（动作时间 2ms），装在直流侧，能起到过载与短路保护作用，如图中 7 所示。它一般用于大容量、要求高、易短路的场合。

除上述保护环节外，还可将检测到的电压、电流等信号反馈到控制电路，通过控制环节，去进行保护（如拉闸、限流、报警等）。

4.3 单相晶闸管可控整流电路

单相可控整流电路有单相半波、单相全波、单相半控桥式和单相全控桥式等几种形式。现以常用的单相全控桥式整流电路（电阻性负载、电阻-电感性负载及反电动势负载）为例来说明单相整流电路的特点。

4.3.1 单相全控桥式整流电路（电阻性负载）

图 4-8a 为具有电阻性负载的单相全控桥式整流电路。

由图可见，整流电路由 4 个晶闸管 $VTH_1 \sim VTH_4$ 构成。当电源电压 u_2 处于正半周时，若在电压过零点再延迟 α 电角后，触发电路产生的两个触发脉冲 U_{g1} 与 U_{g4} 同时使元件 VTH_1 与 VTH_4 导通，则电流 i_{d1} 由 1 $\rightarrow VTH_1 \rightarrow R_d \rightarrow VTH_4 \rightarrow$ 2 $\rightarrow$ 电源形成回路。同样，当电源电压 u_2 处于负半周时，也是由触发电路在电压过零点再延迟 α 电角产生两个触发脉冲 U_{g2} 与 U_{g3} 使 VTH_2 与 VTH_3 同时导通，电流 i_{d2} 由 2 $\rightarrow VTH_2 \rightarrow R_d \rightarrow VTH_3 \rightarrow$ 1。电阻负载上的电压 u_d 和 i_d 的波形如图 4-8b 所示。图中 i_{T1} 即 i_{d1}，i_{T2} 即 i_{d2}，i_T 即 i_d。

我们把晶闸管承受正向电压的起点（单相电路为交流电压的过零点）到触发导通点之

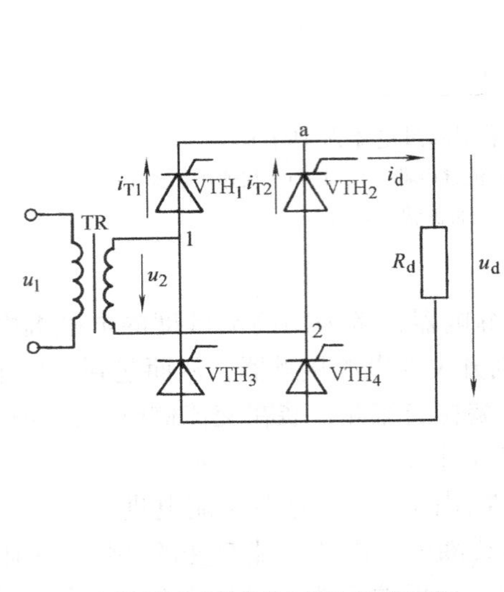

a) 具有电阻性负载的单相全控桥式整流电路

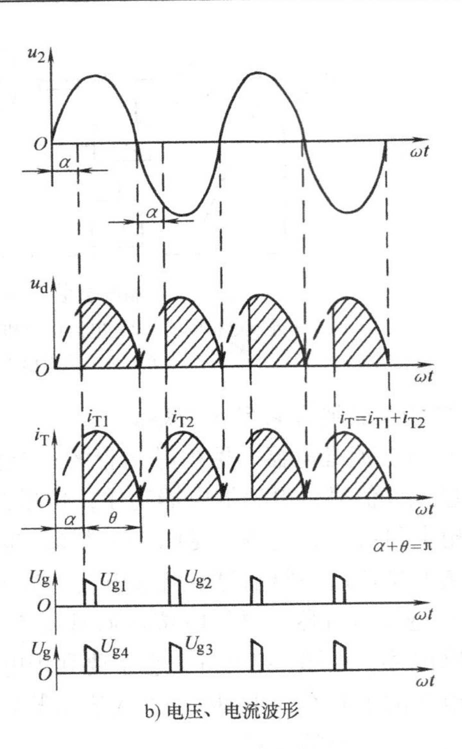

b) 电压、电流波形

图 4-8 具有电阻负载的单相全控桥式整流电路图和电压、电流波形图

间的电角 α 称为控制角。由电角 α 与时间 t 的关系式 $\alpha=\omega t$ 有：$t=\alpha/\omega$，这个与控制角对应的时间称为移相时间。改变控制角 α 的大小称为移相。因此，α 又称为移相角。晶闸管在一个周期内导通的电角度称为导通角 θ。在单相电路中，$\alpha+\theta=\pi$。α 愈大，则 θ 愈小，输出的平均电压愈低。

经晶闸管整流后，负载电阻上的电压波形为缺角的正弦半波波形。其输出的直流电压 U_d 通常用平均值来衡量。由图 4-8b 可求得其平均值为

$$U_d = \frac{1}{\pi}\int_{\alpha}^{\pi} U_m \sin\omega t \, d(\omega t) = \frac{1}{\pi}\int_{\alpha}^{\pi} \sqrt{2}U_2 \sin\omega t \, d(\omega t) = 0.9U_2 \frac{1+\cos\alpha}{2} \tag{4-1}$$

式中，U_2 为交流电压有效值；U_d 为直流电压平均值；α 为控制角。

由式（4-1）可知，α 愈大时，则 U_d 愈小：

$$\left.\begin{aligned}&\text{当 } \alpha=0 \text{ 时}（\theta=180°），U_d=0.9U_2；\\&\text{若 } \alpha=90°（\theta=90°），\text{则 } U_d=0.45U_2；\\&\text{若 } \alpha=180°（\theta=0°），\text{则 } U_d=0。\end{aligned}\right\} \tag{4-2}$$

由上述分析可知，调节控制角 α（亦即调节导通角 θ），即可调节整流电路输出的直流电压的平均值 U_d。由式（4-1）可推知，α 的调节范围为 0°~180°，与 α 对应的 U_d 则为 198~0V。

由上面分析还可知，经单相全波整流后得到的最大的直流平均电压为交流电压有效值的 0.9 倍。若 $U_2=220V$，则 $U_d=198V$。这意味着，220V 交流电经整流后供给直流负载的最大直流电压只有 198V。为与此电压相适应，所以在直流电动机的规格中，增加了额定电压

为180V的电动机。

4.3.2 单相全控桥式整流电路（电阻-电感性负载）

图4-9a为具有电阻-电感性负载的单相全控桥式整流电路。

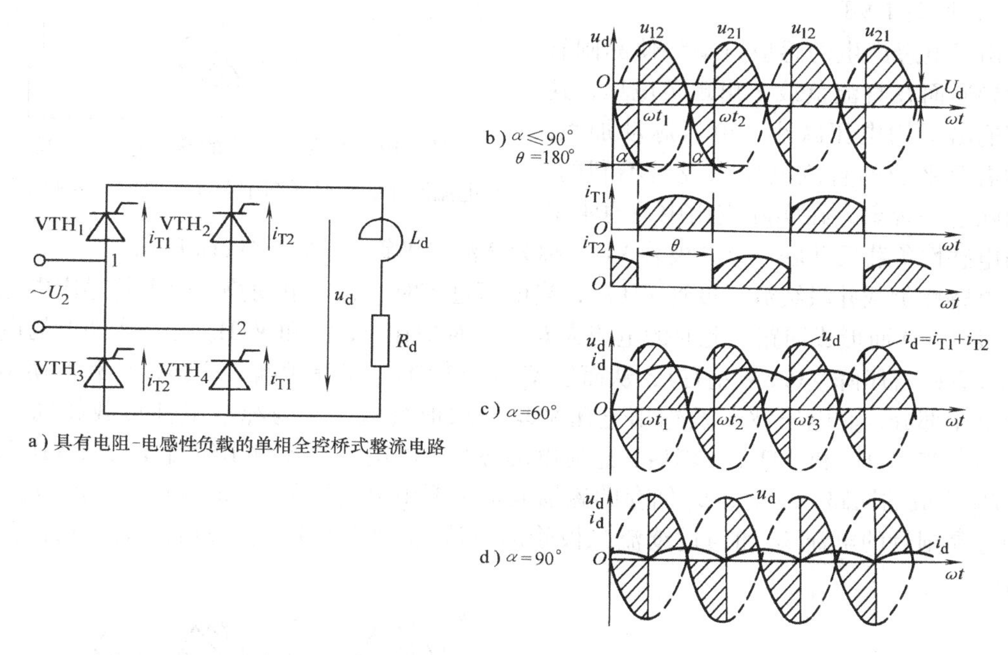

图4-9 具有电阻-电感性负载的单相全控桥式整流电路及电压、电流波形图

具有电阻、电感负载的单相全控桥式整流电路的工作过程，与纯电阻负载时的工作过程显著不同的地方是：当某两个元件（设VTH_1与VTH_4）导通后，随着交流电压逐渐减小到零时，对纯电阻负载，其电流与电压波形相似，也逐渐降到零；但对电阻-电感性负载，当电流减小时，电感L_d将产生一个感应电动势e，它的方向（根据楞次定律可推知）与i_d的方向是一致的[⊖]，它将阻止电流的减小；这样，即使当电源的交流电压降到零点时，电路在感应电动势e的作用下，仍将继续有电流通过，于是VTH_1与VTH_4将不会关断而继续导通，如图4-10所示。这个过程要继续到电感储存的磁场能量放完为止。若电感量比较大，这个过程可能要继续到另一组触发脉冲产生，使VTH_2与VTH_3导通，从而VTH_1与VTH_4承受反电压而关断。这样负载电压U_d的波形便会延伸到U_2的负半周，直到另一组脉冲发出为止，如图4-9b所示。

由图4-9b可见，此时的导通角$\theta=180°$，其输出电压的平均值为

$$U_d=\frac{1}{\pi}\int_{\alpha}^{\pi+\alpha}\sqrt{2}U_2\sin\omega t\mathrm{d}(\omega t)=0.9U_2\cos\alpha\quad(0°\leqslant\alpha\leqslant 90°)\tag{4-3}$$

由式（4-3）可知：

⊖ 由楞次定律可知：感应电动势的方向是阻止电流变化的，如今电流减小，因此电动势方向应与电流方向一致。

当 $\alpha=0°$时，$U_d=0.9U_2$；

当 $\alpha=60°$ 时，$U_d=0.45U_2$，见图 4-9c；

当 $\alpha=90°$时，$U_d=0$，（正、负两部分相等），见图 4-9d。

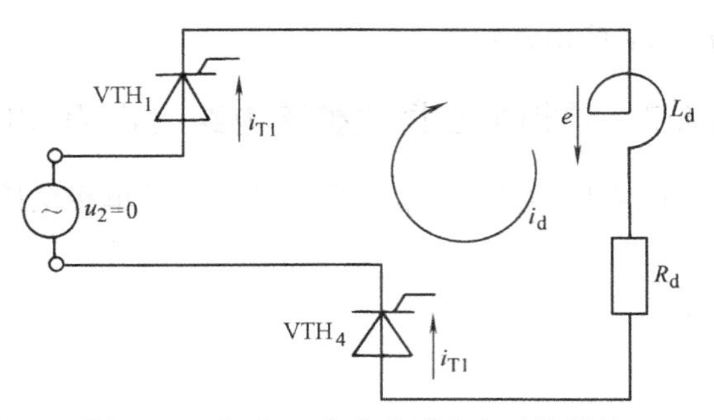

图 4-10 电感 L_d 产生的感应电动势维持电流流通的情况（图中 VTH_2、VTH_3 未画出）

由于电感产生的感应电动势使晶闸管继续导通而在直流负载上出现负电压，这将使输出平均电压减小，电压脉动加大，这对需要平稳的直流电压来说是不利的，为消除这一现象，在实际应用中，通常采用与电感性负载反并联一个二极管 VD（称为续流二极管），如图 4-11a 所示。

电感性负载并联续流二极管 VD 后，当电压过零时，感应电动势 e 产生的感应电流将通过二极管 VD 而形成回路，此时的电流为 i_D。这时加在 VTH_1 和 VTH_4 两个器件上的电压仅为二极管的管压降（0.5V 左右），从而使 VTH_1 与 VTH_4 可靠关断。这样，负载上便不会出现负电压部分，其电压波形及输出电压平均值求取公式，均与纯电阻性负载相同（见图 4-11b）。当 VTH_1 和 VTH_4 关断后，感应电动势产生的电流将流过由续流二极管 VD 和负载 L_d、R_d 构成的回路，这时，L_d 储存的磁场能量主要由 R_d 消耗掉。这时负载上的电流 i_d 便由通过晶闸管的电流 i_T 和通过续流二极管的电流 i_D 两部分构成，即 $i_d=i_T+i_D$，参见图 4-11b。

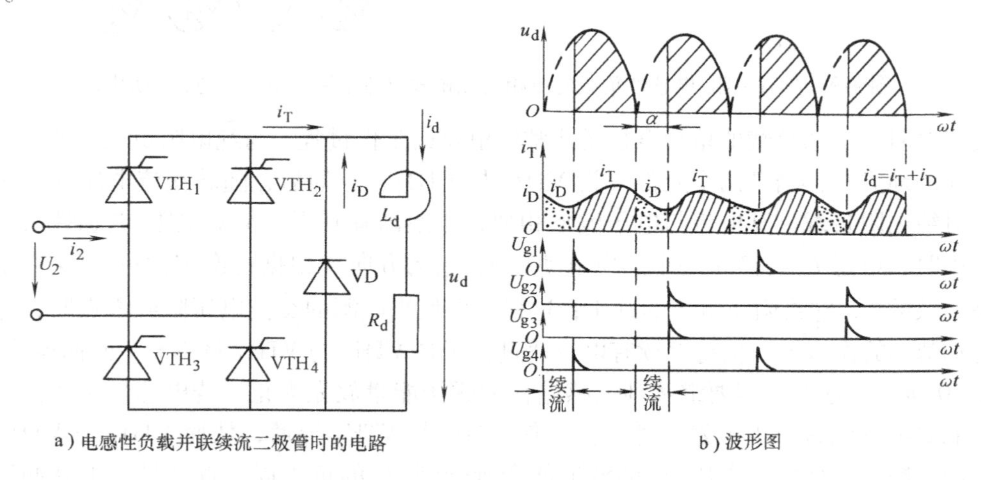

a）电感性负载并联续流二极管时的电路

b）波形图

图 4-11 电感性负载接续流二极管时的电路及电压、电流波形图

4.3.3 单相全控桥式整流电路（反电动势负载）

图 4-12 为具有反电动势负载的单相全控桥式整流电路。图中的负载是永磁直流电动机，它的特点是在运转时具有与外加电压极性相反的电动势 E；图中 L_d 为平波电抗器，它主要使电流导通时间延长，使电流连续。

对反电动势负载，它有两个特点，一是只有当外加电压 $u_d>E$ 时，晶闸管才可能被触发导通（如电压波形中的 a 段）；二是当晶闸管截止时，虽然电流为零，但电动机电压并不

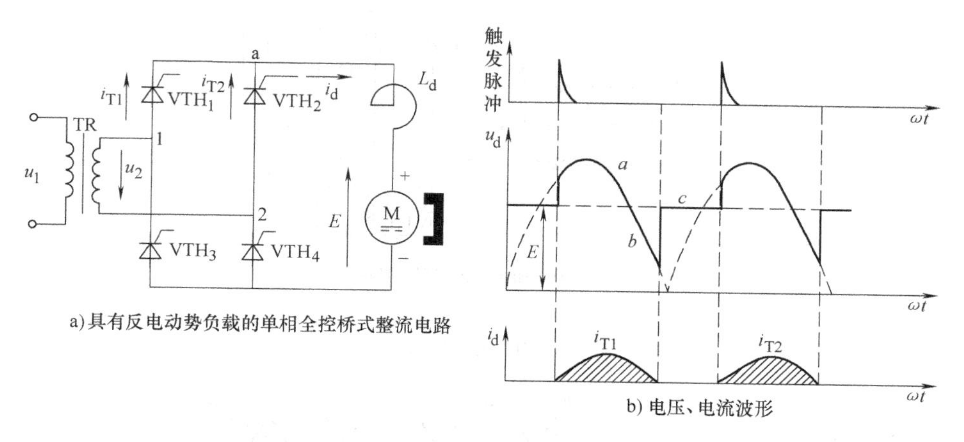

图 4-12 具有反电动势负载的单相全控桥式整流电路及电压、电流波形

为零，而是它的电动势（如电压波形中的 c 段）（因为电动机仍按惯性转动着）。此外，当电流下降时，平波电抗器和电动机的漏磁电感产生的感应电动势将使电流延长导通一段时间（如电压波形中的 b 段）。由图可得电动机电流 i_d（$i_d = i_{T1} + i_{T2}$）。若平波电抗器 L_d 足够大，则 i_d 将是连续的；若 L_d 不够大，则 i_d 将是断续的，如图 4-12b 所示。

4.4 三相晶闸管全控桥式整流电路

4.4.1 三相晶闸管全控桥式整流电路（电阻性负载）

图 4-13a 为三相晶闸管全控桥式整流电路。此电路具有以下特点：

1）供电电源为三相电源，它通常经整流变压器（TR）供电[⊖]，三相整流变压器常接成 Dy_{11}（$\Delta/Y-11$）联结（主要为了减小整流形成的三次谐波电流对电网的不良影响）。

2）整流电路由 $VTH_1 \sim VTH_6$ 共 6 个晶闸管构成，它们以导通的先后次序命名，其中上侧三个晶闸管（VTH_1、VTH_3、VTH_5）为共阴极连接；下侧三个晶闸管（VTH_4、VTH_6、VTH_2）为共阳极连接。三个桥臂的中点接 U、V、W 三相电源。共阴极输出端为正极性，共阳极输出端为负极性。

3）上侧器件导通的条件是（VTH_1、VTH_3、VTH_5）三个晶闸管中阳极电位最高者（电压最高的晶闸管导通后，另两个晶闸管将受反偏电压而处于截止状态）。由图 4-13b 三相电压 u_U、u_V 和 u_W 可见，对应相对高电压的起始点 1、3、5，便是 VTH_1、VTH_3 和 VTH_5 的控制角起始点（称为自然换相点），它们均较过零点滞后 30°（$\pi/6$）。

4）下侧器件导通的条件是三个晶闸管中阴极电位最低者（电位最低的晶闸管导通后，另两个晶闸管同样将受反偏电压而处于截止状态）。同理，由图 4-13b 可见，对应相对低电位的起始点 2、4、6 便是 VTH_2、VTH_4 和 VTH_6 的控制角起始点（也是自然换相点）。它们同样较过零点滞后 30°。

⊖ 采用整流变压器主要为了使整流电路输出电压与电动机电压相适应。

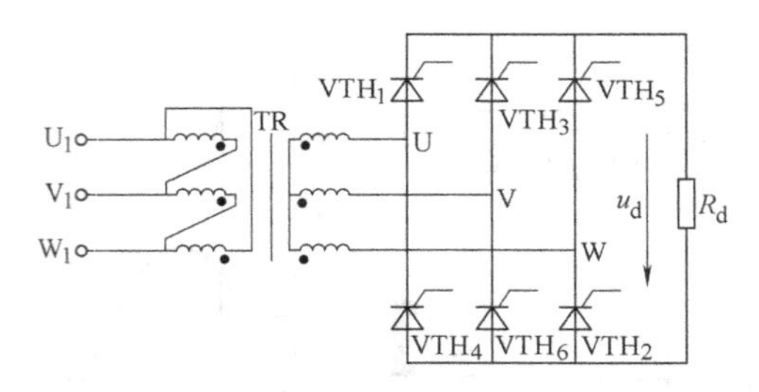

a) 三相全控桥式整流电路

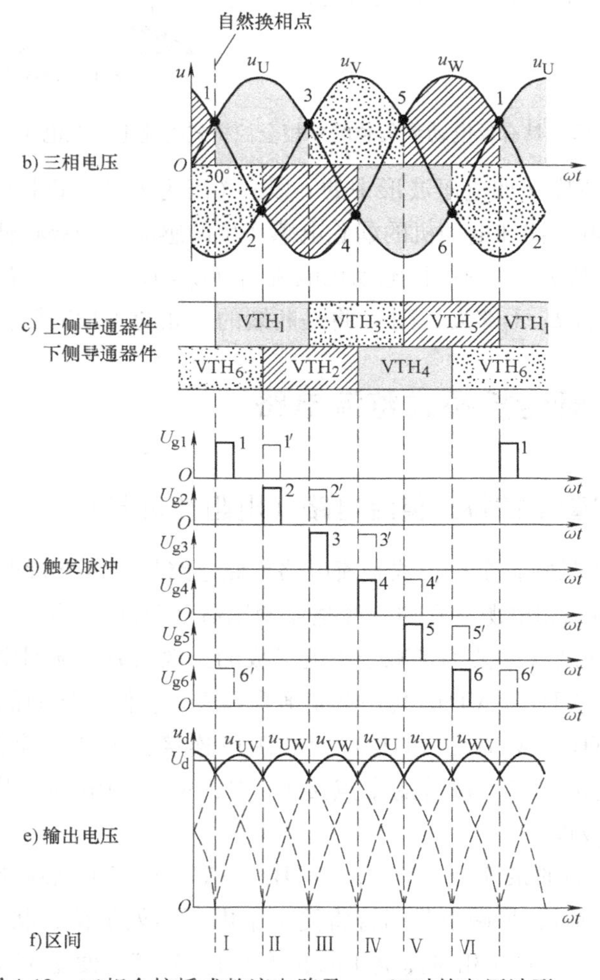

b) 三相电压

c) 上侧导通器件
下侧导通器件

d) 触发脉冲

e) 输出电压

f) 区间

图 4-13 三相全控桥式整流电路及 $\alpha=0°$时的电压波形

基于以上分析，今设控制角 $\alpha=0°$，即从自然换相点开始触发，这样 6 个晶闸管的导通次序如图 4-13c 所示。由图可见，在Ⅰ ~Ⅵ的 6 个区间里（参见图 4-13f），每一段区间均同时有两个晶闸管导通。从区间Ⅰ过渡到区间Ⅱ，即 VTH_6-VTH_1 过渡到 VTH_1-VTH_2，当 VTH_6 换成 VTH_2 时，VTH_1 会断流，因此在Ⅱ区间开始时，仍需再给 VTH_1 一个触发脉冲（称为补脉冲，如图中虚线脉冲），补脉冲和原脉冲相差 60°电角，因此在三相全控桥式整流电路中，每个晶闸管都经受“双脉冲”触发，如图 4-13d 所示。当然，若用脉冲宽度大于

60°的“宽脉冲”来触发也可以，但这样会消耗过大的触发功率，因此较少采用。

对照图4-13b，便可得如图4-14所示的三相全控桥式整流电路晶闸管的导通顺序与输出电压关系图。

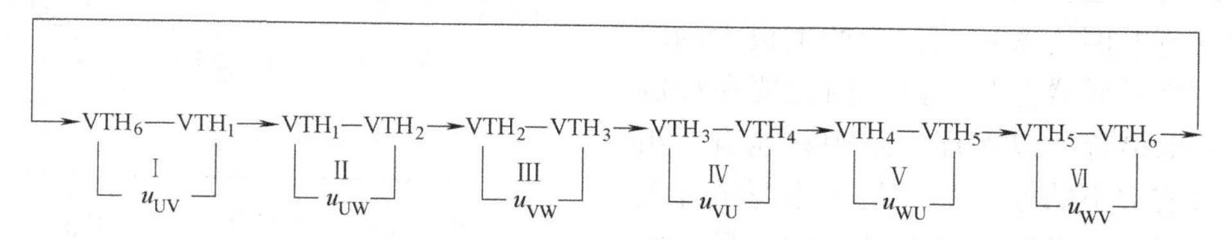

图4-14 三相全控桥式整流电路晶闸管的导通顺序与输出电压关系图

在三相全控桥式整流电路中，由于两相同时供电，因此其输出电压为线电压；例如在Ⅱ区间，其输出电压 u_d 为

$$u_d = u_U - u_W = u_{UW}(\text{线电压})$$

输出电压的波形如图4-12e所示，由图可见，各区间电压波形相同，因此输出电压的平均值 U_d 可由某一区间的平均电压求得

$$U_d = \frac{1}{\frac{\pi}{3}}\int_{\pi/3}^{2\pi/3}\sqrt{3}U_{\phi m}\sin\omega t\mathrm{d}\omega t = \frac{3}{\pi}\sqrt{3}\sqrt{2}U_\phi\int_{\pi/3}^{2\pi/3}\sin\omega t\mathrm{d}\omega t = 2.34U_\phi^{㊀} \quad (4\text{-}4)$$

式中，U_ϕ 为相电压的有效值。

若 $U_\phi = 220\text{V}$，则 $U_d = 2.34\times220\text{V} = 514\text{V}$

由以上计算可见，三相全控桥式整流电路最高输出电压达514V。为此直流电动机规格中有额定电压为460V电动机。若仍采用220V（或110V）电动机，则要通过三相整流变压器把电压 U_2 降下来。

以上讨论的是电阻负载，且 $\alpha = 0°$ 的情况，当它的负载为直流电动机时（且平波电抗器 L_d 不足够大），其电压与电流波形如图4-15所示（与图4-12相似）。

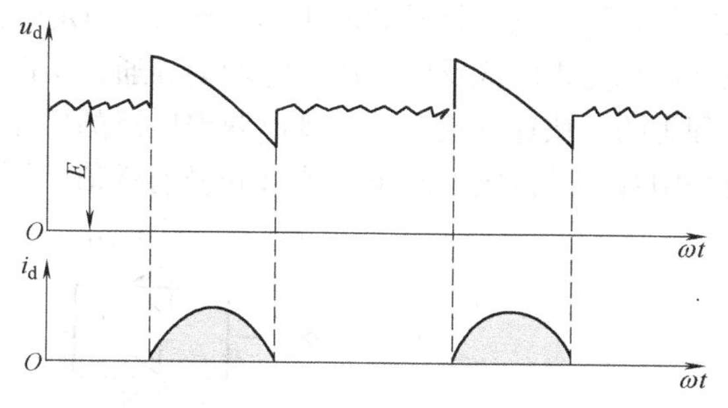

图4-15 三相全控桥式整流电路供电的直流电动机电压与电流波形图

4.4.2 晶闸管整流装置反并联可逆供电电路

由于晶闸管只能单向导通，所以在要求有正、反两个方向均能供电的场合（如电动机要求能正、反两个方向运转），通常可采用如图4-16所示的由正、反两组晶闸管整流电路反向并联进行供电的电路。

在图4-16中，由正组（Ⅰ）和反组（Ⅱ）两组整流电路反向并联后，分别向负载（直流电动机）供电。在正、反两组中，只允许其中一组被触发导通。当正组整流电路导通时，A点供电电压极性为+，电流为 i_{I}，设电动机正转。当反组整流电路导通时，A点供电电压极性变为-，（与正组供电时相反），电流为 i_{II}，此时电动机将反转（或反接制动）

在上述可逆供电的电路中，交流电源可以是三相的，也可以是单相的。

㊀ 式中 $\sqrt{3}$ 是线电压与相电压之比，$\sqrt{2}$ 是最大值与有效值之比，积分区间为60°~120°。

在正、反两组整流装置反并联供电时，之所以只允许其中一组被触发导通，是因为若两组同时导通，则两组中已导通了的晶闸管将对交流电网构成短路，会产生很大的环流，从而烧坏元器件与线路。因此要在控制电路中采取措施，以保证两组中只能有一组导通。目前常用的办法之一是采用逻辑开关电路，使其中一组发出触发脉冲时，另一组触发电路被“封锁”。这就是通常所说的逻辑控制无环流可逆系统。参见第 10 章欧陆 514C 型逻辑无环流直流可逆调速系统。

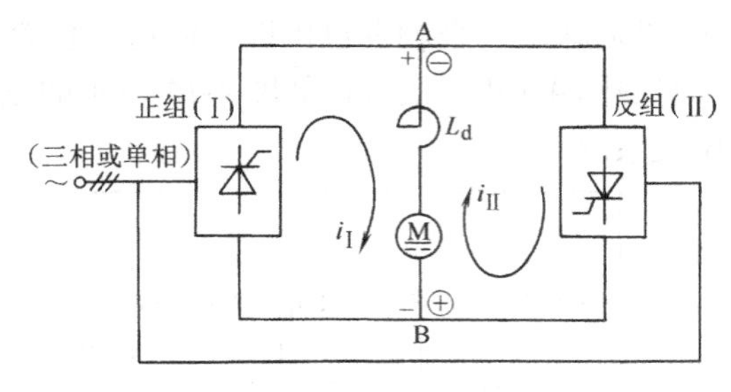

图 4-16　反并联可逆供电电路

4.5 晶闸管交流调压电路

以上讨论的是将交流电转换为电压可调的直流电的供电电路，下面将介绍晶闸管交流调压电路。

4.5.1 双向晶闸管

双向晶闸管有两个阳极（第一阳极 T_1 和第二阳极 T_2）和一个门极 G。它相当于一对反并联的晶闸管，它的符号如图 4-17a 所示。当足够大的正（或负）触发脉冲作用于门极时，不论该器件承受正向或反向电压，它均会导通，所以称双向晶闸管。它可用于交流调压，也是一种较理想的、快速交流开关，现已获得广泛的应用。其型号为 KS，如 KS100—8，则表示它为双向晶闸管，其额定通态电流值（正弦有效值）[⊖]为 100A，阻断重复峰值电压为 8 级（800V）。

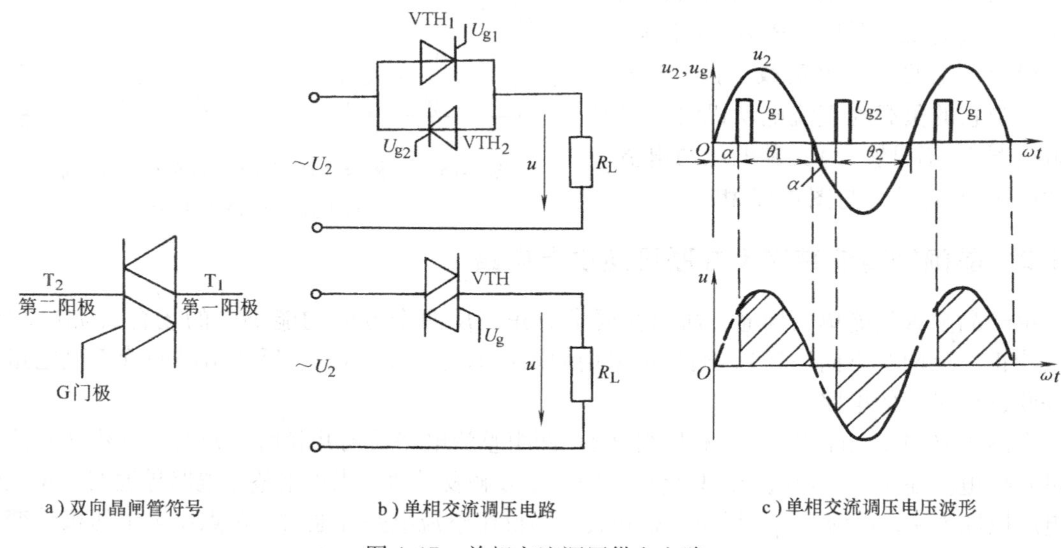

a) 双向晶闸管符号　　b) 单相交流调压电路　　c) 单相交流调压电压波形

图 4-17　单相交流调压供电电路

⊖ 普通晶闸管只能单向导电，主要用于整流，所以额定电流以正弦半波平均值来定义；而双向晶闸管为双向导电，用于调节交流电，所以额定电流采用有效值来定义。

由于双向晶闸管正、反两个方向都能导通，因此门极加上正、负触发信号时它均能被触发导通。

4.5.2　单相晶闸管交流调压电路

图4-17b为单相晶闸管交流调压电路，它可以采用两只反并联的普通晶闸管（也可采用一只双向晶闸管）与负载电阻串联构成主电路。在反并联电路中，正半周 α 时刻，U_{g1} 触发 VTH_1 管导通，负半周 α 时刻，U_{g2} 触发 VTH_2 导通，输出的电压波形为正负半周缺角相同的正弦波，如图4-17c所示（对双向晶闸管电路，在正负半周各发出一个触发脉冲给VTH的门极即可）。由图可见，若控制角 α 愈大，则导通角 θ 愈小，等效的交流电压愈小。调节 α，即可调节负载上交流电压的大小。

单相交流调压多用于小功率的电器和设备中，特别是在家用电器中有着广泛的应用，如灯光控制、电加热器调温、电风扇调速、音乐声控彩灯显示、交流稳压器等。

4.5.3　三相晶闸管交流调压电路

与单相交流调压电路一样，也可采用反并联晶闸管或双向晶闸管来调节三相交流电压的大小。图4-18a、b为两种常用的三相交流调压电路。功率较小的通常采用双向晶闸管，如图4-18a所示；功率较大的通常用两只普通晶闸管反并联，如图4-18b所示；在照明或电加热器电路中，多采用三相四线制，如图4-18a所示；而对交流电动机，则为三相三线制，如图4-18b所示。

三相交流调压电路在工业中也获得广泛的应用，如工业加热、电炉、大型灯光控制，电焊，电解，电镀，以及三相异步电动机调压调速等，特别是近年来用于起动大功率异步电动机的软起动器，其主体就是一个三相晶闸管交流调压装置，如图4-18b所示。

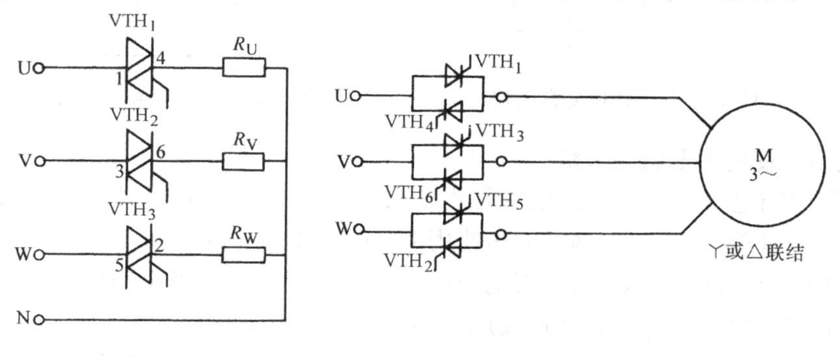

a）三相交流调压调光照明电路　　b）三相交流调压调速电动机电路

图4-18　三相晶闸管交流调压电路

4.6　双极晶体管—脉宽调制型直流调压电路

前面讨论的是晶闸管变流电路，由于晶闸管不能控制关断，限制了它的进一步的应用。如今已出现多种可控制关断的电力电子器件，并获得日益广泛的应用，双极晶体管便是其中应用较多的一种。下面主要介绍双极晶体管的特点和应用，以及由双极晶体管构成的、采用脉宽调制控制的直流调压电路。

4.6.1 双极晶体管及其驱动、保护电路

1. 双极晶体管模块的结构特点

双极晶体管（BJT）（Bipolar Junction Transistor）是半导体三极管的一个种类，由于它有空穴和电子两种载流子参与导电，所以称双极型晶体管，简称双极晶体管。在工作时，正向基极电流控制它的导通，反向基极电压控制它的关断，所以它是一种全控器件（晶闸管称为半控器件，二极管则为不可控器件）。对大功率双极晶体管又称为电力晶体管（GTR）（Giant Transistor），它是大功率的开关器件，具有耐压高、容量大的特点，其容量范围为30A/450V～800A/1400V，它通常由复合晶体管构成，并有一个续流二极管与之并联，做在一个模块中，如图4-19所示。

图4-19为三个晶体管构成的复合管（又称达林顿复合管）模块；图中VD_2、VD_3为晶体管VT_2、VT_3的发射结保护（反偏电压限幅）；VD_1为续流二极管（亦兼反向电压限幅），由于为复合管，其电流放大倍数可达10^4，因而驱动电流不大，在中、小容量变流系统中有很多的应用。在实际应用中，还有将2个、4个或6个单元做成一个模块的，图4-20即为（全控桥式）6个单元模块的简化结构图。

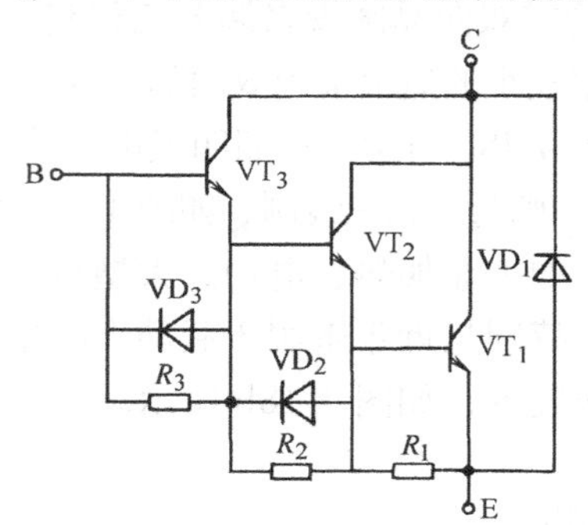

图4-19 BJT的三重达林顿复合模块

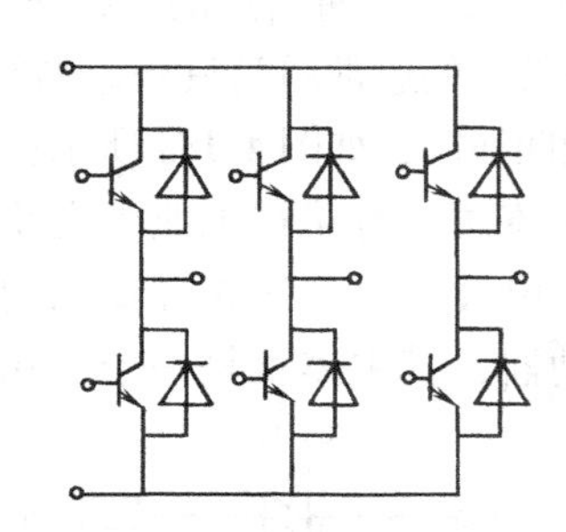

图4-20 6单元模块的简化结构图

2. 双极晶体管的主要特性参数

（1）开路阻断电压 开路阻断电压是指基极（或发射极）开路时，另外两个极间能承受的最高电压。对380V交流电网，大多使用1200V等级的BJT。

（2）集电极最大持续电流I_{CM} 集电极最大持续电流是指基极正向偏置时，集电极能流入的最大的电流。额定集电极电流I_{CN}通常只用到I_{CM}的一半左右。

此外，特性参数中还有电流放大倍数$h_{FE}(I_C/I_B)$($50\sim2\times10^4$)、开关频率（一般为5kHz）及最大耗散功率P_{CM}等。

3. BJT的驱动与保护电路

BJT的驱动电路要求开关速度快、开关损耗小，能保证BJT饱和导通，并且有较高的抗干扰能力。常用的BJT的驱动电路有光耦合驱动、脉冲变压器耦合驱动和专用集成电路驱动（如EXB357、UAA4002）等（具体线路参见CAI光盘）。

与晶闸管一样，BJT也需要可靠的保护，如过电压、过电流、过热保护等。由于BJT在过电流时，瞬时损耗非常高，其耐浪涌电流能力差，不可以像晶闸管那样用快速熔断器来保护。考虑到BJT为全控型器件，因此可输入信号使其迅速截止，所以通常用检测元件去采集电流信号，在过电流时通过保护电路使BJT迅速截止。（参见第3篇中的具体电路）。

4.6.2 BJT—PWM 型直流调压电路

双极晶体管供电电路常采用“脉冲宽度调制”控制，又称 PWM（Pulse Width Modulation）控制。PWM 调压供电电路的基本原理，是利用双极晶体管的开关作用，将直流电源电压转换成频率约为 2000Hz 的方波脉冲电压，然后通过对方波脉冲宽度的控制来改变供电平均电压的幅值与极性。PWM 型直流调压供电线路主要由锯齿波（或三角波）发生器、比较器和 BJT 供电电路三个部分组成，如图 4-21 所示。控制电压 u_i 与锯齿波电压 u_s 比较，通过比较器形成调制方波。增设偏置电压 u_b 的目的是使（u_s+u_b）波形的中间位置在横轴上，以使 $u_i=0$ 时，输出平均电压 $U_{av}=0$。现对 BJT-PWM 直流调压的原理作一简单的介绍。

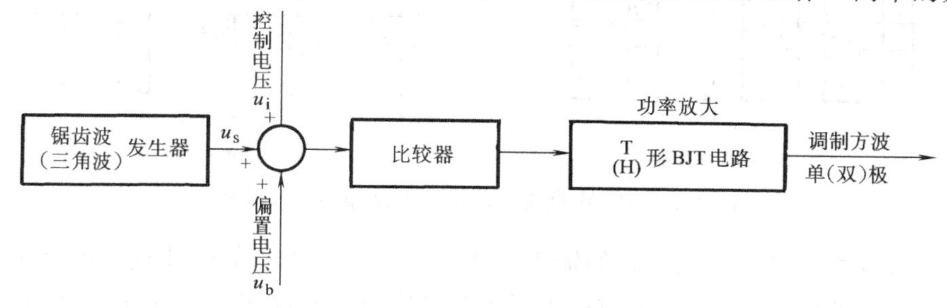

图 4-21 BJT—PWM 直流调压电路的组成

1. BJT 可逆供电电路的形式

在 BJT 可逆供电电路中，通常采用 T 形和 H 形两种电路，如图 4-22 所示。

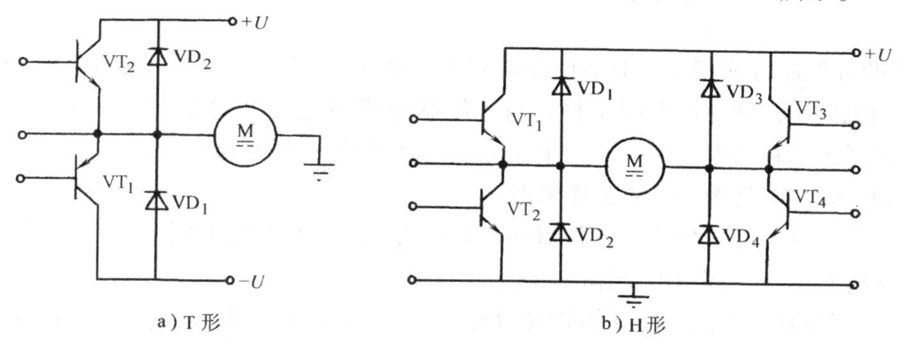

图 4-22 BJT 可逆供电电路

1）T 形电路的优点是开关器件少、线路简单，电动机一端可接地，便于引出反馈信号。缺点是需要正、负两个极性电源，BJT 要承受两倍电源电压。

T 形电路工作时，当 VT_2 导通时，电动机 M 承受正向电压。反之，当 VT_1 导通时，电动机 M 承受反向电压。

2）H 形电路虽然器件多些，电枢两端浮地；但器件耐压要求低，且只需单极性电源，所以实际中应用较多。图中 $VT_1\sim VT_4$ 为作开关用的 BJT，$VD_1\sim VD_4$ 为续流二极管。

H 形电路工作时，当 VT_1、VT_4 导通时，电动机 M 承受正向电压；反之，若 VT_3、VT_2 导通，则电动机 M 承受反向电压。

2. PWM 直流电路的控制方式

在 PWM 可逆供电电路的控制方式上，又分双极性和单极性。图 4-23a、b 为双极性和单极性控制时 PWM 直流可逆供电电路输出电压的波形。

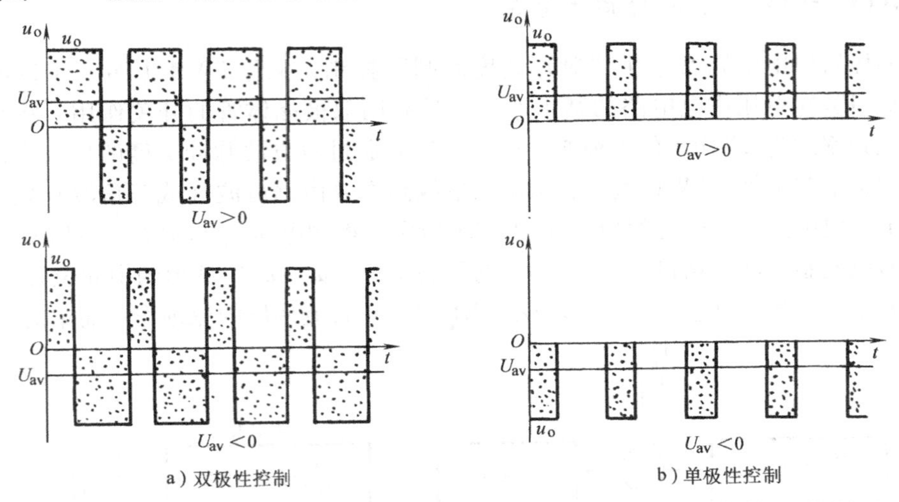

图 4-23 PWM 直流可逆供电电路输出电压波形

1）图 4-23a 为双极性控制方式的输出电压波形。改变正、负脉冲宽度的差值，就能改变输出电压的平均值。若正脉冲的宽度大于负脉冲宽度，则输出电压 u_o 的平均值（Average Value）$U_{av}>0$（见图 4-23a 上）。反之，则 $U_{av}<0$（见图 4-23a 下）。

2）图 4-23b 为单极性控制方式的输出电压波形，它的特点是只有单极性（正或负）脉冲，改变正（或负）脉冲的宽度，即可改变正向（或反向）输出电压的平均值（见图4-23b）。

3）这两种控制方式相比，双极性控制的优点是电流连续，低压时晶体管仍能可靠导通，若用于电动机调速，则低速时能平稳运行，使调速范围宽（可达 2×10^4 左右）。它的缺点是晶体管损耗多，且易发生上、下两个晶体管同时导通造成的短路事故。

3. BJT—PWM 直流调压的工作原理

现以一个由锯齿波发生器—比较器——T 形 BJT 供电的电路为例来说明 PWM 调压的工作原理。该电路的三个部分的工作原理是：

1）第一部分是一个由单结晶体管自激振荡电路构成的锯齿波发生器。图 4-24 中晶体管 VT_1 处于放大工作区，由 VD_1 提供一个恒定的偏置电压，由 VT_1 构成的电路相当一个恒流源。电源经 VT_1 向电容 C_1 充电时，由于电流恒定，电容电压将按直线上升（而不是按指数曲线上升）。当电容电压达到单结晶体管的峰值电压时，单结晶体管导通，电容 C_1 将通过它放电，由于放电回路电阻很小，电容电压在放电时近似为一垂直线。这样，电容上的电压即为一个锯齿波形的电压。此电压被引出再经过由 VT_2 及电阻构成的射极输出器输出（电流放大或功率放大）。调节电位器 RP，可调节恒流源的电流，亦即调节电容充电电压的斜率，斜率愈高（充电愈快），自激振荡电路产生的锯齿波的频率愈高。因此调节 RP，即可调节振荡频率。此锯齿波又称载波。

2）第二部分是控制部分，它是一个由运算放大电路构成的电压比较器。运放电路未设反馈阻抗，是一个开环放大器，因此，只要有微小的输入电压，其输出电压即达饱和值（或限幅值）。它的输入端有锯齿波电压 u_s、控制电压 u_i 和偏置电压 u_b 等三个电压信号综

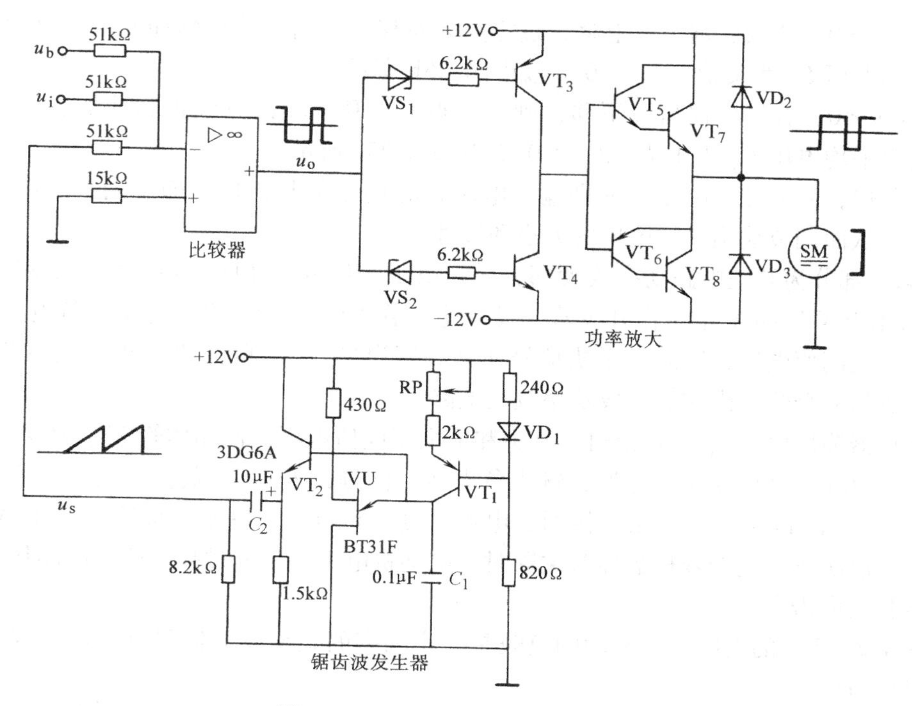

图 4-24 PWM 直流调压供电电路

合。由于三个信号的输入回路电阻相等（均为 51kΩ），因此其输入综合电压 u_Σ 即为三个电压的代数和，（即 $u_\Sigma = u_s + u_b + u_i$）。由于是由反向输入端输入，因此当综合电压 $u_\Sigma > 0$ 时，其输出电压 u_o 将为负饱和值；反之，$u_\Sigma < 0$ 时，u_o 为正饱和值。

为了使当控制电压 $u_i = 0$ 时，比较器输出的电压的正负半波的宽度相等（输出的平均电压为零），偏置电压 u_b 取锯齿波电压最大值 U_{sm} 的一半，极性与 u_s 相反，即 $u_b = U_b = -U_{sm}/2$。下面就以 $u_i = 0$、$u_i > 0$ 和 $u_i < 0$ 三种情况分别加以说明。

① 图 4-25 为比较器综合电压 u_Σ 与脉宽调制的波形图。由图 4-25a 可见，当 $u_i = 0$ 时，u_s 与 u_b 叠加后，使锯齿波下移了 u_b 高度，锯齿波过零点 a 在锯齿波中央，比较器输出的方波正、负部分相等，其平均电压 $U_{av} = 0$。

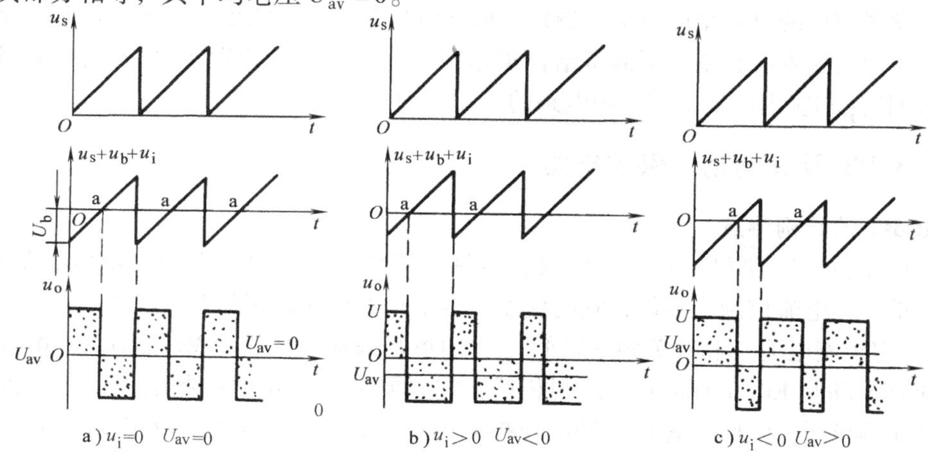

图 4-25 脉冲宽度调制波形图

② 当 $u_i>0$，叠加后锯齿波上移，过零点 a 左移，输出方波正脉冲变窄，负脉冲加宽，其输出平均电压 U_{av} 为负值（$U_{av}<0$），如图 4-25b 所示。

③ 当 $u_i<0$，叠加后锯齿波下移，则过零点 a 右移，输出方波正脉冲加宽，负脉冲变窄，其输出平均电压 U_{av} 为正值（$U_{av}>0$），如图 4-25c 所示。

综上所述，调节控制电压（亦即输入电压）u_i 的数值与极性，即可调节输出正、负脉冲的宽度，从而调节输出平均电压的大小和极性。

3）第三部分为开关电路功率放大部分，它由正、负电源和两组功率放大电路组成。图 4-24 中晶体管 VT_3 和 VT_4 用作开关管，设置稳压管 VS_1 和 VS_2 除了与正、负电压对消外，并提供正、反阈值电压，以防止干扰信号使开关管误导通。VT_5、VT_7 和 VT_6、VT_8 为双极晶体管组成的复合管，由它们组成功率放大电路。

当比较器输出电压 u_o 为正值时，其饱和值大于阈值电压，使晶体管 VT_4 和复合管 VT_6、VT_8 导通，功放输出端接通负电源，输出负电压。同理，若 u_o 为负值，则 +12V 击穿 VS_1 使 VT_3 和 VT_5、VT_7 导通，输出端接通正电源，输出正电压。图中二极管 VD_2 和 VD_3 为保护二极管，以防止当复合双极晶体管关断时，电动机电枢产生的过高的感应电动势将另一组双极晶体管反向击穿。

在图 4-24 所示的电路中，驱动的负载是一小功率的微型直流伺服电动机，调制的电压频率为 2000Hz。

由双极晶体管组成的脉宽调制型可逆供电电路，由于它供电的脉冲频率高（1 ~ 10kHz），经电枢电感滤波后的电流脉动很小，故系统的控制性能好，因此在小功率的随动系统中获得广泛的应用。由于 PWM 放大器应用日益广泛，如今已有 PWM 专用集成电路，如 SG1731、SG3524 等。

在图 4-24 所示的电路中，可用三角波发生器取代锯齿波发生器，也可用 H 形电路取代 T 形电路，也可以采用单极性 PWM 控制，而其调制工作原理则是相同的。

4.7 绝缘栅双极型晶体管—正弦脉宽调制型交流变频电路

绝缘栅双极型晶体管（简称绝缘栅双极晶体管）（IGBT）是近年出现的应用日益广泛、具有很大发展前途的复合型电力电子器件。而交流变频调速系统也因近年在控制性能方面获得重大突破而迅猛发展起来。下面将结合实际应用，通过采用 IGBT 的交流变频电路，来介绍 IGBT 的特点和应用以及交流变频电路的工作原理。

4.7.1 IGBT 及其驱动、保护电路

1. IGBT 的结构特点

由“电子技术”课程可知，要使双极型晶体管导通，必须注入一定量值的基极电流，因此 BJT 是一种电流控制型器件，它的优点是容量较大和导通压降低，缺点是输入阻抗较小（需注入一定控制电流）和开关频率较低。而 MOS 场效应晶体管（MOSFET）（Metal-Oxide-Semiconductor Field Effect Transistor）则相反，它只要加上一定的控制电压，注入极小的电流，即可使其导通。因此，它是一种电压控制型器件，它的优点是输入阻抗高和开关频率高，缺点是容量较小和导通压降较大，只能用于小功率的应用场合。而绝缘栅双极晶体管

(IGBT)(Insulated Gate Bipolar Transistor)则将两者结合起来，对于N-ICBT。它的前面部分类似NMOS场效应晶体管，它的后面部分则类似双极型晶体管（见图4-26a）㊀，因而它的特性兼有MOSFET和BJT两者的优点，它具有：

1）输入阻抗高（取用前级的电流小）。

2）开关时间短（频率高）。

3）导通压降低（功率损耗小）。

4）阻断电压高（耐压高）。

5）承受电流大（容量大、功率大）。

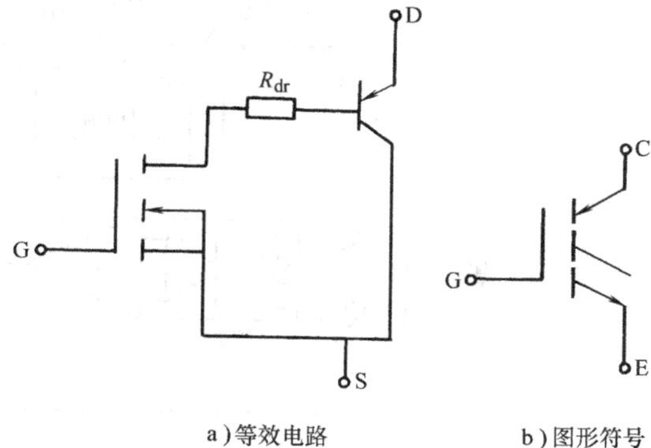

图4-26 IGBT的简化等效电路与N-IGBT的图形符号

由于IGBT具有上述显著的优点，加上它的驱动电路简单、保护容易，而且成本也已逐渐下降到接近BJT的水平，因此在中、小容量的装置中，获得日益广泛的应用。

IGBT的简化等效电路和N-IGBT的图形符号如图4-26所示。图中，G为栅极，C为集电极，E为发射极。

2. IGBT主要特性参数

（1）额定集电极—发射极电压（U_{CES}） 额定集电极—发射极电压是指栅极—发射极短路时，IGBT的集电极与发射极间能承受的最大电压（如500V、1000V等）。

（2）额定集电极电流I_C 额定集电极电流是指IGBT导通时能流过集电极的最大持续电流（市场上有8~400A的IGBT器件，甚至还有1200A/2000V和1200A/3300V等高耐压大容量的IGBT器件）。

在IGBT的重要特性参数中，还有集电极—发射极饱和电压（即导通压降）$U_{CE(sat)}$（一般在2.5~5.0V之间，此值越小，则管子的功率损耗越小）。此外，还有开关频率，（一般在10~20kHz之间，较BJT高得多）。

现以MG25N2S1型25A/1000V IGBT器件为例，其主要特性参数为：$U_{CES}=1000V$，$I_C=25A$，$U_{CE(sat)}=3V$，开关时间$t_{on-off}=2.4\mu s$（相当于开关频率$f\approx400kHz$）。

3. IGBT的驱动电路和保护电路

（1）IGBT的驱动电路 由于IGBT有着显著优点，已被日益广泛地应用于通用变频器、电动机的调速控制、位置随动控制和不间断电源（UPS）等多种领域，因此出现了各种专用的IGBT驱动模块。如今以EXB841模块为例，来介绍IGBT驱动电路的工作原理。

EXB841型模块，可驱动300A/1200V IGBT器件，整个电路信号延迟时间小于1μs，最高工作频率可达40~50kHz。它只需要外部提供一个+20V的单电源（它内部自生反偏电压）。模块采用高速光耦合（隔离）输入，信号电压经电压放大和推挽（射极跟随）功率放大输出，并有过电流保护环节。其功能原理图如图4-27所示，接线图如图4-28所示。

㊀ 由于BJT和MOSFET均为全控器件，所以IGBT也是一种全控器件，即控制栅极电压，既可使它导通，也能使它关断。

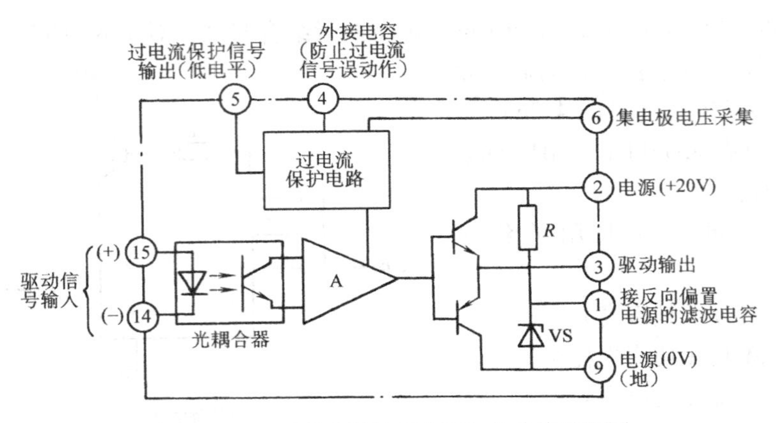

图 4-27 IGBT 驱动模块 EXB841 的功能原理图

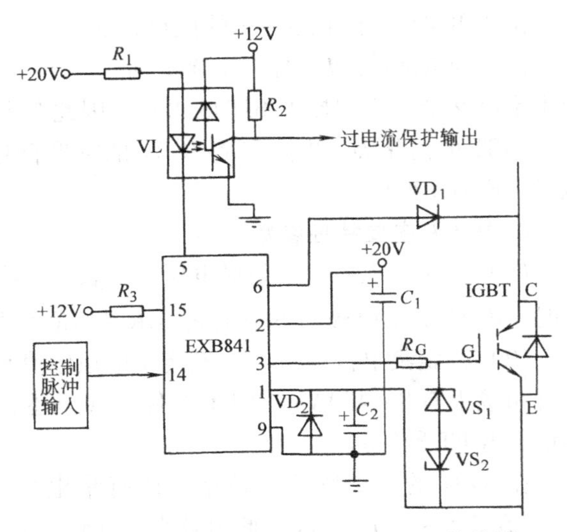

图 4-28 用 EXB841 模块驱动 IGBT 的接线图

对照图 4-27 和图 4-28 可以看出，⑮脚接高电平（+12V）输入，⑭脚输入控制脉冲信号（输入负脉冲，将使光耦合器导通），光耦合信号经电压放大器 A 放大，再经射极跟随功率放大后，由③脚输出，经限流电阻 R_G 送至 IGBT 的栅极 G，驱动 IGBT 导通工作。稳压管 VS_1、VS_2 为栅极电压正、反向限幅保护。集成模块中的电阻 R 和稳压管 VS 构成的分压，经①脚为 IGBT 的发射极提供一个反向偏置（−5V）的电压[㊀]〔由于 IGBT 为电压控制型器件，截止时容易因感应电压而误导通，所以通常设置一个较高的反向偏压（−10 ~ −5V），使 IGBT 提高抗干扰能力，可靠截止〕。反向偏置电源通过①脚外接滤波电容和发射极的钳位二极管 VD_2（使发射极电位不低于 0V）。此外，当集电极电流过大时，管子的饱和电压 U_{CE} 将明显增加，使集电极电位升高，过高的集电极电位将作为过电流信号送至⑥脚，通过模块中的保护电路，会使栅极电位下降，IGBT 截止，从而起到过电流保护作用。此外，当出现过电流时，⑤脚将输出低电平信号，使光耦合器 VL 导通（见图 4-28），输出过电流保护动作信号（送至显示或报警或其他保护环节）。模块中的④脚用于外接电容，以防止过电流信号误动作；但绝大多数场合可以不用，所以在图 4-28 中即未采用。模块中的其他脚号多为空脚，故未标出。

（2）IGBT 的保护电路　与 BJT 一样，IGBT 也需要可靠的保护。IGBT 的保护同样也主要是过电压保护、过电流保护以及过热保护等。在过电压保护中，可采取阻容吸收电路来限制电压上升率（dv/dt），可采用稳压管限幅来防止栅极电压过高（见图 4-28 中的 VS_1 和 VS_2），也可采用二极管钳位的方法，防止过高电位的出现（见图 4-28 中的 VD_2），特别对场

㊀ 由于 $U_{GE}=V_G-V_E$，因此发射极电位 V_E 的提高，相对 U_{GE} 来说，为反向偏置。若 $V_E=5V$，$V_G=0$，则 $U_{GE}=-5V<0$，G−E 结处于反偏。

效应晶体管，要防止感应高电压击穿管子。对过电流保护，与BJT相似，也是通过检测环节（如图4-28所示的检测导通压降）获得过电流信号，当电流超过限额时，此信号驱动保护环节的电子电路，将使IGBT截止，从而起到保护作用（见图4-28）。再如图4-28中的R_G，也是为了限制过大的栅极电流。此外，在实际接线时，IGBT的栅极、发射极回路的接线要小于1m，且应使用屏蔽双绞线，以减少干扰信号的侵入。

4.7.2　二极管整流器—IGBT逆变器构成的交—直—交变压变频电路

1. 电路的组成

由二极管整流器—IGBT逆变器构成的交—直—交变压变频电路的原理图如图4-29所示。它的工作原理是先将380V/220V、50Hz的三相交流电，经三相二极管桥式整流器变换成直流电，此直流电再经过由IGBT构成的三相逆变器，通过正弦脉宽调制（SPWM）（Sinusoidal Pulse Width Modulation）控制，变换成电压和频率都可调的三相交流电，去供给三相异步（或同步）电动机。以图4-29所示电路为主电路组成的装置又称为变频器。

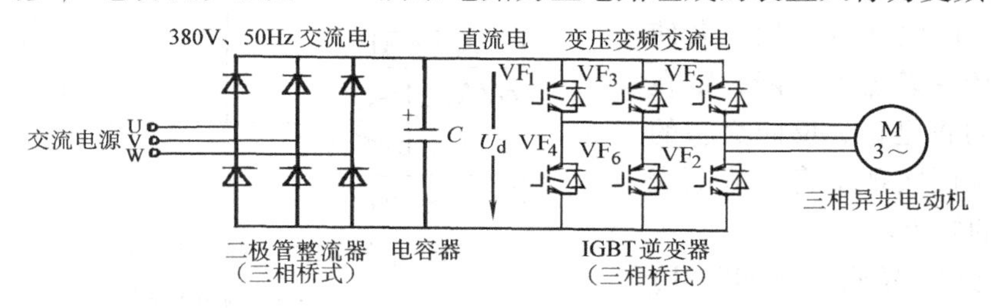

图4-29　交—直—交变压变频电路的原理图

在交—直—交变频器中，又可分为电流源型和电压源型。电流源型的变频器如图4-30a所示，它的主要特征是在中间直流回路中串接一个大电感器作为储能环节，这样由于电感对电流变化的平抑作用，直流电部分将近似成为一个电流源，所以称为电流源型或电流型。电压源型的变频器如图4-30b所示，它的主要特征则是，在中间直流回路上并联一个大容量的电容器作为储能环节。由于电容有稳定电压的作用，直流电部分将近似成为一个电压源，所以称为电压源型或电压型。由于电压型变频器应用较多，所以我们将以电压型变频器作为典型线路来进行分析（图4-29即为电压型变频器电路）。

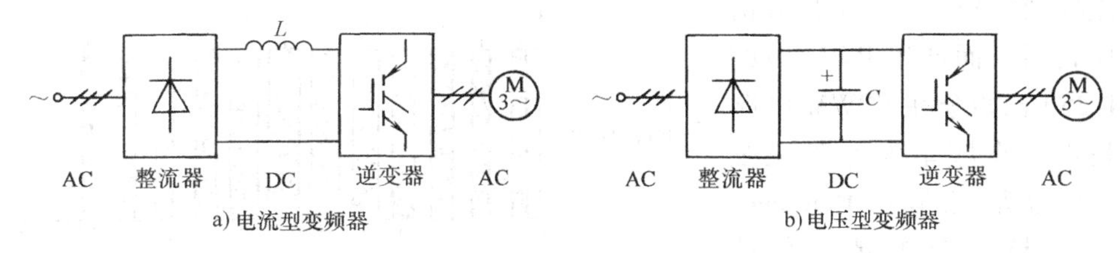

a) 电流型变频器　　b) 电压型变频器

图4-30　电流型变频器和电压型变频器

2. IGBT—SPWM（电压源型）交流变压变频电路的工作原理

为使分析简明起见，我们将以单相逆变器来分析电路的工作原理。图4-31即为一单相IGBT—SPWM（电压型）交流变压变频电路的原理图，图中二极管整流器部分未画出，主电路中VF_1～VF_4为IGBT开关管，VD_1～VD_4为续流二极管，Z_L为负载，R_{G1}～R_{G4}为IGBT栅极限流电阻，C为大容量电容器。下面将简要介绍SPWM型电路的工作原理。

（1）逆变器的工作原理　逆变器是将直流电变换成交流电的装置。图 4-31 中的直流电是 50Hz 的交流电经过二极管桥式整流后，变换成电压为 U_d 的直流电源。由于是采用并联电容器来作为储能环节的，所以它是电压型的。虽然供给的是直流电，但在由四个 IGBT 开关管组成的电路中，以 VF_1 与 VF_4 为一组，VF_2 与 VF_3 为另一组，使之交替通、断，便能在负载上形成交流电。如在 VF_1 与 VF_4 导通时，设流过负载的电流为正（如图中的 i_+），在 VF_2 与 VF_3 导通时，流过负载的电流便为负（如图中的 i_-）（见图 4-31），若使两组开关管依次轮流通、断，则在负载上流过的将是正、反向交替的交流电流，从而实现了将直流电变换成交流电的要求。

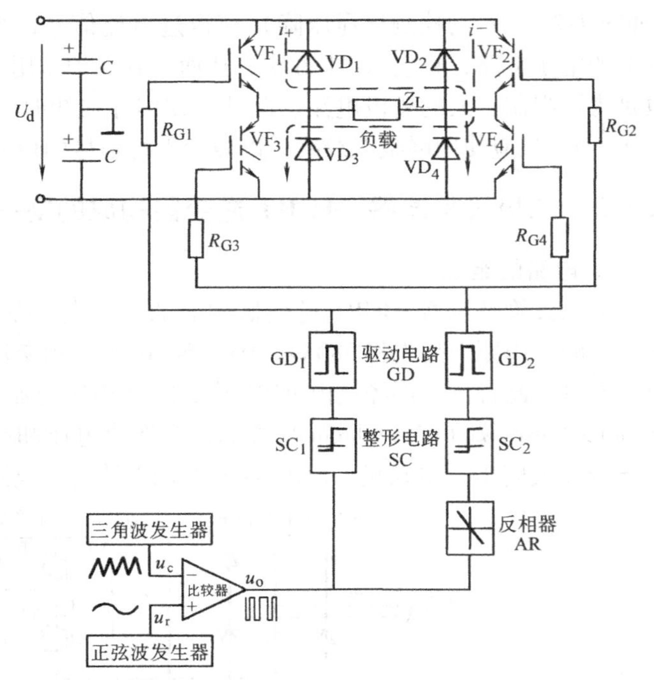

图 4-31　单相 IGBT—SPWM（电压型）交流变压变频电路原理图

（2）正弦脉宽调制（SPWM）的波形分析　若将如图 4-32 所示的正弦波（仅画出半个波形）按电角分成 n 个等份（此处取 $n=12$），今将每个等份的正弦波变换成波形下方面积相等的方波；这些方波的特点是：各等份中线上下对齐且等距，其幅值相同，但宽度不同。这样，与正弦波对应的，便是一个等距、等幅但宽度不同的脉冲列，这就是正弦脉宽调制（SPWM）波形。

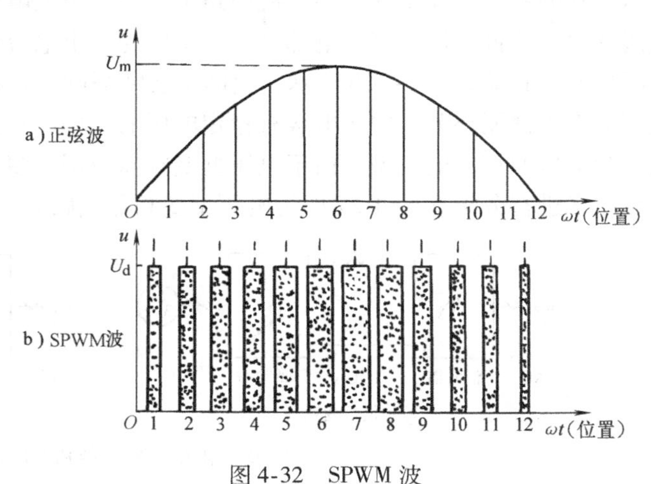

图 4-32　SPWM 波

在上节讲的 PWM 电路，是将一个直流控制信号与一个锯齿波信号进行比较后，而产生 PWM 波的（见图 4-25）。如今在 SPWM 电路中，则是以一个频率为 f_r 的正弦信号波作为基准波（Reference Wave）u_r，与一个等腰三角波（载波）（Carrier Wave）u_c 进行比较后，去产生 SPWM 波的。

与 PWM 波一样，SPWM 波也可分为单极性波和双极性波。图 4-33 是一个单极性的 SP-WM 波，它的特点是，在各半周中，方脉冲列只有正（或负）一个极性。图中信号波 u_r 为正弦整流波，载波为单极性等腰三角波 u_c，若设 $u_r > u_c$ 时，则输出为“1”；当 $u_r < u_c$ 时，则输出为“0”，再经过与信号波后半周同步的倒向信号环节，便可得到如图 4-33 所示的单

极性 SPWM 调制波 u_0。

图 4-34b 是一个双极性 SPWM 波，它的特点是，任何半周中，都是正、负两个极性相间的方脉冲。下面将结合实例，通过双极性 SPWM 控制来分析 SPWM 波的特点和 SPWM 控制的实现。

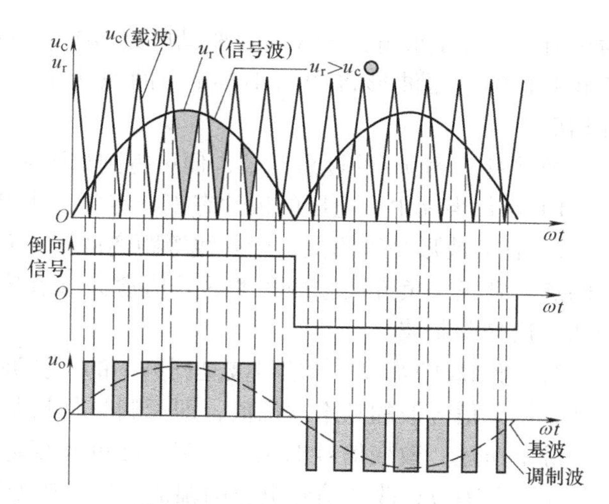

图 4-33　单极性 SPWM 调制波形

（3）正弦脉宽调制的实现　图 4-31 是一个单相电压型、采用双极性 SPWM 控制的、二极管整流器——IGBT 逆变器构成的交—直—交变压变频电路。图中的正弦波发生器产生基准波（信号波），它是一个频率与幅值可调的正弦波，其频率可调范围一般为 0～400Hz，其电压为 u_r。图中的三角波发生器产生等腰双极性的三角波（载波），它的频率 f_c 通常较高（可达 15kHz 以上），其电压为 u_c。图中比较器通常是一个具有输出限幅的开环运放器，SPWM 波便是由信号波与载波通过比较器比较后产生的，如图 4-34 所示。图 4-31 中 AR 为反相器，GD_1 和 GD_2 为正、反两组开关管的驱动电路。图中的 SC_1 与 SC_2 为正、反两组驱动信号的整形电路，它的主要作用是：当输入为正信号时，它将输出正的饱和值，以保证 IGBT 的可靠导通；当输入为零或负的信号时，它将输出零信号，以保证 IGBT 管的可靠关断。此外，它还可抑制干扰信号的侵入。图中逆变器的主电路在前面已作介绍。下面来分析 SPWM 波的产生。

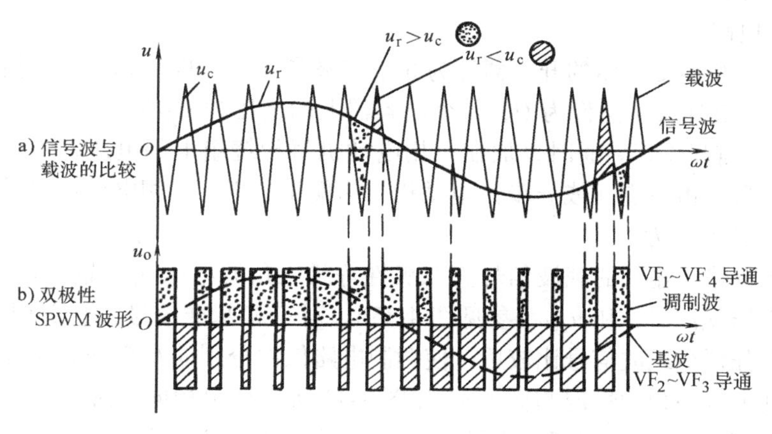

图 4-34　双极性 SPWM 波形分析

由图 4-34a 可见，当 $u_r>u_c$，$(u_r-u_c)>0$ 时，比较器的输出 u_o 为正值，此电压经整形电路 SC_1 后，送往驱动电路 GD_1，使 IGBT　VF_1 和 VF_4 导通，此时比较器的输出电压 u_o 和负载上的电压波形，如图 4-34b 中的点状阴影所示（与此同时，u_o 经反相器 AR 后，变为负值，经整形电路 SC_2 后，将变为零信号，它将使 IGBT　VF_2 和 VF_3 截止关断）。

反之，当 $u_r<u_c$，$(u_r-u_c)<0$ 时，比较器输出的 u_o 为负值，它经整形电路 SC_1 后，将变为零信号，它将使 VF_1 和 VF_4 截止关断；而同时，呈负值的 u_o 经反相器 AR 后，将变

为正值，它经整形电路 SC_2 送往驱动电路 GD_2，将使 IGBT VF_2 和 VF_3 导通，这时 u_o（和负载上）的电压波形将如图 4-34b 中的线状阴影所示，它和点状阴影所示的电压极性正好相反。

经过对 u_r 和 u_c 的逐点比较，便可得到如图 4-34b 所示的调制波形。此波形的特点是：

1）在每半周中，电压的极性有正、有负，所以它是双极性的。

2）它的波形是等幅值、中心线等距离的正、负方波；对应信号波（正弦波）瞬时值较大的点，则正、负方波脉冲宽度的差值愈大（在零点处，正、负方波脉冲的宽度将相等），因此，这是调制波。

3）调制波的基波[㊀]与信号波是同频率的正弦波，而且它的幅值也取决于信号波的幅值。因此，调节信号波的频率与幅值，即可调节负载电压基波的频率与幅值。

综上所述，改变信号电压的频率，即可改变逆变器输出基波的频率（频率可调范围一般为 0～400Hz）；改变信号电压的幅值，便可改变输出基波的幅值。逆变器输出的虽然是调制方波脉冲，但由于载波信号的频率比较高（可达 15kHz 以上），在负载电感（如电动机绕组的电感）的滤波作用下，可以获得与正弦基波基本相同的正弦电流。

采用 SPWM 控制，逆变器相当一个可控的功率放大器，既能实现调压，又能实现调频；加上它体积小、重量轻、可靠性高；而且调节速度快，系统动态响应性能好；因而在变频逆变器中获得广泛的应用。

4.7.3 三相 SPWM 型逆变电路

以上通过典型的单相逆变器，介绍了 SPWM 控制的工作原理。但实际上，通用的变频器多为三相逆变器，对三相逆变器，它的工作原理与单相逆变器相同。图 4-35a 为三相桥式 SPWM 逆变器主电路。

由图可见，三相逆变电路的开关器件为 6 个双极晶体管 VT_1 ～ VT_6，其储能元件为两个大容量电容器 C，其连线中点设为 O，每个电容器上的电压为 $U_d/2$（U_d 通常为桥式整流电路的输出电压）。当开关管导通时，加在三相电动机每相绕组上的电压幅值，便为 $\pm U_d/2$。电路供电的对象为三相同步（或异步）电动机，为便于分析，三相电动机定子 U、V、W 绕组接成 Y 联结，其中点为 O'。

图中的调制电路，输入的载波信号为双极性等腰三角波电压 u_c，输入的基准波（即信号波）为三相电压 u_{rU}、u_{rV} 和 u_{rW}，参见图 4-35b。对三相基准信号，它们相当于三个单相基准信号，它们分别与载波信号比较后，使调制电路依次分别向 6 个开关器件 VT_1 ～ VT_6 发出驱动信号。其中每一相的情况与图 4-31 和图 4-34 所示情况相同，现以 U 相为例来说明，当 $u_{rU} > u_c$ 时，使上桥臂 VT_1 导通，下桥臂 VT_4 关断，则 U 相对于直流电源假想中点 O 的输出电压 $u_{UO} = u_d/2$。反之，当 $u_{rU} < u_c$ 时，使上桥臂 VT_1 关断，下桥臂 VT_4 开通，这样 $u_{UO} = -U_d/2$（如图 4-35b 所示）。V 相和 W 相电压 u_{VO} 与 u_{WO} 情况与 U 相相同。（由图可以看出，u_{UO}、u_{VO} 和 u_{WO} 的 SPWM 波形只有 $\pm U_d/2$ 两种电平）。

㊀ 对任何一个周期性变化的函数 $f(x)$，都可用傅里叶级数将它展开，若为奇函数，则 $f(x) = A_0 + \sum_{n=1}^{\infty} A_n \sin(n\omega t + \varphi_n)$；其中 A_0 为常数项；$n=1$ 的项为 $A_1 \sin(\omega t + \varphi_1)$，此正弦波称为基波；$n>1$ 的项，则称谐波；如 $n=3$ 的项，它的角频率是基波的 3 倍，则称为 3 次谐波。这种分析方法称为谐波分析。

三相负载的线电压为相电压的叠加，如 $u_{UV}=u_{UO}+u_{OV}=u_{UO}-u_{VO}$，$u_{UV}$的电压波形如图 4-35 所示。其基波为与信号波同频率的正弦波，其幅值与信号波的幅值成正比。

在图 4-35a 所示的逆变电路中，若每一个桥臂上、下两个晶体管同时导通，便会造成短路；为此在给一个器件施加关断信号，要再延迟 Δt 时间后，才能给同一桥臂上的另一个器件发出驱动信号。当然这会使正弦基波波形变差。

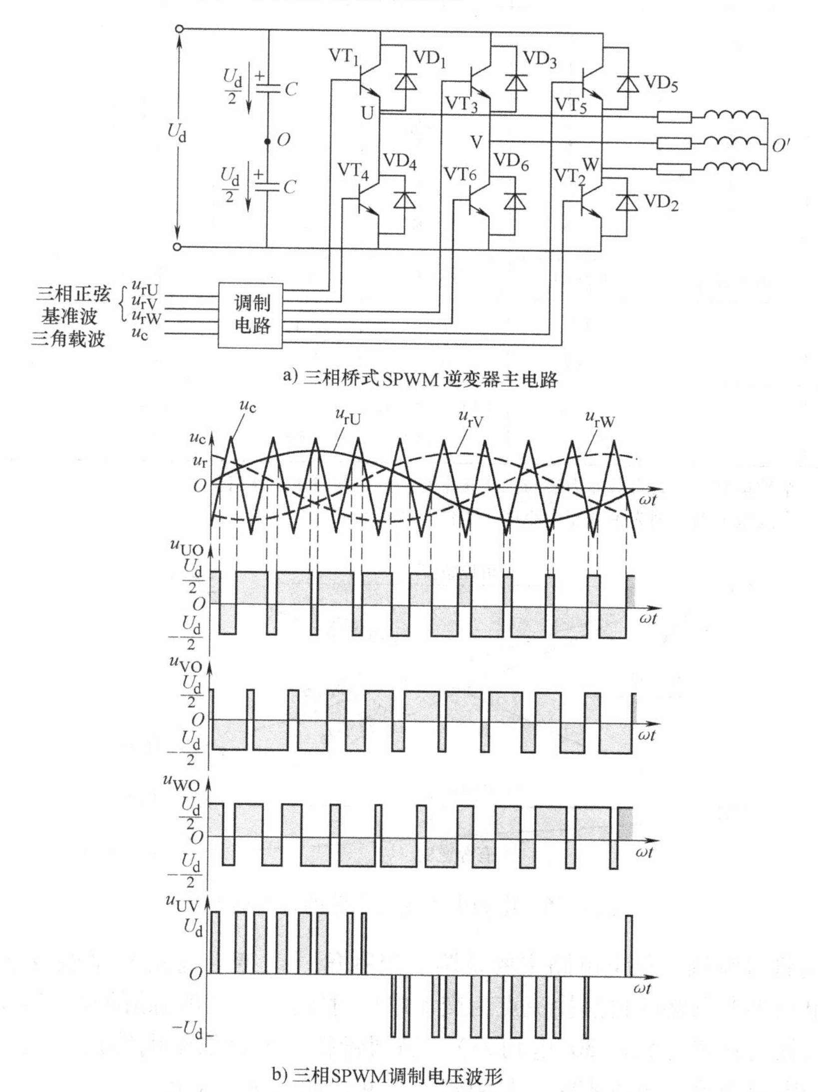

图 4-35　三相桥式 SPWM 逆变器主电路和三相 SPWM 调制电压波形

小　　结

（1）常用的电力电子器件有晶闸管、双向晶闸管、双极晶体管、场效应晶体管和绝缘栅双极型晶体管等。常用的电力电子器件的文字符号、图形符号、控制性质、带载能力和开关频率等列于表 4-1 中。

（2）电力电子供电电路的常用类型如图 4-36 所示。

表 4-1 常用电力电子器件一览表

名称	二极管（D）	晶闸管（Th）	门极可关断晶闸管（GTO）	双极晶体管（BJT）	MOS 场效应晶体管（MOSFET）	绝缘栅双极型晶体管（IGBT）
文字符号	VD	VTH	VTH	VT	VF	VF
图形符号	A K	A G K	A G K	C B E	D G S	C(D) G E(S)
控制性质	不可控型	半控型	全控型	全控型	全控型	全控型
带载能力/kVA（约）①		10^5（大）	10^4（较大）	10^3（中等）	10^2（小）	10^3（中等）
开关频率（约）②		400Hz（低）	600～1000Hz（较低）	1～3kHz（较高）	100kHz（高）	10～20kHz（高）

① 此处给出一个数量级，因为带载能力还与工作频率有关，且与管子耐压有关。
② 此处给出一个大致范围，因为带载能力小些，工作频率可高些。

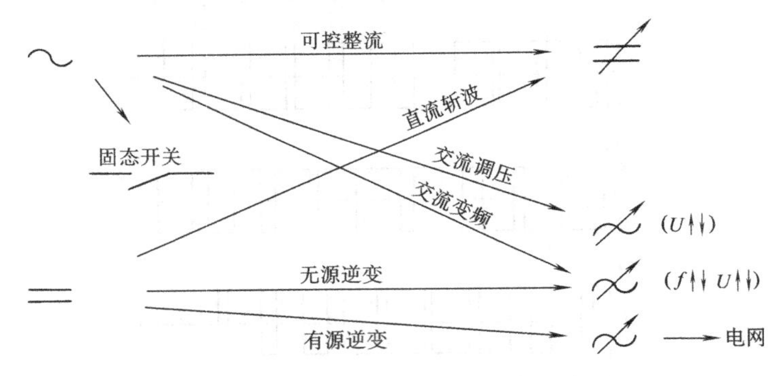

图 4-36 电力电子供电电路的常用类型

（3）晶闸管直流调压供电电路主要是调节控制角（改变导通角）来改变输出电压的大小。晶闸管单相供电电路的自然换流点为交流电压过零点；三相电路的自然换流点则在三相交流电压交接处（过零点延后 30°电角处）。晶闸管整流电路供给电感性负载时，要增设续流二极管，否则当交流电压过零时，晶闸管关不断，而出现负电压。

（4）晶闸管触发电路通常包括触发信号同步、移相控制、脉冲形成和脉冲功率放大等四个组成部分。移相控制通常是通过直流的控制电压（它是可调节的）与锯齿波电压（它是与交流电压同步的）进行比较来实现的；通过改变控制电压的大小来改变比较点，亦即改变触发脉冲发出的时刻。

晶闸管电路在交、直流两侧和元件两端都设有过电压保护和过电流保护环节。过电压保护主要是阻容吸收和压敏电阻，过电流保护主要是快熔和过电流继电器。

（5）晶闸管可控整流电压波形分析（及输出电压平均值的求取），主要抓住自然换流点、控制角和晶闸管关断点，由此可明确导通区（与导通角），在此基础上，便可画出电压波形，写出 U_d 求取公式。

正弦交流电经晶闸管整流后将变成“缺角”（缺掉换流点后 α 角的一段）的“馒头”波形，它的输出平均电压可通过求导通段的平均值来得出。电阻、电感性负载接续流二极管后，其输出电压的波形和平均值，与电阻性负载时相同。如单相全波可控整流电阻负载上的平均电压 U_d 为

$$U_d = \frac{1}{\pi}\int_{\alpha}^{\pi}\sqrt{2}U_2\sin\omega t\mathrm{d}(\omega t) = 0.9U_2\frac{1+\cos\alpha}{2}$$

可控整流输出的最大平均值 U_{dm} 如表4-2所示。

表4-2 可控整流输出的最大平均值 U_{dm}

条件 \ U_{dm} \ 类型	单相半波	单相全波	三相半波	三相全波
$\alpha=0$ 时	$0.45U_{2\phi}$	$0.9U_{2\phi}$	$1.17U_{2\phi}$	$2.34U_{2\phi}$
$U_{2\phi}=220V$	99V	198V	257V	514V

（6）晶闸管交流调压与直流调压的主要区别就在于它将后半周复原为负值波形。对小功率的负载，多采用双向晶闸管；而对中、大功率的负载，多采用正、反两个晶闸管并联来实现正反两个方向的控制。

（7）BJT和IGBT均为全控型器件，控制特点相同，在调压和变频电路的原理图上可以相互替代，但在具体电路中还是有区别的，它们的主要区别在于BJT属于电流控制型器件，输入阻抗较小，因此驱动它需要一定的基极电流，而IGBT则是电压控制型器件，输入阻抗很大，只要供给一定的栅极电压即可，栅极取用的电流极小，因此所需的驱动功率也极小，这是它的优点。但这也带来一个副作用，即IGBT与一般场效应晶体管一样，容易受感应电压的干扰而误导通，甚至损坏管子，因此在它的发射极需要设置一个（$-10\sim-5$V）的反向偏置电压，以防止管子关断时被误导通。此外，对栅极和发射极引线（控制信号输入线）应采用屏蔽双绞线，而且长度不能太长（如 <1m）。

（8）BJT和IGBT的驱动电路，多采用光耦合器或脉冲变压器输入控制信号，现均有专用的驱动集成电路模块。它们的过电压保护，主要采用阻容吸收电路和限幅电路；它们的过电流保护，主要是将由检测元件取得的过电流信号送往驱动电路中的保护环节，使BJT（或IGBT）迅速截止关断，一般不采用像晶闸管那样设置快速熔丝和过电流继电器等保护方法㊀。

（9）逆变电路实质上是整流电路的逆过程（将直流变换成交流），因此它们具有同样的电路形式（如单相和三相全控桥式电路），同样可采用半控型和各种全控型器件。目前较多采用的BJT和IGBT器件可获得较高的开关频率特性。逆变器又可分为电流型和电压型，它们的主要区别是在直流环节部分，前者采用串联电感作为储能元件，后者采用并联电容作为储能元件。

㊀ 由于普通晶闸管无法控制故障关断，因此不得不采用快熔和过电流继电器切断主电路的办法来进行过电流保护。

逆变电路又分有源逆变和无源逆变，将交流电送往电网的称为有源逆变，不送往电网而供给负载的则称为无源逆变。

(10) PWM 控制和 SPWM 控制，从原理上讲，它们的控制思路是完全相同的。它们都是通过控制信号与载波信号进行比较后，产生一个能反映控制信号（幅值和频率）的调制方脉冲列。它们输出的电压都是方脉冲列，但由于载波的频率很高（1~20kHz），电感滤波的效果显著，因此经负载（如电动机绕组）的电感滤波后，通过负载电流的波形与控制电压的波形几乎完全相同（对直流调压，即为一平稳直流电流；对交流变频器，即为与控制正弦信号幅值成正比的、同频率的正弦波电流）。可以说，PWM 直流调压电路和 SPWM 交流变频电路，实质上就是一个控制信号的功率放大环节。

PWM 与 SPWM 调制波又分为单极性波与双极性波。单极性波是由脉冲宽度的大小来体现控制（信号）的幅值；双极性波则是由正、负脉冲宽度的差值来体现控制（信号）的幅值。单、双极性调制波的共同点是，它们的频率取决于载波的频率，它们都是脉冲中心距相同、幅值（绝对值）相等的方脉冲波。

(11) 对电力电子电路的分析方法是：首先看主电路，看采用的是什么器件（参见表 4-1）；供电电源是单相还是三相交流电，抑或是直流电；组成哪种类型的电路（见图 4-36）；以及有哪些保护环节等。然后看采用的是哪一种类型的触发（或驱动）电路；它的控制信号（包括给定信号、反馈信号和偏置电压）和保护信号是怎样进行控制的；对触发（或驱动）专用集成电路，主要是搞清它的功能、技术指标、各引脚的用途和使用注意事项。最后是分析此电力电子电路的用途、特点、功能、输出的电压、电流的量值与波形和可能达到的技术指标。

思 考 题

4-1 在电力电子技术书籍中，常见到下列一些文字，如 SCR、GTO、GTR、BJT、MOSFET、IGBT 等，试说明它们各代表哪种器件？各有什么特点？

4-2 晶闸管供电电路的过电压保护有哪些环节，过电流保护有哪些环节，短路保护有哪些环节？

4-3 晶闸管触发电路的同步电压起什么作用？

4-4 在具有电阻-电感性负载的单相晶闸管整流电路中，若①续流二极管是坏的（断路）；②将续流二极管的极性接反了，会产生怎样的后果？

4-5 在采购 BJT、IGBT 等电力电子器件时，其中最重要的两个参数是什么？一般大约留有多大的余量？

4-6 BJT（或 IGBT）的过电流保护环节与晶闸管过电流保护环节的主要区别在哪里？

4-7 BJT（或 IGBT）驱动电路中的信号输入单元通常采用光耦合或脉冲变压器耦合电路的优点是什么？

4-8 BJT 的集成驱动电路模块通常包含哪些单元？

4-9 在 BJT（或 IGBT）单相逆变电路中，采用 T 形电路和 H 形电路各有什么优、缺点？

4-10 PWM 控制与 SPWM 控制两者的共同点是什么？不同点是什么？

4-11 试说明现在通用变频器较多采用 IGBT 的原因。

4-12 试分析比较 PWM 波与单极性 SPWM 波以及双极性 SPWM 波在产生的机制上有些什么差别？

4-13 双极性 SPWM 波与单极性 SPWM 波的共同点与不同点有哪些？

4-14 当 SPWM 调制波形的电压加在交流电动机上时，发现通过电动机的电流基本上呈正弦形（虽然上面有些小毛刺）。这是什么原因？问电动机的电感具有滤波作用的物理机理是什么？

习 题

4-15 画出220V单相桥式可控整流（电阻性负载）控制角 $\alpha=60°$、$\alpha=90°$时的电压波形图，并求出此时整流输出的平均电压 U_d 的数值。

4-16 画出220V单相交流调压（电阻负载）$\alpha=60°$、$\alpha=120°$时的电压波形图。

4-17 画出以等腰三角波作为载波的、双极性控制的、PWM直流调压的脉宽调制电压波形。

读图练习

4-18 图4-37中的M为直流电动机，L_d 为平波电抗器，试根据已学知识，判断图4-37a和图4-37b为哪一类电力电子供电电路？

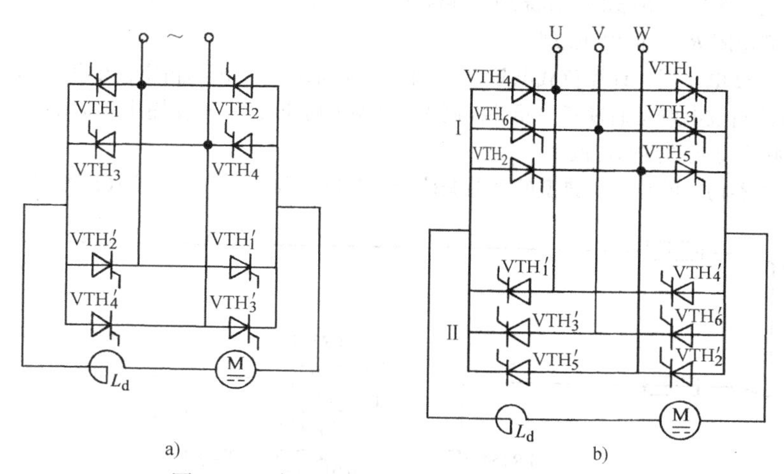

图4-37 直流电动机的电力电子供电电路

4-19 说明图4-38所示的电路是哪一类型的电力电子电路？图中①~⑧各为什么环节？①与②各为什么接法？两种接法能否互换？为什么？

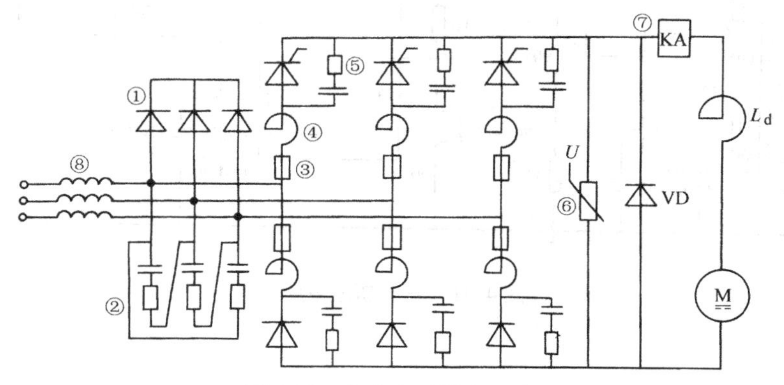

图4-38 电力电子供电电路

4-20 图4-39为采用触发二极管触发的交流调压电路，触发二极管（VD）是三层PNP结构，两个对称PN结有对称的击穿特性，当电压加到30V左右，即会击穿导通。试说明其调压原理（家用调光白炽灯台灯，常采用这种简易的调压电路，如今已有将VD与VTH做在一起的，使用起来更方便），并说明这种触发方式的不足。

4-21 图4-40为一固态开关（SSS）（Solid State Switch）的电路图，图中VL为光电双向晶闸管耦合器，当 1、2 端有电压信号，则 3、4 端间即接通。试说明它的工作原理。

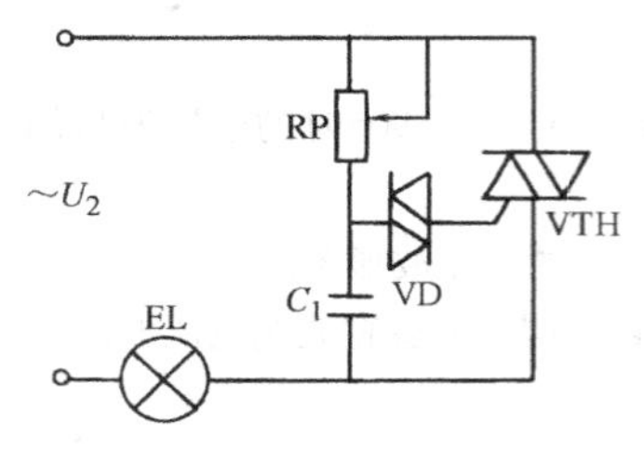

图 4-39　简易交流调压电路

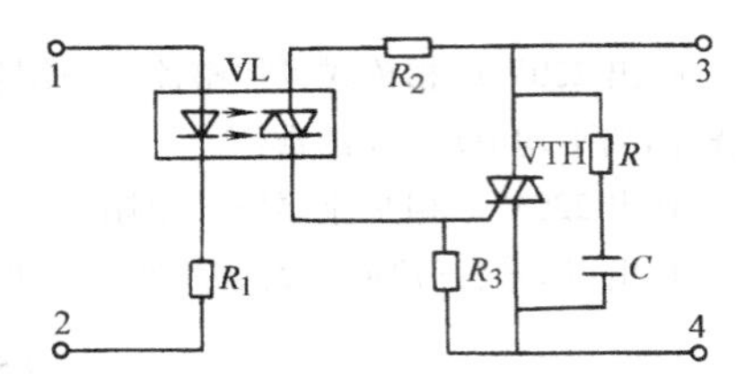

图 4-40　固态开关电路图

4-22　图 4-41 为一直流斩波电路：

（1）试分析此直流斩波电路的工作原理，并说明电路图中各个元器件的作用。

（2）画出负载电阻 R_L 上的电压波形。

（3）调节 4.7kΩ 电位器，计算负载电阻 R_L 上平均电压的调节范围与占空比变化范围。

提示：① 直流斩波电路是通过开关器件控制直流电路的通断，来改变输出直流平均电压大小的电路。它的电压波形是脉宽可变的方脉冲波。

② 由 555 定时器构成的是一个典型的多谐振荡器，其脉宽及占空比求取公式请参阅电子技术书籍。

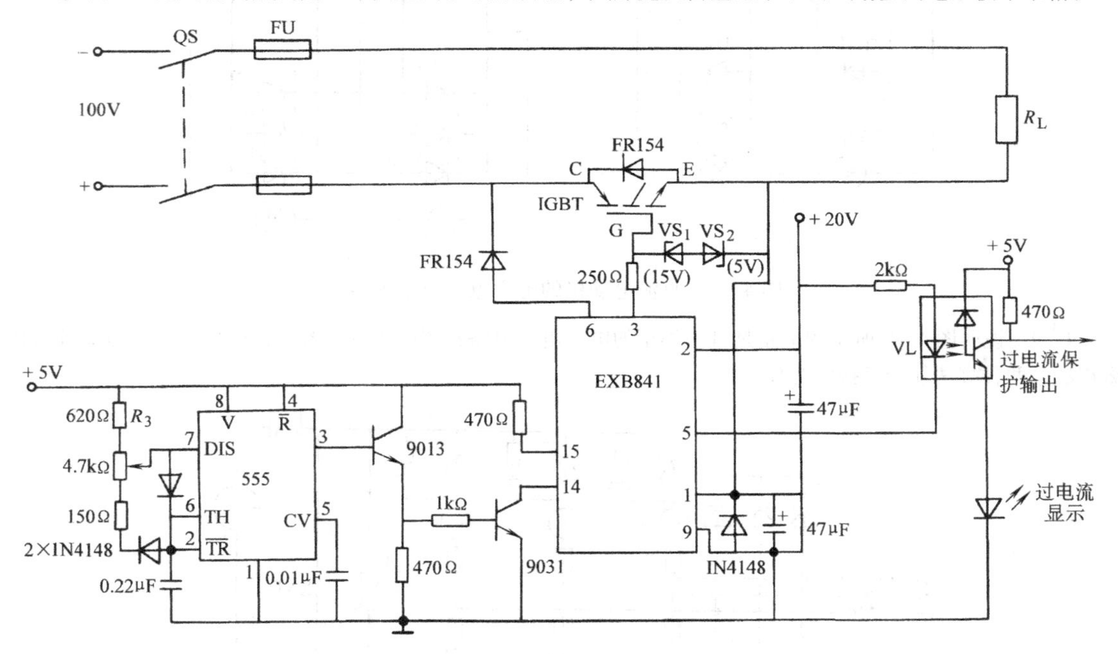

图 4-41　直流斩波电路图

第 2 篇　自动控制原理

在经典控制理论中，通常采用的方法为时域分析法、频率特性法和根轨迹法，由于本书侧重自动控制系统的工作原理和技术应用，因此本书主要侧重介绍时域分析法，即主要从传递函数出发，建立系统的数学模型（系统框图），再从系统框图和物理过程出发，并通过MATLAB 的 Simulink 仿真软件，分析系统的稳定性、稳态性能和动态性能，并进一步探讨改善系统性能的途径。

第 5 章　自动控制系统的数学模型

内 容 提 要

本章主要从传递函数出发，去建立以系统框图为核心的数学模型，其中包括各典型环节的传递函数和框图以及建立系统框图的一般步骤。

要对自动控制系统进行深入的分析和计算，需要运用自动控制理论所提供的概念和方法。自动控制理论在方法上是先把具体的系统抽象成数学模型，然后，以数学模型为研究对象，应用经典或现代控制理论所提供的方法，去分析它的性能和研究改进系统性能的途径。在此基础上，再应用这些研究的成果和结论，去指导对实际系统的分析和改进，因此建立系统的数学模型是分析和研究自动控制系统的出发点。

在经典控制理论中，常用的数学模型为微分方程、传递函数和系统框图。它们反映了系统的输出量、输入量和内部各种变量间的关系，也反映了系统的内在特性；它们是经典控制理论中常用的时域分析法、频率特性法和根轨迹法赖以进行分析的基础。

由于传递函数和系统框图更为简明、直观和实用，所以本书主要以传递函数和系统框图来建立系统的数学模型。

如上所述，在经典控制理论中，自动控制系统的数学模型是建立在传递函数基础之上的，而传递函数的概念又是建立在拉普拉斯变换的基础上的，因此，拉普拉斯变换是经典控制理论的数学基础。

5.1　拉普拉斯变换

拉普拉斯变换（简称拉氏变换）是一种函数的变换，经变换后，可将微分方程式变换成代数方程式，从而使微分方程求解的过程大为简化。

5.1.1 拉氏变换的定义

若将实变量 t 的函数 $f(t)$，乘以指数函数 e^{-st}（其中 $s=\sigma+j\omega$，是一个复变数），再在 t 从 0 到 ∞ 区间对 t 进行积分，就得到一个新的函数 $F(s)$。$F(s)$ 称为 $f(t)$ 的拉氏变换式，并可用符号 $L[f(t)]$ 表示，即

$$F(s)=L[f(t)]=\int_0^{\infty} f(t)e^{-st}dt \tag{5-1}$$

式（5-1）称为拉氏变换的定义式，条件是式中等号右边的积分存在（收敛）。

由于 $\int_0^{\infty} f(t)e^{-st}dt$ 是一个定积分，t 将在新函数中消失。因此，$F(s)$ 只取决于 s，它是复变数 s 的函数。这意味着，拉氏变换将原来的实变量函数 $f(t)$ 转化为复变量函数 $F(s)$。

拉氏变换是一种单值变换。$f(t)$ 和 $F(s)$ 之间具有一一对应的关系。通常称 $f(t)$ 为原函数，$F(s)$ 为象函数。

5.1.2 拉氏变换的主要运算定理

表 5-1 为拉氏变换主要运算定理的名称、文字叙述和数学表达式。它们都可根据拉氏变换的定义式加以推导和证明（参见参考文献［3］）。表 5-2 为常用函数拉氏变换对照表。

表 5-1 拉氏变换主要运算定理的名称、文字叙述和数学表达式

序号	定理名称	数学表达式	文字叙述
1	叠加定理	$L[f_1(t)\pm f_2(t)]=L[f_1(t)]\pm L[f_2(t)]$	两个函数代数和的拉氏变换等于两个函数拉氏变换的代数和
2	比例定理	$L[Kf(t)]=KL[f(t)]$	K 倍原函数的拉氏变换等于原函数拉氏变换的 K 倍
3	微分定理	若 $f(0)=f'(0)=\cdots=f^{(n-1)}(0)=0$ 则 $L\left[\frac{d^n f(t)}{dt^n}\right]=s^n F(s)$	在零初始条件下，原函数的 n 阶导数的拉氏变换等于其象函数乘以 s^n
4	积分定理	若 $\int f(t)dt\Big\vert_{t=0}=\cdots=\underbrace{\int\cdots\int}_{n-1} f(t)(dt)^{(n-1)}\Big\vert_{t=0}=0$ 则 $L[\underbrace{\int\cdots\int}_{n} f(t)(dt)^n]=F(s)/s^n$	在零初始条件下，原函数的 n 重积分的拉氏变换等于其象函数除以 s^n
5	终值定理	$\lim\limits_{t\to\infty} f(t)=\lim\limits_{s\to 0} sF(s)$	原函数在 $t\to\infty$ 时的数值，等于其象函数乘以 s 后在 $s\to 0$ 时的极限值

表 5-2 常用函数拉氏变换对照表

序号	原 函 数 $f(t)$	象 函 数 $F(s)$
1	单位脉冲函数 $\delta(t)$	1
2	单位阶跃函数 $1(t)$	$\frac{1}{s}$
3	单位斜坡函数 t	$\frac{1}{s^2}$
4	单位抛物线函数 t^2	$\frac{2}{s^3}$
5	时间 t 的幂函数 t^n	$\frac{n!}{s^{n+1}}$

（续）

序号	原函数$f(t)$	象函数$F(s)$
6	指数函数 $e^{-\alpha t}$	$\frac{1}{s+\alpha}$
7	正弦函数 $\sin\omega t$	$\frac{\omega}{s^2+\omega^2}$
8	余弦函数 $\cos\omega t$	$\frac{s}{s^2+\omega^2}$
9	$1-\cos\omega t$	$\frac{\omega^2}{s(s^2+\omega^2)}$
10	$1-e^{-t/T}$	$\frac{1}{s(Ts+1)}$

5.2　传递函数的概念

传递函数是在用拉氏变换求解微分方程的过程中引伸出来的概念。微分方程这一数学模型不仅计算麻烦，并且它所表示的输入、输出关系复杂而不明显。但是，经过拉氏变换的微分方程却是一个代数方程，可以进行代数运算，从而可以用简单的比值关系来描述输入、输出关系。据此，建立了传递函数这一数学模型。

传递函数的定义为：对线性定常系统，在初始条件为零时，系统（或部件）输出量的拉氏变换式与输入量的拉氏变换式之比。即

$$传递函数\ G(s)=\frac{输出量的拉氏变换式}{输入量的拉氏变换式}=\frac{C(s)}{R(s)}$$

这里所谓初始条件为零（又称零初始条件），一般是指输入量在 $t=0$ 时刻以后才作用于系统，系统的输入量和输出量及其各阶导数在 $t\leqslant 0$ 时的值也均为零。现实的控制系统多属这种情况。在研究一个系统时，通常总是假定该系统原来处于稳定平衡状态，若不加输入量，系统就不会发生任何变化。系统的各个变量都可用输入量作用前的稳态值作为起算点（即零点），所以，一般都能满足零初始条件。

5.3　系统框图

5.3.1　系统框图的组成

框图又称结构图，它可以形象地描述自动控制系统各单元之间和各作用量之间的相互联系，具有简明直观、运算方便的优点，所以框图在分析自动控制系统中获得广泛的应用。

框图由功能框、信号线、引出点和比较点等部分组成。它们的图形如图5-1所示，现分

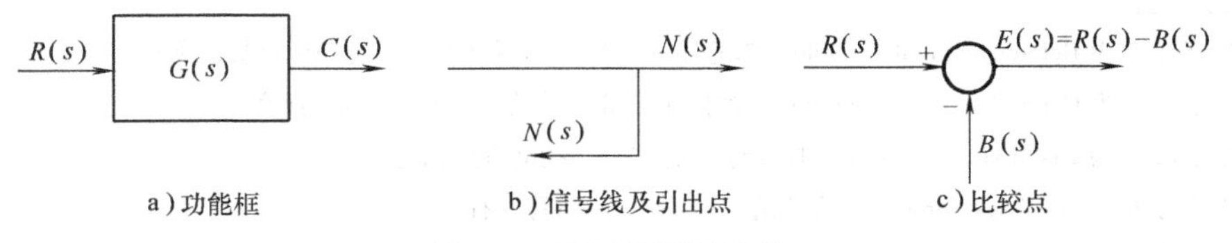

图5-1　框图的图形符号

别介绍如下。

1. 功能框

如图5-1a 所示，框左边向内箭头为输入量（拉氏式），框右边向外箭头为输出量（拉氏式），框内为系统中一个相对独立的单元的传递函数 $G(s)$。它们间的关系为 $C(s)=G(s)R(s)$ 。

2. 信号线

信号线表示信号流通的途径和方向。流通方向用开口箭头表示。在系统的前向通路中，箭头指向右方，信号由左向右流通。因此输入信号在最左端，输出信号在最右端。而在反馈回路中则相反，箭头由右指向左方，参见图5-2。

3. 引出点

如图5-1b 所示。它表示信号由该点取出，从同一信号线上取出的信号，其大小和性质完全相同。

4. 比较点

如图5-1c 所示。其输出量为各输入量的代数和。因此在信号输入处要注明它们的极性。

5.3.2 典型自动控制系统的框图

图5-2 为一典型自动控制系统的框图。它通常包括前向通路和反馈回路（主反馈回路和局部反馈回路）（最外面的是主反馈回路，里面的是局部反馈回路）、引出点（图中有两个）和比较点（图中有三个）等。图中前向通路中有三个功能框，反馈回路中各有一个功能框，功能框中均为传递函数。图中各种变量均标以大写英文字母的拉氏式，如输入量 $R(s)$ 、输出量 $C(s)$、扰动量 $D(s)$ 、反馈量 $B_1(s)$、$B_2(s)$ 和偏差量 $E(s)$㊀ 等。

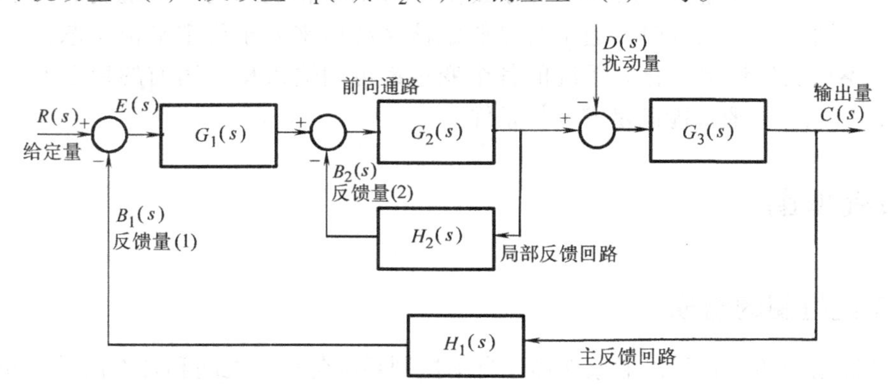

图5-2 典型自动控制系统框图

㊀ 图中字母 R 为 Reference-input variable（参考输入量）的缩写（对输入量角标可标 r 或 i）。
图中字母 C 为 Controlled-output variable（被控输出量）的缩写（对输出量角标可标 c 或 o）。
图中字母 D 为 Disturbance variable（扰动量）的缩写（扰动量角标为 d）。
图中字母 B 为 Feedback variable（反馈量）（back）的缩写，有时用 f 表示。
图中字母 E 为 Error（误差、偏差）的缩写。

5.4 典型环节的传递函数和功能框

任何一个复杂的系统，总可以看成由一些典型环节组合而成。掌握这些典型环节的特点，可以更方便地分析较复杂系统内部各单元间的联系。典型环节有比例环节、积分环节、惯性环节、微分环节等，现分别介绍如下。

5.4.1 比例环节

1. 微分方程

$$c(t)=Kr(t)$$

2. 传递函数

$$G(s)=\frac{C(s)}{R(s)}=K \tag{5-2}$$

3. 实例

比例环节是自动控制系统中遇到最多的一种，例如齿轮减速器、电位器、比例调节器等，如图5-3所示。

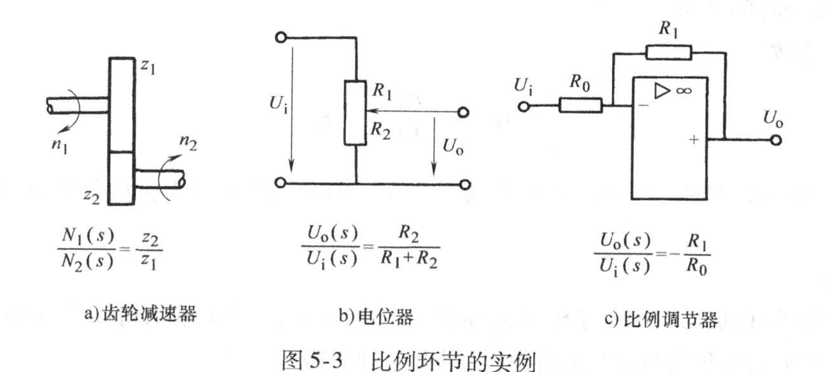

图5-3　比例环节的实例

5.4.2 积分环节

1. 微分方程

$$c(t)=\frac{1}{T}\int r(t)\mathrm{d}t \quad (T\text{为积分时间常数})$$

2. 传递函数

$$G(s)=\frac{C(s)}{R(s)}=\frac{1}{Ts} \tag{5-3}$$

3. 实例

积分环节的特点是它的输出量为输入量对时间的积累。因此，凡是输出量对输入量有储存和积累特点的元件一般都含有积分环节。例如电动机的转速 n 与转矩 T、角位移 θ 与转速 n，电容器充电时的电压 u_C（或电荷 q）与电流 i，积分调节器的输出电压 u_o 与输入电压 u_i 等。积分环节也是自动控制系统中遇到的最多的环节之一。图5-4为积分环节的实例。

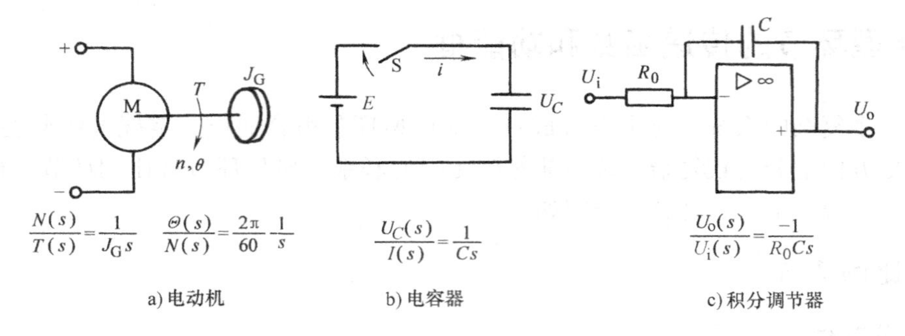

图 5-4 积分环节的实例

5.4.3 理想微分环节

1. 微分方程

$$c(t)=\tau\frac{\mathrm{d}r(t)}{\mathrm{d}t}$$

式中，τ 为微分时间常数。

2. 传递函数

$$G(s)=\frac{C(s)}{R(s)}=\tau s \tag{5-4}$$

对照式（5-4）与式（5-3）不难发现，当 $T=\tau$ 时，微分环节和积分环节的传递函数互为倒数。

3. 实例

由上述分析可见，理想微分环节的输出量与输入量间的关系恰好与积分环节相反。因此，如图 5-4 所示的积分环节实例的逆过程就是理想微分环节。

5.4.4 惯性环节

1. 微分方程

$$T\frac{\mathrm{d}c(t)}{\mathrm{d}t}+c(t)=r(t)$$

式中，T 为惯性时间常数。

2. 传递函数

$$G(s)=\frac{C(s)}{R(s)}=\frac{1}{Ts+1} \tag{5-5}$$

3. 实例

惯性环节也是自动控制系统中经常会遇到的环节。通常含有一个储能元件和一个耗能元件的部件，就可能构成一个惯性环节，如图 5-5 所示的电阻-电感电路、电阻-电容电路、惯性调节器的输出电压 u_o 与输入电压 u_i 等。

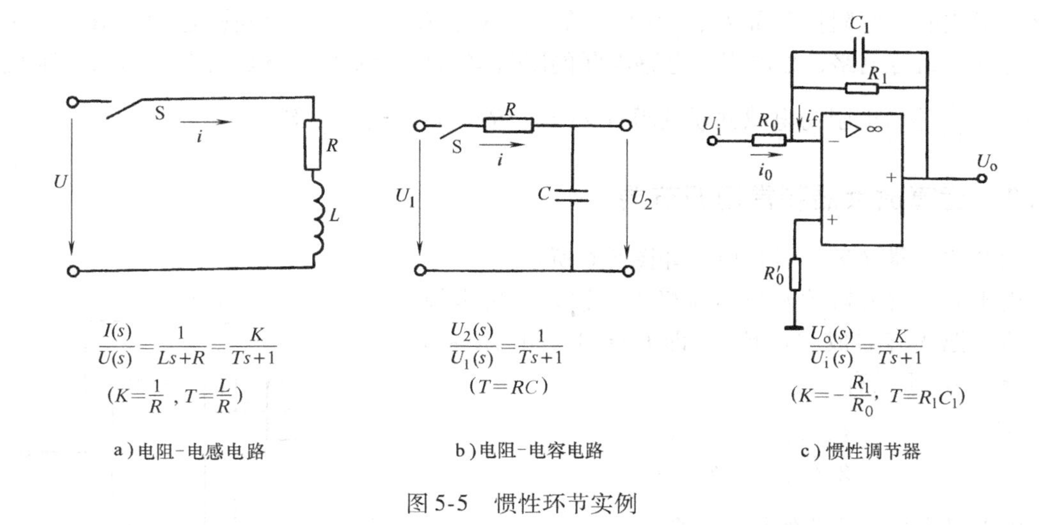

图 5-5　惯性环节实例

5.5　自动控制系统常用部件的传递函数

典型的自动控制系统大多是由常用部件构成的，因此，这里首先介绍常用部件的传递函数，以便在后面（第 3 篇中），能较顺利地去建立各个典型自动控制系统的数学模型（系统框图）。

5.5.1　电路元件

1. 电阻 R

由 $u(t)=Ri(t)$，经拉氏变换后有

$$\frac{U(s)}{I(s)}=R \tag{5-6}$$

2. 电感抗 $X_L(s)$

由 $u(t)=L\frac{\mathrm{d}i(t)}{\mathrm{d}t}$，经拉氏变换后有

$$\frac{U(s)}{I(s)}=Ls=X_L(s) \tag{5-7}$$

3. 电容抗 $X_C(s)$

由 $u(t)=\frac{q(t)}{C}=\frac{\int i(t)\mathrm{d}t}{C}$，经拉氏变换后有

$$\frac{U(s)}{I(s)}=\frac{1}{Cs}=X_C(s) \tag{5-8}$$

4. 阻抗 $Z(s)$

将式（5-6）、式（5-7）和式（5-8）的结论与电工学中的交流阻抗 R、$X_L=\omega L$、$X_C=1/(\omega C)$ 相比较，不难发现，只要将上式中的 ω 换成 s，则电路中的阻抗形式便可转换成传

递函数形式的“复阻抗”如 Ls、$1/(Cs)$ 等。不难证明，这种变换同样适用于 R、L、C 的串、并联等组合电路，如电阻与电感串联的阻抗 $Z(s)=R+Ls$，电阻与电容串联的阻抗 $Z_2(s)=R+\frac{1}{Cs}$等，电阻与电感并联的阻抗 $Z(s)=R//(Ls)=\frac{RLs}{R+Ls}$等。

5.5.2 运算放大器和常用调节器

运算放大器（运放器）电路如图 5-6 所示。

由于运算放大器的开环增益极大，输入阻抗也极大，所以把 A 点看成“虚地”，即 $U_A\approx 0$。同时 $i'\approx 0$ 及 $i_1\approx -i_f$。于是有

$$\frac{U_i(s)}{Z_0(s)}=-\frac{U_o(s)}{Z_f(s)}$$

由上式可得运放器的传递函数

$$G(s)=\frac{U_o(s)}{U_i(s)}=-\frac{Z_f(s)}{Z_0(s)} \tag{5-9}$$

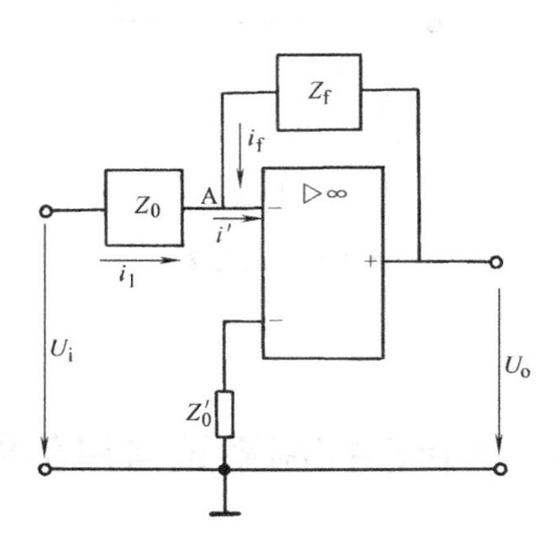

图 5-6 运算放大器

由式（5-9）可见，若选择不同的输入回路阻抗 Z_0 和反馈回路阻抗 Z_f，就可组成各种不同的传递函数。这是运放器的一个突出的优点。应用这一点，可以组成各种调节器和各种模拟电路。

根据式（5-9），参考式（5-6）、式（5-7）、式（5-8），便可很方便地求得比例调节器（见图 5-3c）、积分调节器（见图 5-4c）、惯性调节器（见图 5-5c）的传递函数 $U_o(s)/U_i(s)$。

[**例 5-1**] 比例-积分（Proportional-Intergrated）（PI）调节器。

比例-积分调节器的电路如图 5-7 所示。由图可见

$$Z_0(s)=R_0,Z_f(s)=R_1+\frac{1}{C_1 s}$$

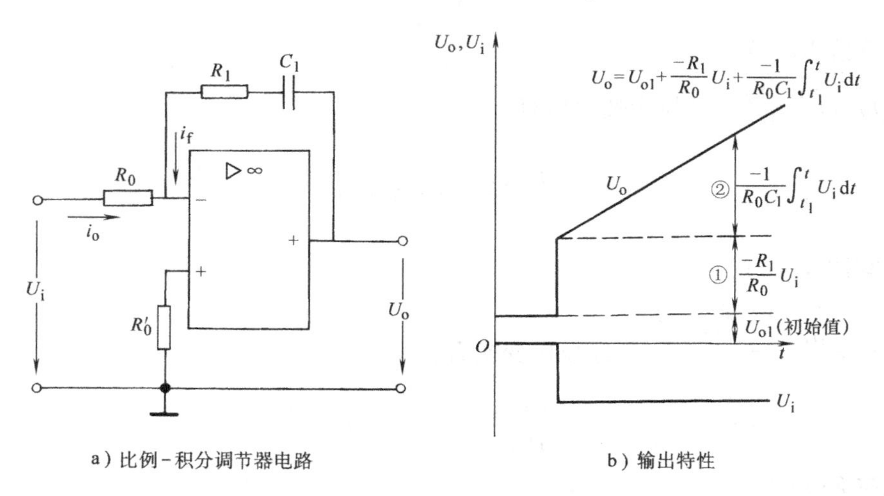

图 5-7 比例-积分调节器电路

将上两式代入式（5-9），有

$$G(s)=\frac{U_o(s)}{U_i(s)}=-\frac{Z_f(s)}{Z_0(s)}=-\frac{R_1+\dfrac{1}{C_1s}}{R_0}=-\left(\frac{R_1}{R_0}+\frac{1}{R_0C_1s}\right) \tag{5-10}$$

以上是PI调节器的加法形式。式（5-10）表明，它是比例加积分环节，它的单位阶跃响应如图5-7b所示，它的输出是比例①，加积分②，加初始值（U_{o1}）三部分组成。此外还可以化成下面的乘法形式：

$$G(s)=-\left(\frac{R_1}{R_0}+\frac{1}{R_0C_1s}\right)=-\frac{R_1}{R_0}\left(1+\frac{1}{R_1C_1s}\right)=K\left(1+\frac{1}{T_1s}\right)=K\frac{T_1s+1}{T_1s} \tag{5-11}$$

式中，增益 $K=-\dfrac{R_1}{R_0}$；时间常数 $T_1=R_1C_1$。

之所以采用不同的数学形式，是因为在分析物理过程时，通常采用加法形式；而在分析应用PI调节器（作串联校正）对系统性能的影响时，则通常采用乘法形式。

［例5-2］ 比例-微分（Proportional-Derivative）（PD）调节器。

比例-微分调节器的电路如图5-8所示。由图可见，

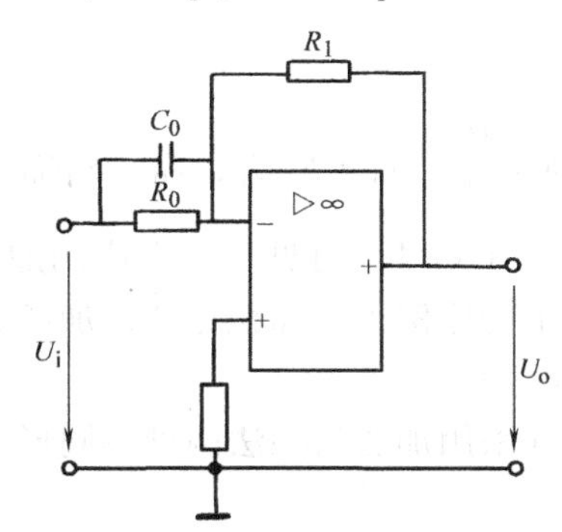

图5-8 比例-微分调节器

$$Z_0(s)=R_0/\!/\frac{1}{C_0s}=\frac{R_0}{1+R_0C_0s},\quad Z_f(s)=R_1$$

将上两式代入式（5-9），有

$$G(s)=\frac{U_o(s)}{U_i(s)}=-\frac{Z_f(s)}{Z_0(s)}=-\frac{R_1}{R_0}(1+R_0C_0s)=K(\tau s+1) \tag{5-12}$$

上式中增益 $K=-\dfrac{R_1}{R_0}$，微分时间常数 $\tau=R_0C$。

［例5-3］ 比例-积分-微分（Proportional-Intergrated-Derivative）（PID）调节器。

比例-积分-微分调节器的电路如图5-9所示。由图可见，

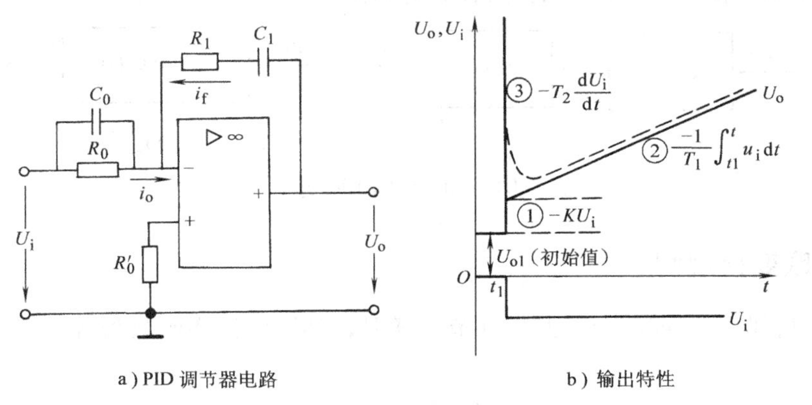

a）PID调节器电路　　b）输出特性

图5-9 PID调节器电路

$$Z_0(s)=R_0/\!/\frac{1}{C_0 s}=\frac{R_0}{1+R_0C_0s}, Z_f(s)=R_1+\frac{1}{C_1 s}$$

以上两式代入式（5-9），有

$$G(s)=\frac{U_o(s)}{U_i(s)}=-\frac{Z_f(s)}{Z_0(s)}=-\frac{R_1+\dfrac{1}{C_1 s}}{\dfrac{R_0}{1+R_0C_0s}}$$

$$=-\frac{K(T_1s+1)(T_0s+1)}{T_1 s} \tag{5-13}$$

$$=-(K'+\frac{1}{T_1' s}+T_0' s) \tag{5-14}$$

式中，$K=\dfrac{R_1}{R_0}$；$T_1=R_1C_1$；$T_0=R_0C_0$；$K'=\left(\dfrac{R_1}{R_0}+\dfrac{C_0}{C_1}\right)$；$T_1'=R_0C_1$；$T_0'=R_1C_0$。

由式（5-14）可见，它为比例加积分加微分环节，它的单位阶跃响应如图 5-9b 所示，它的输出为比例①，加积分②，加微分③，加初始值（U_{o1}）四部分组成，图中虚线即为四部分的叠加。

此处采用加法与乘法两种不同形式的原因与 PI 调节器是一样的。

5.6 框图的变换和简化

自动控制系统的传递函数通常都是利用框图的变换来求取的。现对框图的变换规则介绍如下。

框图等效变换的原则是变换后与变换前的输入量和输出量都保持不变。

5.6.1 串联变换规则

当系统中有两个（或两个以上）环节串联时，其等效传递函数为各环节传递函数的乘积。即

$$G(s)=\frac{C(s)}{R(s)}=G_1(s)G_2(s) \tag{5-15}$$

对照图 5-10a 和图 5-10b 可见，两者输出量相等。

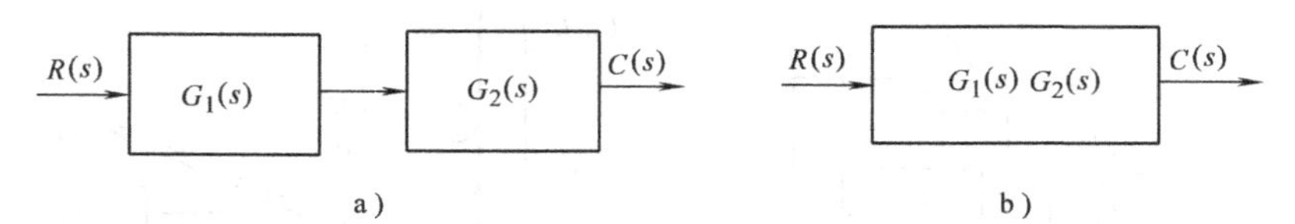

图 5-10　框图串联变换

5.6.2 并联变换规则

当系统中有两个（或两个以上）环节并联时，其等效传递函数为各环节传递函数的代数和。即

$$G(s)=\frac{C(s)}{R(s)}=G_1(s)+G_2(s) \tag{5-16}$$

对照图5-11a和图5-11b不难看出，两者的输出量相等。

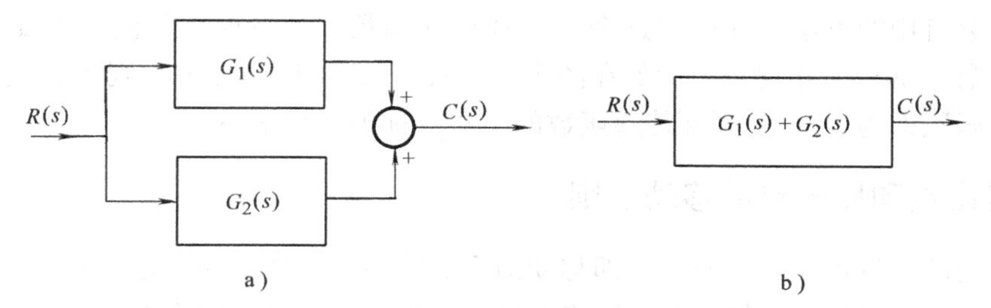

图5-11　框图并联变换

5.6.3　反馈连接变换规则

反馈连接的框图如图5-12所示。

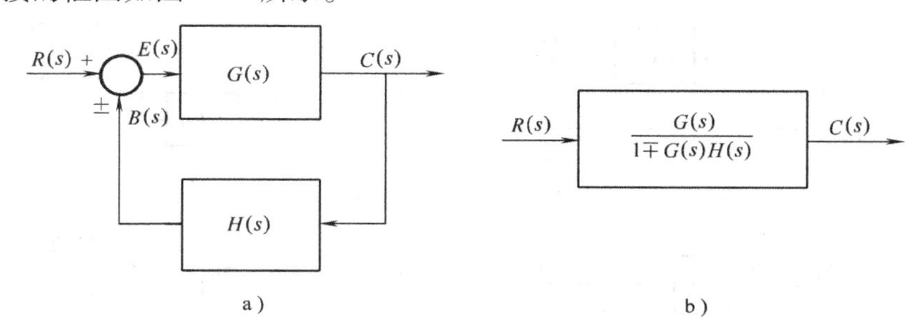

图5-12　反馈连接变换

由图可见

$$E(s)=R(s)\pm B(s)$$

$$B(s)=H(s)C(s)$$

$$C(s)=G(s)E(s)$$

由以上三个关系式，消去中间变量$E(s)$和$B(s)$，可得

$$C(s)=\frac{G(s)}{1\mp G(s)H(s)}R(s) \tag{5-17}$$

$$\Phi(s)=\frac{C(s)}{R(s)}=\frac{G(s)}{1\mp G(s)H(s)} \tag{5-18}$$

式中，$\Phi(s)$为闭环传递函数；$G(s)$为顺馈传递函数；$H(s)$为反馈传递函数；$G(s)H(s)$为闭环系统的开环传递函数。

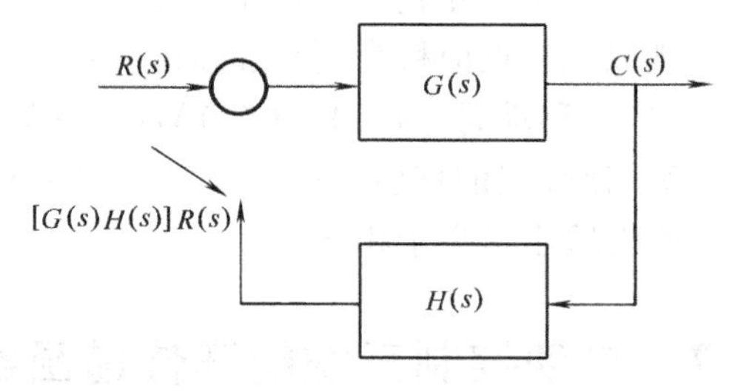

图5-13　闭环系统的开环传递函数的意义

式（5-18）即为反馈连接的等效传递函数，一般称它为闭环传递函数，以$\Phi(s)$表示。式中分母中的加号，对应于负反馈；减号对应于正反馈。

对照图5-12a和图5-12b可见，两者输出量相等。

式（5-18）分母中的$G(s)H(s)$项的物理意义是：在图5-12a中，若在反馈处断开，从断开处“看去”（见图5-13），则在断开处的作用量为$[G(s)H(s)]R(s)$，所以将$G(s)H(s)$称为“闭环系统的开环传递函数”，简称“开环传递函数”。在这里之所以引入这样一个物理量，主要在于：它是与给定量$R(s)$进行比较的量。它的大小与相位，将严重影响系统的控制性能。此外，在经典控制理论中，有一种从这个“开环传递函数”出发，去分析系统性能的十分有用的方法。在应用这个“开环传递函数”概念时，要注意不要与“开环系统的传递函数”的概念相混淆。例如在图5-12中，若去掉反馈环节，则此系统成为开环系统，其传递函数即为 $G(s)$。开环传递函数的增益，称为开环增益。

5.6.4 引出点和比较点的移动规则

移动规则的出发点是等效原则，即移动前后的输出量保持不变。移动前后框图的对照如表5-3所示。表中仅列出前移情况，后移则是逆过程，如引出点前移添 $G(s)$，后移则添$1/G(s)$。

表5-3 引出点和比较点的移动规则

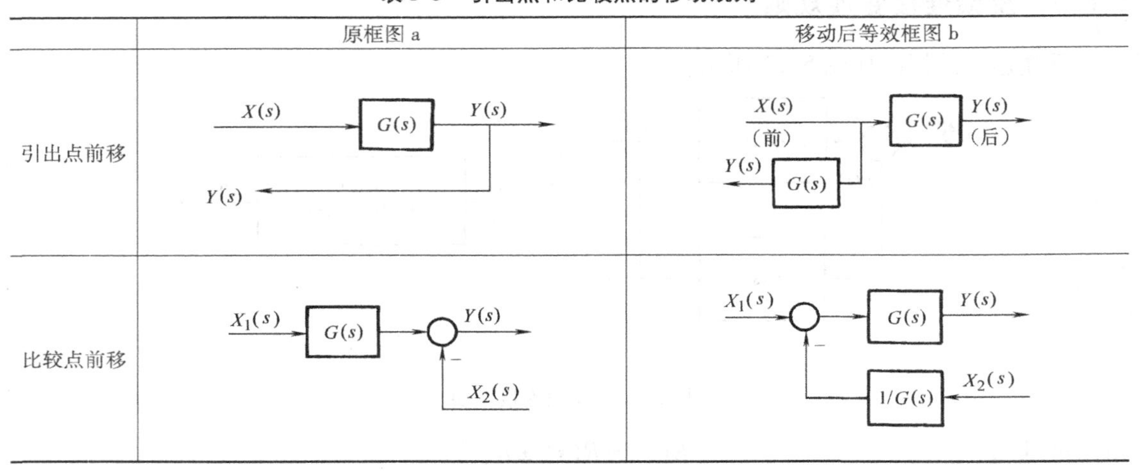

	原框图 a	移动后等效框图 b
引出点前移		
比较点前移		

对照表5-3中的图a和图b不难发现：在增添 $G(s)$ [或 $1/G(s)$] 环节后，引出点前移（或后移）后，其引出量仍保持原来的量；在增添 $1/G(s)$ [或 $G(s)$]，比较点前移（或后移）后，其输出量仍保持原来的量。

现以比较点前移为例来加以说明：

1）未移动时：$Y(s)=G(s)X_1(s)-X_2(s)$

2）比较点前移后：$Y(s)=[X_1(s)-X_2(s)/G(s)]G(s)=G(s)X_1(s)-X_2(s)$

两者输出量完全相同。

5.7 自动控制系统闭环传递函数的求取

自动控制系统的典型框图如图5-14所示。图中 $R(s)$ 为输入量，$C(s)$ 为输出量，$D(s)$ 为扰动量。此系统有两个作用量[给定量（即输入量）$r(t)$ 和扰动量 $d(t)$]同时作用。由于此为线性系统（讨论前就确定了的），因此可以应用叠加原理。下面将先讨论 $R(s)$ 和 $D(s)$ 分别作用时的情况（见图5-15a、b）。

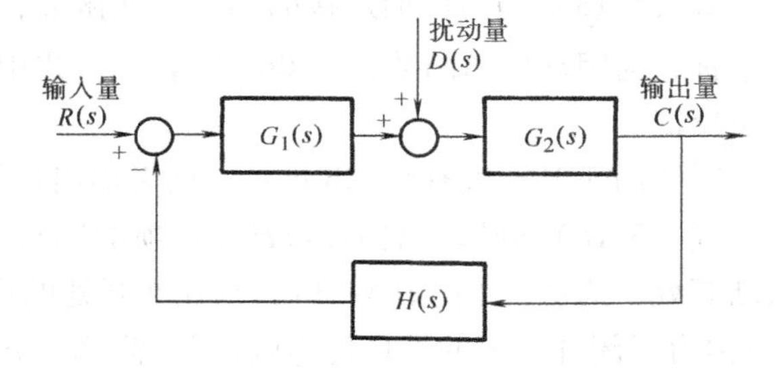

图5-14 自动控制系统的典型框图

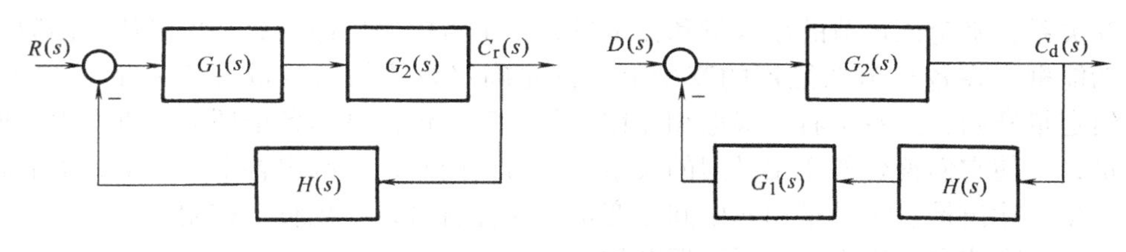

a）仅考虑给定量 $r(t)$ 作用　　b）仅考虑扰动量 $d(t)$ 作用

图5-15　仅考虑一个作用量时的系统框图

1. 在输入量 $R(s)$ 作用下的闭环传递函数和系统的输出

若仅考虑输入量 $R(s)$ 的作用，则可暂略去扰动量 $D(s)$，见图5-15a，由图5-15a可得输出量 $C(s)$ 对输入量 $R(s)$ 的闭环传递函数 $\Phi_r(s)$ 为［见式（5-18）］

$$\Phi_r(s)=\frac{C_r(s)}{R(s)}=\frac{G_1(s)G_2(s)}{1+G_1(s)G_2(s)H(s)} \tag{5-19}$$

此时系统的输出量（拉氏式）$C_r(s)$ 为

$$C_r(s)=\Phi_r(s)R(s)=\frac{G_1(s)G_2(s)}{1+G_1(s)G_2(s)H(s)}R(s) \tag{5-20}$$

2. 在扰动量 $D(s)$ 作用下的闭环传递函数和系统的输出

若仅考虑扰动量 $D(s)$ 的作用，则可暂略去输入量 $R(s)$，这时图5-14可变换成图5-15b的形式（在进行图形变换时，负反馈环节中的负号仍需保留）。这样输出量 $C_d(s)$ 对扰动量 $D(s)$ 的闭环传递函数 $\Phi_d(s)$ 为

$$\Phi_d(s)=\frac{C_d(s)}{D(s)}=\frac{G_2(s)}{1+G_1(s)G_2(s)H(s)} \tag{5-21}$$

此时系统输出量（拉氏式）$C_d(s)$ 为

$$C_d(s)=\Phi_d(s)D(s)=\frac{G_2(s)}{1+G_1(s)G_2(s)H(s)}D(s) \tag{5-22}$$

3. 在输入量和扰动量同时作用下，系统的总输出

由于假定此系统为线性系统，因此可以应用叠加原理：即当输入量和扰动量同时作用时，系统的输出可看成两个作用量分别作用时输出的叠加。于是有

$$\begin{aligned}C(s)&=C_r(s)+C_d(s)\\&=\frac{G_1(s)G_2(s)}{1+G_1(s)G_2(s)H(s)}R(s)+\frac{G_2(s)}{1+G_1(s)G_2(s)H(s)}D(s)\end{aligned} \tag{5-23}$$

由以上分析可见，由于给定量和扰动量的作用点不同，即使在同一个系统，输出量对不同作用量的闭环传递函数［如 $\Phi_r(s)$ 和 $\Phi_d(s)$］一般是不相同的。

5.8　自动控制系统的框图

5.8.1　系统框图的画法

要画系统框图，首先是列出系统各个环节的微分方程，然后进行拉氏变换，根据各变量间的相互关系，确定该环节的输入量和输出量，得出对应的传递函数，再由传递函数画出各环节的功能框。在各环节功能框的基础上，首先确定系统的给定量（输入量）和输出量，然后从给定量开始，由左至右，根据相互作用的顺序，依次画出各个环节，直至得出所需要的输出量，并使它们符合各作用量间的关系。然后由内到外，画出各反馈环节，最后在图上标明输入量、输出量、扰动量和各中间参变量。这样就可以得到整个控制系统的框图。

下面通过直流电动机来说明系统框图的画法，它们是：

1）列出直流电动机各个环节的微分方程［参见下面的式①～式④］，然后由微分方程→拉氏变换式→传递函数→功能框。并将直流电动机的各功能框列于表中。

2）若今以电动机电枢电压 u_a 作为输入量，以电动机的角位移 θ 为输出量。于是可由 $U_a(s)$ 开始，按照电动机的工作原理，由 $U_a(s)\to I_a(s)\to T_e(s)\to N(s)\to\Theta(s)$ 依次组合各环节的功能框，然后再加上电势反馈功能框，如图 5-16 所示。

3）在图 5-16 上，标出输入量 $U_a(s)$、输出量 $\Theta(s)$、扰动量 $T_L(s)$ 及各中间参变量 $I_a(s)$、$T_e(s)$、$E(s)$ 和 $N(s)$。

这样，系统框图便完整地表达出来了。

下面将根据上述步骤建直流电动机的框图。

5.8.2 直流电动机的框图

直流电动机的工作原理和机械特性虽然在第 3 章中已作介绍，但讨论的主要是稳态运行性能。为建立能反映动态运动的数学模型，这里对直流电动机各物理量间的微分方程再作一些补充说明。

1. 电枢回路

设加在电枢电路进线两端的电压为 u_a，通过电枢的电流为 i_a，此电流在电枢电阻 R_a 上产生的电压降为 i_aR_a，此电流在漏磁电感 L_a 上产生的感应电动势 $e_L=L_a\mathrm{d}i_a/\mathrm{d}t$[㊀]，电枢旋转切割磁力线产生的电动势为 e，根据基尔霍夫定律有：$u_a-e-L_a\mathrm{d}i_a/\mathrm{d}t=i_aR_a$ 或 $u_a=i_aR_a+L_a\mathrm{d}i_a/\mathrm{d}t+e$（式中，$u_a$ 为电枢电压；e 为感应电动势；$L_a\mathrm{d}i_a/\mathrm{d}t$ 为漏感电动势；i_aR_a 为电枢电阻压降）。

2. 电磁转矩

电枢电流 i_a 在磁场的作用下，产生电磁力，形成电磁转矩 T_e。其大小 $T_e=K_T\Phi i_a$（式中，Φ 为磁极磁通量；i_a 为电枢电流；K_T 为电磁转矩恒量），其方向遵循左手定则。

3. 运动方程

当电动机产生的电磁转矩大于机械负载阻力矩 T_L 时，电动机便加速转动。其转速与转矩间的关系由牛顿定律有 $T_e-T_L=J\mathrm{d}\omega/\mathrm{d}t$（式中，$\omega$ 为角速度；J 为电枢及机械负载折合到电动机转轴上的转动惯量）。由于在工程上，通常采用转速 n（r/min），而不是角速度 ω（rad/s），ω 与 n 间的关系为 $\omega=\frac{2\pi}{60}n$，（因为 1min＝60s，1r＝2πrad），代入上式有 $T_e-T_L=J\frac{\mathrm{d}\omega}{\mathrm{d}t}=\frac{2\pi}{60}J\frac{\mathrm{d}n}{\mathrm{d}t}=J_G\frac{\mathrm{d}n}{\mathrm{d}t}$（式中，$J_G$ 称为转速惯量，$J_G=\frac{2\pi}{60}J$）。

㊀ 所谓漏磁通，是指那些没有经过铁心而在空气中通过的磁通，漏磁通交变产生的感应电动势称为漏感电动势，其大小 $e_L=L\mathrm{d}i/\mathrm{d}t$（式中，$\mathrm{d}i/\mathrm{d}t$ 为电流变化率；L 为漏磁电感），其方向为阻止电流变化的方向（电流增加时，与电流反向）。

4. 感应电动势

当电动机转动以后，电枢导线在磁场中割切磁力线也会产生感应电动势 e，其大小 $e = K_e \Phi n$（式中，Φ 为磁极磁通量；n 为电动机转速；K_e 为电动机电动势恒量），其方向遵循右手定则，其方向与电枢电流相反。

直流电动机各物理量间的微分方程式总结如下：

$$\begin{cases} \text{电枢电路：} u_a = i_a R_a + L_a \dfrac{di_a}{dt} + e & ① \\ \text{电磁转矩：} T_e = K_T \Phi i_a & ② \\ \text{运动方程：} T_e - T_L = J_G \dfrac{dn}{dt} & ③ \\ \text{反电动势：} e = K_e \Phi n & ④ \end{cases}$$

列出直流电动机各个环节的微分方程后，则由微分方程→拉普拉斯变换式→传递函数→功能框→系统框图。即

对式①～④进行拉氏变换，整理后，便可得到对应的传递函数

$$\begin{cases} \text{① 电枢电路：} \dfrac{I_a(s)}{U_a(s) - E(s)} = \dfrac{1/R_a}{T_a s + 1} \quad \left(T_a = \dfrac{L_a}{R_a}\right) & (5\text{-}24) \\ \text{② 电磁转矩：} \dfrac{T_e(s)}{I_a(s)} = K_T \Phi & (5\text{-}25) \\ \text{③ 转速与转矩：} \dfrac{N(s)}{T_e(s) - T_L(s)} = \dfrac{1}{J_G s} & (5\text{-}26) \\ \text{④ 反电动势：} \dfrac{E(s)}{N(s)} = K_e \Phi & (5\text{-}27) \end{cases}$$

5. 角位移 θ 和转速 n 间的关系

由 $\omega = \dfrac{d\theta}{dt}$ 及 $\omega = \dfrac{2\pi}{60}n$ 可得 $\dfrac{d\theta}{dt} = \dfrac{2\pi}{60}n$，对此式进行拉氏变换有

$$⑤ \quad \frac{\Theta(s)}{N(s)} = \frac{2\pi}{60}\frac{1}{s} \tag{5-28}$$

由式（5-24）～式（5-28）便可得到直流电动机各环节的功能框图，现列在表5-4中。

表5-4 直流电动机各环节的功能框图

	微分方程 拉氏变换式	传递函数	功能框
I	$u_a = R_a i_a + L_a \dfrac{di_a}{dt} + e$ $U_a(s) - E(s) = (L_a s + R_a) I_a(s)$	$\dfrac{I_a(s)}{U_a(s) - E(s)} = \dfrac{1}{L_a s + R_a} = \dfrac{1/R_a}{T_a s + 1}$ $T_a = \dfrac{L_a}{R_a}$	$U_a(s)$ (+) → ⊗ ← $E(s)$ (−) → $\dfrac{1/R_a}{T_a s + 1}$ → $I_a(s)$

（续）

	微分方程 拉氏变换式	传递函数	功能框
Ⅱ	$T_e = K_T \Phi i_a$ $T_e(s) = K_T \Phi I_a(s)$	$\dfrac{T_e(s)}{I_a(s)} = K_T \Phi$	$I_a(s)$ → $K_T \Phi$ → $T_e(s)$
Ⅲ	$T_e - T_L = J_G \dfrac{dn}{dt}$ $T_e(s) - T_L(s) = J_G s N(s)$	$\dfrac{N(s)}{T_e(s) - T_L(s)} = \dfrac{1}{J_G s}$	$T_e(s)$ +，$T_L(s)$ − → $\dfrac{1}{J_G s}$ → $N(s)$
Ⅳ	$e = K_e \Phi n$ $E(s) = K_e \Phi N(s)$	$\dfrac{E(s)}{N(s)} = K_e \Phi$	$N(s)$ → $K_e \Phi$ → $E(s)$
Ⅴ	$\dfrac{d\theta}{dt} = \dfrac{2\pi}{60} n(t)$ $s\Theta(s) = \dfrac{2\pi}{60} N(s)$	$\dfrac{\Theta(s)}{N(s)} = \dfrac{2\pi}{60} \dfrac{1}{s}$	$N(s)$ → $\dfrac{2\pi}{60} \dfrac{1}{s}$ → $\Theta(s)$

由表 5-4，并参考各环节间的输入—输出关系，便可建立直流电动机的框图，如图 5-16 所示。

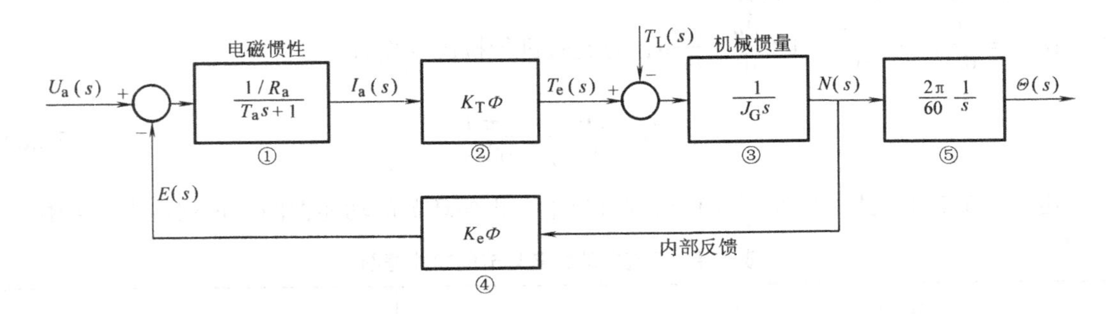

图 5-16 直流电动机的框图

5.8.3 系统框图的物理含义

系统框图是一种形象化的数学模型，它之所以重要，是因为**它清晰而严谨地表达了系统内部各单元在系统中所处的地位与作用，表达了各单元之间的内在联系，**可以使我们更直观地理解它所表达的物理含义。由图 5-16 可以清楚地看到，直流电动机包括：①一个由电磁电路构成的电磁惯性环节（它的惯性时间常数为 T_a）；②一个因电流受磁场作用产生电磁转矩的比例环节；③在综合转矩（$T_e - T_L$）作用下，使电动机产生（旋转）角加速度的环节（从转矩 T 到转速 N，构成一个积分环节），J_G 表征了系统的机械惯性；④由转速 n 变换为角位移，构成一个积分环节；⑤此外，由图5-16还可见，电枢在磁场中旋转时，会产生感应电动势 E，它对给定电压（电枢电压 U_a）来说，构成了一个负反馈环节。因此，**直流电动机本身就是一个负反馈自动调节系统**。下面就以负载转矩 T_L 增加为例，来说明这个自动调节过程。

图5-17为负载转矩增加时，直流电动机内部的自动调节过程。由图可见，当负载转矩 T_L 增加时，使 $T_e < T_L$（平衡运行时，$T_e = T_L$），这将使转速 n 下降，它将导致电枢电动势 E 下降、电流 I_a 增加，电磁转矩 T_e 增加，这一过程要一直延续到电磁转矩 T_e 达到 T_L 值时，电动机达到新的平衡状态为止。从以上分析可以清楚看到，**这个过程主要是通过电动机内部电动势 E 的变化来进行自动调节的**。这一过程虽然在第3章3.1.3中作了介绍，但系统框图却将其展现得更严谨、更直观。

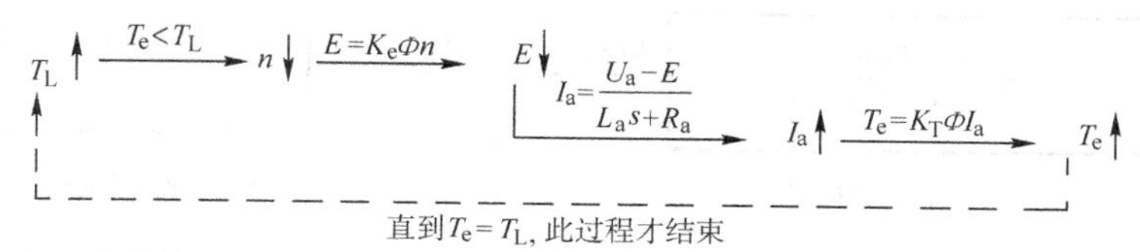

图5-17 当负载转矩增加时，电动机内部的自动调节过程

5.8.4 系统框图的化简与闭环传递函数的求取

1. 直流电动机框图的化简与传递函数求取

1）在图5-16中，设负载转矩 $T_L=0$，若以电枢电压 U_a 为输入量，以转速 N 为输出量，求直流电动机的传递函数 $\Phi_1(s)$。

由图5-16，根据式（5-18）可以直接求得电动机的传递函数，即

$$\Phi_1(s)=\frac{N(s)}{U_a(s)}=\frac{\frac{1/R_a}{T_a s+1}K_T\Phi\frac{1}{J_G s}}{1+\frac{1/R_a}{T_a s+1}K_T\Phi\frac{1}{J_G s}K_e\Phi}$$

整理上式后，有

$$\Phi_1(s)=\frac{N(s)}{U_a(s)}=\frac{1/(K_e\Phi)}{T_m T_a s^2+T_m s+1} \tag{5-29}$$

式中，T_m 为电动机的机电时间常数，有

$$T_m=\frac{J_G R_a}{K_T K_e \Phi^2} \tag{5-30}$$

T_a 为电枢回路的电磁时间常数，有

$$T_a=\frac{L_a}{R_a} \tag{5-31}$$

机电时间常数 T_m 和电磁时间常数 T_a 是电动机的两个十分重要的物理量，T_m 表征着电动机的机电惯性，T_a 表征着电枢回路的电磁惯性。

由式（5-29）可见，若以转速 n 作为输出量，直流电动机为一个二阶系统（即传递函数分母中 s 高次项的次数为 2）。

对应的功能框图如图 5-18 所示（这是图 5-16 的简化）。

对式（5-29），通常可写成一个比例环节和两个惯性环节相乘的形式（对分母进行因式分解即可），即

$$\Phi_1(s)=\frac{N(s)}{U_a(s)}=\frac{K}{(T_1 s+1)(T_2 s+1)} \tag{5-32}$$

若 $T_a \ll T_m$ 时，即电枢回路电磁时间常数很小（电枢漏磁电感 L_a 很小），即设 $L_a \approx 0$，$T_a \approx 0$，这样式（5-29）可简化为

$$\Phi_1(s)=\frac{N(s)}{U_a(s)}=\frac{1/(K_e\Phi)}{T_m s+1}=\frac{K_1}{T_m s+1} \tag{5-33}$$

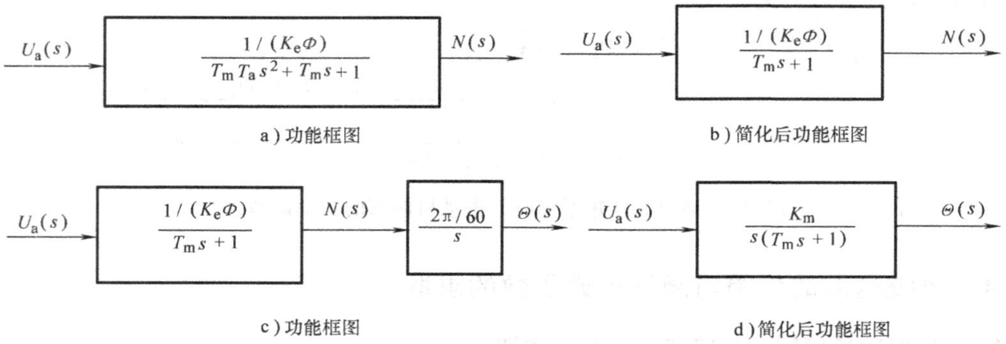

$U_a(s)$ → $\frac{1/(K_e\Phi)}{T_m T_a s^2+T_m s+1}$ → $N(s)$

a）功能框图

$U_a(s)$ → $\frac{1/(K_e\Phi)}{T_m s+1}$ → $N(s)$

b）简化后功能框图

$U_a(s)$ → $\frac{1/(K_e\Phi)}{T_m s+1}$ → $N(s)$ → $\frac{2\pi/60}{s}$ → $\Theta(s)$

c）功能框图

$U_a(s)$ → $\frac{K_m}{s(T_m s+1)}$ → $\Theta(s)$

d）简化后功能框图

图 5-18　直流电动机的功能框图

由式（5-33）可见，这时的电动机可以简化成一个惯性环节。此时的功能框可简化成如图 5-18b 所示的框图。

2）若以电枢电压 U_a 为输入量，以角位移 θ 作为输出量，同样，可求得直流电动机的传递函数 $\Phi_2(s)\left[\frac{\Theta(s)}{U_a(s)}\right]$。

由式（5-28）有 $\Theta(s)=\frac{2\pi}{60}\frac{N(s)}{s}$，将此式及式（5-29）代入有

$$\begin{aligned}\Phi_2(s)&=\frac{\Theta(s)}{U_a(s)}\\&=\frac{1/(K_e\Phi)}{T_m T_a s^2+T_m s+1}\frac{2\pi/60}{s}\\&=\frac{K_m}{s(T_m T_a s^2+T_m s+1)}\end{aligned} \tag{5-34}$$

式中，$K_m=\frac{2\pi}{60K_e\Phi}$。

由式（5-34）可见，若以角位移 θ 为输出量，则直流电动机成为三阶系统，其简化后的功能框如图 5-18c 所示。此外，由此例也可看到，即使对同一个系统（或部件），若选取的输出量不同，则它的传递函数也不同，甚至阶数也不同。当然，对输入量的改变也是如此。

若电枢漏磁电感L_a很小，设$L_a=0$，则$T_a=0$，于是式（5-34）简化为

$$\Phi_2(s)=\frac{\Theta(s)}{U_a(s)}=\frac{K_m}{s(T_m s+1)} \tag{5-35}$$

其功能框图如图5-18d所示。

2. 直流伺服电动机的传递函数的求取

直流伺服电动机在原理上与他励直流电动机完全相同。因此，前面对直流电动机的分析，同样适用于直流伺服电动机。由于直流伺服电动机一般功率较小，且电枢漏磁电感L_a很小，其电枢回路电磁时间常数T_a相对机电时间常数T_m来说是很小的，即$T_a \ll T_m$。此时可看成$T_a \approx 0$。因此，对直流伺服电动机，其传递函数如式（5-33）和式（5-35）所示。即

$$\Phi_1(s)=\frac{N(s)}{U_a(s)}=\frac{K_1}{T_m s+1}$$

$$\Phi_2(s)=\frac{\Theta(s)}{U_a(s)}=\frac{K_m}{s(T_m s+1)}$$

其框图则如图5-18b、d所示。

3. 交流伺服电动机的传递函数的求取

交流伺服电动机实质上是一个两相电动机，它的数学模型要比直流电动机更复杂。但交流伺服电动机通常都是小功率电动机，它的漏磁电感通常可以略而不计，即可设电路的电磁时间常数为零，这样交流伺服电动机也可以建立类似直流电动机的（简化了的）的数学模型。对比交流伺服电动机的机械特性（见图3-17）和直流电动机的机械特性（见图3-14），若把交流伺服电动机特性看成近似线性的，这样两者的数学模型便具有相同的形式。因此交流伺服电动机也可以建立如式（5-33）、式（5-35）和图5-18b、d相似的数学模型（传递函数和框图）。即

$$\Phi_1(s)=\frac{N(s)}{U_B(s)}=\frac{K_1}{T_m s+1} \tag{5-36}$$

$$\Phi_2(s)=\frac{\Theta(s)}{U_B(s)}=\frac{K_m}{s(T_m s+1)} \tag{5-37}$$

式中，U_B为控制绕组电压（见图3-15）；K_m为电动机的增益；T_m为电动机的机电时间常数。

小 结

（1）传递函数是线性定常系统（或环节）在初始条件为零时的输出量的拉氏变换式和输入量的拉氏变换式之比。它代表了系统（或环节）的固有特性，是自动控制系统最常用的数学模型。

（2）对同一个系统，若选取不同的输出量或不同的作用量，则其对应的传递函数也将不相同。

（3）典型环节的传递函数有

① 比例 $G(s)=K$

② 积分 $G(s)=\frac{1}{Ts}$

③ 惯性 $G(s)=\frac{1}{Ts+1}$

④ 理想微分 $G(s)=\tau s$

对一般的自动控制系统，应尽可能将它分解为若干个典型的环节，以利于理解系统的构成和对系统进行分析。

（4）由运放器构成的调节器的传递函数为

$$G(s)=\frac{U_o(s)}{U_i(s)}=-\frac{Z_f(s)}{Z_0(s)}$$

（5）自动控制系统的框图可以看成是图形化的数学模型。它由一些典型环节组合而成，能直观地显示系统的结构特点、各参变量和作用量在系统中的地位，它还清楚地表明了各环节间的相互联系，因此它是分析系统的重要方法。

建立系统框图的一般步骤是（以直流电动机框图为例）：

1）由各环节的内在关系，列写它们的微分方程。

2）对微分方程进行拉氏变换，求得各环节的传递函数，画出各环节的功能框。

3）根据各环节间的因果关系和相互联系，按照各环节的输入量和输出量，采取相同的量相连的方法，便可建立整个系统的框图。

4）在框图上画上信号流向箭头（开叉箭头），比较点注明极性，引出点画上节点（指有四个方向的），标明输入量、输出量、反馈量、扰动量及各中间变量（均为拉氏式）。

（6）负反馈闭环传递函数的求取公式是

$$\Phi(s)=\frac{G(s)}{1+G(s)H(s)}$$

式中，$G(s)$ 为顺馈传递函数；$H(s)$ 为反馈传递函数；$G(s)H(s)$ 为开环传递函数；$\Phi(s)$ 为闭环传递函数。

（7）对较复杂的系统框图，可以通过引出点或比较点的移动来加以化简。移动的依据是移动前后输入量与输出量保持不变。

（8）常用调节器的传递函数

1）比例（P）调节器 $G(s)=K$

2）惯性（T）调节器 $G(s)=\dfrac{K}{Ts+1}$

3）比例-积分（PI）调节器

$$G(s)=\frac{K(Ts+1)}{Ts}\quad（式中，K=-\frac{R_1}{R_0},T=R_1C_1）$$

4）比例-微分（PD）调节器

$$G(s)=K(\tau s+1)\quad（式中，K=-\frac{R_1}{R_0},\tau=R_0C_0）$$

5）比例-微分-积分（PID）调节器

$$G(s)=\frac{K(T_1s+1)(T_2s+1)}{T_1s}\quad\left(式中，K=-\frac{R_1}{R_0},T_1=R_1C_1,T_2=R_0C_0\right)$$

（9）直流电动机的传递函数

$$\frac{N(s)}{U_a(s)}=\frac{1/K_e\Phi}{T_mT_as^2+T_ms+1}=\frac{K}{(T_1s+1)(T_2s+1)}$$

式中，T_m是机电时间常数；T_a是电枢回路电磁时间常数。

（10）交、直流伺服电动机的传递函数（设 $T_a \ll T_m$）

$$\frac{N(s)}{U(s)}=\frac{K_1}{T_ms+1},\qquad \frac{\Theta(s)}{U(s)}=\frac{K_m}{s(T_ms+1)}$$

（对直流伺服电动机，U 为电枢电压 U_a；对交流伺服电动机，U 为控制电压 U_B）

思　考　题

5-1　定义传递函数时，附加的一个前提条件是什么？为什么要附加这个条件？

5-2　分析比较“开环系统的传递函数”、“系统的闭环传递函数”和“闭环系统的开环传递函数”三个概念的不同之处。

5-3　惯性环节在什么条件下可近似成比例环节？又在什么条件下可近似成积分环节？

5-4　一个比例-积分环节和一个比例-微分环节相串联（或相并联），能否成为比例环节？为什么？

5-5　怎样由系统的传递函数来确定系统的阶次？

5-6　若比例-积分（PI）调节器反馈回路中的电容 C_1 被短接，则它的传递函数 $G(s)$ 是怎样的？它变成怎样的环节？若 C_1 断路，则它又变成怎样的环节，传递函数又将是怎样的？

5-7　框图等效变换的原则是什么？

5-8　建立系统框图的步骤是怎样的？在系统框图上，通常应标出哪些量？其中哪几个量是必须标明的？

习　　题

5-9　图 5-19 为一典型微分电路，已知 $R_1=47\text{k}\Omega$，$C_1=1\mu\text{F}$，求传递函数 $U_o(s)/U_i(s)$。并判断此为什么环节。（提示：$\tau s/(\tau s+1)$ 兼有微分和惯性的特性，因而称为“惯性微分”环节。在工程中，惯性微分环节也是经常遇到的）

5-10　图 5-20 为一 PI 调节器电路图，为抑制运放器零漂，常与 R_1、C_1 并联-高阻值电阻 R_2，若已知 R_0、R_1、R_2、C_1，求此调节器的传递函数 $U_o(s)/U_i(s)$。

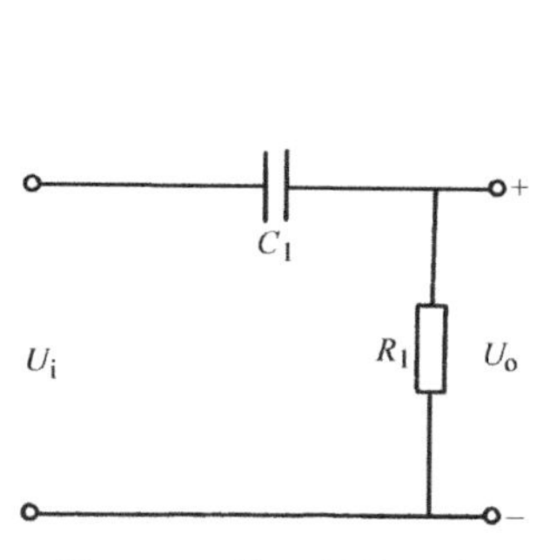

图 5-19　典型微分电路

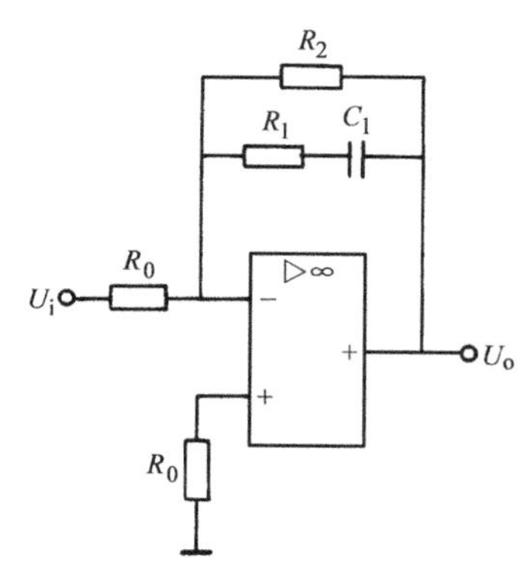

图 5-20　某调节器电路图

5-11　图 5-21a、b 为两个典型的电路图。试求取其传递函数 $G(s)=\dfrac{U_o(s)}{U_i(s)}$，并整理成标准形式（即分母最后一项为“1”）。再由此判断它们是由哪些典型环节构成的？

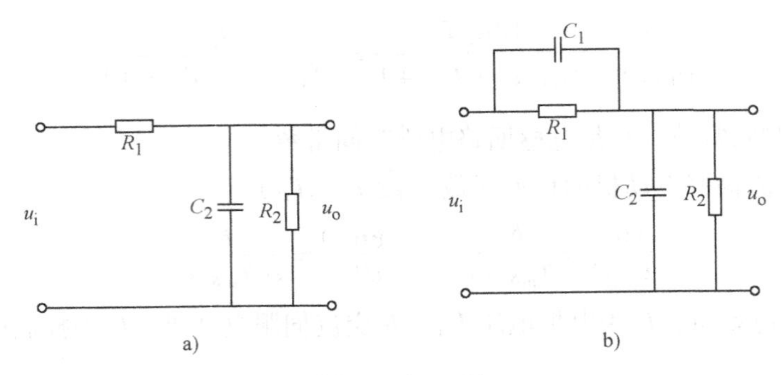

图 5-21 典型电路图

5-12 求取如图 5-22a、b 所示系统的闭环传递函数 $C(s)/R(s)$。

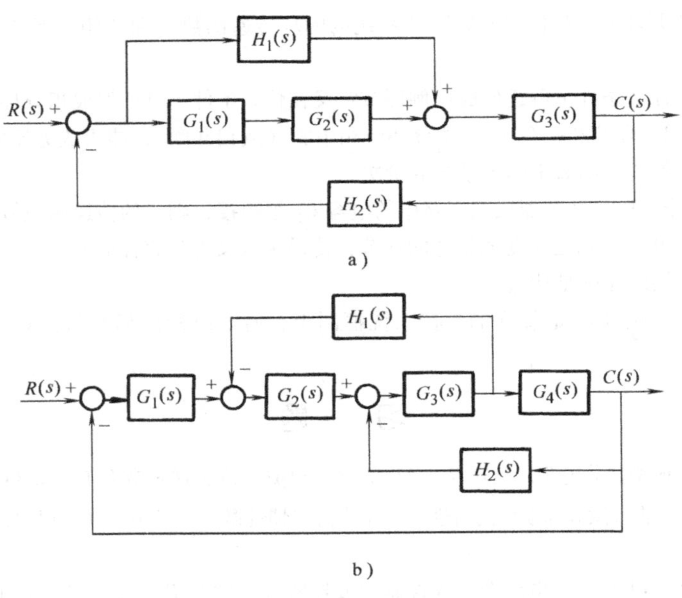

图 5-22 系统框图

第6章　MATLAB 软件及其在系统性能分析中的应用

内容提要

本章扼要介绍 MATLAB 软件的常用指令，基本算法，以及求取时间响应的方法。着重阐述 Simulink 仿真软件在分析自动控制系统性能中的应用。

MATLAB 是 Matrix Laboratory（矩阵实验室）的英文缩写。它是由美国 Math Works 公司于 1982 年推出的一个软件包。它从数值与矩阵运算开始，经过不断更新与扩充，至今已升级到了 Ver7.0 版本，如今它适用于 Windows 环境，已成为一个功能强、效率高、有着完善的数值分析、强大的矩阵运算、复杂的信息处理和完美的图形显示等多种功能的软件包；它有着一个方便实用、界面友好的、开放的用户环境，可以很方便地进行科学分析和工程计算；特别是多年来经过各方面的著名专家的努力，开发了许多具有专门用途的“工具箱”软件（专用的应用程序集），如控制系统工具箱（Control System Toolbox）、信号处理工具箱（Signal Processing Toolbox）、系统识别工具箱（System Identification Toolbox）、多变量系统分析与综合工具箱（Mu-analysis and Synthesis Toolbox）等。它们进一步扩展了 MATLAB 的应用领域，使 MATLAB 软件在自动控制系统的分析和设计方面获得广泛的应用。

本章以 MATLAB6.5 版本为例，介绍其中的程序命令和 Simulink 模块的使用，并通过应用举例来叙述它们在分析自动控制系统性能中的应用。对读者来说，则主要是根据书中的叙述，在上机练习中掌握操作步骤和它们的应用。

6.1　MATLAB 的安装与启动

1. MATLAB 的安装

对在 PC 上使用 MATLAB 的用户来说，需要自己安装 MATLAB。下面介绍从光盘上安装 MATLAB 的方法。

一般说来，当 MATLAB 光盘插入光驱后，会自动启动“安装向导”。假如自动启动没有实现，那么可以在 <我的电脑> 或 <资源管理器> 中双击“setup. exe”应用程序，使“安装向导”启动。然后，按照屏幕提示操作，如：首先填入 PLP（Personal License Password）（个人许可口令）（这可点击右键，通过 MATLAB <资源管理器> 中的 sn <记事本>，将口令粘贴填入即可），再点击“Next”，填入个人与公司名称，再点击“Next”后，下面的对话框（如更新、重写、互换选项等）一般选“No”即可（详见 CAI 光盘）。

在安装中，假如不对版本进行选择操作，就默认选择 6.5 版。MATLAB 6.5 软件可从网上下载。

2. MATLAB 的启动

本节介绍 MATLAB 安装到硬盘上以后，如何创建 MATLAB 的工作环境。

(1) 方法一　MATLAB 的工作环境由 "matlab. exe" 创建，该程序驻留在文件夹 "matlab\bin\" 中。它的图标是MATLAB。只要从 <我的电脑> 或 <资源管理器> 中去找这个程序，然后双击此图标，就会自动创建如图 6-1 所示的 MATLAB 6.5 的指令窗（Command Window）。

(2) 方法二　假如经常使用 MATLAB，则可以在 Windows 桌面上创建一个 MATLAB 快捷方式图标。具体办法有两个：

1）把 <我的电脑> 中的MATLAB 图标用鼠标点亮，然后直接把此图标拖到 Windows 桌面上即可。

2）用鼠标右键点 <资源管理器> 中的MATLAB 图标，出现下拉菜单，从中选择创建快捷方式栏后，在 <资源管理器> 窗口中会出现一个相应的快捷图标，然后把此图标拖到 Windows 桌面。

此后，直接点击 Windows 桌面上的MATLAB 图标，就可建立图 6-1 所示的 MATLAB 工作环境。

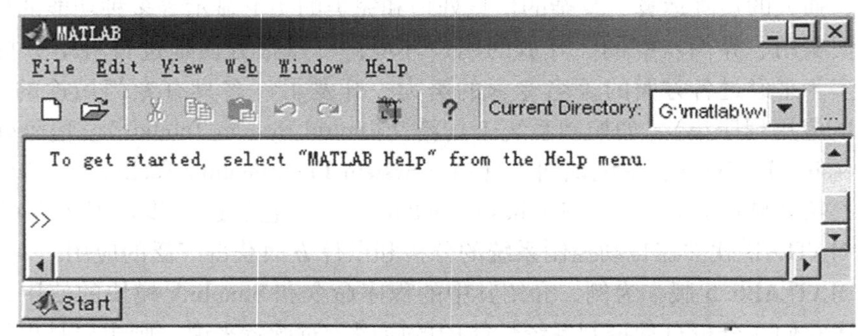

图 6-1　在英文 Windows 桌面上的 MATLAB 6.5 指令窗

6.2 MATLAB 的指令与符号

6.2.1 MATLAB 指令窗

在 MATLAB 指令窗（Command Window）里，有许多操作选项和工具供用户使用，其中有些是 Windows 平台上常见的，有些则是 MATLAB 所专有的，下面作一简单介绍。

1. 工具条

图 6-2 为 Windows 平台上的 MATLAB 6.5 指令窗中的工具条。

2. 菜单选项

MATLAB 工作窗是标准的 Windows 界面，因此，它的使用方法也是标准的，即可以通过工作菜单中的各种选项来实现对工作窗中内容的操作。选项共有 6 组，它们是 File（文件）、Edit（编辑）、View（视图）、Web

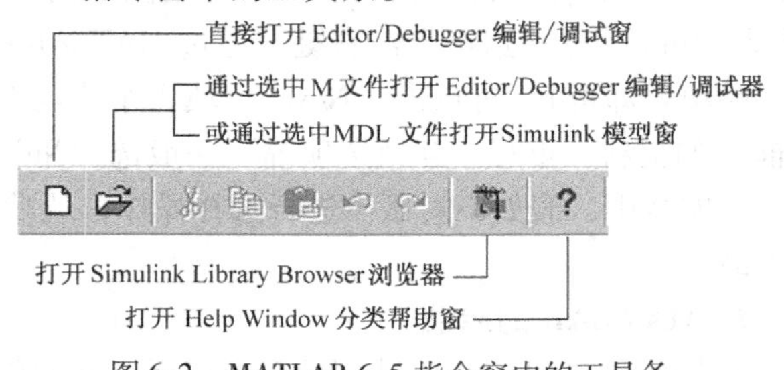

图 6-2　MATLAB 6.5 指令窗中的工具条

(网页)、Window（窗口）和 Help（帮助）。

(1) 基本文件操作【File】选项的内容

New	打开编辑/调试器、新图形窗、Simulink 用的 MDL 文件
Open ctrl + o	通过已有 M 文件[⊖]打开编辑/调试器
Close Command Window ctrl + w	关闭命令窗口
Import Date	输入数据
Save Workspace As	将 MATLAB 工作空间中的所有变量存为 M 文件
Set Path	调用路径浏览器
Preferences	调用 MATLAB 指令窗环境设置卡
Page Setup	页码设置
Print	打印工作窗中的内容
Print Selection	打印指令窗中所选定的内容
Exit MATLAB	退出 MATLAB

(2) 编辑操作【Edit】选项的内容

Cut	剪切
Copy	复制
Paste	粘贴
Clear Session	清除指令窗里的显示内容，但它不清除工作内存中的变量
Select All	选择全部内容
Delete Find	删除查找内容
Clear Command Window	清除命令窗
Clear Command History	清除命令历史
Clear Workspace	清除工作空间

(3) 工作窗管理【Window】选项

MATLAB Command Window	MATLAB 命令窗口
Simulink Libray Browser	Simulink 信息库浏览器
Close All	关闭全部内容

(4) 帮助【Help】选项内容

Full Product Family Help	为全部模块提供帮助
MATLAB Help	打开分类帮助窗
Using the Desktop	如何使用桌面
Using the Command Window	使用命令窗
Demos	打开演示窗
About MATLAB	MATLAB 注册图标、版本、制造商和用户信息

⊖ MATLAB 在执行存储在文件中的程序时，该文件必须有“.m”的扩展名，所以称 MATLAB 程序为“M 文件”。MATLAB 中有两种形式的 M 文件：程序文件和函数文件。

6.2.2 MATLAB 中的数值表示、变量命名、运算符号和表达式

1. 数值的表示

MATLAB 的数值采用十进制，可以带小数点或负号。以下表示都合法：

0 -100 0.008 12.752 1.8e-6 8.2e52

2. 变量命名规定

1）变量名、函数名：字母大小写表示不同的变量名。如 A 和 a 表示不同的变量名；sin 是 MATLAB 定义的正弦函数，而 Sin、SIN 等都不是。

2）变量名的第一个字母必须是英文字母，最多可包含 31 个字符（英文、数字和下连字符）。如“A21”是合法的变量名，而“3A21”是不合法的变量名。

3）变量名不得包含空格、标点，但可以有下连字符。如变量名“A_b21”是合法变量名，而“A，21”是不合法的。

3. 基本运算符

MATLAB 表达式的基本运算符如表 6-1 所示。

表 6-1 MATLAB 表达式的基本运算符

	数学表达式	MATLAB 运算符	MATLAB 表达式
加	a+b	+	a+b
减	a-b	-	a-b
乘	a×b	*	a*b
除	a÷b	/或\	a/b 或 a\b
幂	a^b	^	a^b

注：MATLAB 用左斜杠或右斜杠分别表示“左除”或“右除”运算。对标量而言，这两者的作用没有区别；对矩阵来说，“左除”和“右除”将产生不同的结果。

4. 表达式

MATLAB 书写表达式的规则与“手写算式”几乎完全相同。

1）表达式由变量名、运算符和函数名组成。

2）表达式将按常规相同的优先级自左至右执行运算。

3）优先级的规定为指数运算级别最高，乘除运算次之，加减运算级别最低。

4）括号可以改变运算的次序。

6.3 应用 MATLAB 进行数值运算、绘图及求时间响应

6.3.1 应用 MATLAB 进行数值运算

［**例 6-1**］ 求 $[18+4\times(7-3)]\div 5^2$ 的运算结果。

1）双击 MATLAB 图标，进入 MATLAB 命令窗口，如图 6-3 所示。

2）用键盘在 MATLAB 指令窗中输入以下内容：

```
>>[18+4*(7-3)]/5^2
```

3）在上述表达式输入完成后，按【Enter】键，该指令就被执行。

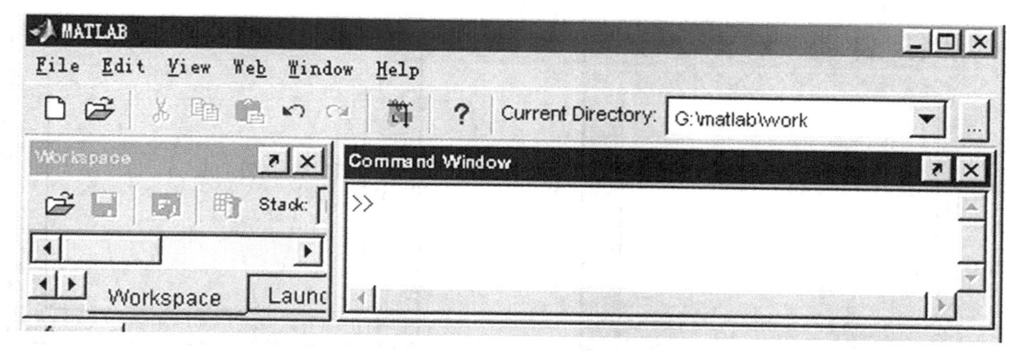

图 6-3　MATLAB 命令窗口

4）在指令执行后，Commond Window 窗口中显示如下结果：

ans =

　　1.3600

其中“ans”是 answer 的缩写。

6.3.2　应用 MATLAB 绘制二维图线

1）在二维曲线绘制中，最基本的指令是 plot（　）函数。如果用户将 x 和 y 轴的两组数据分别在向量 x 和 y 中存储，且它们的长度相同，则调用该函数的格式为

plot（x，y）

这时将在一个图形窗口上绘出所需要的二维图形。

［**例 6-2**］　绘制两个周期内的正弦曲线。

如令以 t 为 x 轴，sin(t)为 y 轴，取样间隔为 0.1，取样长度为 4π（4 * pi），于是可在 MATLAB 的命令窗口输入：

```
>>t =0: 0.1: 4 * pi;      y = sin(t);      plot(t,y)
```

命令输入完成后，按【Enter】键执行，结果如图 6-4 所示。

［**例 6-3**］　同时绘制两个周期内的正弦曲线和余弦曲线。

绘制多条曲线时，plot（　）的格式为

plot（x1，y1，x2，y2…）

于是可在 MATLAB 的命令窗口输入

```
>>t1 =0: 0.1: 4 * pi;     t2 =0: 0.1: 4 * pi;
plot (t1, sin (t1), t2, cos (t2))
```

按【Enter】键执行，结果如图 6-5 所示。

2）在图形上加注网格线、图形标题、x 轴与 y 轴标记。

MATLAB 中关于网格线、标题、x 轴标记和 y 轴标记的命令如下：

grid（加网格线）；　　title（加图形标题）；　　xlabel（加 x 轴标记）和 ylabel（加 y 轴标记）。

在［例 6-2］中，增加上述标记的命令为

```
>>t =0: 0.1: 4 * pi;
plot (t, sin (t))
```

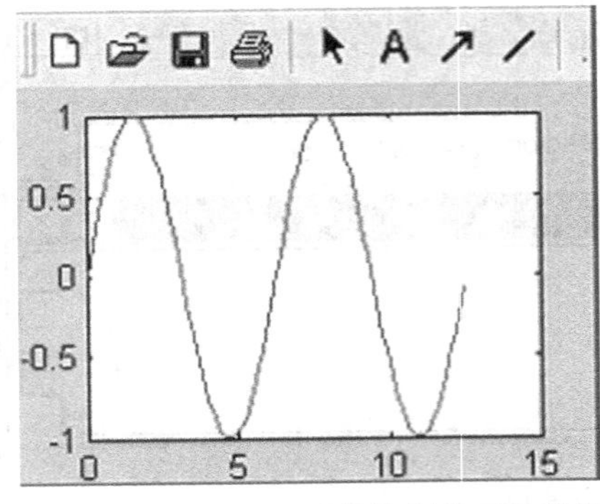

图 6-4　plot（　）函数绘制的正弦曲线

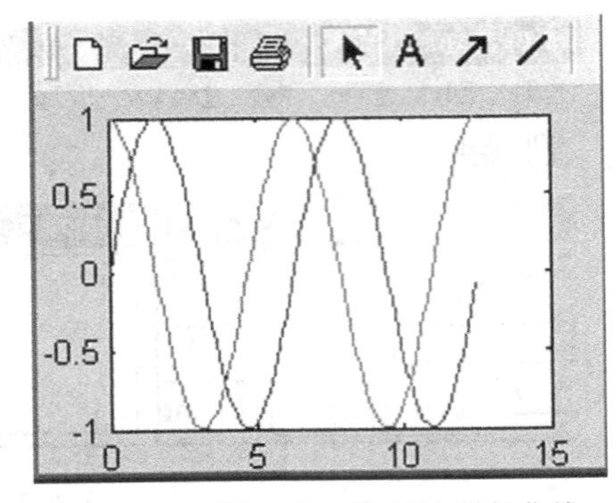

图 6-5　在同一窗口绘制的两条曲线

grid

title（'正弦曲线'）

xlabel（'Time'）

ylabel（'sin(t)'）

增加上述标记后的图形如图 6-6 所示（图中正将 'Time' 移位至横轴下方中央）

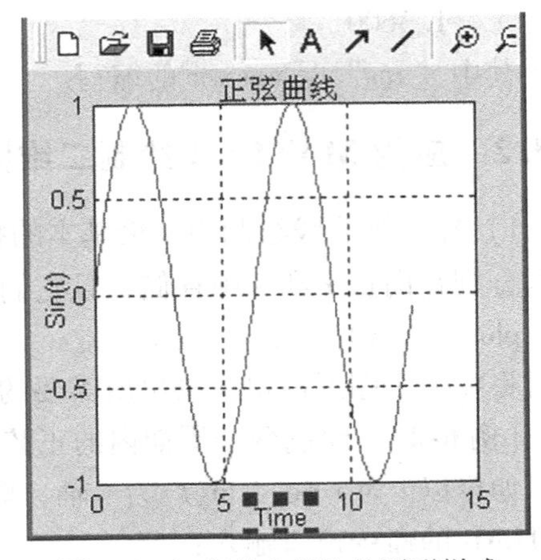

图 6-6　加有基本标注的图形样式

6.3.3　应用 MATLAB 处理传递函数的变换

1. 传递函数在 MATLAB 中的表达形式

线性系统的传递函数一般可以表示成复数变量 s 的有理函数形式

$$G(s)=\frac{b_m s^m+b_{m-1}s^{m-1}+\Lambda+b_1 s+b_0}{a_n s^n+a_{n-1}s^{n-1}+\Lambda+a_1 s+a_0} \tag{6-1}$$ ㊀

采用下列命令格式可以方便地把传递函数模型输入到 MATLAB 环境中：

num = [b_m, b_{m-1}, Λ, b_1, b_0];　　[num 为分子项（Numerator）英文缩写]

den = [a_n, a_{n-1}, Λ, a_1, a_0];　　[den 为分母项（Denominator）英文缩写]

也就是将系统的分子和分母多项式的系数按降幂的方式以向量的形式输入给两个变量 num 和 den。

若要在 MATLAB 环境下得到传递函数的形式，可以调用 tf（　）函数（Transfer Function）。该函数的调用格式为

G = tf（num, den）;

其中（num, den）分别为系统的分子和分母多项式系数向量。返回的变量 G 为传递函数形式。

[例 6-4]　设系统传递函数

$$G(s)=\frac{s^3+5s^2+3s+2}{s^4+2s^3+4s^2+3s+1} \tag{6-2}$$

㊀ Λ 为省略号"…"。

输入下面的命令：

```
>> num = [1, 5, 3, 2];        den = [1, 2, 4, 3, 1];
       G = tf (num, den)
```

执行后，在 Command Window 窗口下可得传递函数（Transfer Function）：

$$\frac{s^3+5s^2+3s+2}{s^4+2s^3+4s^2+3s+1}$$

2. 将以多项式表示的传递函数转换成零极点形式

以多项式形式表示的传递函数还可以在 MATLAB 中转换为零极点形式。调用函数格式为

G_1 = zpk (G)　　[z—零点（Zero），p—极点（Pole），k—增益]

[例 6-5]　把［例 6-4］中的传递函数转换成零极点形式的传递函数 G_1。

MATLAB 程序如下

>> G_1 = zpk (G)

执行程序后，得到如下结果

Zero/Pole/gain:

$$\frac{(s+4.424)(s^2+0.5759s+0.4521)}{(s^2+s+0.382)(s^2+s+2.618)}$$

在系统的零极点模型中，若出现复数值，则在显示时将以二阶形式来表示相应的共轭复数对。事实上，我们可以通过下面的 MATLAB 命令得出系统的极点

>> G_1. p {1}

执行命令后得出如下结果

ans =

-0. 5000 + 1. 5388i

-0. 5000 - 1. 5388i

-0. 5000 + 0. 3633i

-0. 5000 - 0. 3633i

从下面的 MATLAB 命令可得出系统的零点

>> Z = tzero (G_1)

执行命令后得如下结果

Z =

-4. 4241

-0. 2880 + 0. 6076i

-0. 2880 - 0. 6076i

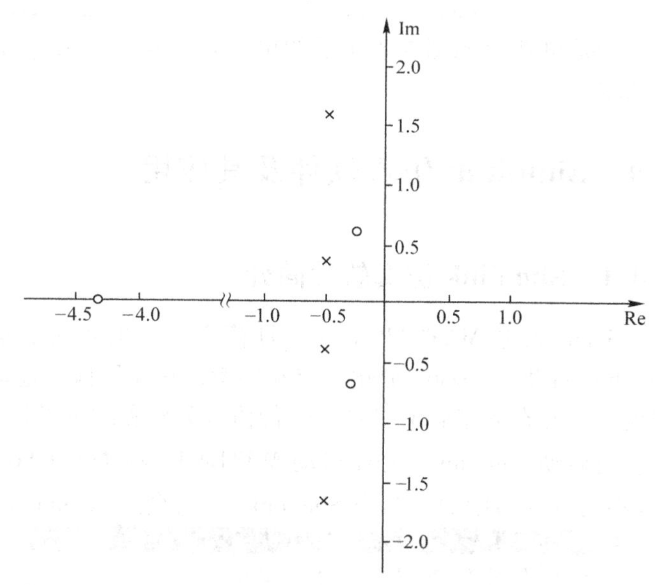

图 6-7　零、极点分布图
×—极点　○—零点
Re—实轴（Real Axis）
Im—虚轴（Imaginary Axis）

与 G_1 对应的零点、极点在复平面上的位置如图 6-7 所示，共轭极点和共轭零点对称于 Re 轴。

6.3.4 应用 MATLAB 求取输出量对时间的响应

对单输入—单输出系统，其传递函数为 G(s) = num(s)/den(s)，它对各种不同输入函数的响应的命令为：

1. 阶跃响应

命令格式为

>> y = step (num, den, t)

2. 对脉冲的响应

命令格式为

>> y = impulse (num, den, t)

[例 6-6] 计算并绘制下列传递函数的单位阶跃响应（$t=0$ 至 $t=10$）。

$$G(s)=\frac{10}{s^2+2s+10}$$

输入 MATLAB 命令

```
>> num = 10; den = [1, 2, 10];
>> t = [0: 0.1: 10]; y = step (num, den, t);
plot (t, y)
```

于是可获得如图 6-8 所示的单位阶跃响应曲线。

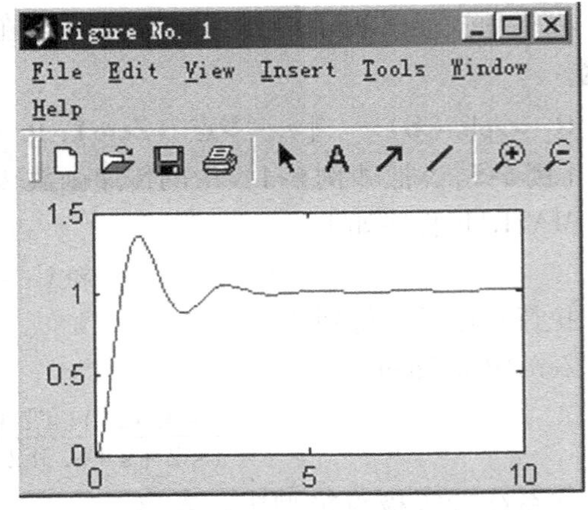

图 6-8 $G(s)=\frac{10}{s^2+2s+10}$ 系统的单位阶跃响应

6.4 Simulink 仿真软件及其应用

6.4.1 Simulink 仿真软件简介

Simulink 是 MATLAB 里的工具箱之一，主要功能是实现动态系统建模、仿真与分析；Simulink 提供了一种图形化的交互环境，只需用鼠标拖动的方法，便能迅速地建立起系统框图模型，并在此基础上对系统进行仿真分析和改进设计。

要启动 Simulink，先要启动 MATLAB。在 MATLAB 窗口中单击按钮，如图 6-9 所示（或在命令窗口中输入命令 Simulink），将会进入 Simulink 库模块浏览器界面，如图 6-10 所

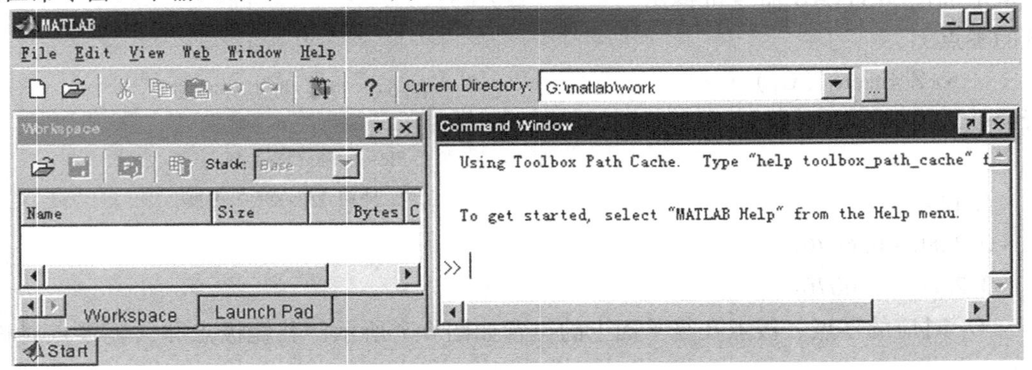

图 6-9 启动 Simulink

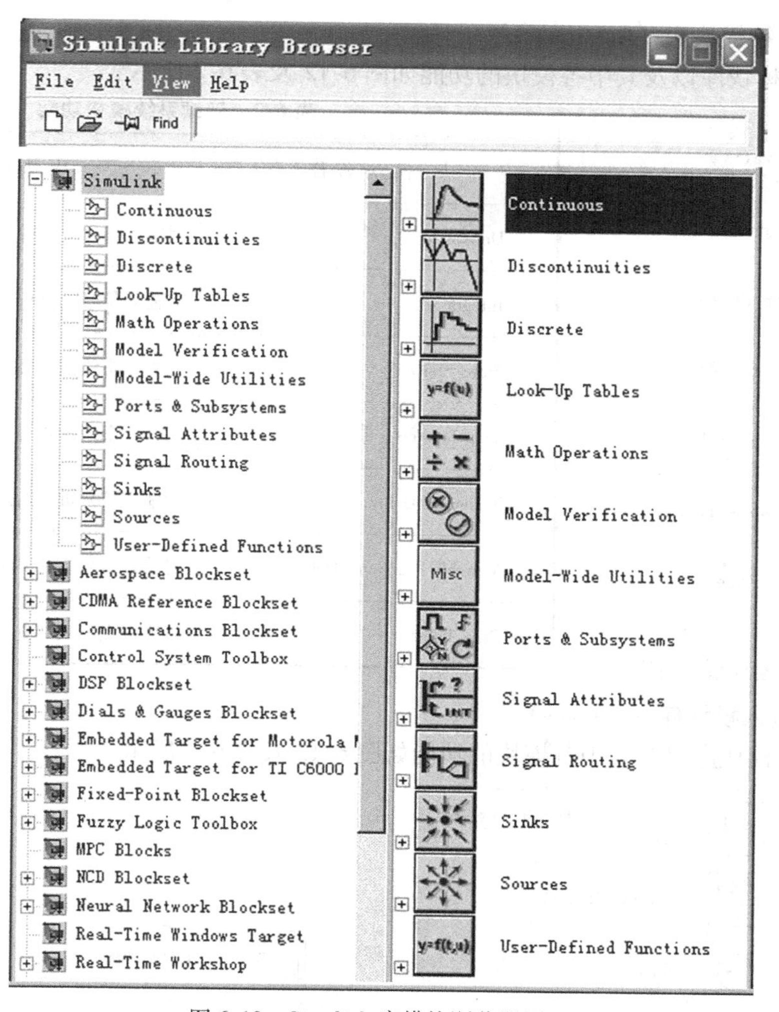

图 6-10 Simulink 库模块浏览器界面

示。单击窗口左上方的按钮，Simulink 会打开一个名为“untitled”的模型窗口，如图 6-11 所示。随后，按用户要求在此模型窗口中创建模型及进行仿真运行。

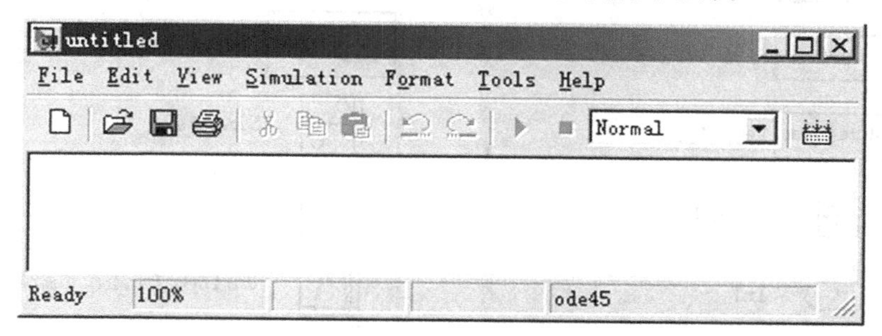

图 6-11 空模块窗口

为便于用户使用，Simulink 可提供 9 类基本模块库和许多专业模块子集。考虑到本课程主要分析连续控制系统，这里仅介绍其中的连续系统模块库（Continuous）、系统输入模块库（Sources）和系统输出模块库（Sinks）。

1. 连续系统模块库（Continuous）

连续系统模块库以及其中各模块的功能如图 6-12 及表 6-2 所示。

du/dt Derivative
1/s Integrator
x' = Ax+Bu y = Cx+Du State-Space
1/(s+1) Transfer Fcn
Transport Delay
Variable Transport Delay
(s-1)/(s(s+1)) Zero-Pole

图 6-12　连续系统模块库

表 6-2　连续系统模块功能

模 块 名 称	模 块 用 途
Derivative	对输入信号进行微分
Integrator	对输入信号进行积分
State-Space	建立一个线性状态空间数学模型
Transfer Fcn	建立一个线性传递函数模型
Transport Delay	对输入信号进行给定的延迟
Variable Transport Delay	对输入信号进行不定量的延迟
Zero-Pole	以零极点形式建立一个传递函数模型

2. 系统输入模块库（Sources）

系统输入模块库以及其中各模块的功能如图 6-13 及表 6-3 所示。

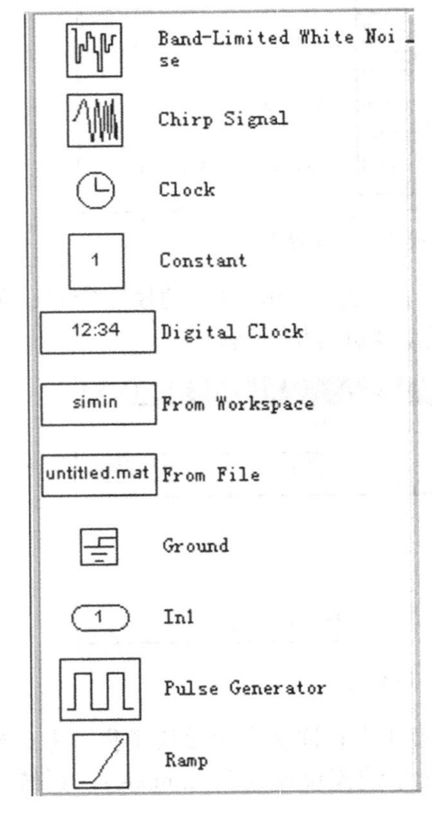

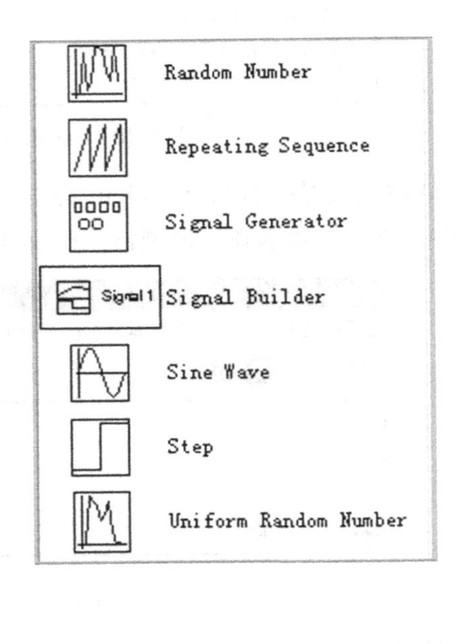

图 6-13　系统输入模块库

表 6-3　系统输入模块功能

模　块　名　称	模　块　用　途
Band-Limited White Noise	有限带宽白噪声
Chirp Signal	输出频率随时间线性变换的正弦信号
Clock	输出当前仿真时间
Constant	常数输入
Digital Clock	以固定速率输出当前仿真时间
From Workspace	从 MATLAB 工作空间中输入数据
From File	从 . mat 文件中输入数据
Ground	接地信号
In1	为子系统或其他模型提供输入端口
Pulse Generator	输入脉冲信号
Ramp	输入斜坡信号
Random Number	输入正态分布的随机信号
Repeating Sequence	输入周期信号
Signal Generator	信号发生器
Signal Builder	信号编码程序
Sine Wave	正弦信号初始器
Step	输入阶跃信号
Uniform Random Number	输入均匀分布的随机信号

3. 系统输出模块库（Sinks）

系统输出模块库以及其中各模块的功能如图 6-14 及表 6-4 所示。

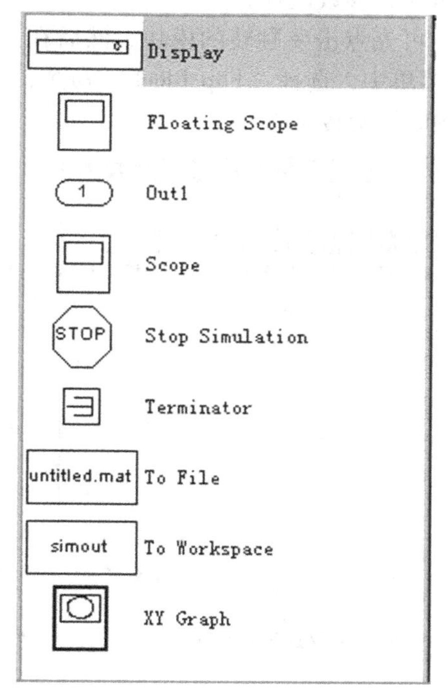

图 6-14　系统输出模块库

表 6-4　系统输出模块功能

模块名称	模块用途
Display	以数值形式显示输入信号
Floating Scope	悬浮信号显示器
Out 1	为子系统或模型提供输出端口
Scope	信号显示器
Stop Simulation	当输入非零时停止仿真
Terminator	中断输出信号
To File	将仿真数据写入 . mat 文件
To Workspace	将仿真数据输出到 MATLAB 工作空间
XY Graph	使用 MATLAB 图形显示数据

6.4.2 用 Simulink 建立系统模型及系统仿真

下面通过举例来介绍应用 Simulink 模块对系统进行仿真分析的过程。

[例 6-7] 应用 Simulink 对下列系统建模，并进行系统仿真分析（求其单位阶跃响应曲线）。设单位负反馈系统前向通路的传递函数 $G(s)$ 为

$$G(s)=\frac{35}{s(0.2s+1)(0.01s+1)} \tag{6-3}$$

它由一个比例（增益）、一个积分和两个惯性环节串联构成，可整理成

$$G(s)=35\times\frac{1}{0.2s^2+s}\times\frac{1}{0.01s+1} \tag{6-4}$$

下面来介绍系统的仿真过程：

① 首先双击 MATLAB 图标，进入如图 6-1 所示的 MATLAB 工作环境（指令窗）。然后单击右方按钮，打开 Simulink Library Browser（见图 6-2），出现图 6-10 浏览器界面，单击图 6-10 中右上方的“Continuous”选项。

② 单击图 6-10 指令窗左上方指令，建立如图 6-11 所示的“untitled”空模块窗口。

③ 模块框图移入。提取（从 Windows 窗口下方）Simulink 库，从中选取所需模块→将光标指向该模块→单击右键→从弹出的菜单中点击“Add to untitled”→将该模块移入“untitled”窗口。亦可用左键点住该模块，略作移动，待出现一立方体，直接用鼠标拖曳到窗口中所需的位置。

④ 模块参数设置。双击“untitled”窗口中的单元模块，即可得到对应的“框图参数对话框”，可根据需要键入相关参数，然后单击“OK”，即可完成参数设置。

⑤ 模块翻转。例如，对反馈回路中的传递函数框图，可先点击要翻转的模块，然后在“untitled”窗口上方，点击“Format”（格式），在弹出的菜单中，选择“Flip Block”命令，则模块翻转 180°；若选择“Rotate Block”命令，则模块顺时针旋转 90°。

⑥ 传递函数框图建立 选择“Continuous”选项，从中选择“传递函数（Transfer Fcn）”，将光标指向它，并单击右键，选择（Add to “untitled”），移入框图。再双击“传递函数（Transfer Fcn）”，得到“框图参数（Block parameters）”对话框（见图6-15）。在对话框中的分子项（Numerator）中取 [1]，分母项（Denominator）中取 [0.2 1 0]，对应 $1/(0.2s^2+s)$ 环节，点击“OK”，即得到图 6-16 中间的框图。

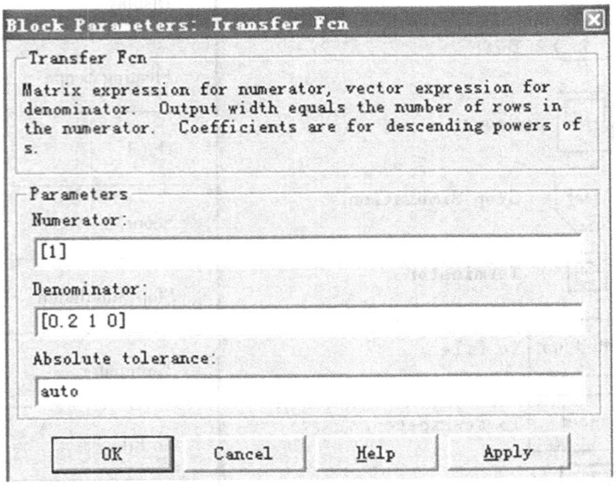

Block Parameters: Transfer Fcn
Transfer Fcn
Matrix expression for numerator, vector expression for denominator. Output width equals the number of rows in the numerator. Coefficients are for descending powers of s.
Parameters
Numerator:
[1]
Denominator:
[0.2 1 0]
Absolute tolerance:
auto
OK | Cancel | Help | Apply

图 6-15 传递函数参数对话框

同理再建立传递函数为 $1/(0.01s+1)$ 的框（对应 Num 项为 [1]，Den 项为 [0.01 1]）。

⑦ 在“Math”选项内选择和点，将和点符号设定为 [+ -]，得到如图 6-16 所示比较

点符号。选择增益模块（Gain），移到建模窗口，双击模块，出现对话框，键入增益数值（如35）。

⑧ 从Simulink库里的输入模块库（Sources）中选择“step”，将它移至建模窗口，双击“step”模块，出现“step参数设置”对话框，其中“step time”（起初时刻），设为0；“Initial value”（初始值），设为0；“Final value”（终极值），设为1；“Sample time”（采样时间），设为0（因为连续系统）等。

⑨ 从Simulink库里的输出模块（Sinks）库里，选择示波器（Scope），将它移到建模窗口，双击“scope”模块，出现“scope参数设置”对话框，其中主要是“Number of axes”（轴数，设1），“Time range”（时间范围，如设5），“Sampling time”（采样时间，设0）等。

⑩ 将各环节移位，安排成如图6-16所示的位置。然后用鼠标左键点住环节输出的箭头，这时鼠标指针变成十字形叉，将它拖曳至想要连接的环节的输入箭头之处，放开左键，就完成连线；对反馈连线，则由比较点箭头处，拖曳至引出点，这样逐一连接，便可完成如图6-16所示的系统仿真框图。

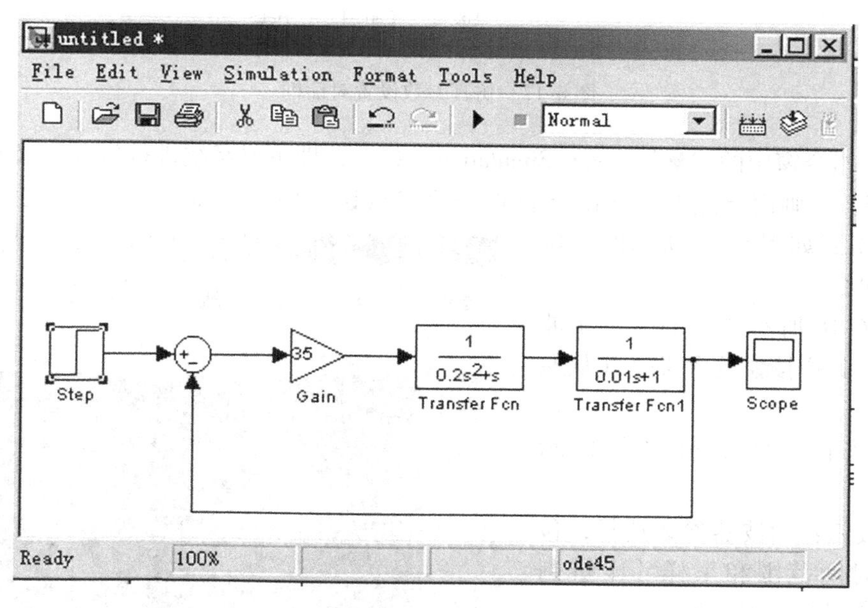

图6-16 Simulink系统仿真

⑪ 在“untilted”窗口，点击上方中央“Simulation”，从弹出的菜单中点击“simulation parameter：pid”（仿真参数设置对话框），如图6-17所示。

对话框中项目很多，其中常用的有：“Simulation time”（仿真时间），涉及“Start time”（开始时间）（一般为0.0），“Stop time”（停止时间）（根据图形需要设定，如5.0）；“Solver options”（解题选项），涉及步长选择、仿真算法选择及误差选择等，其中“ode45”应用最多㊀；“Output options”（输出选项），一般选择“Refine output”（平滑输出），后面的“Refine factor”（平滑系数）数值可大一些，这样会更平滑，例如40～60。

⑫ 在“untilted”窗口，点击上方中央“Simulation”，从弹出的菜单中，点击“Start”；

㊀ 仿真算法涉及离散数学，已超出教学大纲要求。

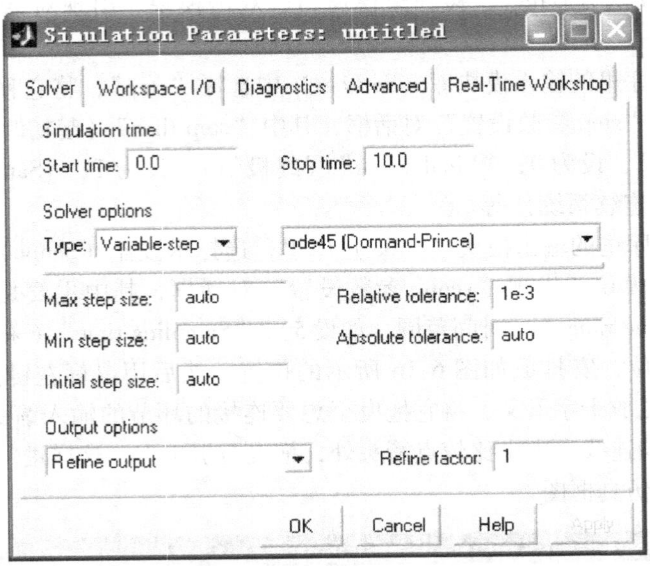

Simulation Parameters: untitled

Solver | Workspace I/O | Diagnostics | Advanced | Real-Time Workshop

Simulation time

Start time: 0.0　　Stop time: 10.0

Solver options

Type: Variable-step　　ode45 (Dormand-Prince)

Max step size: auto　　Relative tolerance: 1e-3

Min step size: auto　　Absolute tolerance: auto

Initial step size: auto

Output options

Refine output　　Refine factor: 1

OK　Cancel　Help　Apply

图 6-17　仿真参数设置对话框

或直接点击指令窗中的“▶”（Start Simulation）指令，即可对系统进行仿真。双击 Scope 模块，出现 Scope 画面→点击望远镜→再点击第二按钮→将“Time range”设定为 5→点击 OK，即可得到如图 6-18 所示的单位阶跃响应曲线。

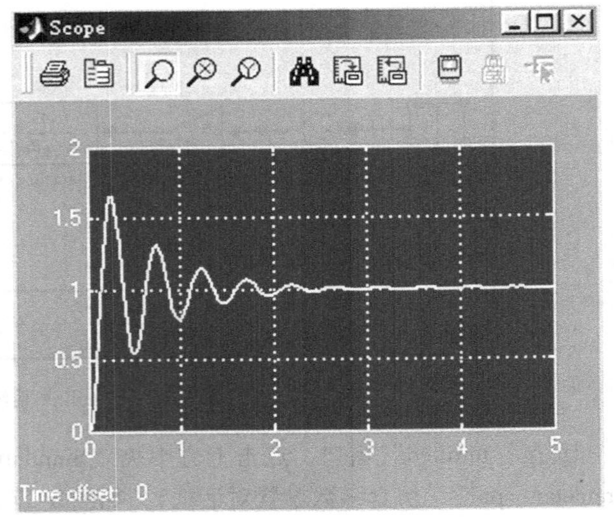

图 6-18　系统仿真输出结果显示

⑬ 图 6-18 所示“Scope”（示波器）窗口工具栏按钮的含义是（从左侧起）：

第一按钮：打印示波器显示图形。

第二按钮：示波器参数选择，包括轴数、时间范围和采样［十进制（1）和集样时间（0）等］。

第三按钮：放大器（X、Y 轴同时放大）。

第四按钮：X 轴放大。

第五按钮：Y 轴放大。

第六按钮：示波器望远镜（自动定标）（显示图形全貌）。通常选用此命令，先获得图形的全貌，然后在此基础上，再点击第二按钮，进行一些修正，主要是“Time range”（时间范围）的设定，同时修正仿真参数对话框中的“Stop time”，使之与“Time range”一致，以使图形完整而清晰地展现出来。若示波器对话框与仿真参数对话框设定的时间不一致，有可能只显示响应曲线的一部分（而非全貌）。

小 结

（1）MATLAB是一个功能强大、界面友好、使用方便、适用于进行科学分析和工程计算的软件，在自动控制系统的分析与设计中获得了广泛的应用。因此要学会MATLAB在PC上的安装、启动，熟悉它的有关指令，掌握它的数值表示、变量命名、运算符号和表达形式。能进行以下操作：

1）数值运算，如：$[18+4\times(7-3)]\div 5^2$ 为 >>[18+4*(7-3)]/5^2⇒Enter⇒ans。

2）绘制二维图线，如 >>t1=0：0.1：4*pi；t2=0：0.1：4*pi；plot（t1，sin（t1），t2，cos（t2））⇒Enter⇒两根二维图线。

3）处理传递函数，如 >>num［1，2，3］；den［4，5，6］；G=tf（num，den）⇒Enter⇒ans。又如 >>G_1=zpk（G），再如 >>G_1.p｛1｝，>>Z=tzero（G_1）（求取系统的极点与零点）等。

4）求取输出量对时间的响应，如 >>y=step（num，den，t），又如 >>y=impulse（num，den，t）等。

（2）Simulink仿真软件可以很方便地用图形化的交互环境，来实现系统的建模、仿真与分析。例如图6-16所示的系统，可以很方便地获得它的动态响应曲线。

应用Simulink进行系统仿真，既方便、准确，又直观。本章内容主要通过应用实践去掌握（可把教材作实训指导书使用，加以练习，即可掌握）。

习 题

6-1 在图6-16所示的系统中，若增益（Gain）变为5、80和120，应用Simulink仿真软件，分别求取对应这三种情况的单位阶跃响应曲线（从计算机下载）。将以上三种情况与图6-18比较，分析增益对系统性能的影响。

6-2 已知某随动系统的系统框图如图6-19所示。图中的 $G_c(s)$ 为检测环节和串联校正环节的总传递函数。现设

$$G_c(s)=\frac{K_1(T_1s+1)}{T_1s},\quad 其中 K_1=2,\quad T_1=0.5s$$

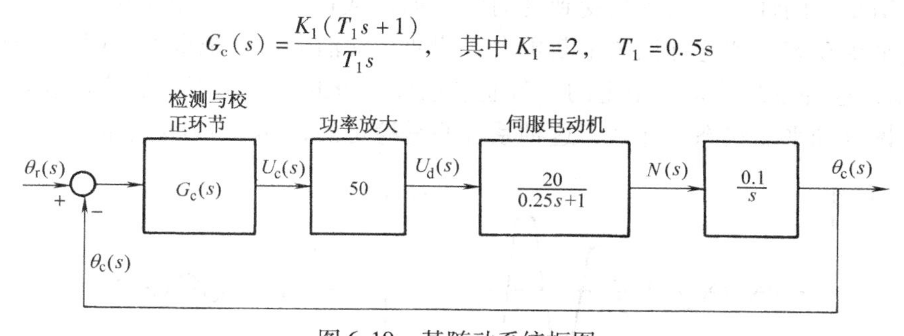

图6-19 某随动系统框图

系统校正前，设 $G_c(s)=1$。

应用Simulink仿真软件，求取该系统校正前、后的单位阶跃响应曲线。

6-3 若上题中，$G_c(s)$ 为比例调节器，并设 $K_1=0.5$，重解上题。

6-4 比较题6-2所示系统与题6-3所示系统输出的技术性能，从中分析校正装置对系统性能的影响。

第7章 自动控制系统的性能分析

内容提要

在建立系统数学模型的基础上，就可以对系统的性能进行分析，本章主要从物理过程去分析系统的稳定性，并应用Simulink仿真软件分析影响系统稳定性的因素；此外，从传递函数出发，去分析系统的稳态性能，分析影响系统稳态性能的因素；最后简要介绍影响系统动态性能的因素；这些将为进一步探索改善系统性能奠定必要的分析基础。

研究任何自动控制系统，首要的工作是建立合理的数学模型。一旦建立了数学模型，就可以进行自动控制系统的分析和设计。对控制系统进行分析，就是分析已有系统能否满足对它所提出的性能指标要求，分析某些参数变化对系统性能的影响。工程上对系统性能进行分析的主要内容是稳定性分析、稳态性能分析和动态性能分析。其中最重要的性能是稳定性，这是因为工程上所使用的控制系统必须是稳定的系统，不稳定的系统是无法正常工作的。因此，分析研究系统时，首先要进行稳定性分析。

7.1 自动控制系统的稳定性分析

7.1.1 系统稳定性的概念

1）系统的稳定性是指自动控制系统在受到扰动作用使平衡状态破坏后，经过调节，能重新达到平衡状态的性能。当系统受到扰动后（如负载转矩变化、电网电压的波动等），偏离了原来的平衡动态，若这种偏离不断扩大，即使扰动消失，系统也不能回到平衡状态，如图7-1a所示，这种系统就是不稳定的；若通过系统自身的调节作用，使偏差最后逐渐减小，系统又逐渐恢复到平衡状态，那么，这种系统便是稳定的，如图7-1b所示。

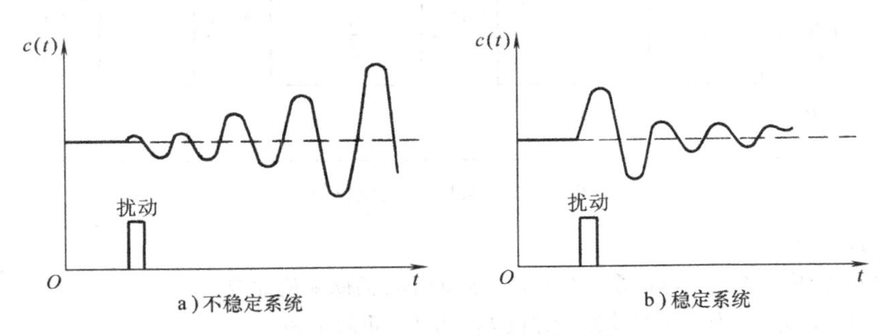

图7-1 不稳定系统与稳定系统

2）系统的稳定性又分绝对稳定性和相对稳定性。

系统的绝对稳定性是指系统稳定或不稳定的条件，即形成如图7-1b所示情况的充要条件。

系统的相对稳定性是指稳定系统的稳定程度。系统的最大超调量 σ 愈小，振荡次数 N 愈少，则系统的相对稳定性愈好。例如，图 7-2a 所示系统的相对稳定性就明显好于图7-2b 所示的系统。

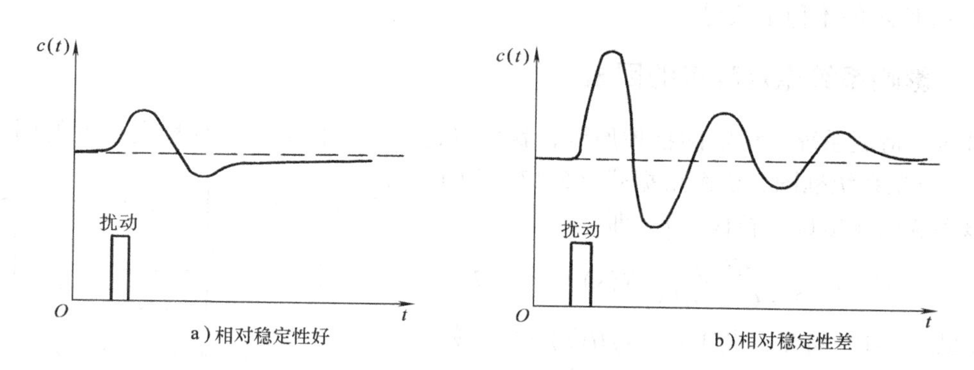

图 7-2　自动控制系统的相对稳定性

7.1.2　造成自动控制系统不稳定的物理原因

在自动控制系统中，造成系统不稳定的物理原因主要是：系统中存在惯性或延迟环节[例如机械惯性，电动机电路和电抗线圈的电磁惯性，液（气）压力系统中压力油（气）在油（气）路中传输造成的时间上的延迟，机械加工系统中检测位置与实际加工点存在间距造成的检测在时间上的延迟等]，它们使系统中的信号在传输时产生时间上的滞后，使输出信号在时间上较输入信号滞后了 τ。当系统设有反馈环节时，又将这种在时间上滞后的信号反馈到输入端，如图 7-3 所示。

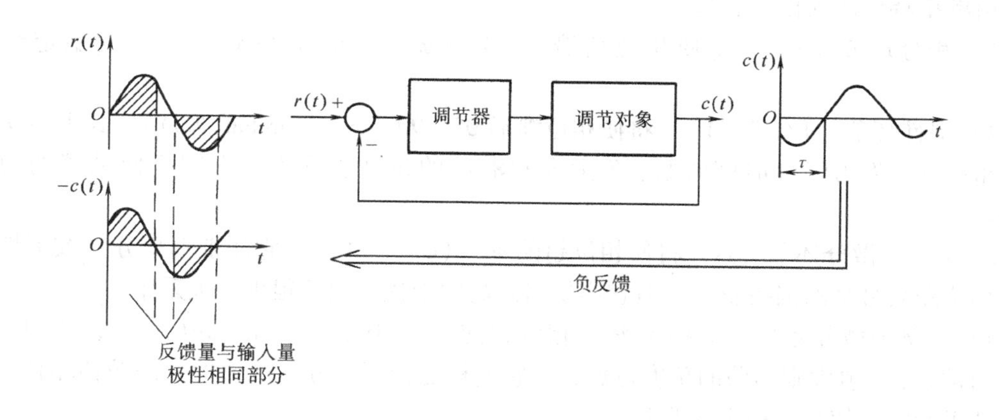

图 7-3　造成自动控制系统不稳定的物理原因

由于为负反馈，所以在比较点与输入信号 $r(t)$ 叠加的是 $-c(t)$。由图可见，反馈量中出现了与输入量极性相同的部分，这种同极性的部分便具有正反馈的作用，它便是系统不稳定的因素。

当滞后的相位过大，或系统放大倍数不适当（例如过大），使正反馈作用成为主导作用时，系统便会形成振荡而不稳定了。例如当滞后的相位为180°时，则在所有时间上都成了正反馈，倘若系统的开环放大倍数又大于1，则反馈量进入输入端，经放大后，又会产生更大的输出，如此循环，即使输入量消失，输出量的幅值也会愈来愈大，形成增幅振荡，成为如图7-1a所示的不稳定状况。

7.1.3 影响系统稳定程度的因素

分析了造成系统不稳定的物理原因，就可以进一步分析影响系统稳定程度的因素。图7-4为一典型系统框图，由图根据式（5-17）便可求得该系统的输出量（拉氏式），即

$$C(s)=\frac{G(s)}{1+G(s)H(s)}R(s) \tag{7-1}$$

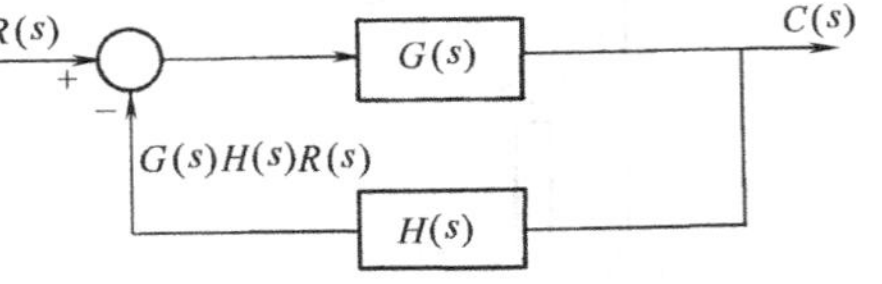

图7-4 典型系统的框图

由式（7-1）可见，若 $1+G(s)H(s)=0$，或

$$G(s)H(s)=-1 \tag{7-2}$$

则 $C(s)\rightarrow\infty$，即系统处于发散的不稳定状态，由此可将式（7-2）看成系统处于稳定的边界条件㊀。

式（7-2）的物理含义是：等式左边是闭环系统的开环传递函数，它是输入量经过前向通路和反馈回路传递后所增添的部分，是去与输入量进行比较叠加的主要成分；式（7-2）等式右边（−1）的物理含义是幅值为1，相位为−180°（即滞后180°），这样，式（7-2）便可表达为：

闭环系统的稳定边界是开环传递函数的相位滞后180°，而且幅值又达到1。相位滞后180°，则负反馈成了正反馈，幅值又达到1，则反馈量等同输入量，这样便形成自激振荡。

综上所述，有两大因素会影响系统稳定程度，一是增益，二是滞后的相位。

由频率特性法的推导表明：

1）积分环节（$1/s$）将使相位角滞后90°（$\varphi=-90°$）它将使系统的稳定性明显变差。

2）惯性环节［$1/(Ts+1)$］将使相位滞后0°～90°［$\varphi=-\arctan(T\omega)$］，式中 ω 为输入信号角频率，T 为惯性时间常数，T 愈大则滞后的角度也愈大。它同样使系统的稳定性变差。

3）（纯）微分环节（τs）将使相位超前90°（$\varphi=+90°$），它能抵消积分（或惯性）环节使相位滞后带来的消极影响，但它容易引入高频干扰，因此很少单独采用。

4）比例加微分环节（$\tau s+1$）将使相位超前0°～90°［$\varphi=+\arctan(\tau\omega)$］，式中 τ 为微分时间常数，τ 愈大则超前的角度也愈大，它同样能抵消积分（或惯性）环节使相位滞后带来的消极影响，使系统稳定性改善。

5）比例环节（K）对相位不产生影响。但一般说来，增益 K 加大，将会使系统的稳定性变差。

以上这些结论，将通过下面的应用举例来分析说明。

㊀ 这里及下面的分析，仅从物理含义上作定性说明，实际上这些是用频率特性法推导出的结论，频率特性法及相关的推导可参阅参考文献［1］。

7.1.4　系统稳定性分析举例

1. 二阶㊀系统的稳定性

典型的二阶系统通常为两个惯性环节的串联$\left[G(s)=\dfrac{K}{(T_1s+1)(T_2s+1)}\right]$(滞后的相位角 $\varphi=0°\sim-180°$)，或一个积分环节和一个惯性环节的串联$\left[G(s)=\dfrac{K}{s(Ts+1)}\right]$（滞后的相位角 $\varphi=-90°\sim-180°$)，由此可见它们开环传递函数 $G(s)$ 滞后的相位角总小于 $-180°$；因此，**二阶系统总是稳定的**。当然对两个积分环节的串联$\left[G(s)=\dfrac{K}{s^2}\right]$，滞后的相位 $\varphi=-180°$，这表明，它处于稳定边界，实际上一般很难稳定，因此通常不将它列在稳定系统内。

2. 增益对系统稳定性的影响

［**例 7-1**］　图 7-5 为由两个惯性环节串联的典型二阶系统。今设增益（Gain）K 分别为 $K=25$ 和 $K=100$，分析增益 K 对二阶系统稳定性的影响。这里所说的“稳定性”，是指相对稳定性（即稳定程度）。我们通常用动态指标中的最大超调量（σ）和振荡次数（N）来衡量系统的相对稳定性。

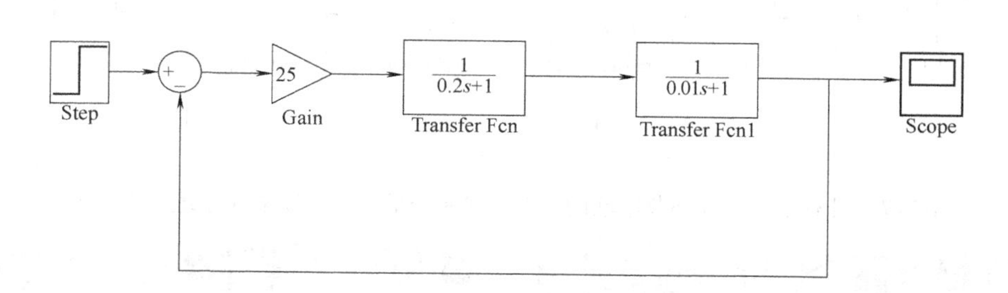

图 7-5　典型二阶系统的单位阶跃响应系统仿真框图

［**解**］　应用 Simulink 软件对上述系统进行仿真分析，可得如图 7-6a、b 所示的单位阶跃响应曲线。

对照图 7-6b 与 7-6a，不难发现，当增益 K 由 25 增至 100 后，系统的最大超调量（σ）由 15% 增至 50%，振荡次数（N）由 1 次增至 3 次。显然，**增大增益将使系统的稳定性变差**（这里仅分析了系统的稳定性，对于系统的稳态性能与快速性，将在后面分析）。

3. 增添惯性环节对系统稳定性的影响

［**例 7-2**］　在图 7-5 所示系统的前向通路中增添了一个［$1/(0.01s+1)$］的惯性环节，系统框图如 7-7 所示。试分析惯性环节对系统稳定性的影响。

［**解**］　同理应用 Simulink 软件对上述系统进行仿真分析，可得如图 7-8a 所示的单位阶跃响应。若增添的惯性环节的时间常数较大（$T=0.3s$），则系统的单位阶跃响应曲线如图 7-8b 所示。

㊀　系统的阶次，通常以传递函数分母中 s 项最高的幂次数来确定。

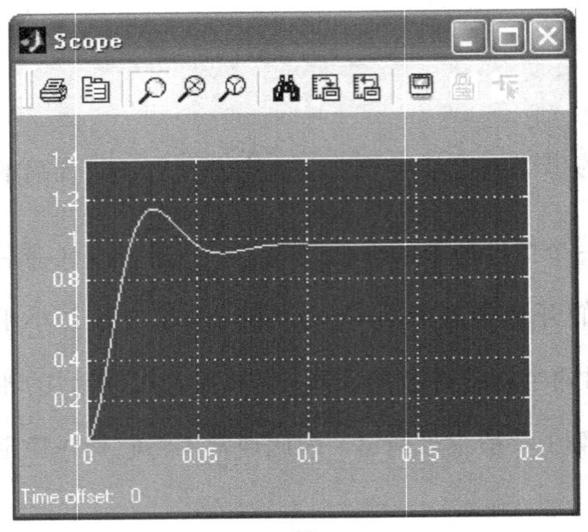

$G_1(s)=\dfrac{25}{(0.2s+1)\ (0.01s+1)}$

$\sigma=15\%$ $N=1$

$e_{ss}=0.04$ $t_s=0.1s$

a) 增益 $K=25$

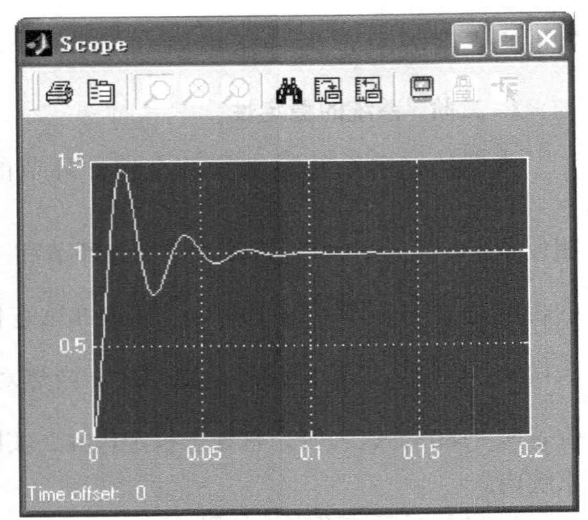

$G_2(s)=\dfrac{100}{(0.2s+1)\ (0.01s+1)}$

$\sigma=50\%$ $N=3$

$e_{ss}=0.01$ $t_s=0.1s$

b) 增益 $K=100$

图 7-6 增益变化对二阶系统稳定性的影响

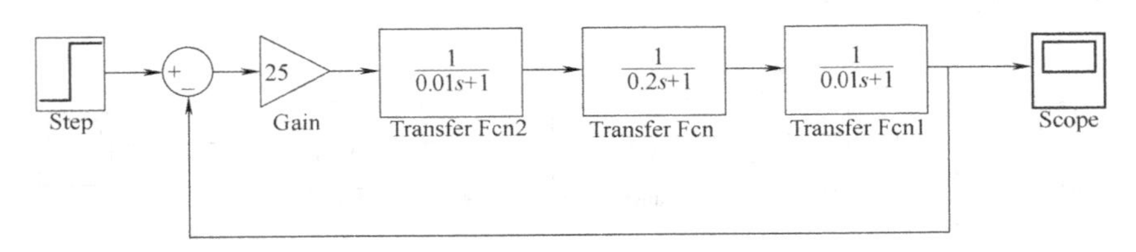

图 7-7 具有三个惯性环节串联的典型三阶系统的单位阶跃响应系统仿真框图

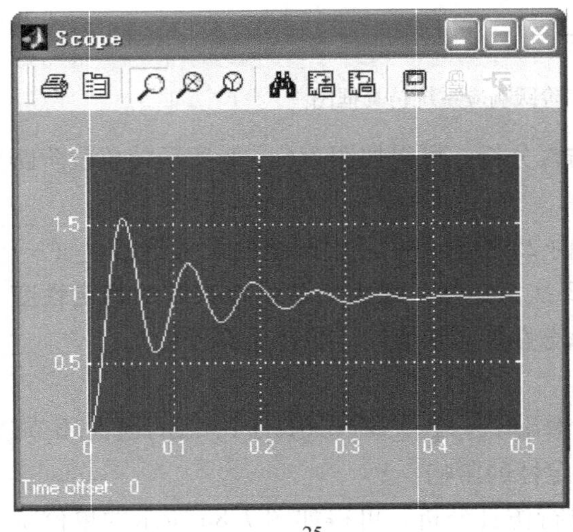

$G(s)=\dfrac{25}{(0.01s+1)\ (0.2s+1)\ (0.01s+1)}$

$\sigma=51\%$, $N=5$

$e_{ss}=0.04$, $t_s=4s$

a) 增添惯性环节

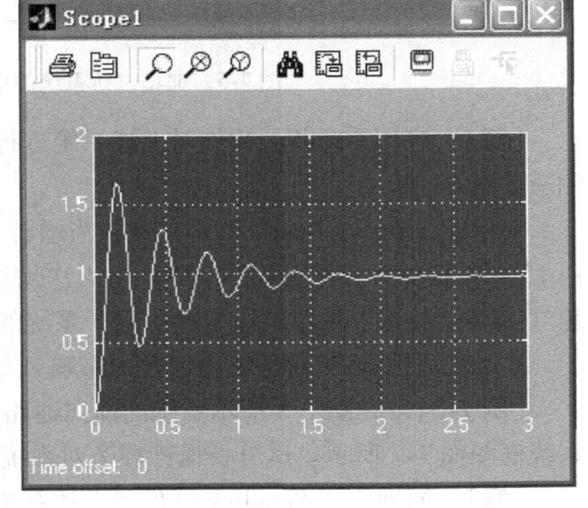

$G(s)=\dfrac{25}{(0.3s+1)\ (0.2s+1)\ (0.01s+1)}$

$\sigma=60\%$, $N=7$

$e_{ss}=0.04$, $t_s=2.5s$

b) 增添大惯性环节 ($T_{大}$)

图 7-8 增添惯性环节对系统性能的影响

由系统的仿真结果可见：

1）对照图7-5与图7-7，后者增添了一个惯性环节，它们的单位阶跃响应应分别为图7-6a与图7-8a，对照两图可见[⊖]，最大超调量（σ）由15%变为51%，振荡次数（N）由1次变为5次，显然，**增添惯性环节将使系统的稳定性变差。**

2）图7-8b为惯性环节的惯性时间常数（T）由0.01s增至0.3s后的单位阶跃响应曲线。对照图7-8b与图7-8a，不难发现，当T由0.01s变为0.3s后，最大超调量（σ）由51%变为60%，振荡次数（N）由5次变为7次。显然，**惯性时间常数愈大，使系统稳定性变差的程度愈严重。**

4. 增添积分环节对系统稳定性能的影响

［例7-3］ 在图7-5所示系统的前向通路中增添一个积分环节，即可得如图7-9所示的系统框图。下面分析增添积分环节对系统稳定性的影响。

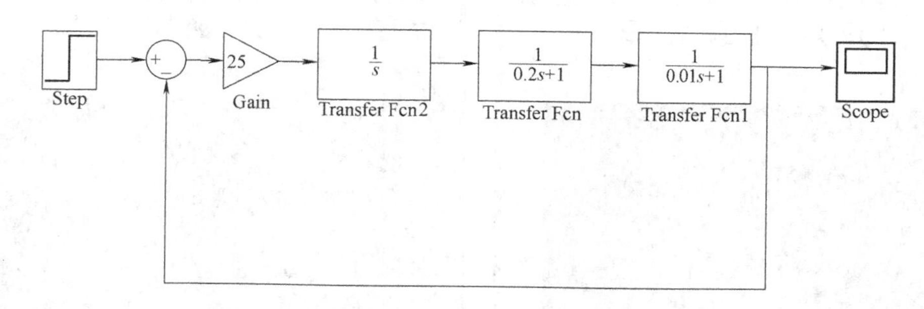

图7-9　具有一个积分和两个惯性环节串联的典型三阶系统的单位阶跃响应系统仿真框图

［解］ 图7-10为应用Simulink软件进行系统仿真的单位阶跃响应曲线。

对照图7-6a与图7-10（后者增添了一个积分环节），可以看出，最大超调量（σ）由15%增至55%，振荡次数（N）由1次增至4次，显然，**积分环节将使系统的稳定性明显变差。**

5. 增添比例-微分环节对系统稳定性的影响

［例7-4］ 在图7-9所示系统的基础上，再增添一个比例-微分环节（$\tau s+1$）($\tau=0.1$s)。下面分析比例-微分环节对系统稳定性的影响。

图7-11为在图7-9的基础上，再增添一个（$0.1s+1$）后的系统框图。

［解］ 同理应用Simulink软件，对如图7-11所示的系统进行仿真，即可得到如图7-12所示的单位阶跃响应曲线。

对照图7-12和图7-10，可以看出，增设比例加微分环节后，系统的最大超调量（σ）由55%降为10%，振荡次数（N）由4次降为0次（无振荡），显然，**增设比例加微分环节，将使系统的稳定性显著改善。**

以上对系统稳定性的分析，虽然是通过举例来说明的，但相关结论却具有普遍的意义，它为以后的系统参数调整和系统校正，提供了十分有用的参考依据。

⊖ 比较时请注意：两个图的纵横坐标的刻度可能是不同的。显然，图7-8b的调整时间t_s（2.5s）比图7-8a的t_s（0.4s）要大得多，系统快速性差得多。

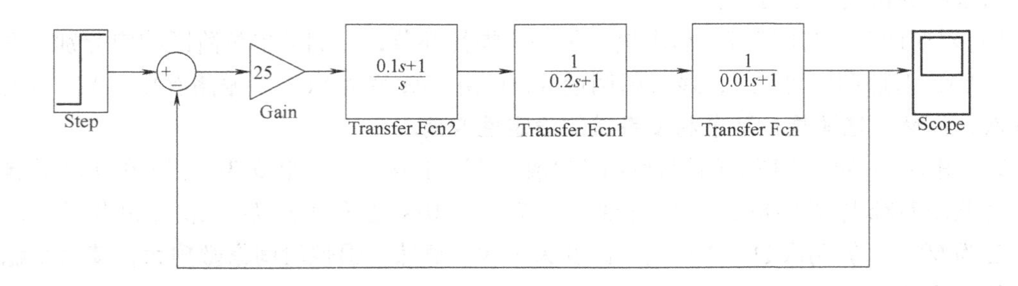

图 7-11　具有一个积分、两个惯性和一个比例微分环节串联的三阶系统的单位阶跃响应系统仿真框图

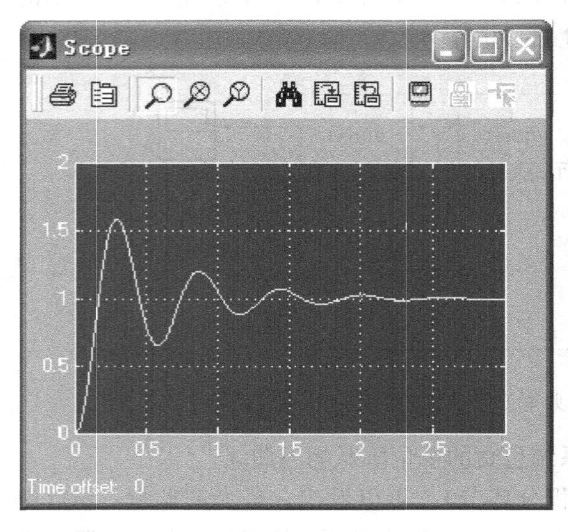

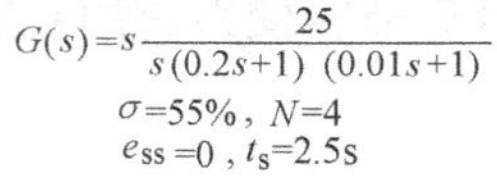

$$G(s)=s\frac{25}{s(0.2s+1)\ (0.01s+1)}$$

σ=55%，N=4

e_{ss}=0，t_s=2.5s

图 7-10　增添积分环节后的单位阶跃响应曲线

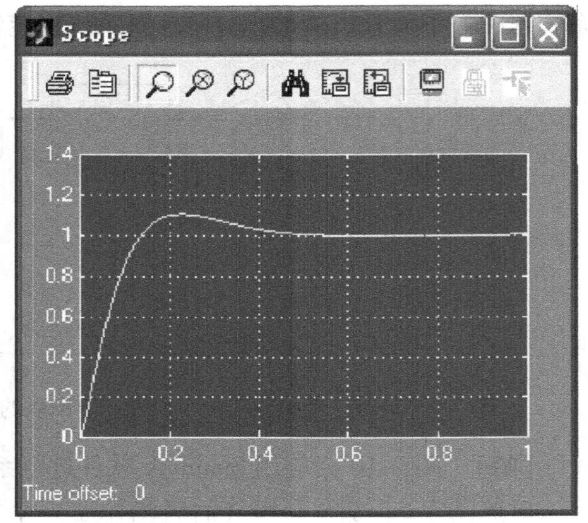

$$G(s)=\frac{25(0.01s+1)}{s(0.2s+1)\ (0.01s+1)}$$

σ=10%　N=0

e_{ss}=0　t_s=0.6s

图 7-12　再增添比例-微分环节后的单位阶跃响应曲线

7.2　自动控制系统的稳态性能分析

自动控制系统的输出量一般都包含着两个分量，一个是稳态分量，另一个是暂态分量。暂态分量反映了控制系统的动态性能。对于稳定的系统，暂态分量随着时间的推移，将逐渐减小并最终趋向于零。稳态分量反映系统的稳态性能，它反映控制系统跟随给定量和抑制扰动量的能力和准确度。稳态性能的优劣，一般以稳态误差的大小来度量。

稳态误差长期存在于系统的工作过程之中，因此在设计系统时，除了首先要保证系统能稳定运行外，其次就是要求系统的稳态误差小于规定的容许值（只有在此基础上，进一步考虑动态误差才有实际意义）。

7.2.1 系统稳态误差的概念

1. 系统误差（System Error）$\boldsymbol{e(t)}$

现以图7-13所示的典型系统来说明系统误差的概念。

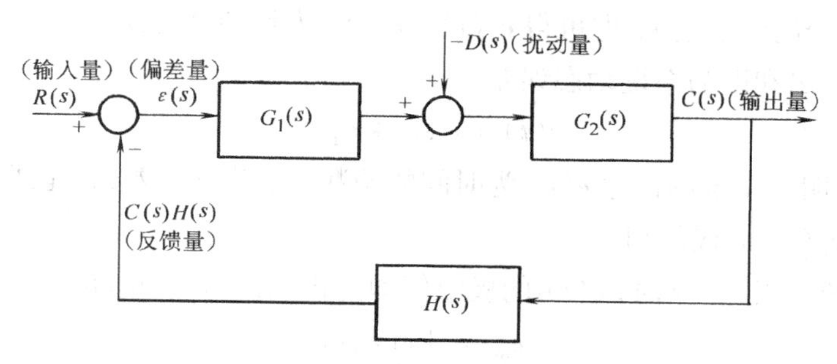

图7-13 典型系统框图

系统误差 $e(t)$ 的一般定义是：希望值 $c_r(t)$ 与实际值 $c(t)$ 之差。即

$$e(t)=c_r(t)-c(t)$$

系统误差的拉氏式为

$$E(s)=C_r(s)-C(s) \tag{7-3}$$

对于输出希望值，通常以偏差信号 ε 为零来确定希望值，即

$$\varepsilon(s)=R(s)-H(s)C_r(s)=0$$

于是，输出希望值（拉氏式）为

$$C_r(s)=\frac{R(s)}{H(s)}$$

代入式（7-3），系统的误差（拉氏式）为

$$E(s)=\frac{R(s)}{H(s)}-C(s) \tag{7-4}$$

系统的实际输出量由图7-13有［参见式（5-23）］

$$C(s)=\frac{G_1(s)G_2(s)}{1+G_1(s)G_2(s)H(s)}R(s)+\frac{G_2(s)}{1+G_1(s)G_2(s)H(s)}[-D(s)] \tag{7-5}$$

式中，$R(s)$ 为输入量（拉氏式）；$-D(s)$ 为扰动量（拉氏式）。

于是，以 $C_r(s)$ 及 $C(s)$ 的值代入式（7-4）可得系统误差 $E(s)$，即

$$\begin{aligned}E(s)&=C_r(s)-C(s)\\&=\frac{R(s)}{H(s)}-\left[\frac{G_1(s)G_2(s)}{1+G_1(s)G_2(s)H(s)}R(s)-\frac{G_2(s)}{1+G_1(s)G_2(s)H(s)}D(s)\right]\\&=\frac{1}{[1+G_1(s)G_2(s)H(s)]H(s)}R(s)+\frac{G_2(s)}{1+G_1(s)G_2(s)H(s)}D(s)\\&=E_r(s)+E_d(s)\end{aligned} \tag{7-6}$$

式中，$E_r(s)$ 为输入量产生的误差（拉氏式）（又称跟随误差）。

$$E_r(s)=\frac{1}{[1+G_1(s)G_2(s)H(s)]H(s)}R(s) \tag{7-7}$$

$E_{\mathrm{d}}(s)$ 为扰动量产生的误差（拉氏式）。

$$E_{\mathrm{d}}(s)=\frac{G_2(s)}{1+G_1(s)G_2(s)H(s)}D(s) \tag{7-8}$$

对 $E_{\mathrm{r}}(s)$ 进行拉氏反变换，即可得 $e_{\mathrm{r}}(t)$，$e_{\mathrm{r}}(t)$ 为跟随动态误差。

对 $E_{\mathrm{d}}(s)$ 进行拉氏反变换，即可得 $e_{\mathrm{d}}(t)$ ，$e_{\mathrm{d}}(t)$ 为扰动动态误差。

$e_{\mathrm{r}}(t)$、$e_{\mathrm{d}}(t)$ 之和即为系统动态误差

$$e(t)=e_{\mathrm{r}}(t)+e_{\mathrm{d}}(t) \tag{7-9}$$

式（7-9）表明，系统的误差 $e(t)$ 为时间的函数，是动态误差，它是跟随动态误差 $e_{\mathrm{r}}(t)$ 和扰动动态误差 $e_{\mathrm{d}}(t)$ 的代数和。

对稳定的系统，当 $t\to\infty$ 时，$e(t)$ 的极限值即为稳态误差（Steady-state Error）e_{ss} 即

$$e_{\mathrm{ss}}=\lim_{t\to\infty}e(t) \tag{7-10}$$

2. 系统稳态误差 e_{ss}

利用拉氏变换终值定理可以直接由拉氏式 $E(s)$ 求得稳态误差。即

$$e_{\mathrm{ss}}=\lim_{t\to\infty}e(t)=\lim_{s\to0}sE(s) \tag{7-11}$$

由式（7-7）~式（7-11）有

（1）输入稳态误差（跟随稳态误差）

$$e_{\mathrm{ssr}}=\lim_{s\to0}sE_{\mathrm{r}}(s)=\lim_{s\to0}\frac{sR(s)}{[1+G_1(s)G_2(s)H(s)]H(s)} \tag{7-12}$$

（2）扰动稳态误差

$$e_{\mathrm{ssd}}=\lim_{s\to0}sE_{\mathrm{d}}(s)=\lim_{s\to0}\frac{sG_2(s)D(s)}{1+G_1(s)G_2(s)H(s)} \tag{7-13}$$

于是系统的稳态误差有

$$e_{\mathrm{ss}}=e_{\mathrm{ssr}}+e_{\mathrm{ssd}} \tag{7-14}$$

式（7-14）表明，系统的稳态误差 e_{ss} 为跟随稳态误差 e_{ssr} 与扰动稳态误差 e_{ssd} 之和。对于随动系统，主要是希望输出量能快速而准确地响应输入量的变化，因此跟随稳态误差是主要矛盾。而对于恒值控制系统，由于给定量是恒值，且可预先设置并调整，所以主要矛盾是扰动稳态误差。

7.2.2 系统稳态误差与系统型别、开环增益间的关系

一个复杂的控制系统通常可看成由一些典型的环节组成。设控制系统的传递函数为

$$G(s)=\frac{K\prod(\tau_1 s+1)(b_2s^2+b_1s+1)\cdots}{s^{\nu}\prod(T_1s+1)(a_2s^2+a_1s+1)\cdots} \tag{7-15}$$

由式（7-12）和式（7-13）可见，求取 e_{ss}，均由 $s\to0$ 的极限值获得，而在上列的这些典型环节中，当 $s\to0$ 时，除 K 和 s^{ν} 外，其他各项均趋于 1。这样，**系统的稳态误差将主要取决于系统中的比例和积分环节**。这是一个十分重要的结论。

在图 7-13 所示的典型系统中，今设 $G_1(s)$ 中包含 ν_1 个积分环节，其增益为 K_1，于是

$$\lim_{s\to0}G_1(s)=\lim_{s\to0}\frac{K_1}{s^{\nu_1}} \tag{7-16}$$

式中，ν_1 为扰动作用点前的积分个数。

设 $G_2(s)$ 中包含 ν_2 个积分环节，其增益为 K_2，于是

$$\lim_{s\to0}G_2(s)=\lim_{s\to0}\frac{K_2}{s^{\nu_2}} \tag{7-17}$$

式中，ν_2 为扰动作用点后的积分个数。

设 $H(s)$ 中不含积分环节，其增益为 α，于是

$$\lim_{s\to0}H(s)=\alpha \tag{7-18}$$

如今以式（7-16）~式(7-18）代入式（7-12）和式（7-13）有

1. 跟随稳态误差

$$\begin{aligned}e_{\mathrm{ssr}}&=\lim_{s\to0}\frac{sR(s)}{[1+G_1(s)G_2(s)H(s)]H(s)}\\&=\lim_{s\to0}\frac{sR(s)}{\left[1+\dfrac{K_1K_2\alpha}{s^{(\nu_1+\nu_2)}}\right]\alpha}=\lim_{s\to0}\frac{s}{\left[1+\dfrac{K}{s^{\nu}}\right]\alpha}R(s)\end{aligned} \tag{7-19}$$

式中，$K_1K_2\alpha=K$（开环增益）；$\nu_1+\nu_2=\nu$（前向通路积分个数）。

此外，当 $K\gg1$ 时，特别是当 $s\to0$ 时，$\left[1+\dfrac{K}{s^{\nu}}\right]\approx\dfrac{K}{s^{\nu}}$，代入上式，于是

$$e_{\mathrm{ssr}}=\lim_{s\to0}\frac{sR(s)}{\left[1+\dfrac{K}{s^{\nu}}\right]\alpha}\approx\lim_{s\to0}\frac{sR(s)}{\dfrac{\alpha K}{s^{\nu}}}=\lim_{s\to0}\frac{s^{(\nu+1)}}{\alpha K}R(s) \tag{7-20}$$

由式（7-20）可见：**跟随稳态误差 e_{ssr} 与前向通路积分个数 ν 和开环增益 K 有关，若 ν 愈多，K 愈大，则跟随稳态精度愈高**。此外，还与给定信号 $R(s)$ 有关。

2. 扰动稳态误差

$$\begin{aligned}e_{\mathrm{ssd}}&=\lim_{s\to0}\frac{sG_2(s)D(s)}{1+G_1(s)G_2(s)H(s)}\\&=\lim_{s\to0}\frac{\dfrac{sK_2}{s^{\nu_2}}D(s)}{\left[1+\dfrac{K_1K_2\alpha}{s^{(\nu_1+\nu_2)}}\right]}\end{aligned} \tag{7-21}$$

同理，当 $K_1K_2\alpha\gg1$ 时，式（7-21）分母中的1可以略而不计时，则式（7-21）可简化为

$$e_{\mathrm{ssd}}\approx\lim_{s\to0}\frac{s^{(\nu_1+1)}}{K_1\alpha}D(s) \tag{7-22}$$

由式（7-21）可见：**扰动稳态误差 e_{ssd} 与扰动量作用点前的前向通路的积分个数 ν_1 和增益 K_1 有关，若 ν_1 愈多，K_1 愈大，则对该扰动信号的稳态精度愈高**。此外，还与扰动量 $D(s)$ 和扰动量的作用点有关。

3. 系统型别的概念

分析式（7-20）和式（7-22），可以看出：

系统的稳态误差与系统中所包含的积分环节的个数ν（或ν_1，下同）有关，因此工程上往往把系统中所包含的积分环节的个数ν称为型别（Type），或无静差度。

若$\nu=0$，称为0型系统（又称零阶无静差）。

若$\nu=1$，称为Ⅰ型系统（又称一阶无静差）。

若$\nu=2$，称为Ⅱ型系统（又称二阶无静差）。

由于含两个以上积分环节的系统不易稳定，所以很少采用Ⅱ型以上的系统。

7.2.3 系统稳态误差与输入信号间的关系

1. 典型输入信号

由式（7-20）和式（7-22）还可看出，对变化规律不同的输入信号，系统的稳态误差也将是不同的。在实用上，常用三种典型输入信号来进行分析，它们是：

1）阶跃信号 $r(t)=1(t)$，$R(s)=\dfrac{1}{s}$

2）等速信号（斜坡信号） $r(t)=t$，$R(s)=\dfrac{1}{s^2}$

3）等加速信号（抛物线信号） $r(t)=\dfrac{1}{2}t^2$，$R(s)=\dfrac{1}{s^3}$

三种典型信号如表7-1所示（见表7-1第一行图形）。

2. 系统跟随稳态误差与系统型别、输入信号类型间的关系

现以型别数及$R(s)$代入式（7-19），可得如表7-1所示的系统跟随稳态误差与型别数及$R(s)$间的关系。

对扰动稳态误差，同理可得到上述结论，只要用ν_1取代ν，K_1取代K即可。

7.2.4 增益和积分环节影响系统稳态性能的物理过程

1. 增益 *K*

对单位负反馈系统，$H(s)=1$，今设$K=100$，并设输出量的幅值$|C(s)|=1$，则由图7-13可见，其偏差量的幅值$|\varepsilon(s)|=|C(s)|/K=1/100=0.01$，这样在控制器$G_1(s)$的输入端便有

$$|\varepsilon(s)|=|R(s)|-|C(s)|=1.01-1.00=0.01$$

由上式可见，若输出量减小0.01(1/100)，则偏差量$|\varepsilon(s)|$将由0.01变为0.02，**增了一倍**，它将使系统内部进行强烈的自动调节过程，使输出量回升，从而保证了系统的稳态精度。若设想$K=1000$，则输出量降低1/1000，便可使偏差量增大一倍。由此可见，增益K愈大，这种调节作用将愈强烈，系统的稳态误差e_{ss}也愈小。这也表明，**自动控制系统（即反馈控制系统），在本质上就是依靠偏差量来进行自动调节的，调节的结果是使偏差量减小。**

2. 积分环节 1/*s*

积分环节的数学表达式为$c(t)=\int r(t)\mathrm{d}t$（参见5.4.2），今设积分环节的输入量$r(t)$：在$[0,t_1]$内，$r(t)=\Delta U$（恒量），在$t\geqslant t_1$时，$r(t)=0$（参见图7-14）。

表 7-1 系统稳态误差与输入信号及系统差别间的关系

输入信号 / 系统型别 误差	单位阶跃信号 $R(s)=\frac{1}{s}$	等速度信号 $R(s)=\frac{1}{s^2}$	等加速信号 $R(s)=\frac{1}{s^3}$
	$r(t)=1(t)$	$r(t)=t$	$r(t)=\frac{1}{2}t^2$
0型系统 $\nu=0$	e_{ss} $\left(\frac{1/\alpha}{1+K}\right)$	$e_{ss}\to\infty$	$e_{ss}\to\infty$
I型系统 $\nu=1$	$e_{ss}=0$	e_{ss} $\left(\frac{1/\alpha}{K}\right)$	$e_{ss}\to\infty$
II型系统 $\nu=2$	$e_{ss}=0$	$e_{ss}=0$	e_{ss} $\left(\frac{1/\alpha}{K}\right)$

于是积分环节的输出 $c(t)$：

在 $[0,\ t_1]$ 内 $c(t)=\int_0^t \Delta U \mathrm{d}t=\Delta U t$

在 $t\geqslant t_1$ 时 $c(t)=\int_0^{t_1}\Delta U\mathrm{d}t+\int_{t_1}^{\infty}0\mathrm{d}t=\Delta U t_1$

输出量 $c(t)$ 与输入量 $r(t)$ 随时间变化的曲线如图 7-14 所示。

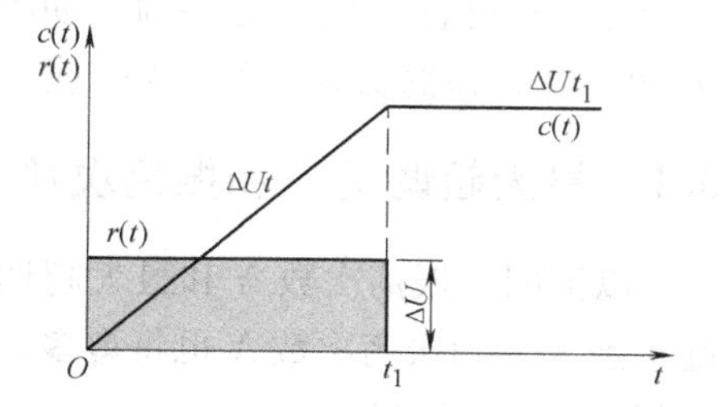

图 7-14 积分环节的输出—输入特性

以上分析表明，在 $[0,\ t_1]$ 区间内，积分环节的输出 $c(t)$ 将随着时间的延续而增大，此时 $c(t)=\Delta U t$，与 t 成正比，这个过程一直要持续到 $\Delta U=0$ 时才停止。当 $t>t_1$ 以后，$\Delta U=0$，积分环节的输出 $c(t)$ 将保持在 $t=t_1$ 时刻的数值上，即 $c(t)=\Delta U t_1$ 的数值上（而不是零）。这表明**积分环节是依靠偏差量 ΔU 对时间的积累来进行调节的，这个过程要持续到 $\Delta U=0$ 为止，从而实现了无静差。**

7.2.5 系统稳态性能分析举例

[**例 7-5**] 求图 7-5 所示系统的跟随稳态误差 e_{ssr}。

[**解**] 由图 7-5 可见，系统前向通路的积分个数 $\nu=0$，反馈回路为单位负反馈，即$\alpha=1$，对单位阶跃函数$r(t)=1$，则$R(s)=1/s$，若增益为K，则由式（7-19）可求得跟随稳态误差 e_{ssr}，即

$$e_{ssr}=\lim_{s\to0}\frac{s}{\left[1+\dfrac{K}{s^{\nu}}\right]\alpha}R(s)=\lim_{s\to0}\frac{s}{\left[1+\dfrac{K}{s^{0}}\right]\times1}\times\frac{1}{s}$$

$$=\frac{1}{1+K} \tag{7-23}$$

若 $K=25$，则 $e_{ssr}=\dfrac{1}{1+K}=\dfrac{1}{1+25}\approx0.04$

当 $K=100$，则 $e_{ssr}=\dfrac{1}{1+K}=\dfrac{1}{1+100}\approx0.01$

与图 7-6a、b 对照，上述数值与仿真结果完全符合。

[**例 7-6**] 求图 7-9 所示系统的跟随稳态误差 e_{ssr}。

[**解**] 由图 7-9 可见，系统前向通路的积分个数 $\nu=1$，反馈回路为单位负反馈，即$\alpha=1$，增益 $K=25$，同理对单位阶跃函数 $R(s)=1/s$，以上数据代入式（7-19），有

$$e_{ssr}=\lim_{s\to0}\frac{s}{\left[1+\dfrac{K}{s}\right]}\times\frac{1}{s}=\lim_{s\to0}\frac{s}{[s+K]}=0$$

由于前向通路中含有积分环节，所以对阶跃信号，其稳态误差 $e_{ssr}=0$，此为无静差系统。与图 7-10 对照，上述结论与系统仿真的结果完全符合。

7.3 自动控制系统的动态性能分析

对一个已经满足了稳定性要求的系统，除了要求有较好的稳态性能外，对要求较高的系统，则还要求有较好的动态性能。亦即希望系统的最大超调量（σ）小一些，调整时间（t_s）短一些，振荡次数（N）少一些。

7.3.1 最大超调量 σ 和振荡次数 N

可以证明，振荡次数 N 和最大超调量 σ 间存在着确定的对应关系。一般说来，最大超调量 σ 愈大，则振荡次数 N 也将愈多，这在 7.1 节的举例中（如图 7-6、图 7-8、图 7-10 和图 7-12 等）也都验证了这一点。

σ 和 N 表征了系统的相对稳定性。对影响 σ 与 N 的因素，在 7.1 节对系统稳定性的分析中已作了说明。下面主要对动态指标中的调整时间 t_s 再作一些说明。

7.3.2 影响系统快速性的因素

系统的快速性通常以调整时间（t_s）来衡量。调整时间的概念在第 1 章 1.5.3 节中已作

介绍，即调整时间 t_s 是指：系统输出量进入并一直保持在离稳态值 $c(\infty)$ 所允许的误差带 $[\pm(2\sim5)\%c(\infty)]$ 内所经历的时间。下面来分析影响系统快速性的有关因素及其物理原因，分析的思路主要是分析环节（或系统）对单位阶跃函数的时间响应，并由此来衡量系统的响应时间。

1. 积分环节对系统快速性的影响

积分环节是系统中常见的典型环节之一，它的微分方程式、传递函数和实例在第5章5.4.2节及上节已作介绍，它们是：$c(t)=\frac{1}{T}\int r(t)\mathrm{d}t$，$G(s)=\frac{1}{Ts}=\frac{K}{s}$（式中 $K=\frac{1}{T}$）。它的单位阶跃响应以 $r(t)=1$ 代入，有

$$c(t)=\frac{t}{T}=Kt \tag{7-24}$$

其单位阶跃响应曲线如图7-15所示，图中 $T_1>T_2$（或 $K_1<K_2$）。由以上分析可见，它的特点是输出量等于输入量对时间的积累，即它有一个积累过程（不像比例环节那样能立即响应），从而使系统的响应变慢，响应曲线的斜率 $m=1/T$，这意味着，积分时间常数 T 愈大，则响应愈慢［如图中曲线 $c_1(t)$ 所示］。

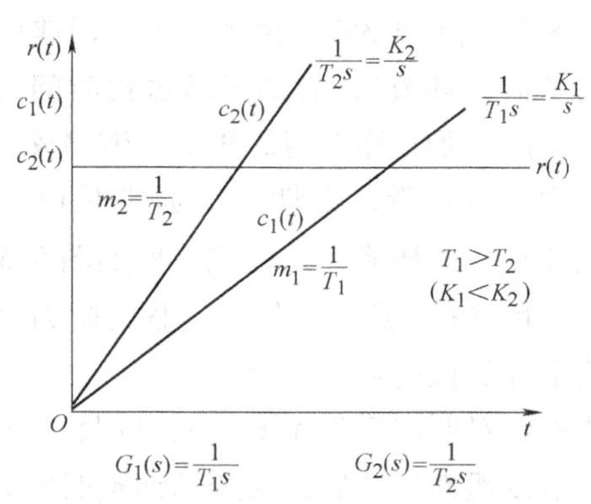

图7-15　积分环节的阶跃响应

对照图7-9和图7-5及它们的单位阶跃响应曲线图7-10和图7-6a，不难发现，增添了一个积分环节后，调整时间 t_s 由0.1s变为2.5s，增加了25倍；这表明，**积分环节将使调整时间 t_s 显著增加，系统的快速性明显变差。**

2. 惯性环节对系统快速性的影响

同样，惯性环节也是系统中常见的环节之一，它的微分方程式、传递函数及实例，在第5章5.4.4节中已作介绍，其传递函数 $G(s)=\frac{1}{Ts+1}$。已知单位阶跃函数 $r(t)=1(t)$ 的拉氏式为 $R(s)=\frac{1}{s}$，于是惯性环节的单位阶跃响应输出的拉氏式为：

$$C(s)=G(s)R(s)=\frac{1}{Ts+1}\frac{1}{s}$$

由表5-2可查得其原函数 $c(t)$。

$$c(t)=1-e^{\frac{t}{T}} \tag{7-25}$$

由式（7-25）所表达的响应曲线如图7-16所示。

由式（7-25）和图7-16可知，**它是一根按指数规律上升的曲线**。由于典型一阶系统（惯性环节）在自动控制系统中是经常遇到的，所以对它的单位阶跃响应曲线应再作进一步的分析：

1）响应曲线起点的斜率 m 为

$$m=\frac{\mathrm{d}c(t)}{\mathrm{d}t}\bigg|_{t=0}=\frac{1}{T}\mathrm{e}^{-\frac{t}{T}}\bigg|_{t=0}=\frac{1}{T} \tag{7-26}$$

由上式可知，响应曲线在起点的斜率 m 为时间常数 T 的倒数，T 愈大，m 愈小，上升过程愈慢。

2）过渡过程时间。由图 7-16 可见，在 t 经历 T、$2T$、$3T$、$4T$ 和 $5T$ 的时间后，其响应的输出分别为稳态值的 63.2%、86.5%、95%、98.2%和 99.3%。由此可见，**对典型一阶系统**（惯性环节），**它的过渡过程时间大约为 $(3\sim5)T$，到达稳态值的 95%～99.3%**。

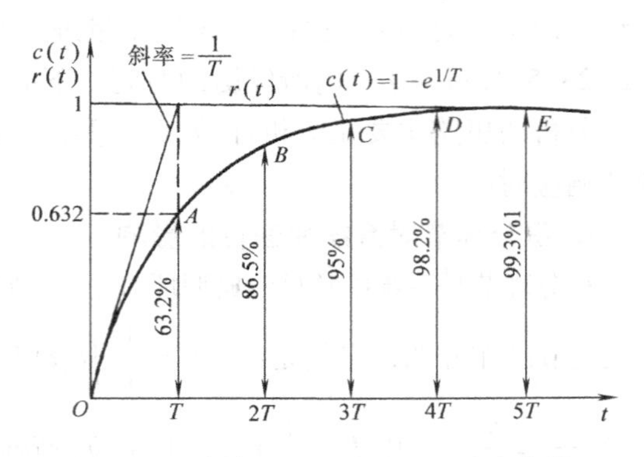

图 7-16 惯性环节的单位阶跃响应曲线

从物理过程看，惯性环节通常是由一个储能元件和一个耗能元件构成，例如图 5-5b 所示的阻容电路，其时间常数 $T=RC$，若储能元件的容量（C）愈大，储能过程的阻力（R）愈大，则储能过程将愈漫长，（即 t_s 愈大），从而使系统的快速响应变差。

此外，对照图 7-7 和图 7-5，以及对应系统的单位阶跃响应曲线图 7-8a 和图 7-6a，不难发现，增设惯性环节后，系统的调整时间 t_s 由 0.1s 变为 0.4s，增加为 4 倍。若惯性时间常数 T 较大（T 由 0.01s 变为 0.03s），则对照图 7-8b 与图 7-8a（注意它们的时间坐标不相同），则又可发现：t_s 由 0.4s 增为 2.5s，又增大 6.25 倍。

以上分析表明，**惯性环节**（尤其是大惯性时间常数的惯性环节）**将使系统的快速性明显变差**。

3. 增益 K 对系统快速性的影响

根据系统结构的不同，增益 K 对系统快速性的影响比较复杂。一般而言，若 K 过小，则系统的上升时间加长，总的调整时间 t_s 也将加大；反之，若 K 增大，虽然系统的上升时间可缩短，但会使超调量 σ 增大和振荡次数 N 增加，这又会使过渡过程时间加长；两者影响的综合，可能使调整时间缩短，也可能加长或基本不变。例如图 7-6a、b 表明，对二阶系统，增益加大，上升时间减少但超调量增大和振荡次数增加，结果调整时间 t_s 基本不变（$t_s=0.1s$）。分析表明，对三阶系统，K 过小、过大，t_s 都可能增大。以上分析说明，只有增益 K 在选择一个适当的值时，系统的调整时间才为最短。

4. 比例微分环节对系统快速性的影响

在电子电路中，为了滤去侵入系统的中、高频干扰信号，常在电路端口并联一个滤波电容，典型电路如图 7-17a 所示（此即第 5 章习题 5-11 中的 a 图），并上电容后，原来的比例环节便变成了惯性环节（见习题解），其传递函数 $G_1(s)=K_1/(T_1s+1)$。如前所述，它将使系统的快速性变差，于是再与 R_1 并联一个电容 C_1，如图 7-17b 所示（此即第 5 章习题 5-11 的 b 图），由题解已知，它的传递函数变为 $G_2(s)=K_2(\tau_2s+1)/(\tau_1s+1)$，即变为一个比例微分环节与惯性环节的串联，下面分析此比例微分环节对系统快速性的影响。为简化起见，今设增益均为 1。在图 7-18 中，$c_1(t)$ 为 $G_1(s)=1/(0.5s+1)$ 的单位阶跃响应曲线，它到达 95% 的时间为 1.5s。$c_2(t)$ 为 $G_2(s)=(0.3s+1)/(0.5s+1)$ 的单位阶跃响应曲线，由图可见，增加比例微分环节后，它到达 95% 的时间变为 1.0s。由此可见，比例微分环节将使快

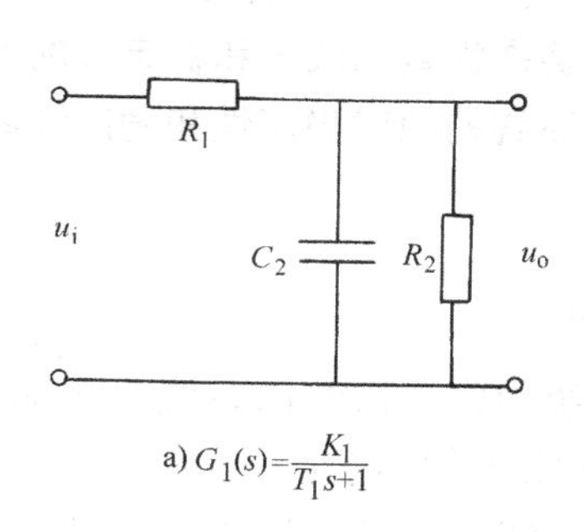

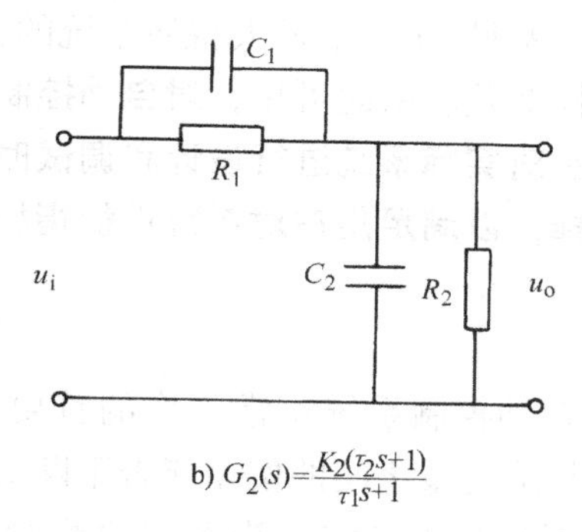

图 7-17 典型环节电路图

速性明显改善。从物理过程看，与电阻 R_1 并联的电容 C_1，对突加信号相当短路，从而减小电阻 R_1 的阻碍作用，加速了信号的传递，所以 C_1 有时又称为“加速电容”或“微分电容”。例如在第 9 章 9.2 节中，KZD—Ⅱ型直流调速系统的校正环节便采用此电路。

若比例微分环节的微分时间常数过大，当 $\tau_2>\tau_1$ 时，比例微分成为主导环节，则 $G_3(s)$ 的阶跃响应曲线便呈现为图 7-18 中 $c_3(t)$ 所示的惯性微分曲线，它的响应更为迅速，但这时干扰信号容易侵入。

此外，对照图 7-9 和图 7-11 以及它们的单位阶跃响应曲线图 7-10 和图 7-12，不难看出，增添比例微分环节后，t_s 由 2.5s 降为 0.6s，快速性明显改善。

以上分析表明，**比例微分环节将使系统的快速性明显改善。**

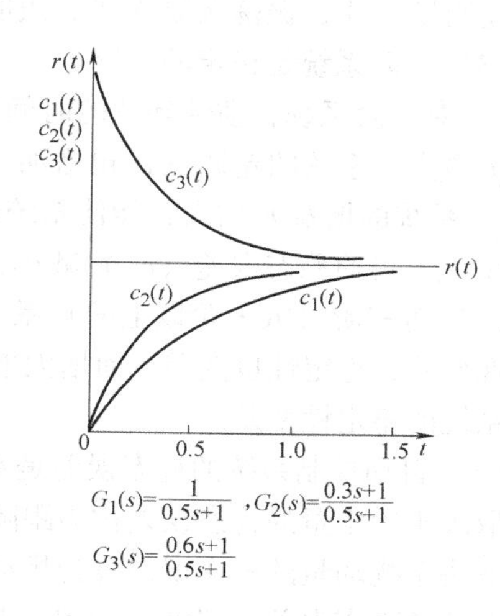

图 7-18 比例微分环节对快速性的影响

7.4 自动控制系统性能分析综述

综上所述，影响自动控制系统性能的因素列在表 7-2 中。

表 7-2 影响自动控制系统性能的因素

因素 \ 性能	稳态误差 e_{ss}	最大超调量 σ	振荡次数 N	调整时间 t_s	优 点	缺 点
增益 K↑	↓	↑	↑	上升较快	稳态性能改善 上升较快	稳定性变差
增添 $\frac{1}{Ts+1}$	—	↑	↑	↑	起动平稳	稳定性、快速性均变差
增添 $\frac{1}{s}$	↓	↑	↑	↑	稳态性能改善可实现无静差	稳定性、快速性均变差
增添 $(\tau s+1)$	—	↓	↓	↓	稳定性快速性均改善	抗外界干扰能力削弱

表7-2表明，ν 多、K 大将使系统的稳态性能改善，但表7-2又表明，ν 多、K 大会使系统的稳定性变差。由此可见，**对自动控制系统，其稳态性能的改善和稳定性的改善往往是相矛盾的。在对实际系统进行设计和调试时，往往在系统的相对稳定性和稳态性能之间作某种折衷的选择，以满足用户对系统性能指标的要求。**

小　　结

（1）自动控制系统正常工作的首要条件是系统稳定。通常以系统在扰动作用消失后，其被调量与给定量之间的偏差能否不断减小来衡量系统的稳定性。

（2）系统是否稳定称为系统的绝对稳定性。系统稳定的程度称为系统的相对稳定性，最大超调量 σ 小，振荡次数 N 少，表明系统的相对稳定性好。

（3）二阶系统是稳定的系统。

1）对二阶系统，惯性环节的时间常数 T 愈大，则 t_s 成正比增加，系统的快速性变差。而且 T 愈大，系统的超调量 σ 也增加，系统的相对稳定性也变差。

2）系统的增益 K 增大，能使系统的快速性改善，但系统的相对稳定性变差（$\sigma\uparrow$）。当然 K 增大，可使稳态误差（e_{ss}）减小，系统稳态性能改善。

（4）对三阶（或三阶以上的）系统，也可得到类似的结论，即大惯性环节将使系统的快速性变差，稳定性也变差。而增大增益，虽然可减小稳态误差，并使系统快速性改善，但会使系统的稳定性变差。

（5）自动控制系统的稳态误差是希望输出量与实际输出量之差。

取决于给定量的稳态误差称为跟随稳态误差 e_{ssr}。

取决于扰动量的稳态误差称为扰动稳态误差 e_{ssd}。

系统的稳态误差 e_{ss} 为两者之和，即 $e_{ss}=e_{ssr}+e_{ssd}$。

1）跟随稳态误差 e_{ssr} 与系统的前向通路的积分个数 ν 和开环增益 K 有关。

$$e_{ssr}=\lim_{s\to 0}\frac{s^{(\nu+1)}}{\alpha K}R(s)$$

ν 愈多，K 愈大，则系统稳态精度愈高。

2）扰动稳态误差 e_{ssd} 与扰动量作用点前的前向道路的积分个数 ν_1 和增益 K_1 有关。

$$e_{ssd}=\lim_{s\to 0}\frac{s^{(\nu_1+1)}}{\alpha K_1}D(s)$$

ν_1 愈多，K_1 愈大，则系统稳态精度愈高。

对跟随系统，主要矛盾是跟随稳态误差；对恒值控制系统，主要矛盾是扰动稳态误差。

（6）系统的型别取决于所含积分环节的个数 ν（$\nu=0$ 为0型系统；$\nu=1$，为Ⅰ型系统；$\nu=2$ 为Ⅱ型系统）。系统的型别愈高，系统的稳态精度愈高。

（7）作用量的数值愈大，它对时间导数的阶数愈高，则它对系统造成的稳态误差愈大。

（8）表7-2列出了各种因素对系统性能的影响，对实际工作很有用。

（9）对同一个控制系统，其稳态性能对系统的要求，往往和相对稳定性是相矛盾的，因此要根据用户对系统性能指标的要求，作某种折衷的选择，以兼顾稳态性能和相对稳定性两方面的要求。

（10）改善系统的稳定性和动、稳态性能，通常有两条途径：一条是调整系统的参数

（通常是改变增益），另一条是改变系统的结构（这通常是采用增设不同的校正环节，来满足对系统性能的要求（见第8章分析）。

思考题

7-1 系统的性能技术指标［稳态性能、动态性能（相对稳定性、快速性）］有哪些？它们的定义是什么？

7-2 为什么自动控制系统会产生不稳定现象？开环系统是不是总是稳定的？

7-3 提高系统稳态性能的途径有哪些？采取这些改善系统稳态性能的措施可能产生的副作用又有哪些？

7-4 试分析改善系统相对稳定性的途径，采用这些措施可能产生哪些副作用？

7-5 试分析改善系统快速性的途径，采用这些措施可能产生哪些副作用？

7-6 试分析系统中的积分环节和大惯性环节对系统性能产生的影响。

7-7 试分析增大系统开环增益对系统性能产生的影响。

7-8 在调试中，发现一采用PI调节器控制的调速系统持续振荡，试分析可采取哪些措施使系统稳定下来。

习题

对下列习题，请应用Simulink仿真软件进行分析。

7-9 在图7-5所示的系统中，若将增益调整至$K=5$，试分析对系统动、稳态性能的影响。

7-10 在图7-9所示的系统中，若将增益（G_{ain}）分别调至$K=80$和$K=105$，问系统能否正常工作。

7-11 图7-19为仿型机床位置随动系统示意图。求该系统在单位阶跃作用下的动态性能（超调量σ，调整时间t_s及振荡次数N）和稳态性能（e_{ss}）。

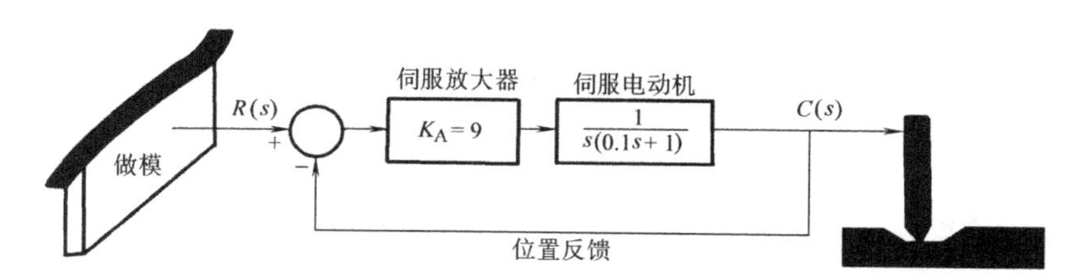

图7-19 位置随动系统示意图

7-12 图7-20为一典型位置随动系统的框图。

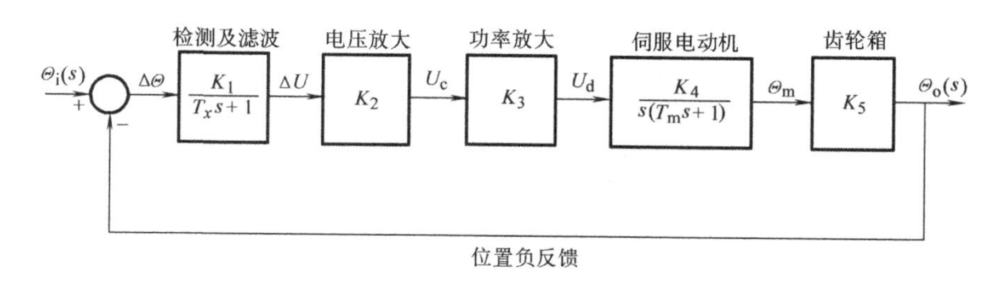

图7-20 位置随动系统框图

K_1—自整角机常数，$K_1=0.1\text{V}/(°)=5.73\text{V/rad}$

K_2—电压放大器增益，$K_2=2$ K_3—功率放大器增益，$K_3=25$

K_4—电动机增益常数，$K_4=4\text{rad/V}$ K_5—齿轮速比，$K_5=0.1$

T_x—输入滤波器时间常数，$T_x=0.01s$ T_m—电动机的机电时间常数，$T_m=0.2\text{s}$

问此系统能否正常运行？

7-13　图 7-21 为一随动系统框图，设图中 $K_1=20\text{V}/(°)$，$K_2=10°/\text{V}$，$T_x=0.01\text{s}$，$T_m=0.1\text{s}$，输入量 θ_i 为位移突变 10°，扰动量为电压突变 +2V，求此系统的稳态误差（e_{ss}）。（应用公式求取）

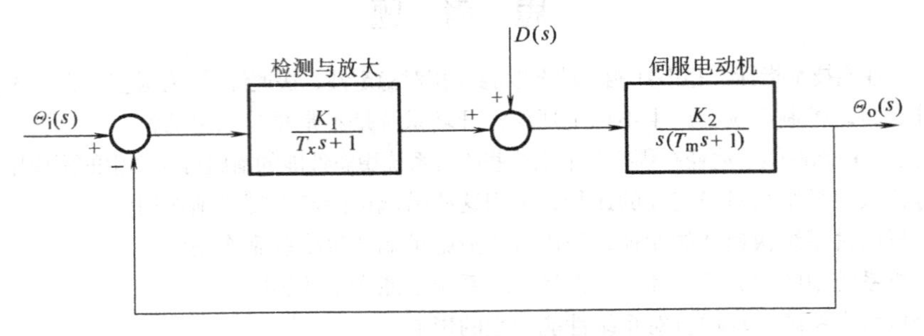

图 7-21　随动系统框图

第8章　自动控制系统的校正

内 容 提 要

本章主要从传递函数和系统框图出发，通过传递函数的解析及Simulink系统仿真，来分析各种校正环节对系统动、稳态性能的影响。

当自动控制系统的稳态性能或动态性能不能满足所要求的性能指标时，首先可以考虑调整系统中的可以调整的参数（如增益、时间常数、粘性阻尼液体的粘性系数等）；若通过调整参数仍无法满足要求时，则可以**在原有的系统中，有目的地增添一些装置和元件，人为地改变系统的结构和性能，使之满足所要求的性能指标，我们把这种方法称为“系统校正”（System Compensation）**。增添的装置和元件称为校正装置和校正元件（Compensator）。

根据校正装置在系统中所处位置的不同，一般分为串联校正、反馈校正和顺馈补偿。

在串联校正中，根据校正装置（调节器）的不同，又可分为比例（P）校正、比例-微分（PD）校正、比例-积分（PI）校正和比例-积分-微分（PID）校正等。

在反馈校正中，根据是否经过微分环节，又可分为软反馈和硬反馈。

在顺馈补偿中，根据补偿采样源的不同，又可分为给定顺馈补偿和扰动顺馈补偿。

下面将分别讨论各种类型的校正环节对系统性能的影响。

8.1　串联校正

串联校正是将校正装置串联在系统的前向通路中，来改变系统结构，以达到改善系统性能的方法。下面主要从传递函数和系统框图出发，说明串联校正对系统性能的影响。

串联校正采用的校正装置有无源校正装置和有源校正装置。

无源校正装置通常是由一些电阻和电容组成的两端口网络。无源校正装置本身没有增益，只有衰减；且输入阻抗较低，输出阻抗又较高；因此多用于要求较低的场合。

有源校正装置是由运放器组成的调节器。它们的线路、输出特性和传递函数在第5章5.5.2中已作说明。

有源校正装置本身有增益，且输入阻抗高，输出阻抗低。此外，只要改变反馈阻抗，就可以很容易地改变校正装置的结构，参数调整也方便。所以如今较多采用有源校正装置。本章主要通过有源校正来阐述校正的作用和它们对系统性能的影响。

下面将通过例题来分析几种常用的串联校正方式对系统性能的影响。

8.1.1　比例校正

下面将通过举例来分析比例校正（Proportional Compensation）对系统性能的影响。

图 8-1 为一随动系统框图，图中 $G_1(s)$ 为随动系统的固有部分传递函数。

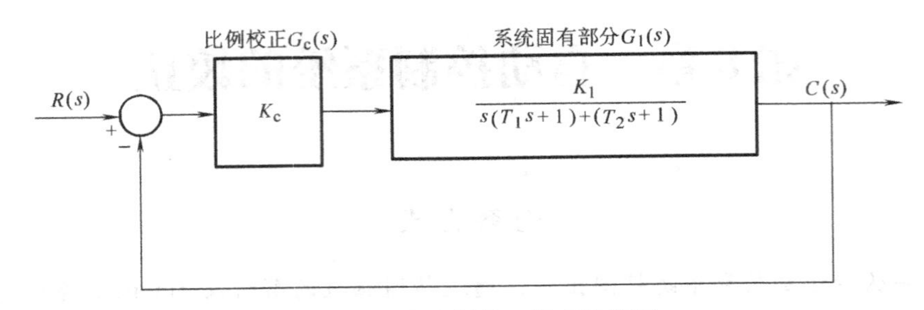

图 8-1　具有比例校正的系统框图

若 $G_1(s)$ 中 $K_1=100$、$T_1=0.2s$、$T_2=0.01s$，则系统固有部分的传递函数为

$$G_1(s)=\frac{100}{s(0.2s+1)(0.01s+1)} \tag{8-1}$$

由式（8-1）及图 8-1 可见，此系统与图 7-9 相似，只要将增益（Gain）改为 100 即可。应用 Simulink 软件，进行系统仿真，即可得如图 8-2a 曲线所示的单位阶跃响应曲线。由图 8-2a 可见，此系统虽然仍属稳定，但振荡次数极多（多得几乎连成一片），最大超调量也很大（达 90% 以上），而且调整时也很长（40s 以上）。显然，这样的稳定性和动态性能是很差的；若系统中还存在其他非线性因素，则实际系统可能无法稳定运行。

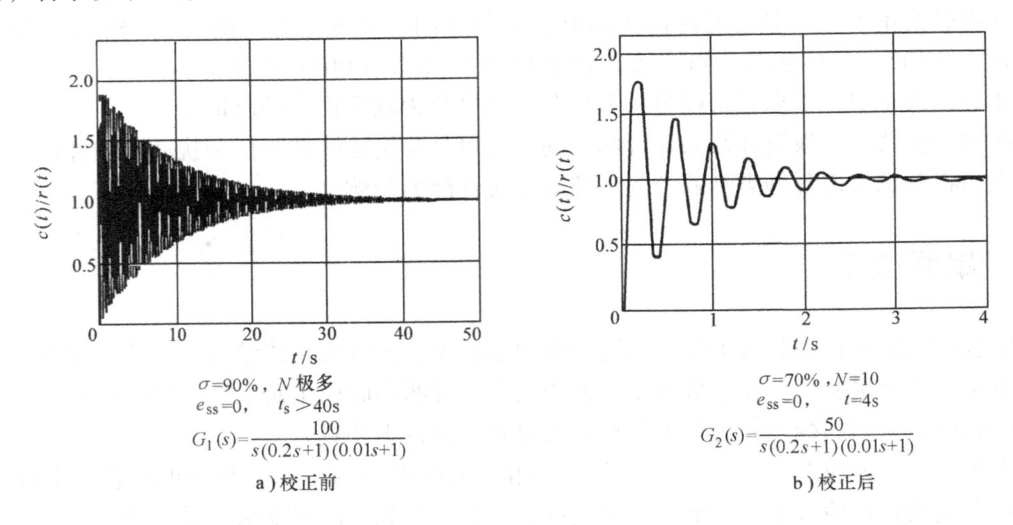

图 8-2　比例校正对系统性能的影响

如今采用比例校正，以适当降低系统的增益。于是可在前向通路中，串联一比例调节器。并使 $K_c=0.5$，这样，系统的开环增益 $K=K_c\times K_1=0.5\times100=50$，系统将能稳定运行。校正后，系统的开环传递函数为

$$G_2(s)=\frac{50}{s(0.2s+1)(0.01s+1)} \tag{8-2}$$

同理，在图 7-9 的系统仿真图中，将增益（Gain）改为 50，再对系统进行仿真，即可得如图 8-2b 所示的单位阶跃响应曲线。由图 8-2b 可见（请注意，图 8-2a 横坐标每格为 10s，而图 8-2b 每格为 1s），系统的相对稳定性和动态性能有明显的改善，振幅减小（σ 由

90%→70%)，振荡次数明显减少（N 由极多→$N=10$ 次)，调整时间由 40s 降为 4s。通过降低增益，系统性能有所改善，但由图 8-2b 所示的系统性能，显然还是很差的，一般无法满足现场工况的要求，因此可设想进一步降低增益，使 $K_c=0.25$，则系统的开环增益 K 变为 25，系统的开环传递函数变为

$$G_2'(s)=\frac{25}{s(0.2s+1)(0.01s+1)} \tag{8-3}$$

此时系统的单位阶跃响应曲线如图 8-3a 所示（此即图 7-10)。由图 8-3a 可见，系统的稳定性和动态性能将获得进一步的改善（σ 由 70%→55%，N 由 10→4，t_s 由 4s→2.5s)。

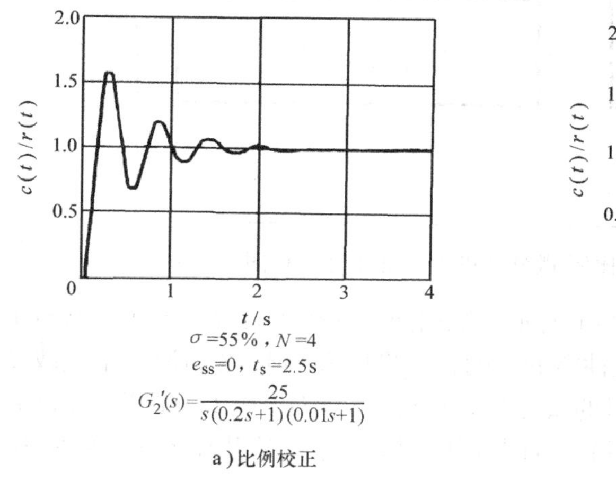

a）比例校正

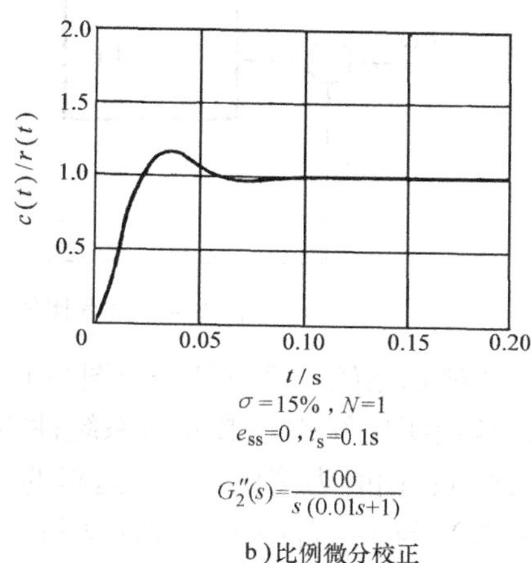

b）比例微分校正

图 8-3 比例-微分校正与比例校正对系统性能影响

由以上分析可见，降低增益后：

1）使系统的稳定性改善，最大超调量下降，振荡次数减少。

2）由第 7 章 7.2 节中的分析可知，当系统的开环增益降低时，系统的稳态误差 e_{ss} 将增加，系统的稳态性能变差。如增益降低为原来的 1/4，则此随动系统（Ⅰ型系统）对等速信号 [$r(t)=t$] 的速度跟随稳态误差 e_{ssr} 将增大为原来的 4 倍，系统的稳态精度变差。参见表 7-1 中“Ⅰ型系统”所在行左起第二个图。

综上所述：降低增益，将使系统的稳定性改善，但使系统的稳态精度变差。当然，若增加增益，系统性能变化与上述相反。

调节系统的增益，在系统的相对稳定性和稳态精度之间作某种折衷的选择，以满足（或兼顾）实际系统的要求，是最常用的调整方法之一。

由图 8-3a 还可见，虽然增益降为原来的 1/4，但最大超调量仍在 50% 以上，这是由于系统含有一个积分环节和两个较大的惯性环节造成的。因此要进一步改善系统的性能，应采用含有微分环节的校正装置（如 PD 或 PID 调节器)。

8.1.2 比例-微分校正

比例-微分校正（Proportional-Derivative Compensation）对系统性能的影响，实际上已在 7.1.4 节中作了分析（参见图 7-10 与图 7-12)。下面再作一些补充。

在自动控制系统中，一般都包含有惯性环节和积分环节，它们使信号产生时间上的滞后，使系统的快速性变差，也使系统的稳定性变差，甚至造成不稳定。当然有时可以通过调节增益来作某种折衷的选择（如上面所作的分析）。但调节增益通常都会带来副作用；而且有时即使大幅度降低增益，也不能使系统稳定（如含有两个积分的系统）。这时若在系统的前向通路上串联比例-微分（PD）校正装置，将可抵消惯性环节和积分环节使响应在时间上滞后而产生的不良后果。现仍以上面的例子来说明 PD 校正对系统性能的影响，图 8-4 为具有 PD 校正的系统框图。

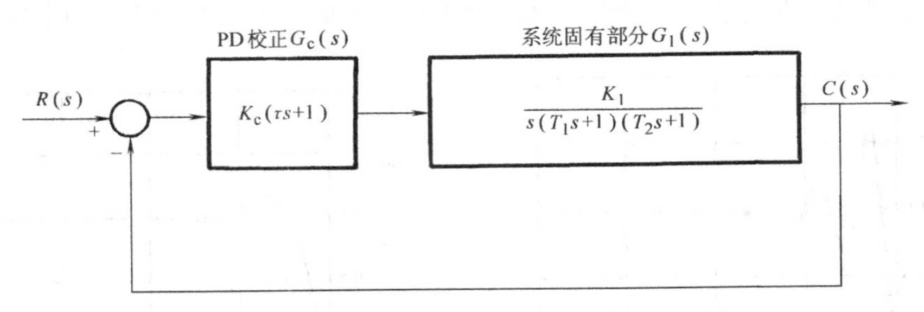

图 8-4　具有比例-微分（PD）校正的系统框图

图 8-4 所示系统的固有部分与图 8-1 所示系统相同。其校正装置 $G_c(s)=K_c(\tau s+1)$，为了更清楚地说明比例-微分校正对系统性能的影响，这里取 $K_c=1$，（为避开增益改变对系统性能的影响）；同时为简化起见，这里的微分时间常数取 $\tau=T_1=0.2\text{s}$，这样，$(\tau s+1)$（比例微分环节）与 $1/(T_1s+1)$（惯性环节）环节可以相消。系统的开环传递函数变为

$$G''_2(s)=G_c(s)G_1(s)=K_c(\tau s+1)\frac{K_1}{s(T_1s+1)(T_2s+1)}$$

$$=\frac{K_1}{s(T_2s+1)}=\frac{100}{s(0.01s+1)} \tag{8-4}$$

图 8-3b 则为采用比例-微分（PD）校正后，系统的单位阶跃响应曲线。

比较图 8-3b 与图 8-3a（参见 7.1.4 中的分析），不难看出，增设 PD 调节器后：

1）比例-微分环节可以抵消惯性环节使响应在时间上滞后产生的不良后果，使系统的稳定性显著改善。这意味着超调量下降，振荡次数减少。在图 8-3 中，最大超调量 σ 由 55% 降为 15%，振荡次数由 4 次降为 1 次。

2）由于抵消了一个惯性环节，因此由此惯性环节造成的时间上的延迟也消除了，从而改善了系统的快速性，使调整时间减少（在图 8-3 中，调整时间由 2.5s 减少为 0.1s）。

3）在信号输入处由电容器 C_0 构成的微分环节（参见图 5-8），对高频（高 ω）信号的电抗［$X_C=1/(\omega C)$］很小。高频信号很容易进入。而很多干扰信号都是高频信号，因此比例-微分校正容易引入高频干扰，这是它的缺点。

4）比例-微分校正对系统的稳态误差不产生直接的影响。

综上所述，**比例-微分校正将使系统的稳定性和快速性改善，但抗高频干扰能力明显下降**。

为了弥补采用比例-微分（PD）调节器后使抗高频干扰能力下降的这个缺点，通常在 PD 调节器的信号输入端，增设一个由电阻、电容构成的 T 形滤波电路（它相当于一个小惯性环节），它可使高频干扰信号旁路泄放。

8.1.3 比例-积分校正

在自动控制系统中，要实现无静差，系统必须在前向通路中（对扰动量，则在扰动作用点前）含有积分环节。若系统中不包含积分环节而又希望实现无静差，则可以串接比例-积分调节器。例如在调速系统中，由于系统的固有部分不含积分环节，为实现转速无静差，常在前向通路的功率放大环节前，串联由比例-积分调节器构成的速度调节器。现在就以调速系统为例来分析说明比例-积分（PI）校正（Proportional-Integral Compensation）对系统性能的影响。图8-5为具有PI校正的系统框图。

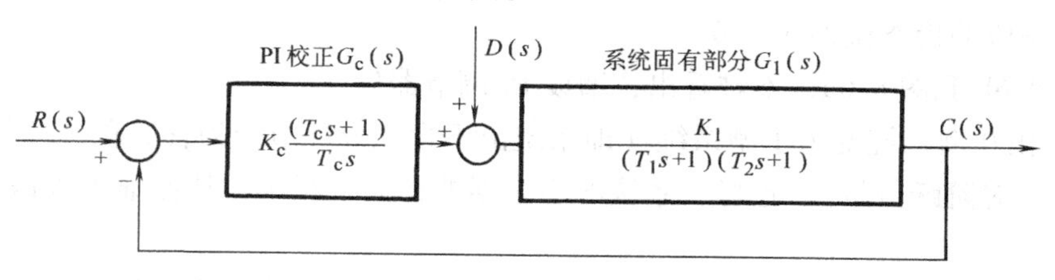

图8-5 具有比例-积分（PI）校正的系统框图

图中调速系统的固有部分主要是电动机和功率放大环节，它可看成由一个比例和两个惯性环节组成的系统。今设$T_1=0.2\text{s}$，$T_2=0.1\text{s}$，$K_1=40$，于是有

$$G_1(s)=\frac{K_1}{(T_1s+1)(T_2s+1)}=\frac{40}{(0.2s+1)(0.1s+1)} \tag{8-5}$$

由式（8-5）可见，此系统不含有积分环节，此为0型系统，它显然是有静差系统（$e_{ss}=1/K=1/40=0.025$）（参见表7-1中的0型系统）。由图8-5，通过Simulink仿真分析，可得如图8-6a所示的单位阶跃响应曲线。由图也可见，它的阶跃响应的稳态误差$e_{ss}\neq 0$，它为有静差系统。

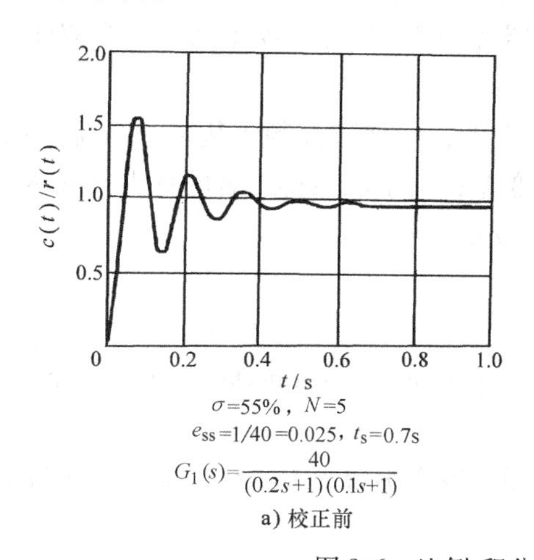

a) 校正前

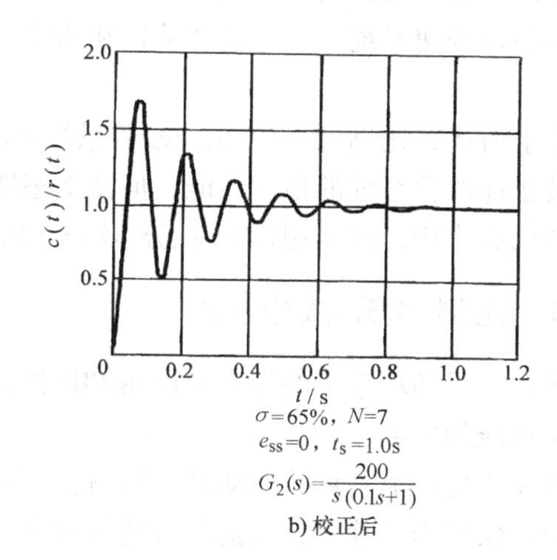

b) 校正后

图8-6 比例-积分校正对系统性能的影响

如今为实现无静差，可在系统前向通路中的功率放大环节前（亦即扰动量作用点前），增设PI调节器，其传递函数$G_c(s)$由式（5-11）有

$$G_c(s)=\frac{K_c(T_cs+1)}{T_cs}$$

为了使分析简明起见，今取 $T_c = T_1 = 0.2s$（设 $T_1 > T_2$）。这样，可使校正装置中的比例-微分部分（$T_c s+1$）与系统固有部分的大惯性环节［$1/(T_1 s+1)$］相消。此外，同样为了简明起见，取 $K_c=1$。这样，校正后的传递函数变为 $G_2(s)$，即

$$G_2(s) = \frac{K_c(T_c s+1)}{T_c s} \times \frac{K_1}{(T_1 s+1)(T_2 s+1)}$$

$$= \frac{K_1/T_c}{s(T_1 s+1)} = \frac{40/0.2}{s(0.1s+1)} = \frac{200}{s(0.1s+1)} \tag{8-6}$$

同样通过 Simulink 软件仿真分析，可得如图 8-6b 所示的单位阶跃响应曲线。由图可见，系统的阶跃响应的稳态误差 $e_{ss}=0$。

比较图 8-6b 和图 8-6a，不难看出，增设 PI 调节器后：

1）系统由 0 型系统变为 I 型系统（即系统由不含积分环节变为含有积分环节），从而实现了无静差（对阶跃信号）。这样，系统的稳态误差将显著减小，从而显著地改善了系统的稳态性能。

2）系统由 0 型系统变为 I 型系统，是以一个积分环节取代一个惯性环节为代价的，而积分环节在时间（亦即相位）上造成的滞后，较惯性环节更为严重（见 7.1.3 中的分析），因此会使系统的稳定性变差，系统的超调量将会增大，振荡次数增多（在图 8-6 中，最大超调量由 55% 增加为 65% 左右，振荡次数由 4 次变为 7 次）。综上所述，**比例-积分校正将使系统的稳态性能得到明显的改善，但使系统的稳定性变差。**

比例-积分校正虽然对系统的动态性能有一定的副作用，但它却能使系统的稳态误差大大减小，显著地改善了系统的稳态性能。而稳态性能是系统在运行中长期起着作用的性能指标，往往是首先要求保证的。因此，在许多场合，宁愿牺牲一点动态方面的要求，而首先保证系统的稳态精度，这就是比例-积分校正（或称比例-积分控制）获得广泛采用的原因。例如在双闭环调速系统中、电流调节器和速度调节器都采用 PI 调节器（见第 9 章双闭环调速系统）。

综上所述，比例-微分校正能改善系统的动态性能，但使抗高频干扰能力下降；而比例-积分校正能改善系统的稳态性能，但使动态性能变差；为了能兼得二者的优点，又尽可能减少两者的副作用，常采用比例-积分-微分（PID）校正。

8.1.4 比例-积分-微分校正

下面以对随动系统的校正来说明 PID 校正（Proportional-Integral-Derivative Compensation）对系统性能的影响。

图 8-7 是一个实际的随动系统框图。其固有部分传递函数为 $G_1(s)$，如今要求此系统对等速输入信号为无静差，试选择合适的调节器。

在图 8-7 中，T_m 为伺服电动机的机电时间常数，设 $T_m=0.2s$；T_x 为检测滤波时间常数，设 $T_x=10ms=0.01s$；K_1 为系统的总增益，设 $K_1=35$。由图可知，随动系统固有部分的传递函数为

$$G_1(s) = \frac{K_1}{s(T_m s+1)(T_x s+1)} = \frac{35}{s(0.2s+1)(0.01s+1)} \tag{8-7}$$

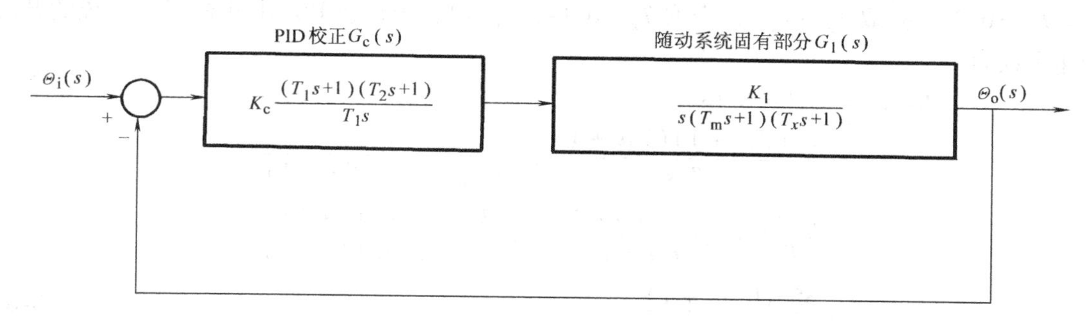

图 8-7 具有比例-积分-微分（PID）校正的系统框图

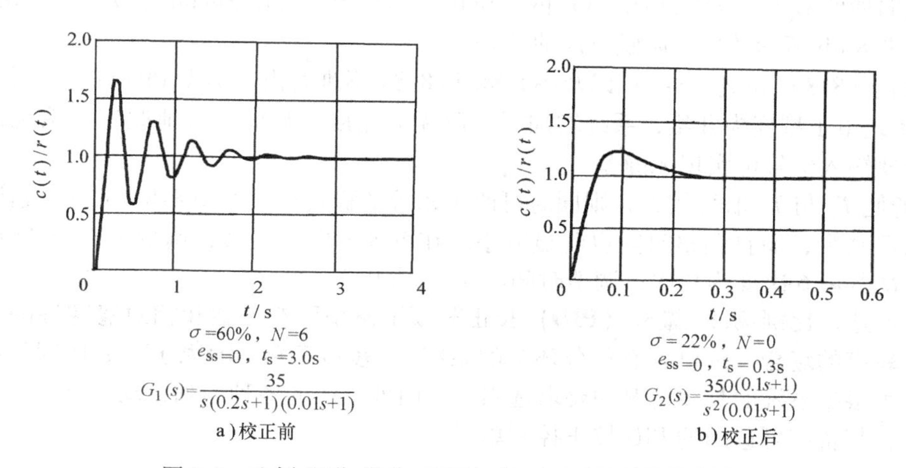

图 8-8 比例-积分-微分（PID）校正对系统性能的影响

对如图 8-7 所示的固有部分进行系统仿真，可得如图 8-8a 所示的单位阶跃响应曲线。如前所述，此系统含有一个积分环节和两个时间常数较大的惯性环节，因此它的稳定性和动态性能都比较差。

此外，由式（8-7）还可见，此系统含有一个积分环节，因此是 I 型系统。

由表 7-1 中 I 型系统，对各种输入信号的响应的分析可知，它对阶跃输入是无静差的，但对等速输入信号却是有静差的。

如今要求此系统对等速输入信号，也能实现无静差，下面将根据这个要求来讨论合适调节器的选择。

由于要求此系统对等速输入信号也是无静差的，则应将它校正成Ⅱ型系统（即再引入一个积分环节）。若调节器采用 PI 调节器，固然可以增添一个积分环节，但考虑到此系统原先已是一个含有一个积分和两个惯性环节的三阶系统，它的稳定程度本来就较差，如今若再增添使稳定性变差的 PI 调节器将使系统的稳定性变得更差，甚至造成不稳定，因此很少采用。这里通常采用的是增设比例-积分-微分（PID）调节器。

令设 PID 调节器如图 5-9 所示，它的传递函数为 $G_c(s)$，由式（5-13）有

$$G_c(s) = \frac{K_c(T_1s+1)(T_2s+1)}{T_1s}$$

同样，为了使分析简明起见，选择调节器的 T_1 与系统的大惯性时间常数 T_m 相等，即

$T_1=T_m=0.2\text{s}$，并取 $T_2>T_x$[㊀]，今取 $T_2=0.1\text{s}$，$K_c=2$。于是经PID串联校正后系统的开环传递函数为

$$\begin{aligned}G_2(s)&=G_c(s)G_1(s)\\&=\frac{K_c(T_1s+1)(T_2s+1)}{T_1s}\times\frac{K_1}{s(T_ms+1)(T_xs+1)}\\&=\frac{K_cK_1}{T_1}\times\frac{(T_2s+1)}{s^2(T_xs+1)}=\frac{2\times35}{0.2}\times\frac{(0.1s+1)}{s^2(0.01s+1)}\\&=\frac{350(0.1s+1)}{s^2(0.01s+1)}\end{aligned}\tag{8-8}$$

对前向通路 $G_2(s)=G_c(s)G_1(s)$ 的单位负反馈系统，应用Simulink软件进行仿真分析，可得到如图8-8b所示的单位阶跃响应曲线。

对照式（8-8）和式（8-7）以及图8-8b和8-8a不难看出，增设PID调节器后：

1）系统由Ⅰ型变为Ⅱ型，系统增加了一阶无静差度，从而显著地改善了系统的稳态性能，对等速输入信号可实现无静差。

2）若使 T_1 与 T_2 取得较大，则同时可改善系统的稳定性。由图8-8b可见，超调量和振荡次数明显减少，而且调整时间也明显减小。在图8-8中，最大超调量由60%变为22%左右，振荡次数由6次变为0次；调整时间由3s变为0.3s。

综上所述，**比例-积分-微分（PID）校正兼顾了系统稳态性能和相对稳定性的改善，因此在要求较高的场合**（或已含有积分环节的系统），**较多采用PID校正**。PID调节器的形式有多种，可根据系统的具体情况和要求选用。国内外生产的各种系列自动控制仪器和自动控制系统中，都备有可选用的PID校正控制单元。

8.2 反馈校正

在自动控制系统中，为了改善控制系统的性能，除了采用串联校正外，反馈校正（Feedback Compensation）也是常采用的校正形式之一。它在系统中的形式如图8-9所示。

反馈校正是以校正装置 $G_c(s)$ 反馈包围系统的部分环节（或部件），**以改变系统的结构、参数和性能，使系统的性能达到所要求的性能指标。**

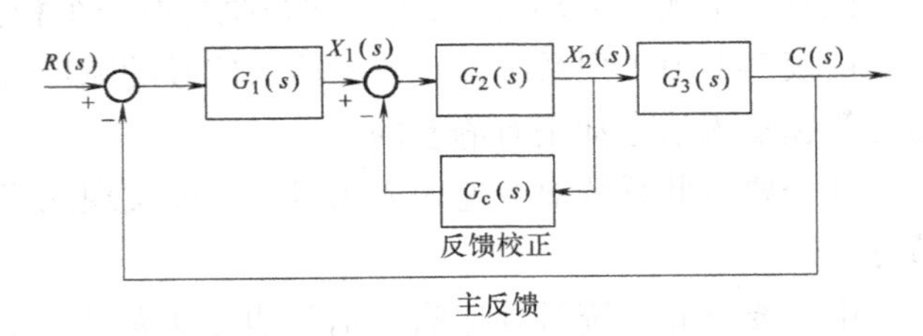

图8-9　反馈校正在系统中的位置

通常反馈校正又可分为硬反馈和软反馈。

硬反馈校正装置的主体是比例环节（可能还含有滤波小惯性环节），它在系统的动态和稳态过程中都起反馈校正作用。

软反馈校正装置的主体是微分环节（可能还含有滤波小惯性环节），它的特点是只在动态过程中起校正作用，而在稳态时，形同开路，不起作用。下面对微分负反馈环节的特点再

㊀ 由式（8-8）可见，采用PID调节器后，$G_2(s)$ 中已含有两个积分环节（$1/s^2$），它们将使输出信号相位滞后180°，系统已处于稳定边界。惟有取 $T_2>T_x$，即微分的作用大于惯性的消极影响，系统才能稳定。

作一些说明。

在自动控制系统中，有时还将某一输出量（例如转速）经电容 C' 再反馈到输入端，如图8-10所示。它注入输入端的信号电流 i' 与反馈量对时间的变化率成正比，亦即与输出量对时间的变化率成正比，即 $i' \propto dU_{fn}/dt \propto dn/dt$。由于 i' 与输出量的微商成正比，所以又称为微分反馈。

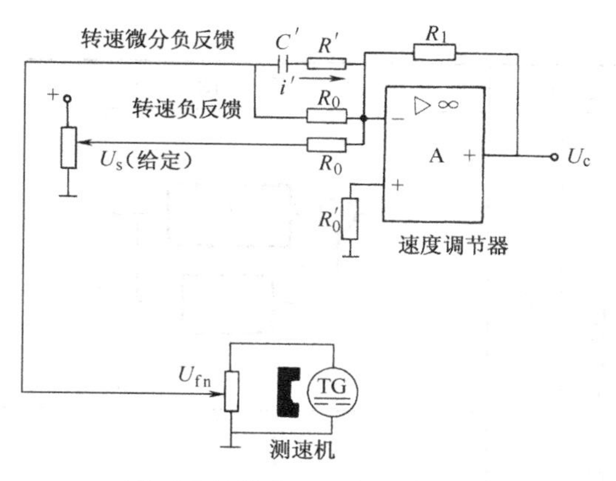

图8-10　带转速负反馈和转速微分负反馈的速度调节器

微分反馈的特点是：在稳态时，输出量不发生变化，其微商将为零（即 $dn/dt=0$），于是 $i'=0$，微分反馈不起作用。当输出量随时间发生变化时，它便起反馈作用。而且输出量变化率越大，这种反馈作用越强。这意味着，微分负反馈将限制转速变化率（dn/dt），亦即限制调速系统的加速度。

同理，电压微分负反馈将限制电压的上升率（du/dt）；电流微分负反馈将限制电流上升率（di/dt）。微分负反馈有利于系统的稳定，因此获得广泛的应用。

由于**微分负反馈只在动态过程中起作用，而在稳态时不起作用，**因此又称它为软反馈。

下面以对典型环节（或部件）的反馈校正为例来说明反馈校正的作用。

8.2.1　反馈校正对典型环节性能的影响

表8-1为硬、软反馈校正对比例、积分两个环节和典型二阶系统性能的影响。校正后的传递函数及校正产生的影响，列于表中，请读者推导、分析。

8.2.2　反馈校正对系统性能影响的分析

由表8-1中的①、④、⑥可见，环节（或部件）的性质未变，但参数改变了。由表8-1中的②、③、⑤可见，不仅环节（或部件）的参数改变了，而且性质也改变了。例如②中的**比例环节被微分反馈包围后，变成了惯性环节，这对减小突变信号对系统的冲击是有好处的**。又如③、⑤中含有**积分环节的环节**（或部件），**被比例反馈包围后，便不再具有积分性质，这可以显著地改善系统的稳定性，但却由原来的无静差变为有静差**（对阶跃信号），**显著地降低了系统的稳态精度**。这些都是对系统分析十分有用的重要结论。

表8-1　反馈校正对典型环节性能的影响

校正方式		框　图	校正后的传递函数	校 正 效 果
比例环节的反馈校正	①硬反馈	前向通道 K，反馈 α（+ −）	$\dfrac{K}{1+\alpha K}$	仍为比例环节 但放大倍数降低为 $\dfrac{K}{1+\alpha K}$
	②软反馈	前向通道 K，反馈 αs（+ −）	$\dfrac{K}{\alpha K s+1}$	变为惯性环节 放大倍数仍为 K 惯性时间常数为 αK

（续）

校正方式		框图	校正后的传递函数	校正效果
积分环节的反馈校正	③硬反馈	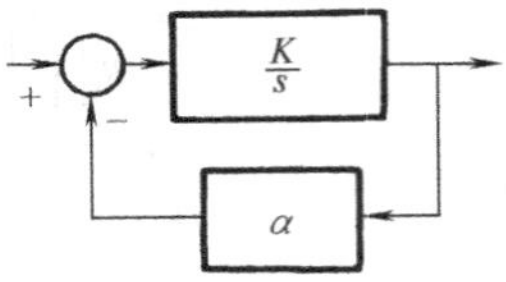 $\frac{K}{s}$；反馈 α	$\frac{K}{s+\alpha K}$ 或 $\frac{\frac{1}{\alpha}}{\frac{1}{\alpha K}s+1}$	变为惯性环节（变为有静差） 放大倍数为$\frac{1}{\alpha}$ 惯性时间常数为$\frac{1}{\alpha K}$ 有利于系统的稳定性，但不利于稳态性能
	④软反馈	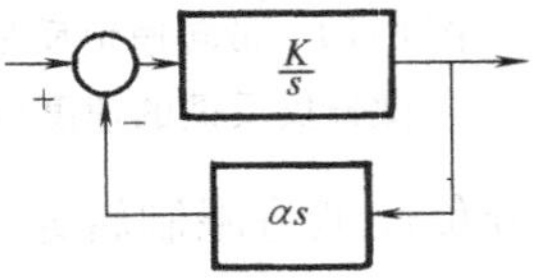 $\frac{K}{s}$；反馈 αs	$\frac{K/s}{1+\alpha K}$ 或 $\frac{K/(1+\alpha K)}{s}$	仍为积分环节 但放大倍数降低$\frac{1}{1+\alpha K}$
典型二阶系统的反馈校正	⑤硬反馈	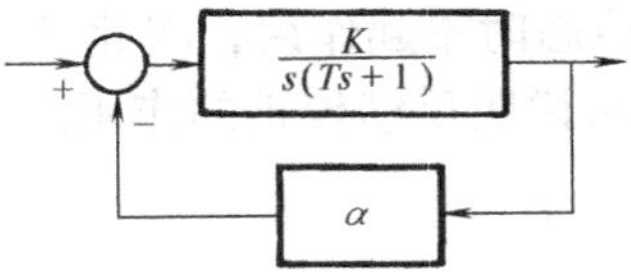 $\frac{K}{s(Ts+1)}$；反馈 α	$\frac{K}{Ts^2+s+\alpha K}$ 或 $\frac{\frac{1}{\alpha}}{\frac{T}{\alpha K}s^2+\frac{1}{\alpha K}s+1}$	系统由无静差变为有静差 （积分环节消失）（由I型变为0 型） 放大倍数变为$\frac{1}{\alpha}$ 时间常数也降低
	⑥软反馈	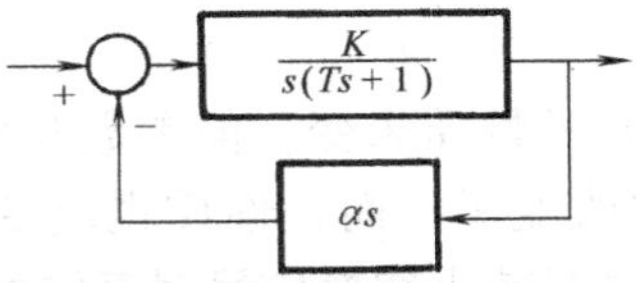 $\frac{K}{s(Ts+1)}$；反馈 αs	$\frac{K}{Ts^2+s+\alpha Ks}$ 或 $\frac{\frac{K}{1+\alpha K}}{s\left(\frac{T}{1+\alpha K}s+1\right)}$	仍为 I 型系统 但放大倍数降为$\frac{1}{1+\alpha K}K$ 时间常数降为$\frac{1}{1+\alpha K}T$ 使系统稳定性和快速性改善，但稳态精度下降

综上所述，**环节**（或部件）**经反馈校正后，不仅参数发生了变化，甚至环节**（或部件）**的结构和性质也可能发生改变**。

8.2.3 反馈校正分析举例

[**例 8-1**] 图8-11 为具有位置负反馈和转速负反馈的随动系统的系统框图。

图中检测电位器常数 $K_1=0.1\text{V}/(^\circ)$

功放及电动机转速总增益 $K_2=400(\text{r}\cdot\text{min}^{-1})/\text{V}$

电动机机电时间常数 $T_m=0.2\text{s}$

电动机及齿轮箱的转速—位移常数 $K_3=0.5^\circ/(\text{r}\cdot\text{min}^{-1}\cdot\text{s})$

转速反馈系数 $\alpha=0.005\text{V}/(\text{r}\cdot\text{min}^{-1})$

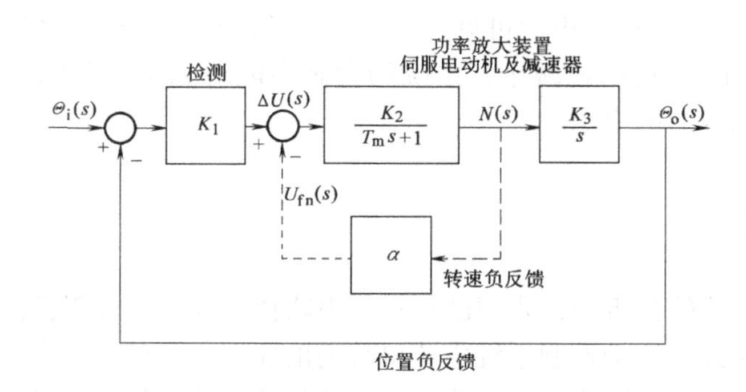

图 8-11　具有位置负反馈和转速负反馈的随动系统框图

试分析增设转速负反馈（反馈校正）对系统性能的影响。

[解]　应用 Simulink 软件对系统进行仿真，将有关参数填入功能框内，先不加反馈校正，可得到如图 8-12a 所示的仿真结果（单位阶跃响应）。然后加上转速负反馈环节。对反馈环节，可先点击该方框→再点击“Format”（在 untitled 窗口上方）→在弹出的菜单中点击“Flip Block”→框图箭头反转。这样，再对系统进行仿真分析，便可得如图 8-12b 所示的单位阶跃响应曲线。

图 8-12a、b 为转速负反馈校正前、后的位置随动系统仿真框图和对应的单位阶跃响应曲线。

由图 8-12 可见，校正后最大超调量 σ 由 43% 变为 3%，振荡次数 N 由 2 次变为 0 次，

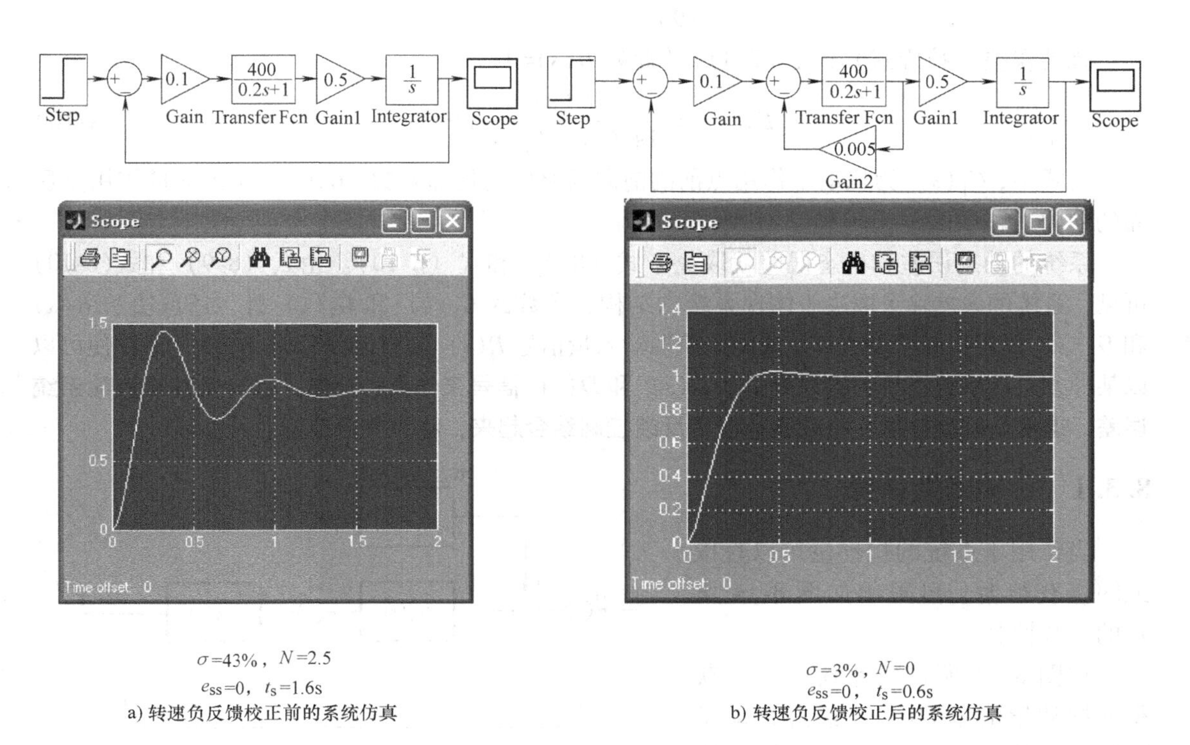

σ=43%，N=2.5
e_{ss}=0，t_s=1.6s
a) 转速负反馈校正前的系统仿真

σ=3%，N=0
e_{ss}=0，t_s=0.6s
b) 转速负反馈校正后的系统仿真

图 8-12　转速负反馈校正前、后的系统性能比较

调整时间 t_s 由 1.6s 变为 0.6s。由此可见，增设转速负反馈环节后，将使系统的位置超调量 σ 显著下降，调整时间 t_s 也明显减小，系统的动态性能得到了显著的改善，因此转速负反馈在随动系统中得到普遍的应用。

8.3 顺馈补偿

在 8.1 和 8.2 两节的分析中，我们已经看到串联校正和反馈校正都能有效地改善系统的动态和稳态性能，因此在自动控制系统中获得普遍的应用。此外，在自动控制系统中，除了上述的校正方法外，还有一种能有效地改善系统性能的方法，那就是顺馈补偿（Feedforward Compensation）。

在第 7 章的分析中，已经介绍了系统工作时存在着两种误差：即取决于输入量的跟随误差 $e_r(t)$ 和取决于扰动量的扰动误差 $e_d(t)$。并且以如图 8-13（即图 7-13）所示的典型系统框图为例，对两种误差进行了分析。

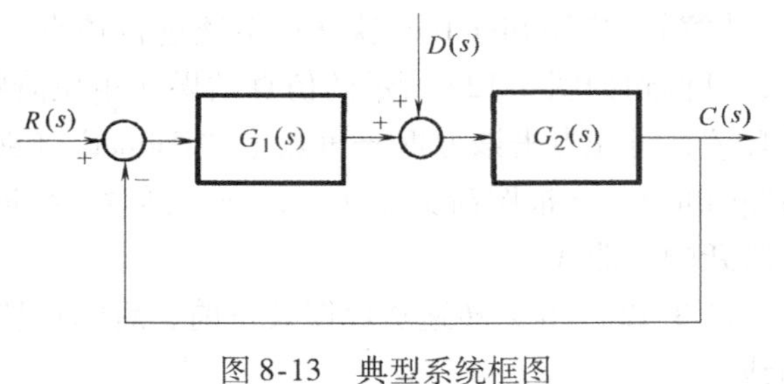

图 8-13　典型系统框图

在 7.2.1 中已得出跟随误差和扰动误差的拉氏式分别是：

跟随误差（拉氏式）［式（7-7）］［此处 $H(s)=1$］

$$E_r(s)=\frac{1}{1+G_1(s)G_2(s)}R(s) \tag{8-9}$$

扰动误差（拉氏式）［式（7-8）］［此处 $H(s)=1$］

$$E_d(s)=\frac{G_2(s)}{1+G_1(s)G_2(s)}D(s) \tag{8-10}$$

在上两式中，$G_1(s)$ 为扰动量作用点前的前向通路中的传递函数；$G_2(s)$ 为扰动量作用点后面的前向通路中的传递函数。

系统的动态误差和稳态误差就取决于式（8-9）和式（8-10）。由式（8-9）和式(8-10)可见，系统的误差除了取决于体现系统的结构、参数的 $G_1(s)$ 和 $G_2(s)$ 外，还取决于 $R(s)$ 和 $D(s)$。倘若我们能设法直接或间接获取输入量信号 $R(s)$ 和扰动量信号 $D(s)$，这样便可以**以某种方式从系统信号的输入处引入 $R(s)$ 和 $D(s)$ 信号来作某种补偿，以降低甚至消除系统误差，这便是顺馈补偿。将顺馈补偿和反馈控制结合起来，称为复合控制。**

8.3.1 扰动顺馈补偿

当作用于系统的扰动量可以直接或间接获得时，可采用如图 8-14 所示的复合控制。

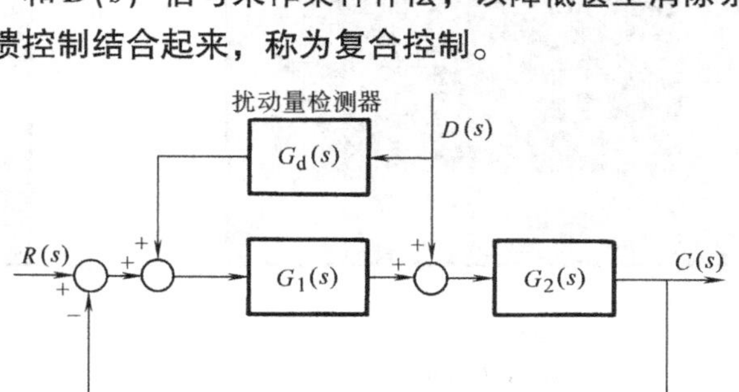

图 8-14　具有扰动顺馈补偿的复合控制

在图 8-14 所示的系统中，将获得的扰动量信号 $D(s)$，经过扰动量检测器［其传递函数为 $G_d(s)$］变换后，送到系统控制器的输入端。

在图8-14所示的系统中，若无扰动顺馈补偿，由扰动量产生的系统误差由式（8-10）已知

$$\Delta C_d(s)=E_d(s)=\frac{G_2(s)}{1+G_1(s)G_2(s)}D(s)$$

如今增设扰动顺馈补偿后，则系统误差变为

$$\begin{aligned}\Delta C'_d(s)&=\frac{G_2(s)}{1+G_1(s)G_2(s)}D(s)+\frac{G_d(s)G_1(s)G_2(s)}{1+G_1(s)G_2(s)}D(s)\\&=[1+G_d(s)G_1(s)]\frac{G_2(s)}{1+G_1(s)G_2(s)}D(s)\end{aligned}\tag{8-11}$$

由上式可见，若 $G_d(s)$ 的极性与 $G_1(s)$ 极性相反，则可以使系统的扰动误差减小；若 $[1+G_d(s)G_1(s)]=0$，即 $G_d(s)=-1/G_1(s)$，则可使 $\Delta C'_d(s)=0$。这意味着：因扰动量而引起的扰动误差已全部被扰动顺馈补偿环节所补偿了，这称为全补偿。

对应扰动误差全补偿的条件是

$$G_d(s)=-\frac{1}{G_1(s)}\tag{8-12}$$

当然，在实际上要实现全补偿是比较困难的，但可以实现近似的全补偿，从而可以大幅度地减小扰动误差，显著地改善系统的动态和稳态性能。

此外，**这种直接引入扰动量信号来进行的补偿，要比从输出量那里引入的反馈控制来得更及时**。因为反馈控制要等到输出量变化以后，再经过检测，才能通过反馈渠道送入到输入端，这个过程会产生时间上的延迟。

由于**含有扰动顺馈补偿的复合控制具有显著减小扰动误差的优点**，因此在要求较高的场合，获得广泛的应用。当然，**这种应用是以系统的扰动量有可能被直接或间接测得为前提的**。

8.3.2 输入顺馈补偿

当系统的输入量可以直接或间接获得时，可采用如图8-15所示的复合控制。

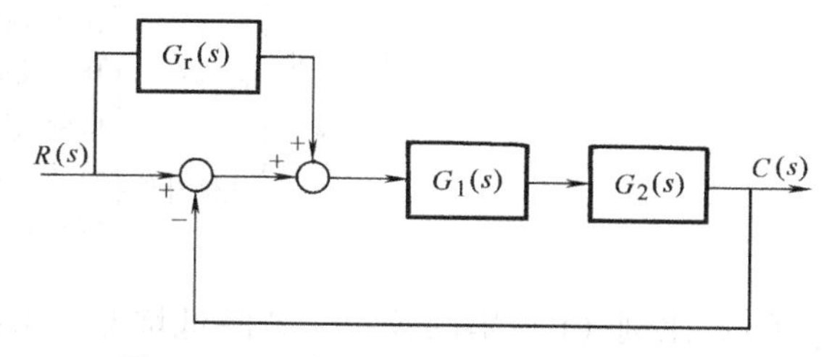

图8-15 具有输入顺馈补偿的复合控制

在图8-15所示的系统中，将获得的输入量信号 $R(s)$，经过输入量检测器［其传递函数为 $G_r(s)$］变换后，送往系统控制器的输入端。

若无输入顺馈补偿，由输入量产生的系统误差由式（8-9）已知

$$\Delta C_r(s)=E_r(s)=\frac{1}{1+G_1(s)G_2(s)}R(s)$$

如今增设输入顺馈补偿后，则系统误差变为

$$\begin{aligned}\Delta C'_r(s)&=R(s)^{\ominus}-\left[\frac{G_1(s)G_2(s)R(s)}{1+G_1(s)G_2(s)}+\frac{G_r(s)G_1(s)G_2(s)R(s)}{1+G_1(s)G_2(s)}\right]\\&=\frac{[1-G_r(s)G_1(s)G_2(s)]}{1+G_1(s)G_2(s)}R(s)\end{aligned}\tag{8-13}$$

⊖ 系统输出的希望值为 $R(s)/H(s)$，由于 $H(s)=1$，所以此处希望值为 $R(s)$。后面［ ］内为实际输出值。

若 $G_r(s)$ 与 $G_1(s)G_2(s)$ 极性相同，则可以使系统的输入误差减小；若 $[1-G_r(s)G_1(s)G_2(s)]=0$，即 $G_r(s)=1/[G_1(s)G_2(s)]$，则可使 $\Delta C_r'(s)=0$。这意味着：因输入量而引起的输入误差已全部被输入顺馈补偿环节所补偿了，这也称为全补偿。

对应输入误差全补偿的条件是

$$G_r(s)=\frac{1}{G_1(s)G_2(s)} \tag{8-14}$$

同理，要实现全补偿是比较困难的，但可以实现近似的全补偿，从而可大幅度地减小输入误差，显著地提高跟随精度。

综上所述，**输入顺馈补偿是改善系统跟随性能的一个有效的方法**。例如在仿形加工机床中，便可取出仿形输入信号进行输入顺馈补偿以提高仿形加工精度。又如在交流伺服系统，也常采用位置输入顺馈补偿以提高跟随性能（参见第 14 章图 14-15）。此外，顺馈补偿在化工、食品加工等过程控制系统中，也有着广泛的应用。

小　　结

（1）系统校正就是在原有的系统中，有目的地增添一些装置（或部件），人为地改变系统的结构和参数，使系统的性能获得改善，以满足性能指标要求。

（2）系统校正可分为串联校正、反馈校正和顺馈补偿，校正类型分类见表 8-2。

表 8-2　系统校正分类

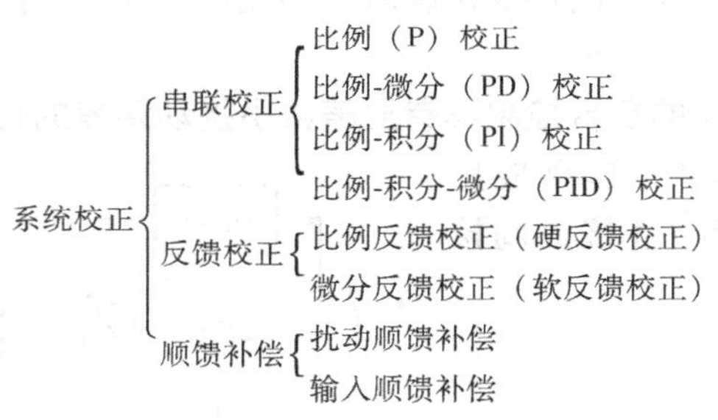

（3）比例（P）串联校正，若降低增益，可提高系统的相对稳定性（使最大超调量 σ 减小，振荡次数 N 降低）；但使系统的稳态精度变差（稳态误差 e_{ss} 增加）。增大增益，则与上述结果相反。

（4）比例-微分（PD）串联校正，由于校正装置中微分环节的作用，减小了系统惯性带来的消极作用，提高了系统的相对稳定性和快速性；但削弱了系统的抗高频干扰的能力。PD 校正对系统稳态性能影响不大。

（5）比例-积分（PI）串联校正，由于在扰动量作用点前的前向通路中增添的调节器中含有一个积分环节，使系统对给定量和扰动量都提高了一阶无静差度，从而显著地改善了系统的稳态性能；但同时却使系统的稳定性变差（超调量增大、振荡次数增多）。

（6）比例-积分-微分（PID）串联校正，既可改善系统稳态性能；又能改善系统的相对稳定性和快速性。兼顾了稳态精度和稳定性的改善。因此在要求较高的系统中获得广泛的应用。

（7）串联校正对系统结构、性能的改善，效果明显，校正方法直观、实用。但无法克服系统中元件（或部件）参数变化对系统性能的影响。

（8）反馈校正能改变被包围的环节的参数、性能，甚至可以改变原环节的性质。这一特点，使反馈校正能用来抑制元件（或部件）参数变化和内、外部扰动对系统性能产生的消极影响，有时甚至可以取代局部环节。由于反馈校正可能会改变被包围环节的性质，因此也可能会带来副作用，例如含有积分环节的单元被硬反馈包围后，便不再有积分的效应，因此会减低系统的无静差度，使系统稳态性能变差。

（9）具有顺馈补偿和反馈环节的复合控制是减小系统误差（包括稳态误差和动态误差）的有效途径，但补偿量要适度，过量补偿会起反作用，甚至引起振荡。顺馈补偿量要低于但可接近于全补偿条件。

扰动顺馈全补偿的条件是：$G_d(s)=-\dfrac{1}{G_1(s)}$。

输入顺馈全补偿的条件是：$G_r(s)=\dfrac{1}{G_1(s)G_2(s)}$。

（10）**串联校正、反馈校正和顺馈补偿的综合合理应用是改善系统动态、稳态性能的有效途径。但以经典控制理论为依据的系统校正，实质上是在系统的稳态误差和相对稳定性之间作某种折衷的选择。它们属于一种工程方法，这种方法的主体是调整增益和设计校正装置。**这种方法虽是建立在试探法的基础之上的，有一定的局限性，但在工程上却是很有用处的。

思考题

8-1 什么叫系统校正？系统校正有哪些类型？

8-2 比例串联校正调整系统的哪些参数？它对系统的性能产生什么影响？

8-3 比例-微分串联校正调整系统的哪些参数，它对系统的性能产生什么影响？

8-4 比例-积分串联校正调整系统的哪些参数，使系统在结构方面发生怎样的变化？它对系统的性能产生什么影响？

8-5 比例-积分-微分串联校正调整系统的哪些参数，使系统在结构方面发生怎样的变化？它对系统的性能产生什么影响？

8-6 简述串联校正的优点与不足。

8-7 简述反馈校正的优点与不足。

8-8 简述前馈补偿的优点与不足。

习题

8-9 图8-16为一随动系统框图，框图中标出各种可能增添的环节（从①～⑪），试说明它们的名称和作用。

8-10 图8-17为一随动系统框图。系统固有部分的传递函数 $G_1(s)=\dfrac{20}{s(0.2s+1)(0.05s+1)}$，位置调节器的传递函数为 $G_c(s)$（待定）。

试应用Simulink软件，从下列方案中，来选取一个合适的位置调节器。

1）若不设位置调节器［即 $G_c(s)=1$］。问此系统能否正常运行？

2）若 $G_c(s)$ 采用比例（P）调节器，即 $G_c(s)=K_k$。问 K_k 最大能调到多少（约）？分析采用比例调节器对系统性能的影响。

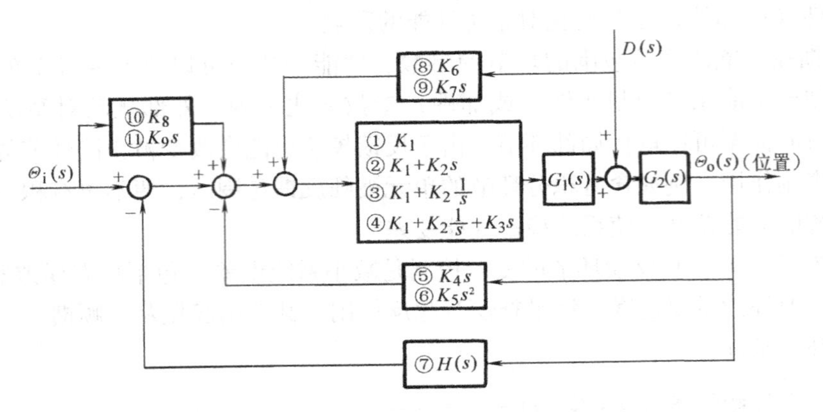

图 8-16 随动系统框图

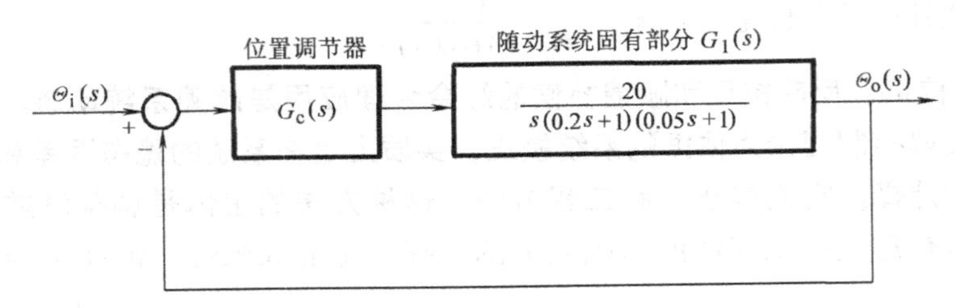

图 8-17 随动系统框图

3）若 $G_c(s)$ 采用比例-微分（PD）调节器，请提出建议方案，并分析采用比例微分调节器对系统性能的影响。

4）若 $G_c(s)$ 采用比例-积分（PI）调节器，分析采用比例积分调节器对系统性能的影响。

5）若 $G_c(s)$ 采用比例-积分-微分（PID）调节器，请提出建议方案，并分析采用此方案可能对系统性能的影响。

8-11 图 8-18 为一自动控制系统框图。设图中 $K_1=0.2$，$K_2=100$，$K_3=0.4$，$T=0.8\text{s}$，$\alpha=0.01$。试应用 Simulink 软件，对系统进行仿真分析，求：

1）未设反馈校正时系统的动、静态性能。

2）增设反馈校正后，再求校正后系统的动、静态性能。

并分析反馈校正对系统性能的影响。

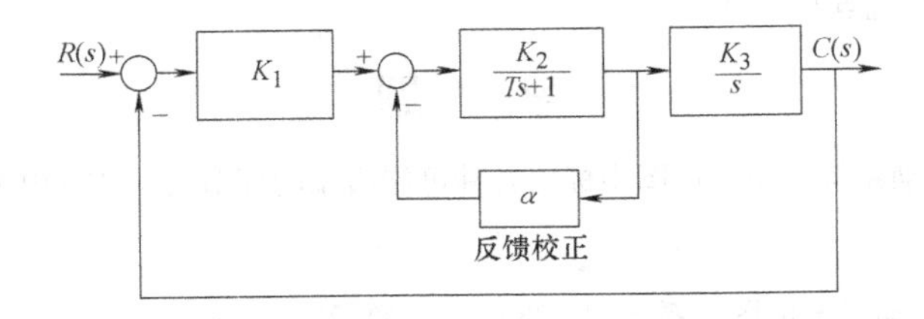

图 8-18 设置反馈校正环节的某控制系统框图

第3篇　典型自动控制系统的工作原理、性能分析和系统调试

对自动控制系统进行分析，通常是先做定性分析，后做定量分析。在进行定性分析时，首先搞清楚系统是由哪些部件和环节组成的，分析每一个部件和每一个环节的作用和它们相互之间的联系，然后统观全局，搞清楚系统的控制特点、自动调节过程和工作原理。在此基础上，可以建立自动控制系统的数学模型（即求取系统各环节的传递函数，并进而画出系统的框图）。在系统框图的基础上，便可对系统的性能进行分析，讨论改善系统性能的途径，为系统调试奠定较扎实的理论基础。

下面将通过对典型自动控制系统的分析，来阐述这种分析的过程和方法。

第9章　晶闸管直流不可逆调速系统

内容提要

本章主要介绍转速负反馈（单闭环）直流调速系统和转速、电流双闭环直流不可逆调速系统。并通过实例分析，介绍对自动调速电路的一般分析方法。此外，还着重介绍了系统调试的一般方法，并以实际系统为例，阐述了系统调试的全过程。

晶闸管直流调速系统的调速性能好（机械特性硬，调速范围大，控制精度高，功率大），因此当前仍有着广泛的应用。下面将通过典型系统和实例来介绍晶闸管直流调速系统的组成、工作原理、自动调节过程以及系统性能的分析。

9.1　转速负反馈晶闸管直流调速系统

9.1.1　系统的组成

图9-1为具有转速负反馈的晶闸管直流调速系统原理图。图中他励直流电动机是调速系统的被控对象，转速为被控量；电动机的励磁电流由另一直流电源供电，电动机的电枢由晶闸管可控整流电路供电。图中 L_d 为平波电抗器㊀。在此系统中，励磁电流保持恒值，主要通过调节电动机电枢电压来调节转速的（在第3章中已知：直流电动机的转速与电枢电压成线性关系）。晶闸管供电电路及触发电路为执行环节（含功率放大）。比例调节器为控制环节，测速发电机和电位器 RP_2 为检测和反馈环节（RP_2 调节反馈量），RP_1 为给定电位

㊀ 在电枢回路中，串接平波电抗器，是利用它在电流变化时会产生感应电动势来阻止电流变化，从而达到使电流连续和平稳的目的。

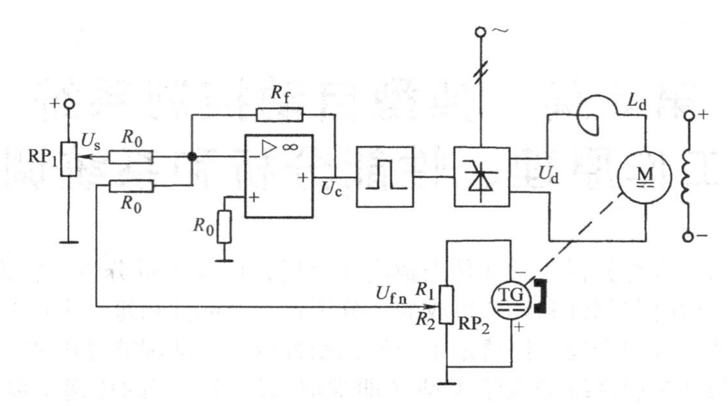

图 9-1　具有转速负反馈的晶闸管直流调速系统原理图

器。由图可见，转速反馈电压 U_{fn}与给定电压 U_s 极性相反，因此为负反馈。根据以上分析，可画出如图 9-2 所示的系统组成框图。

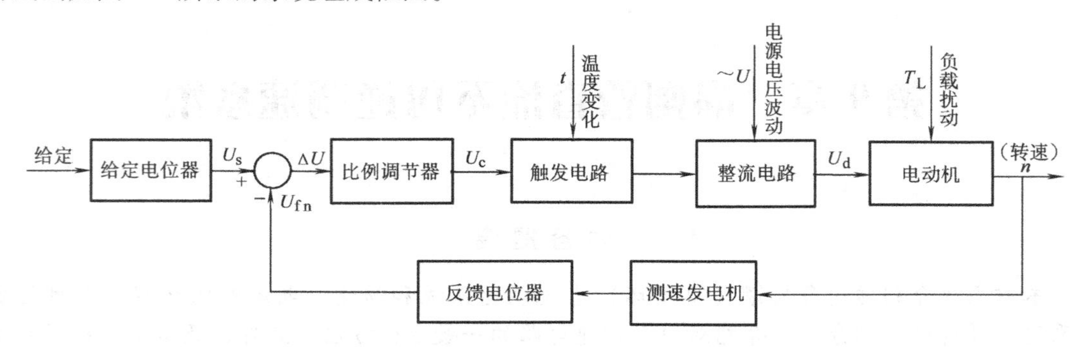

图 9-2　具有转速负反馈的直流调速系统组成框图

9.1.2　系统的工作原理

由图 9-2 可见，偏差电压 $\Delta U = U_s - U_{fn}$，式中 U_{fn}与转速 n 成正比，因此可写成 $U_{fn} = \alpha n$，式中，α 为转速反馈系数。于是 $\Delta U = U_s - U_{fn} = U_s - \alpha n$。

若调节给定电压 U_s，今设 U_s 增大，由 $\Delta U = U_s - \alpha n$ 知，ΔU 将增大，它经电压放大和功率放大后，将使整流装置的输出电压 U_d 增大。若略去平波电抗器 L_d 的电压降落 U_{Ld}，则电枢电压 U_a 可近似等于 U_d（$U_d = U_a + U_{Ld}$）。当电枢电压 U_a 增加时，转速 n 将增加。因此，调节给定电压 U_s，即可调节转速 n 的数值。

当负载转矩 T_L 发生变化时（今设 T_L 增加），则电动机的转速将下降（$n\downarrow$），由反馈环节 $U_{fn} = \alpha n$ 可知，反馈电压将减小（$U_{fn}\downarrow$），于是偏差电压 $\Delta U = (U_s - U_{fn})$ 将增大（$\Delta U\uparrow$），经电压放大和功率放大后，整流输出电压 U_d 也将增大，而 $U_a \approx U_d$，又因为电枢电流 $I_a = \dfrac{U_a - E}{R_a}$（见式 3-1），于是电枢电流将增加，从而使电动机的电磁转矩 T_e 增加（$T_e = C_T \phi I_a$）。这个调节过程一直要继续到 $T_e = T_L$，电动机重新达到平衡状态为止。

事实上，在转速发生变化时，除了上述因转速负反馈环节而形成的自动调节过程外，电动机内部也有一个自动适应外界负载变化的调节过程：即当电动机转速下降时，电动机电枢

的反电动势 E 也下降，这同样使电枢电流增加、电动机电磁转矩增加，使电动机达到平衡。以上分析可见第3章3.1.3中的分析。

9.1.3 系统的自动调节过程

综上所述，可画出如图9-3所示的具有转速负反馈的直流调速系统的自动调节过程的流程图。

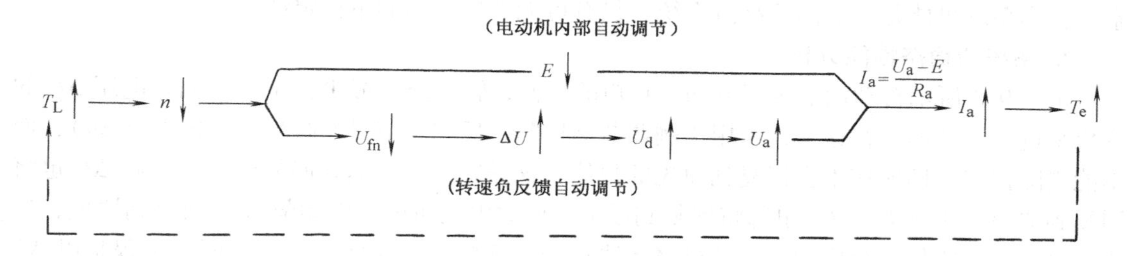

直到 $T_e=T_L$，达到新的平衡状态

图9-3 具有转速负反馈的直流调速系统自动调节过程

9.1.4 系统框图

由图9-2所示的系统组成框图，以各环节对应的传递函数代入，即可得到如图9-4所示的系统框图［图中 I_d 指整装置输出电流，此处即电枢电流 I_a（下同）］。

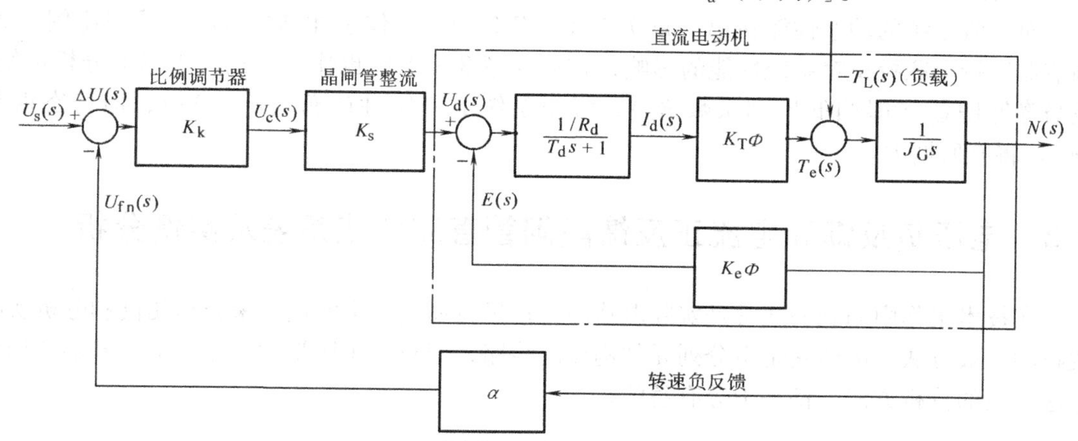

图9-4 具有转速负反馈的直流调速系统框图

图中，比例调节器的增益为 K_k。晶闸管整流装置，若略去延迟因素，在其线性部分可看成一比例环节，其增益为 K_s。图中直流电动机的框图在第5章图5-16中已经给出。图中，α 为转速反馈系数。图中 R_d、T_d、U_d、I_d 指包括平波电抗器在内的电枢回路的参数。

9.1.5 系统性能分析

1. 系统的稳定性分析

由式（5-29）可知，直流电动机的传递函数 $N(s)/U_a(s)=1/[(K_e\Phi)(T_mT_as^2+T_ms+1)]$，

于是由图 9-4 可写出该系统的开环传递函数，即

$$G(s)H(s)=\frac{K_k K_s \alpha}{K_e \Phi}\frac{1}{T_m T_s s^2+T_m s+1} \tag{9-1}$$

由上式可见，控制器为比例调节器的直流调速系统为一个二阶系统，由第 7 章 7.1.4 的分析已知，二阶系统是稳定系统，因此这是一个稳定的系统。当然，若考虑到实际系统还存在摩擦与间隙，电气线路中还有阻容滤波电路以及晶闸管整流会产生时间上的延迟等其他因素，实际系统可能是三、四阶高阶系统，仍有可能产生振荡的不稳定情况。

2. 系统的稳态性能分析

由图 9-3 所示自动调节过程可知，转矩的平衡，转速降的减少，是依靠偏差电压 ΔU 的变化来进行调节的。在这里，采用比例调节器控制，反馈环节只能减少转速偏差（Δn），而不能消除偏差，即转速不会回复到原先的数值。这是因为若转速 n 回复到原值，则 ΔU 也将回复到原值，于是 U_c、U_d 也都将回复到原值。同时电动机的反电动势 E 也回复到原值；这样，电流与转矩便不会增加，电动机将无法达到平衡状态。因此，这整个调节过程是以 ΔU 变化为前提的，这意味着该调速系统为有静差调速系统。

综上所述，**在采用比例调节器的有静差系统中，反馈控制只是检测偏差、减少偏差，而不能消除偏差。**

另一方面，从自动控制原理看，该系统在扰动量（T_L）作用点前的前向通路中，不含积分环节（$\nu=0$），对阶跃信号，是有静差控制系统［见表 7-1 及式（7-21）］。

3. 系统的动态性能分析

对二阶系统的动态性能在第 7 章 7-3 及表 7-2 中，已作了详细的分析。采用比例（P）调节器进行串联校正对系统性能的影响，在第 8 章 8.1.1 中也作了介绍。由以上分析可知，适当降低增益（即调低比例系数 K_k），将使系统的稳定性改善（$\sigma\downarrow$、$N\downarrow$），但稳态误差（e_{ss}）将有所增大。

9.2 电压负反馈和电流正反馈晶闸管直流调速系统及实例分析

在技术工作中遇到的通常是实际电路图，这里将通过一个实例，来介绍阅读和分析实际线路的一般方法。虽然它是由分列元件构成的线路，但对运用所学的电工、电子基础知识和掌握一般的分析方法，都是十分有益的。

9.2.1 电压负反馈和电流正反馈晶闸管直流调速系统

虽然采用转速负反馈可以有效地保持转速的近似恒定，但安装测速发电机往往比较麻烦，费用也多。所以在要求不太高的场合，往往以电压负反馈加电流正反馈来代替转速负反馈。这是由于当负载转矩变化（今设转矩增加）而使转速降低时，电动机的电枢电流将增加，而电流的增加，使整流装置的内阻和平波电抗器阻抗上的电压降落也成正比地增加，这样，电动机电枢两端的电压将减小，转速也因此要下降，因而可考虑引入电压负反馈，使电压保持不变。另一方面，电枢电流（I_a）的大小也间接地反映了负载转矩 T_L（扰动量）的大小（$T_L \approx T_e = K_T \Phi I_a$），因此可考虑采用扰动顺馈补偿，引入电流正反馈，以补偿因负载转矩 T_L（扰动）增加而形成的转速降（见第 8 章 8.3.1 分析）。

具有电压负反馈环节和电流正反馈环节的调速系统原理图如图9-5所示。

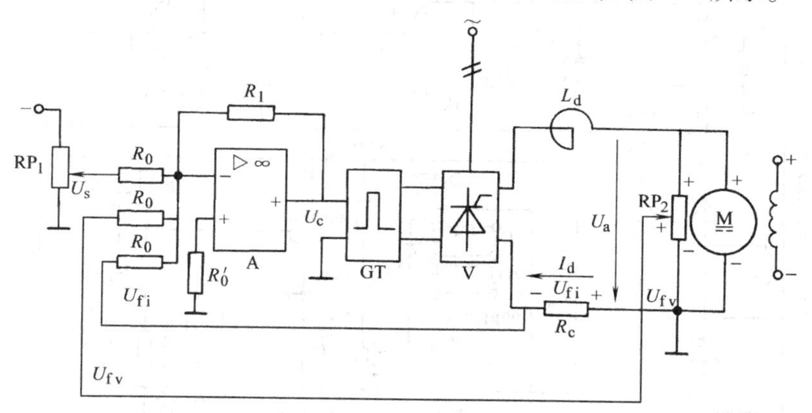

图9-5　具有电压负反馈环节和电流正反馈环节的调速系统原理图

在此系统中，假定触发电路需要正极性的控制电压，而调节器又为反相输入端输入，因此给定电压 U_s 应为负极性。由于电压为负反馈信号，因此它的极性应与 U_s 相反，为正极性；它由与电枢并联的电位器经分压获得，分压与电枢电压成正比，$U_{fv}=\gamma U_a$，γ 为电压反馈系数。由于电流为正反馈信号，因此它的极性应与 U_s 相同，也为负极性，它通过在电枢回路中设置一个阻值很小（为降低功耗）的取样电阻 R_c 获得，其压降与电流成正比 $U_{fi}=\beta I_a$，β 称为电流反馈系数。

由图可见，调节器的输入信号（亦即综合后的偏差电压）$\Delta U=-(U_s-U_{fv}+U_{fi})$（因各信号输入回路电阻均为 R_0）。这样，当 $T_L\uparrow\rightarrow n\downarrow$时，$I_a\uparrow\rightarrow U_{fi}\uparrow$及 $U_{fv}\downarrow$，使 $|\Delta U|\uparrow$，从而使输出电压 U_a 增加，转速 n 增加，起到了稳定转速的作用。

9.2.2　实例分析（阅读材料）

图9-6为KZD—Ⅱ型小功率晶闸管直流调速系统电路图。现以该实际电路为例来介绍定性分析的一般方法。

在做具体分析以前，先要了解其结构特点和主要技术数据。此系统是小容量（功率）晶闸管直流调速装置（工厂产品），适用于4kW以下直流电动机无级调速。装置电源为220V单相交流电，该装置通常配置180V直流电动机或160V直流电动机[㊀]。其稳态相对误差小于10%，调速范围为10:1。装置的主回路采用单相半控桥式晶闸管可控整流电路，具有电压负反馈和电流正反馈及电流截止负反馈环节，电路均为分列元件，用于要求不太高的小功率直流调速场合。图9-7为KZD—Ⅱ型晶闸管直流调速系统组成框图。

分析晶闸管调速系统电路的一般顺序是：

主电路→触发电路→控制电路→辅助电路（包括保护、指示、报警等）。现依次分析如下：

1. 主电路

主电路为单相半控桥式整流电路，桥臂上的两个二极管串联排在一侧，这样它们可兼起续流二极管的作用（可省去一续流二极管）。

㊀ 考虑电源电压波动5%，整流后的直流电压为交流有效值的0.9倍，这样，能确保的直流电压仅为220V×0.9×0.95=188V。所以选用180V以下电动机。直流电机厂有额定电压为180V或160V的产品。

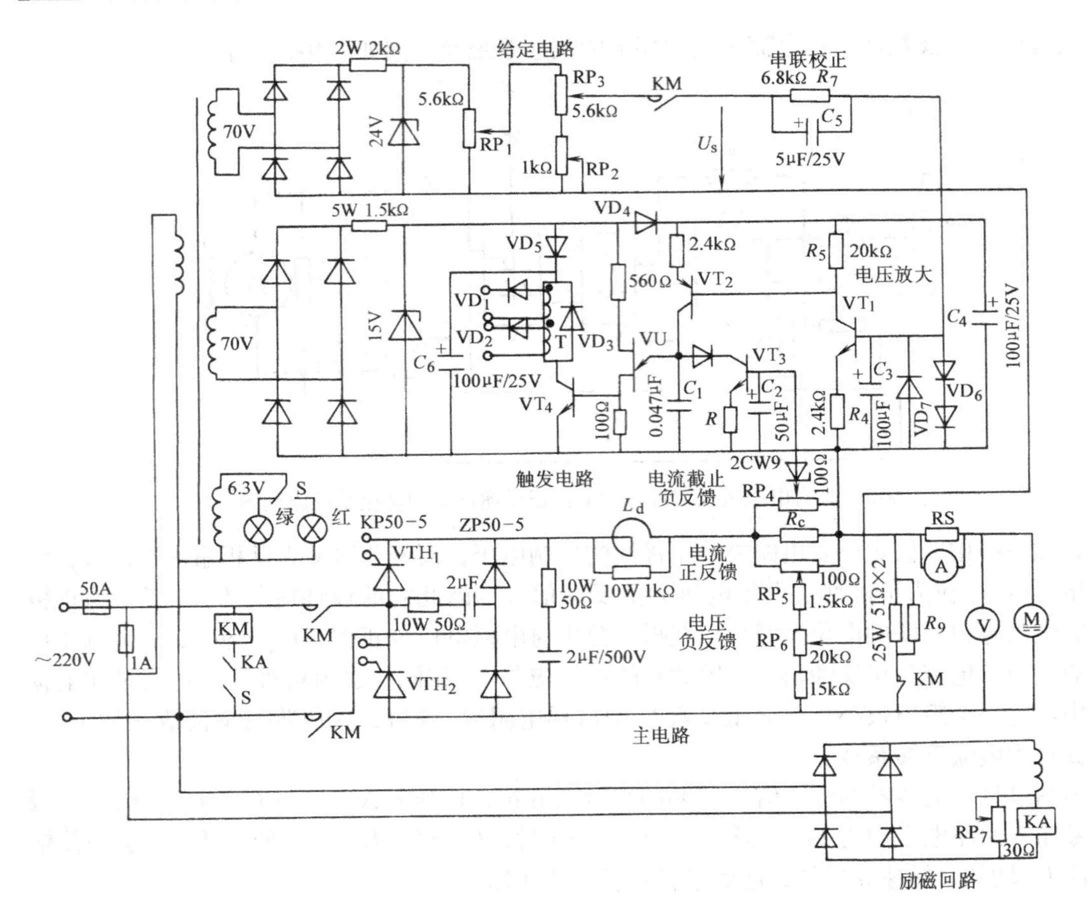

图 9-6　KZD—Ⅱ型小功率晶闸管直流调速系统电路图

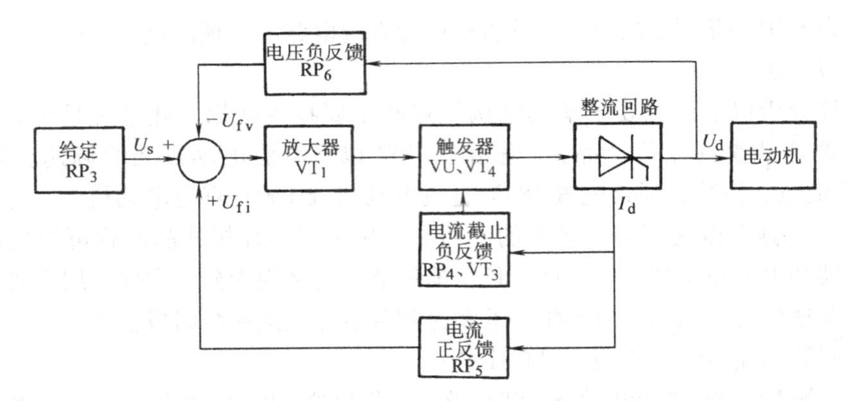

图 9-7　KZD—Ⅱ型晶闸管直流调速系统组成框图

在图 9-6 中，L_d 为平波电抗器，以使整流电流连续和减小纹波，与它并联一个 1kΩ 电阻的目的是在主电路突然断电时为 L_d 提供一个放电回路。电路中的 RS 为直流电表的分流器。R_9 为能耗制动电阻，R_9 通过主电路接触器 KM 的常闭辅助触点后，与电动机电枢并联。当主电路刚断电时，接触器 KM 也断电，则 KM 常闭辅助触点闭合；这时依靠惯性仍在运转的直流电动机处于直流发电机运行状态，利用电动机的电动势向 R_9 供电，此时的电枢电流与原先通入的电流正好相反，因此产生的电磁转矩也将与转向相反，从而形成制动转矩，加快了停车过程（能耗制动）。

直流电动机的励磁由另一组单相桥式整流电路供电。对小功率永磁直流电动机，就没有励磁绕组和励磁电路。

2. 触发电路

触发电路采用由单结晶体管组成的自励振荡电路，通过控制晶体管 VT_1 和 VT_2 的导通程度，实现对电容 C_1 充电快慢的控制，来达到触发移相的目的。VT_4 为电压放大，以增大输出脉冲的幅值。T 为脉冲变压器。VD_3 为续流二极管，它的作用是在 VT_4 截止瞬间为脉冲变压器一次侧提供放电通路，避免产生过高电压而损坏 VT_4。VD_1、VD_2 为阻断反向脉冲。电容 C_6 是为了增加脉冲的功率和前沿的陡度：在 VT_4 截止时，电源对电容 C_6 充电至整流电压峰值；当 VT_4 突然导通时，则已充了电的 C_6 将经过脉冲变压器和 VT_4 放电，从而增加了输出脉冲的功率和前沿陡度。但设置电容 C_6 后，它将使单结晶体管两端同步电压的过零点消失，因此再增设二极管 VD_5 加以隔离。由二极管桥式整流电路和 15V 稳压管组成的是一个近似矩形的同步电压（见图 4-4），但放大器需要一个平稳的直流电压，因此增设电容器 C_4，对交流成分进行滤波，但 C_4 同样会消除同步电压过零点，所以同理设置二极管 VD_4，以隔离因电容 C_4 而对同步电压的影响。

3. 控制电路

控制电路主要是给定信号和反馈信号的综合，如图 9-8 所示。

1）给定电压 U_s 由 24V 稳压电源通过电位器 RP_1、RP_2 和 RP_3 供给。其中，RP_1 整定最高给定电压（对应最高转速），RP_2 整定最低给定电压（对应最低转速），RP_3 为手动调速电位器（一般采用多圈线性电位器），由于 $n \approx U_s/\alpha$，所以，调节 U_s 即可调节电动机的转速。

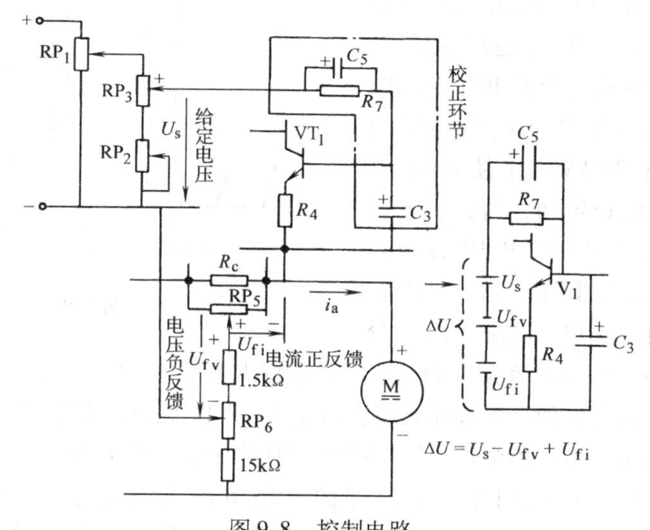

图 9-8 控制电路

2）电压负反馈信号 U_{fv} 由 1.5kΩ 电阻、15kΩ 电阻和电位器 RP_6 分压取出，U_{fv} 与电枢电压 U_a 成正比，$U_{fv}=\gamma U_a$，式中 γ 为电压反馈系数。调节 RP_6 即可调节电压反馈量大小。由于电压信号为负反馈，所以 U_{fv} 与 U_s 极性相反，见图 9-8。在分压电路中，1.5kΩ 电阻为限制 U_{fv} 的下限，15kΩ 电阻则为限制 U_{fv} 的上限。

3）电流反馈信号 U_{fi} 由电位器 RP_5 取出。电枢电流 I_a 主要流过取样电阻 R_c。R_c 为一阻值很小（此处为 0.125Ω）、功率足够大（此处为 20W）的电阻。电位器 RP_5 的阻值（此处为 100Ω）较 R_c 大得多，所以流经 RP_5 的电流是很小的，RP_5 的功率可较 R_c 小得多。由 RP_5 分压取出的电压 U_{fi} 与 I_aR_c 成正比，亦即 U_{fi} 与电枢电流 I_a 成正比，令 $U_{fi}=\beta I_a$，式中 β

为电流反馈系数。调节 RP_5 即可调节电流反馈量的大小。

4）信号的综合主要看控制器输入端的电压 ΔU 由哪些信号电压构成，由图 9-8 可见，$\Delta U=U_s-U_{fv}+U_{fi}$，其中，$U_s$ 为给定电压，U_{fv} 为电压反馈信号，U_{fi} 为电流反馈信号，其中电压为负反馈，电流为正反馈。图中，VD_6 为电压放大输入回路正限幅，以免输入信号幅值过大；VD_7 为晶体管 VT_1 的 be 电结反向限幅保护，以免过高反向电压将其击穿。

5）在给定回路中，还串接了一个电阻 R_7 和电容 C_5 并联的组件，它和 VT_1 输入电路中的 C_3、R_4 将构成串联校正环节，其中 C_3 为滤波电容，C_5 为加速电容，主要为了增强抗干扰能力和改善系统的动态性能（这在第 7.3.2 节中已分析说明）。

4. 保护电路

（1）短路保护　主回路中的熔断器（50A）和控制回路中的熔断器（1A）均为短路保护环节。

（2）过电压保护　主电路的交、直流两侧均设有阻容（50Ω 电阻与 2μF 电容串联）吸收电路，以吸收浪涌电压。

（3）过电流截止保护　图中电位器 RP_4、稳压管 2CW9（1～2.5V）和晶体管 VT_3 构成电流截止负反馈环节。由于直流电动机在起动的瞬间，转速 n 为零，因此反电动势 E（$=K_e\Phi n$）亦为零，此时电枢电流 $I_a=\dfrac{U_a-E}{R_a}=\dfrac{U_a}{R_a}$，而电枢电阻 R_a 通常是很小的，这样起动电流将很大，会烧坏整流元件和电动机，因此，必须采取措施来限制过大电流。电流截止负反馈环节便是限制电流过大的有效措施。现将过电流截止保护环节单独画出，如图 9-9 所示。

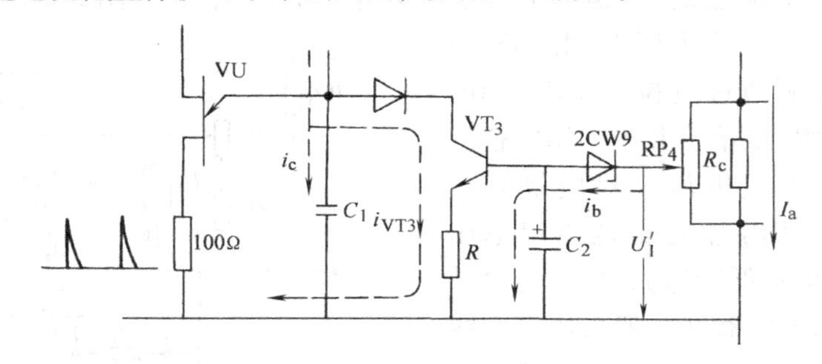

图 9-9　过电流截止保护电路

采用电流截止负反馈环节后，若电流超过某允许值，则由电位器 RP_4 取出的电流信号电压 U_I' 将击穿稳压管 2CW9，并使晶体管 VT_3 饱和导通，这样，电容 C_1 将通过 VT_3 和 100Ω 电阻 R 旁路放电（i_{VT3}），使电容 C_1 上的电压上升变得十分缓慢，使控制角 α 大为延迟，整流输出电压 U_a 大为下降，从而限制了过大的电流。若电流小于最大允许值，则稳压管不会被击穿，VT_3 截止，对电路不会发生影响。电路中的稳压管主要是提供一个阈值电压，以起截止控制的作用。整定 RP_4，即可整定截止电流的数值。

（4）励磁回路欠电流保护　由电动机电动势 $E=K_e\Phi n$ 有：直流电动机的转速 $n=E/(K_e\Phi)$，当励磁电流过小时，磁通 Φ 将很小，由上式可知，电动机的转速将会过高，特别是当励磁回路断路时，有可能导致很高的转速（称为“飞车”）。为了防止出现这样的情况，通常设置励磁回路欠电流保护环节。图 9-6 中，在励磁回路中串接了欠电流继电器 KA，其常开触点 KA 串联在主电路接触器 KM 线圈的回路中。当电流过小时，KA 释放，常开触点 KA 断开，主电路接触器 KM 跳闸，从而起到保护作用。与 KA 线圈并联的电位器 RP_7 起分流作用，用来整定失磁保护的动作电流。

5. 辅助电路

本装置的辅助电路不多，主要是提供触发电路的稳压电源、提供给定电压的稳压电源和电源通断指示等辅助环节。

9.3 转速、电流双闭环晶闸管直流调速系统

上面分析的电路，只适用于小功率、要求不太高的调速系统。而对要求较高的调速系统，应用得更普遍、更典型的是“转速、电流双闭环”调速系统。下面将介绍这个系统的组成、工作原理、自动调节过程、系统框图和系统性能分析。

9.3.1 系统的组成

图9-10为转速、电流双闭环直流调速系统原理图。

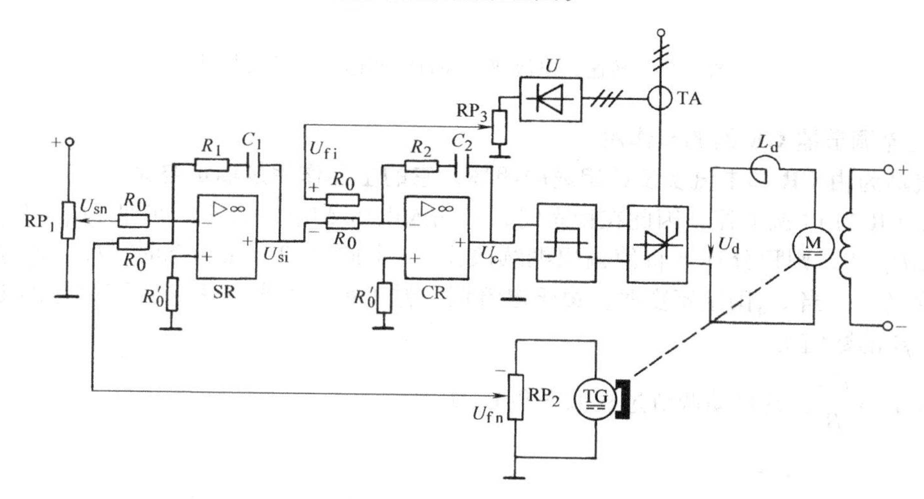

图9-10　转速、电流双闭环直流调速系统原理图

由图可见，该系统有两个反馈回路，构成两个闭环回路（故称双闭环）。其中一个是由电流调节器CR[⊖]和电流检测—反馈环节构成的电流环，另一个是由速度调节器SR[⊖]和转速检测—反馈环节构成的速度环。由于速度环包围电流环，因此称电流环为内环（又称副环），称速度环为外环（又称主环）。在电路中，SR和CR实行串级连接，即由SR去“驱动”CR，再由CR去“控制”触发电路。图中速度调节器SR和电流调节器CR均为比例-积分（PI）调节器，其输入和输出均设有限幅电路（图中未标出）。

SR的输入电压为偏差电压ΔU_n，$\Delta U_n = U_{sn} - U_{fn} = U_{sn} - \alpha n$，其输出电压即为CR的输入电压$U_{si}$，其限幅值为$U_{sim}$。

CR的输入电压为偏差电压ΔU_i，$\Delta U_i = U_{si} - U_{fi} = U_{si} - \beta I_d$（$\beta$为电流反馈系数），其输出电压即为触发电路的控制电压U_c，其限幅值为U_{cm}。

组成系统的框图如图9-11所示。

9.3.2 系统的工作原理和自动调节过程

在讨论工作原理时，为简化起见，运放器的输入端将“看做”正相端输入。

⊖　CR为英文Current Regulator（电流调节器）缩写，SR为英文Speed Regulator（速度调节器）缩写。

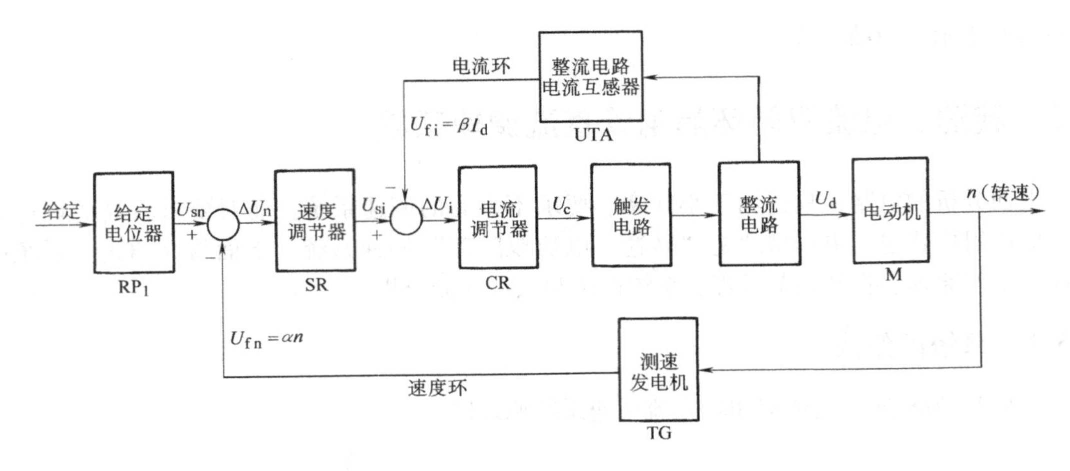

图 9-11 转速、电流双闭环直流调速系统组成框图

1. 电流调节器 CR 的调节作用

电流环为由 CR 和电流负反馈组成的闭环，它的主要作用是稳定电流。

由于 CR 为 PI 调节器，因此在稳态时，其输入电压 ΔU_i 必为零，亦即 $\Delta U_i = U_{si} - \beta I_d = 0$。（若 $\Delta U_i \neq 0$，则积分环节将使输出继续改变）。由此可知，在稳态时，$I_d = U_{si}/\beta$。此式的物理含义是：**当 U_{si} 固定不变时，由于电流调节器 CR 的调节作用，整流装置的电流将保持在 U_{si}/β 的数值上。**

假设 $I_d > \dfrac{U_{si}}{\beta}$，其自动调节过程如图 9-12 所示。

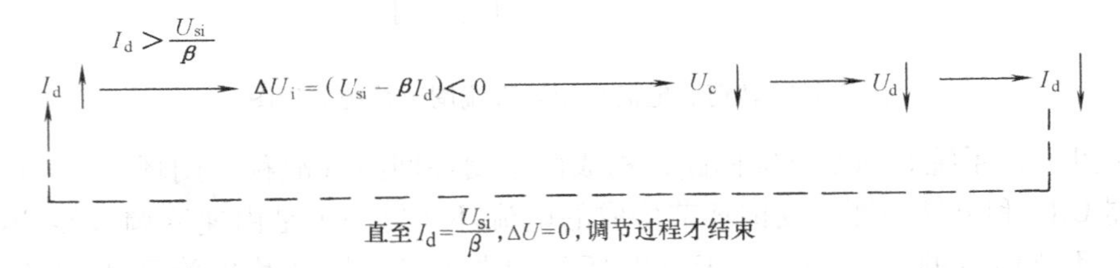

图 9-12 电流环的自动调节过程

这种保持电流不变的特性将使系统能：

（1）自动限制最大电流　由于 SR 有输出限幅，限幅值为 U_{sim}，这样电流的最大值便为 $I_m = U_{sim}/\beta$，当 $I_d > I_m$ 时，电流环将使电流降下来。由上式可见，整定电流反馈系数 β（调节电位器 RP_3）或调节 SR 限幅值 U_{sim}，即可整定 I_m 的数值，一般整定 $I_m = (2 \sim 2.5) I_N$（额定电流）。

（2）能有效抑制电网电压波动的影响　当电网电压波动而引起电流波动时，通过电流调节器 CR 的调节作用，使电流很快回复原值。在双闭环调速系统中，电网电压波动对转速的影响几乎看不出来（在仅有转速环的单闭环调速系统中，电网电压的波动要通过转速的变化并进而由转速环来进行调节，这样调节过程慢得多，转速降也大）。

2. 速度调节器 SR 的调节作用

速度环是由 SR 和转速负反馈组成的闭环，它的主要作用是保持转速稳定，并最后消除

转速静差。

由于 SR 也是 PI 调节器，因此稳态时 $\Delta U_n = U_{sn} - \alpha n = 0$。由此式可见，在稳态时，$n = U_{sn}/\alpha$。此式的物理含义是：**当 U_{sn} 为一定的情况下，由于速度调节器 SR 的调节作用，转速 n 将稳定在 U_{sn}/α 的数值上。**

假设 $n < U_{sn}/\alpha$，其自动调节过程如图 9-13 所示。

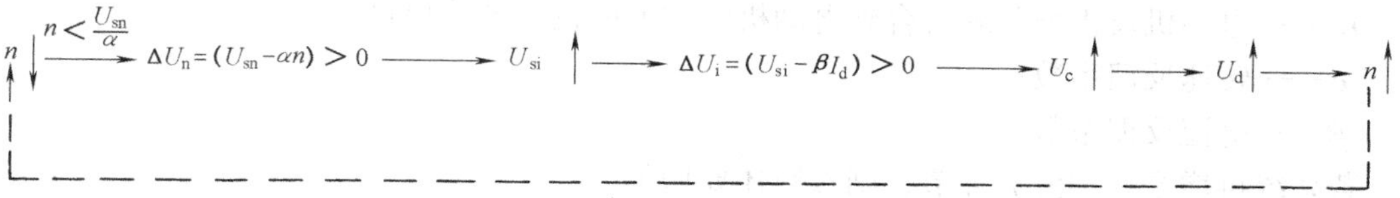

$$n\downarrow \xrightarrow{n<\frac{U_{sn}}{\alpha}} \Delta U_n = (U_{sn} - \alpha n) > 0 \longrightarrow U_{si}\uparrow \longrightarrow \Delta U_i = (U_{si} - \beta I_d) > 0 \longrightarrow U_c\uparrow \longrightarrow U_d\uparrow \longrightarrow n\uparrow$$

直至 $n = \frac{U_{sn}}{\alpha}$，$\Delta U_n = 0$，调节过程才结束

图 9-13　速度环的自动调节过程

此外，由式 $n = U_{sn}/\alpha$ 可见，调节 U_{sn}（电位器 RP_1），即可调节转速 n；整定电位器 RP_2，即可整定转速反馈系数 α，以整定系统的额定转速。

9.3.3　系统框图

转速、电流双闭环直流调速系统是在转速负反馈单闭环调速系统基础上发展起来的。因此在转速单闭环系统框图（图 9-4）的基础上，再添上电流环，并参照如图 9-11 所示的组成框图和如式（5-11）所示的 PI 调节器的传递函数 $[K(T_1 s+1)/T_1 s$，式中 $K = R_1/R_0$，$T_1 = R_1 C_1]$，这样，就可得到如图 9-14 所示的转速、电流双闭环直流调速系统的系统框图。

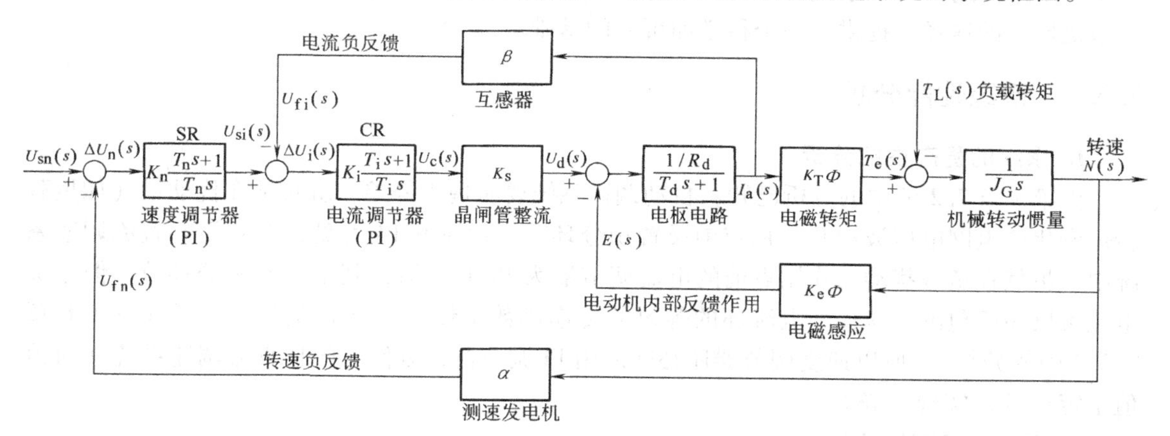

图 9-14　转速、电流双闭环直流调速系统的系统框图

框图中的系统结构参数有（共 13 个）：

K_n——速度调节器增益，$K_n = R_n/R_0$；

T_n——速度调节器时间常数，$T_n = R_n C_n$；

K_i——电流调节器增益，$K_i = R_i/R_0$；

T_i——电流调节器时间常数，$T_i = R_i C_i$；

K_s——晶闸管整流装置增益；

R_d——电动机电枢回路电阻（包括平波电抗器和电枢）；

T_d——电动机电枢回路时间常数，$T_d = L_d/R_d$，L_d 为电枢回路电感（包括平波电抗器和电枢）；

K_T——电动机电磁转矩恒量；

K_e——电动机电动势恒量；

Φ——电动机工作磁通量（磁极磁通量）；

J_G——电动机及机械负载折合到电动机转轴上的机械转速惯量；

α——转速反馈系数；

β——电流反馈系数。

若系统再增添各种滤波环节，则参数还要增加。

图中的变量有（共 12 个）：

U_{sn}——给定量（输入量）；

n——转速（输出量）；

T_L——负载阻力转矩（扰动量）；

U_{fn}——转速反馈电压（反馈量）；

U_{fi}——电流反馈电压（反馈量）。

此外各种参变量有：ΔU_n 和 ΔU_i 为偏差电压，U_c 为控制电压，U_d（U_a）为整流输出电压（电动机电枢电压），I_d（即 I_a）为电枢电流，E 为电动机电动势，T_e 为电磁转矩，共 12 个。

框图中的各种环节共有 9 个。图中 9 个环节的功能框和它们之间的相互联系，把各种变量之间的因果关系、配合关系和各种结构参数在其中的地位和作用，都一目了然地、清晰地描绘了出来。这样的数学模型，为以后分析各种系统参数对系统性能的影响，并进而研究改善系统性能的途径，提供了一个科学而可靠的基础。

9.3.4 系统性能分析

1. 系统的稳态性能分析

由第 7 章 7.2 节中的分析已知，自动调速系统要实现无静差，就必须在扰动量（如负载转矩变化或电网电压波动）作用点前设置积分环节。由图 9-14 可见，在双闭环直流调速系统中，虽然在负载扰动量作用点前的电流调节器为 PI 调节器，其中含有积分环节，但它被电流负反馈所包围，这样，电流环的等效的传递函数中便不再含有积分环节了（见第 8 章 8.2.2 中的分析），所以速度调节器还必须采用 PI 调节器，以使双闭环直流调速系统（对恒值给定信号）实现无静差。

2. 系统的稳定性分析

（1）电流环分析　由图 9-14 可见，直流电动机的等效传递函数为一个二阶系统（见第 5 章图 5-18a），如今串接一个电流（PI）调节器，这样电流环便是一个三阶系统，若电动机的机电时间常数（T_m）较大，再加上电流调节器参数整定不当，则有可能形成振荡（这在系统调试时，是常遇到的），这时可采取的措施有：

1）增大电流调节器的微分时间常数 T_i（R_iC_i），主要是适当增大电容 C_i [因微分环节能改善系统的稳定性（见第 8 章 8.1.2 中的分析）]。

2）降低电流调节器的增益 K_i（R_i/R_o），主要是减小 R_i [通常减小增益，有利于系统的稳定性（见第 7 章 7.1.4 及第 8 章 8.1.1 中的分析）]。

3）在电流调节器反馈回路（R_i、C_i）两端再并联一个 1～2MΩ 的电阻（R_2）（如第5章图5-20所示）。此时电流调节器的传递函数已在第5章习题5-10中，由读者求得，为

$$G(s)=\frac{U_o(s)}{U_i(s)}=\frac{R_2}{R_o}\frac{(R_iC_is+1)}{[(R_i+R_2)C_is+1]}$$

将上式与PI调节器传递函数对照，不难发现，除了增益由 $R_i/(R_oT_i)$ 变为 R_2/R_o 外，最主要的是积分环节被惯性环节取代，这显然有利系统稳定性改善，但使系统的稳态性能变差（系统由Ⅰ型变为0型，变为有静差）。当然，由于 R_2 为1～2MΩ 的高值电阻，使比例系数相对较大，仍可使系统的稳态误差保持在允许范围内。

（2）速度环分析　在系统调试时，通常是先将电流调节器的参数整定好，使电流环保持稳定，稳态误差也较小；然后在此基础上，再整定速度调节器参数（T_n 及 K_n）。由图9-14可见，电流环已是一个三阶系统，如今再串联一个速度（PI）调节器，则系统将为四阶系统，若电流环整定得不好，再加上速度调节器参数整定得不好，很容易产生振荡。若系统产生振荡，可以采取的措施，与调节电流调节器相同。

3. 系统的动态性能分析

由于转速、电流双闭环直流调速系统是一个四阶系统，因此，它的动态性能（主要是最大超调量）往往达不到预期要求，针对这种情况，可以采取的措施有：

（1）调节速度调节器参数　可适当降低 K_n（即使 $R_n\downarrow$），以使最大超调量（σ）减小，但调整时间 t_s 将会有所增加。

（2）增设转速微分负反馈环节　微分负反馈环节就是反馈量通过电容器 C 再反馈到控制端（见图8-10）；这种反馈的特点是只在动态时起作用（稳态时不起作用）。这是因为通过电容器 C 的电流 $i_C\propto(\mathrm{d}U_{fn}/\mathrm{d}t)\propto(\mathrm{d}n/\mathrm{d}t)$；稳态时，$\mathrm{d}n/\mathrm{d}t=0$（电容相当于断路）这时微分负反馈不起作用。而当转速超调量过大、转速上升过快（$\mathrm{d}n/\mathrm{d}t$ 较大）时，微分负反馈环节将使 $\mathrm{d}n/\mathrm{d}t$ 减小，从而使转速的最大超调量减小（可参见表8-1⑥中的分析）。

9.3.5　给定积分器的应用

在有些生产机械中，要求机械平稳起动，并且对起动的加速度提出了确定的限制性要求。例如高炉卷扬机，矿井提升机，冷、热连轧机等。这些机械，若加速度过大，不仅会影响产品质量，还可能会发生设备事故。因此，对这些机械，系统的给定信号不能直接采用阶跃信号，而是通过一个“给定积分器”，将正、负阶跃信号转换成上升（或下降）斜率（对应加速度或减速度）可调的斜坡输入信号，如图9-15所示，以使系统能平稳地起动或停车。

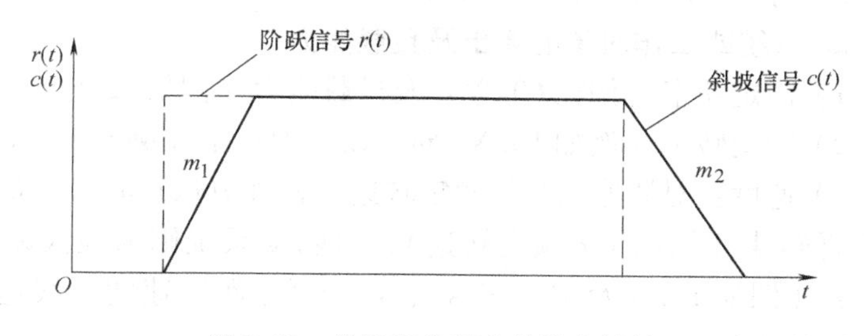

图9-15　给定积分环节的输出特性

给定积分器实际上是一个具有限幅功能的积分环节，它可由电子元件线路构成，也可通过软件实现。图

9-15 为给定积分环节将阶跃信号变为斜坡信号的输出特性 $c(t)=f[r(t)]$。其上升的斜率 m_1 和下降的斜率 m_2 可分别加以整定。这样，速度曲线将变为梯形曲线，近似图 9-15 中的黑粗线。梯形速度曲线虽使升、降速变得平稳，但仍不够平滑，其加速度仍有突变，仍会造成冲击，因此在要求更高的场合，如载人电梯、传送带、数控机床等设备，则通过对转矩的控制，可实现升、降更为平滑的“S”形速度曲线，参见第 14 章对图 14-17 的分析。

9.3.6 双闭环调速系统的优点

1）由两个调节器分别调节电流和转速，可以分别进行设计，分别调整（先调整好电流环，再调整速度环），结构合理，调整方便。

2）由于采用 PI 调节器，可实现无静差，因此具有良好的稳态性能，同时它也具有良好的动态性能。

3）能较好地抑制机械负载变化、电网电压波动等扰动对转速的影响，系统的抗扰动能力强。

由于转速、电流双闭环直流调速系统具有良好的动、静态特性，且设计、调整方便，因此在冶金、机械、造纸、轻纺、印染等许多部门获得了广泛的应用。

9.4 自动控制系统的一般分析方法

在生产现场，遇到较多的往往是实际系统的验收、安装、调试、运行、维护和故障的排除，这就需要我们根据产品使用说明书和有关的技术知识，遵循科学的方法，并结合以往的经验，对实际系统进行了解、分析与调试，并排除可能出现的故障，使系统处于最佳运行状态。下面将通过亚龙 YL-209 转速、电流双闭环直流调速系统来扼要介绍常用的分析、调试和排除故障的方法。本节主要介绍一般的分析方法，自动控制系统的分析步骤如下：

9.4.1 了解工作对象对系统的要求

在分析自动控制系统的工作原理前，首先要了解工作对象对系统的要求，这些要求通常是：

1. 系统或工作对象所处的工况条件

1）电源电压及波动范围［例如三相交流 380(1±10%)V］。

2）供电频率及波动范围［例如（50±1)Hz］。

3）环境温度（例如 −20～+40℃）。

4）相对湿度（例如≤85%）。

5）海拔高度（例如≤1000m）等。

2. 系统或工作对象的输出及负载能力

1）额定功率（例如 60kW）及过载能力（例如 120% 额定功率）。

2）额定转矩（例如 100N·m）及最大转矩（例如 150% 额定转矩）。

3）速度：对调速系统为额定转速（例如 1000r/min）、最高转速（例如 120% 额定转速）及最低转速（例如 1% 额定转速）；对随动系统则为最大跟踪速度（线速度 v_{max} 及角速度 ω_{max}）（例如 1m/s 及 100rad/s）、最低平稳跟踪速度（线速度 v_{min} 及角速度 ω_{min}）（例如 1cm/s 及 0.01rad/s）。

4）最大位移（线位移 l_{max} 及角位移 θ_{max}）等。

3. 系统或工作对象的技术性能指标

（1）稳态指标　对调速系统，主要是静差率[一]（例如 $s \leqslant 0.1\%$）和调速范围[二]（例如100:1）；对随动系统，则主要是阶跃信号和等速信号输入时的稳态误差（例如0.1mm或1密位[三]等）。

（2）动态指标　对调速系统主要是因负载转矩扰动而产生的最大动态速降 Δn_{max}（例如10r/min）和恢复时间 t_f[四]（例如0.3ms）；对跟随系统主要是最大超调量 σ（例如5%）和调整时间 t_s（例如1ms）以及振荡次数 N（例如3次）。

4. 系统或设备可能具有的保护环节

有过电流保护，过电压保护，过载保护，短路保护，停电（或欠电压）保护，超速保护，限位保护，欠电流失磁保护，失步保护，超温保护和联锁保护等。

5. 系统或设备可能具备的控制功能

有点动，自动循环，半自动循环，各分部自动循环，爬行微调，联锁，集中控制与分散控制，平稳起动、迅速制动停车，紧急停车和联动控制等。

6. 系统或设备可能具有的显示和报警功能

有电源通、断指示，开、停机指示，过载断路指示，缺相指示，风机运行指示，熔丝熔断指示和各种故障的报警指示及警铃等。

7. 工作对象的工作过程或工艺过程

在了解上述指标和数据的同时，还应了解这些数据对系统工作质量产生的具体的影响。例如造纸机超调会造成纸张断裂；轧钢机的过大的动态速降会造成明显的堆钢和拉钢现象；仿形加工机床驱动系统的灵敏度直接影响到加工精度的等级；再如传动试验台的调速范围就关系到它能适应的工作范围等。

在提出这些指标要求时，一般应该是工作对象对系统的最低要求，或必需的要求；因为过高的要求，会使系统变得复杂，成本显著增加。而系统的经济性，始终是一个必须充分考虑的因素。

而在调试系统时，则应留有适当的裕量；因为系统在实际运行时，往往会有许多无法预计的因素。同时还要估计到各种可能出现的意外故障，并采取相应的措施，以保证系统能安全可靠地运行。同样，系统的可靠性，也是一个始终必须充分考虑的因素。

9.4.2　搞清系统各单元的工作原理

对一个实际系统进行分析时，应该先作定性分析，后作定量分析。即首先把基本的工作原理搞清楚，这可以把电路分成若干个单元，对每一个单元又可分成若干个环节。这样**先化整为零，弄清每个环节中每个元器件的作用；然后再集零为整，抓住每个环节的输入和输出两头，搞清各单元和各环节之间的联系，统观全局，搞清系统的工作原理**。现以表9-1所示的晶闸管直流调速系统的单元为例作一些说明。

[一] 静差率 $s = \Delta n_N / n_{Nmin} \times 100\%$（$\Delta n_N$ 是额定负载时的转速降，n_{Nmin} 是最低额定转速）。

[二] 调速范围 $D = n_{Nmax} / n_{Nmin}$（最高、最低额定转速之比）。

[三] 1密位 $= 360° / 6000 = 0.06°$

[四] 恢复时间 t_f 是指从扰动量作用开始，到被调量进入并保持在离稳态值某一误差带内所需的时间。

表 9-1 晶闸管直流调速系统的基本单元

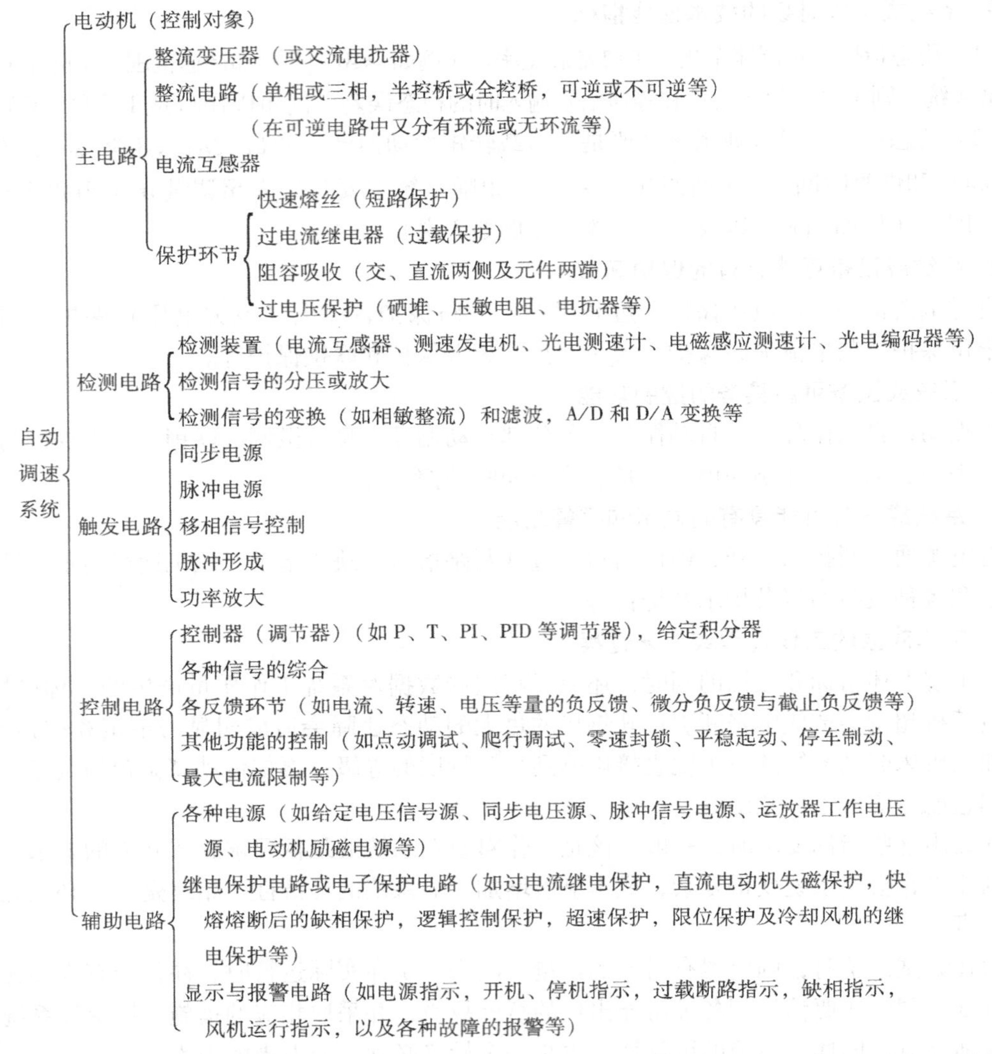

- 自动调速系统
  - 电动机（控制对象）
  - 主电路
    - 整流变压器（或交流电抗器）
    - 整流电路（单相或三相，半控桥或全控桥，可逆或不可逆等）（在可逆电路中又分有环流或无环流等）
    - 电流互感器
    - 保护环节
      - 快速熔丝（短路保护）
      - 过电流继电器（过载保护）
      - 阻容吸收（交、直流两侧及元件两端）
      - 过电压保护（硒堆、压敏电阻、电抗器等）
  - 检测电路
    - 检测装置（电流互感器、测速发电机、光电测速计、电磁感应测速计、光电编码器等）
    - 检测信号的分压或放大
    - 检测信号的变换（如相敏整流）和滤波，A/D 和 D/A 变换等
  - 触发电路
    - 同步电源
    - 脉冲电源
    - 移相信号控制
    - 脉冲形成
    - 功率放大
  - 控制电路
    - 控制器（调节器）（如 P、T、PI、PID 等调节器），给定积分器
    - 各种信号的综合
    - 各反馈环节（如电流、转速、电压等量的负反馈、微分负反馈与截止负反馈等）
    - 其他功能的控制（如点动调试、爬行调试、零速封锁、平稳起动、停车制动、最大电流限制等）
  - 辅助电路
    - 各种电源（如给定电压信号源、同步电压源、脉冲信号电源、运放器工作电压源、电动机励磁电源等）
    - 继电保护电路或电子保护电路（如过电流继电保护，直流电动机失磁保护，快熔熔断后的缺相保护，逻辑控制保护，超速保护，限位保护及冷却风机的继电保护等）
    - 显示与报警电路（如电源指示，开机、停机指示，过载断路指示，缺相指示，风机运行指示，以及各种故障的报警等）

（1）主电路　主要是对电动机电枢和励磁绕组进行正常供电，对它们的要求主要是安全可靠。因此在部件容量的选择上，在经济和体积上相差不是太多的情况下，尽可能选大一些。在保护环节上，对各种故障出现的可能性，都要有足够的估计，并采取相应的保护措施，配备必要的警报、显示、自动跳闸电路，以确保主电路安全可靠的要求。

若主电路采用晶闸管整流，则还应考虑晶闸管整流时的谐波成分对电网的有害的影响；因此，通常要在交流进线处串接交流电抗器或通过整流变压器供电（见下面分析）。

（2）触发电路　主要考虑的是它的移相特性（即移相范围和线性度），控制电压的极性与数值，以及它与晶闸管输出电压间的关系。此外，还有同步电压的选择，同步变压器与主变压器相序间的关系（钟点数），以及触发脉冲的幅值和功率能否满足晶闸管的要求，各触发器的统调是否方便等，这些都涉及到触发电路与其他单元的联系，需要进行综合考虑。

（3）控制电路　它是自动控制系统的中枢部分，它的功能将直接影响控制系统的技术性能。对调速系统主要是电流和转速双闭环控制；对恒张力控制系统，除了电流、转速闭环外，还要再设置张力闭环控制；对随动系统，除位置闭环和电流闭环外，还可设置转速闭环。若对系统要求较高时，还可设置微分负反馈或其他的自适应反馈环节。

对由运放器组成的调节器电路，则还要注意其输入和输出量的极性，输入、输出的限幅，零飘的抑制和零速或零位的封锁等。

（4）检测电路　主要是检测装置的选择，选择时应注意选择适当精度的检测元件；若精度过高，不仅成本增加，而且安装条件苛刻；若检测元件精度过低，又无法满足系统性能指标要求，因为系统的精度，正是依靠检测元件提供的反馈信号来保证的。选择时，还要注意输出的是模拟量，还是数字量；对计算机控制，则应选择数字量输出；对模拟控制，则应选择模拟量输出；否则还要增加 A/D（或 D/A）单元，这样既增加费用，又增加传递时间。此外检测装置要牢固耐用、工作可靠、安装方便，并且希望输出信号具有一定的功率和幅值。

（5）辅助电路　则主要是继电（或电子）保护电路、显示电路和报警电路。继电保护电路不像电子线路那样易受干扰，是一种有效而可靠的保护环节，应给予足够的重视和考虑；但其灵敏度、快速性以及自动控制、自动恢复等性能不及电子保护线路。

9.4.3 搞清整个系统的工作原理

在搞清各单元、各环节的作用和各个元件的大致取值的基础上，再集零为整，抓住各单元的输入、输出两头，将各个环节相互联系起来，画出系统的框图。然后在这基础上，搞清整个系统在正常运行时的工作原理和出现各种故障时系统的工作情况。

9.5 转速、电流双闭环三相晶闸管直流不可逆调速系统实例分析

图 9-16 ~ 图 9 ~ 22 为亚龙 YL-209 转速、电流双闭环直流调速系统，它由工业产品线路经模块化处理而成，其中图 9-16 为主电路，图 9-17 为同步变压器与整流变压器，图 9-19 为三相晶闸管集成触发电路，图 9-22 为电流调节器、速度调节器、信号处理电路和过电流保护电路，现分别介绍如下：

9.5.1 主电路

三相晶闸管全控桥式整流电路如图 9-16 所示。

三相全控桥式整流电路在第 4 章 4.4.1 节中已作介绍。

1）图中 6 个晶闸管的导通顺序如图 4-13 所示。它的特点是：

① 它们导通的起始点（即自然换流点）：对共阴极的 VTH_1、VTH_3、VTH_5，为 u_A、u_B、u_C 三相正半波的交点；而对共阳极的 VTH_4、VTH_6、VTH_2，则为三相电压负半波的交点。

② 在共阳极和共阴极两组晶闸管中，惟各有一个导通，才能构成通路，如 6-1、1-2、2-3、3-4、4-5、5-6、6-1 等，参见图 4-13，这样触发脉冲和晶闸管导通的顺序为 1→2→3→4→5→6，间隔为 60°电角。对每个晶闸管触发，则为相隔 60°电角的双脉冲。

2）在图 9-16 中，TA 为电流互感器（三相共 3 个），（HG1 型，5A/2.5mA，负载电阻 <100Ω），由于电流互感器二次侧不可开路（开路会产生很高的电压），所以二次侧均并联

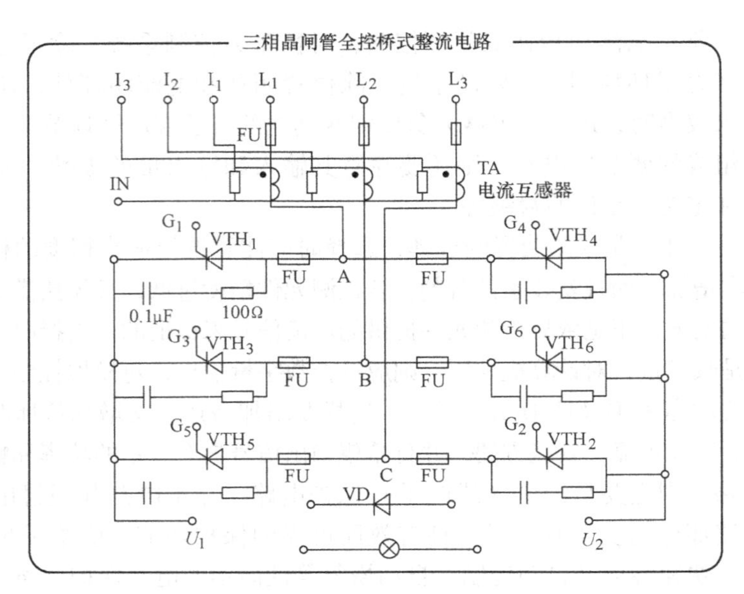

图 9-16 三相晶闸管全控桥式整流电路

一个负载电阻。

3）主电路中每个晶闸管都串联一个熔断器（短路保护），并联阻容吸收电路（吸收浪涌电压）。

9.5.2 整流变压器与同步变压器的连接

1. 整流变压器

1）采用整流变压器主要是为了使整流输出电压与电动机工作电压相适应。整流变压器连接成三角形-星形，可有效地抑制晶闸管整流时产生的奇次谐波［主要是三次谐波（Triple Harmonic）］对电网的不良影响。此外，还可对三相交流电压起隔离作用，有利人身安全。若直接接电网后，整流输出电压能符合电动机电压要求，也可以改为采用在进线处串接交流电抗器（A. C. Reactor）来抑制整流谐波对电网的影响。这里整流变压器采用 D/Y 接法。

2）整流变压器的变比。由于本系统中的直流电动机的电压为 $U_d=110V$，由三相全控桥式电压，公式有 $U_d=2.34U_2$［见式（4-4）］，今以 $U_d=110V$ 代入，可得二次侧电压有效值 $U_2\approx47V$。

3）整流变压器联结组标号。三相变压器的联结组标号，通常以钟点数表示，即以一次侧的线电压为钟的长针，垂直指向 12 点位置，以二次侧的线电压为短针来标定钟点数。在图 9-17 中，图 9-17d 为一次侧电压相量图，$\dot{U}_{AB1}$ 指向 12 点；图 9-17e 为整流变压器二次侧电压相量图，由于整流变压器的 $\dot{U}_A$ 对应 $\dot{U}_{AB1}$，即可画出图 9-17e 中的 $\dot{U}_A$（向上竖直的）相量，然后画出全图。对照图 9-17d 与 9-17e，$\dot{U}_{AB}$ 较 $\dot{U}_{AB1}$ 超前 30°，从而构成 11 点钟，所以联结组标号为△/Y-11。

2. 同步变压器

由图 9-17c 可见，同步变压器的二次侧 $\dot{U}_{Sa}$ 对应一次侧的 $-\dot{U}_{B1}$，于是由图 U_{Sa} 可画出全图，如图 9-17f 所示，这时的 $\dot{U}_{Sab}$ 较 $\dot{U}_{AB1}$ 超前 60°，构成 10 点钟，所以联结组标号为 Y/Y-10。

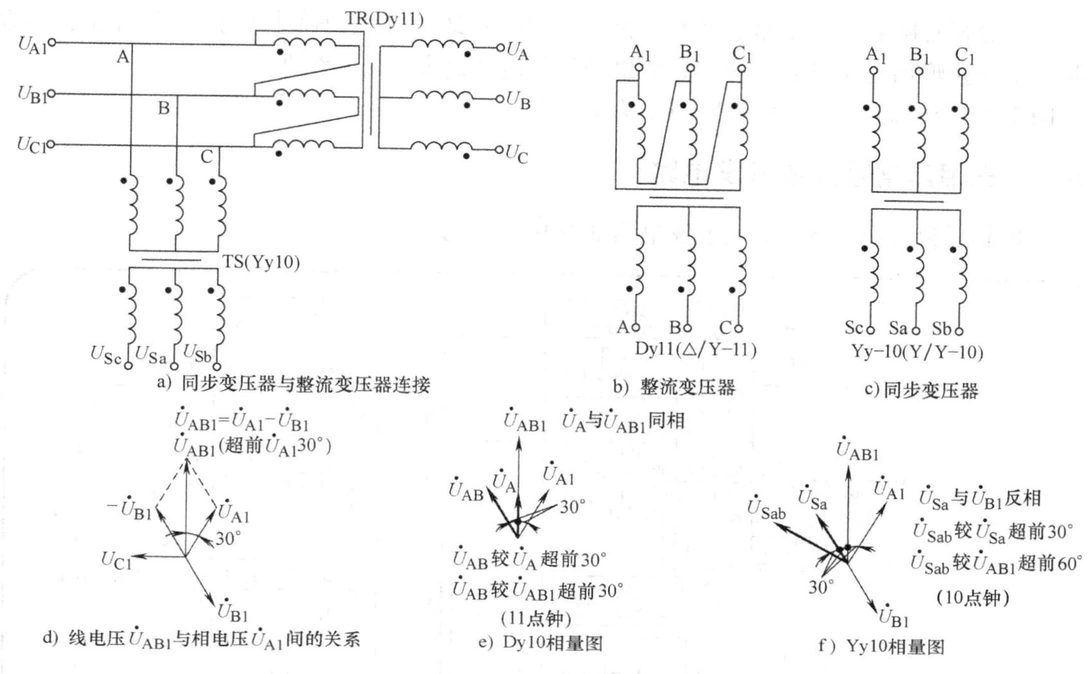

图 9-17 同步变压器与整流变压器连接及对应相量图

由于各相晶闸管触发电路都是以各相相电压为参考基准的，所以整流电压与同步电压间的关系常以相电压为基准，图 9-18a 即为 A 相的整流电压与同步电压间的相量图，将图 9-17d、e、f 逆时针转 30°，即可得以 $\dot{U}_{A1}$ 为参考基准的 $\dot{U}_{A}$ 与 $\dot{U}_{Sa}$ 相电压的相量图 9-18a。

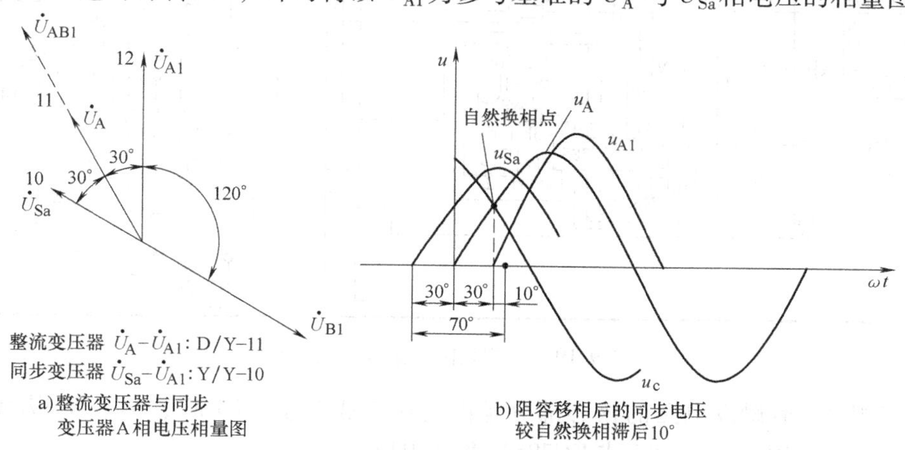

图 9-18 三相晶闸管触发电路的同步问题

3. 三相晶闸管触发电路的同步问题

要保证系统正常工作，必须解决好触发电路的同步问题。本系统触发电路采用的是锯齿波集成触发电路 KC785，由于同步电压还要经过阻容滤波电路，以滤去干扰信号，这会造成相位上的滞后（60°～70°），而这是需要补偿的。由于电压过零点已较自然换流点超前了 30°，因此同步电压较主电路电压应该再超前 30°（共超前 60°，基本上可以补偿），于是同步变压器采用 Yy10（Y/Y-10）的联接方式，[如图 9-17b 所示]。若设阻容移相滞后了 70°，这样，阻容移相后的同步电压，较自然换相点滞后了 10°，参见图 9-18b。

以上分析意味着，控制角 α 的移相范围为 10°～120°。这里不使控制角从 0°开始，一方面是为了防止输出电压过高，另一方面也是为了避开锯齿波的非线性段。

图中 U_{A1}为 220V，U_A 为 47V，U_{Sa}为 16.5V。

9.5.3 三相晶闸管集成触发电路

三相晶闸管（KC785）集成触发电路如图 9-19 所示。

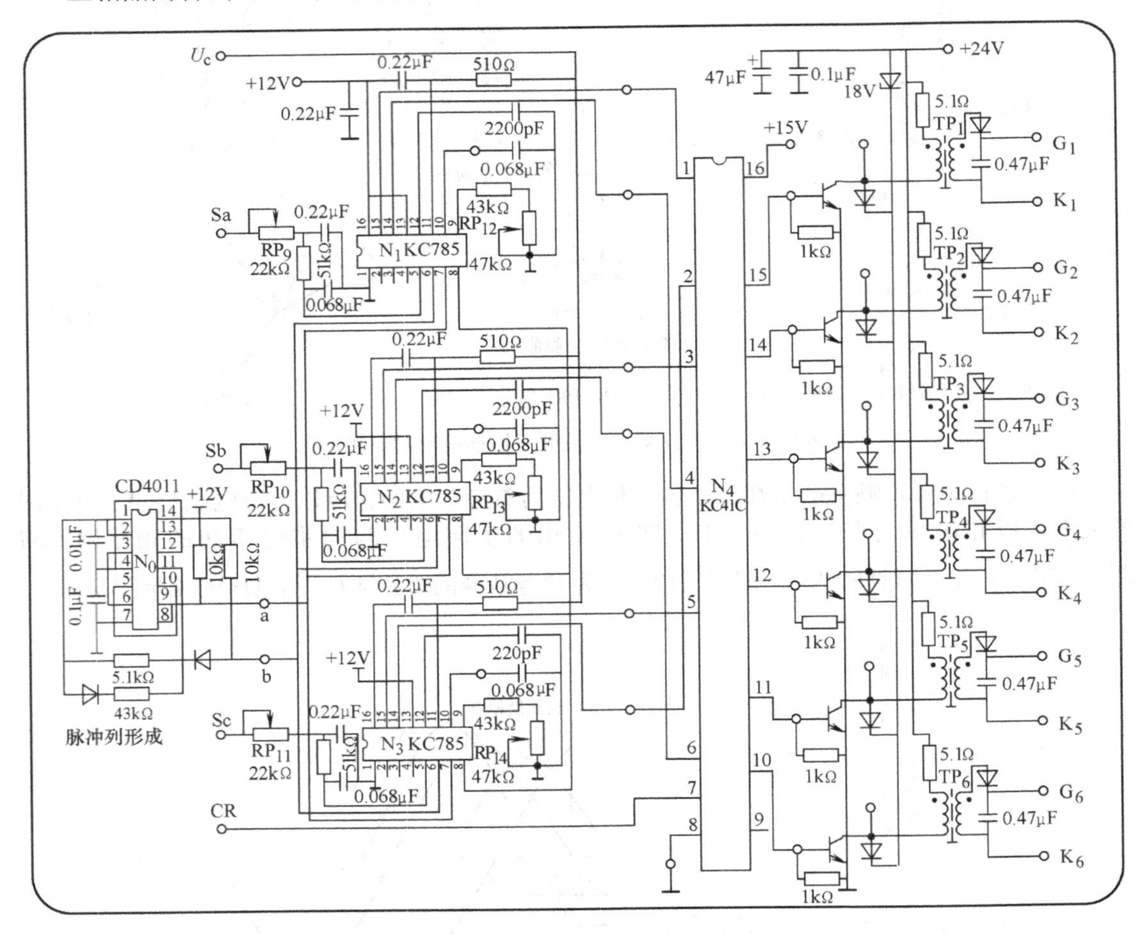

图 9-19 三相晶闸管集成触发电路

1）三相晶闸管触发电路的核心部分是由三块集成触发电路 N_1、N_2、N_3 构成的电路，它们是 TCA785（国产为 KJ785 或 KC785）集成电路。

TCA 785 是西门子（Siemens）公司开发的第三代晶闸管单片移相触发集成电路，它的输出输入与 CMOS 及 TTL 电平兼容，具有较宽的电压范围和较大的负载驱动能力，每路可直接输出 250mA 的驱动电流。其电路结构决定了自身锯齿波电压的范围较宽，对环境温度的适应性较强。该集成电路的工作电源电压范围 -0.5～18V。图 9-20a 为国产 KC785 集成电路的引脚及其功能，箭头向外的为信号输出，箭头向内的为信号输入。其中 13 脚电压与 C_{12}决定脉宽，RP 与 C_{10}决定锯齿波斜率。控制电压 U_c 由 11 脚引入，U_c 与锯齿波的交点，即产生触发脉冲时刻。若 U_c↑(增大)→交点后移→触发脉冲后移（α↑)→晶闸管导通角减小(θ↓)→整流电压 U_d

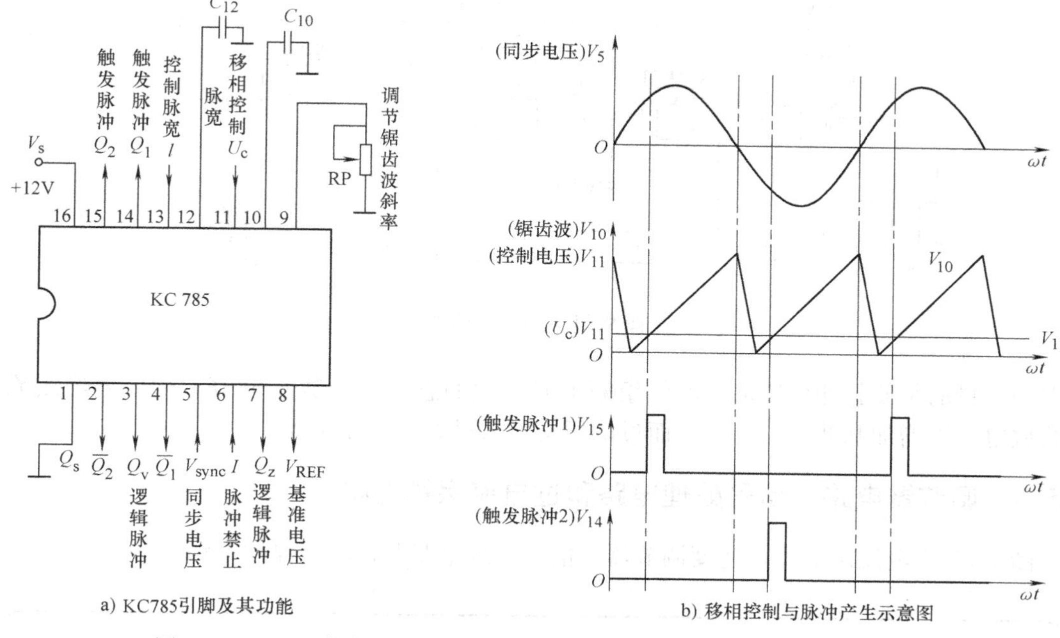

图9-20　KC785集成电路的管脚与功能，以及移相控制与脉冲产生示意图

下降（U_d↓）（这与常规习惯相反，所以后面还要增设一个“电平转换电路”）。

由图9-20b可见，在一个周期内，产生两个相差180°电角的两个脉冲，可分别触发两个晶闸管。因此在图9-19中，便采用 N_1、N_2、N_3 三个KC785集成电路去驱动6个晶闸管，其中 N_1 驱动 VTH_1 与 VTH_4，N_2 驱动 VTH_3 与 VTH_6，N_3 驱动 VTH_5 和 VTH_2。

2）图9-19中的 RP_{12}、RP_{13}、RP_{14} 为接 N_1、N_2、N_3、9脚的可变电阻，它们是用来调节三相锯齿波的斜率的。调试时，调节 RP_1、RP_2 和 RP_3，使三个锯齿波的斜率相同（用双踪示波器对比着调节）。

3）图中Sa、Sb、Sc为三相同步电压，它由同步变压器 U_{Sa}、U_{Sb}、U_{Sc} 三端引入，经阻容滤波电路，送往 N_1、N_2、N_3 的5脚。

由于阻容值有误差，移相角度会有差异，会使触发脉冲不能互差60°。因此在各相同步电压移相电路输入处，再增设一个可变电阻（0～22kΩ）（RP_9、RP_{10} 和 RP_{11}），以调节各相移相相位，使三相输出电压相位对称（互差120°）。

4）控制电压 U_c 同时经限流电阻（510Ω）送往 N_1、N_2、N_3 的11脚（去与锯齿波进行比较）。

5）图中集成电路 N_0 为CD4011，它是四个二输入与非门，由它们构成一个环形振荡器，参见图9-21。此电路从 N_1～N_3 的⑦脚接收到KC785输出的脉冲信号，经电路形成振荡后，通过⑥脚（⑥脚为 N_1～N_3 的脉冲信号禁止端）使KC785输出的脉冲变成脉冲列（脉冲列的前沿陡，幅值高，功耗小）。脉冲列的频率为5～10kHz。

6）图中 N_4 为KC41C（它的内部结构示意图及工作原理，见CAI光盘），它的作用是由 N_1～N_3 输出的基本脉冲，再通过一组二极管电路产生一个补脉冲，以形成双脉冲。

7）由KC41C输出的触发脉冲，经功率放大，再经脉冲变压器，送往 VTH_1～VTH_6 6个晶闸管的G、K极。

8）在图9-19中，在脉冲变压器一次侧二极管续流回路中，串接一个18V的稳压管接

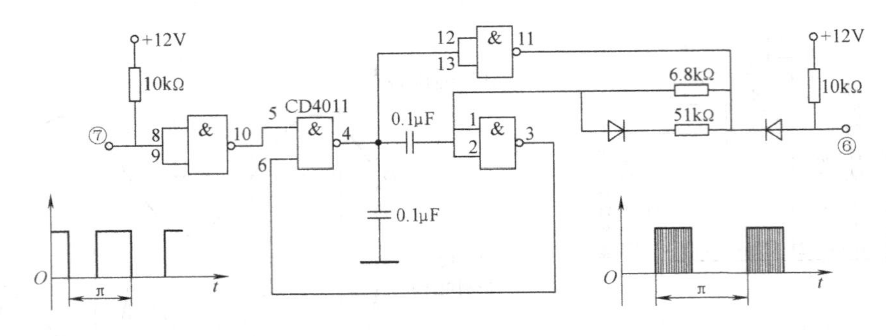

图 9-21　环形振荡器

至电源，目的是使脉冲变压器一次绕组断电时产生的感应电动势超过 18V 后，才经续流二极管放电，以增加脉冲后沿陡度，而过电压又不致过大（小于 18V）。

9.5.4　调节器电路、信号处理电路和过电流保护电路

图 9-22 为电流调节器、速度调节器、信号处理电路及过电流保护电路。

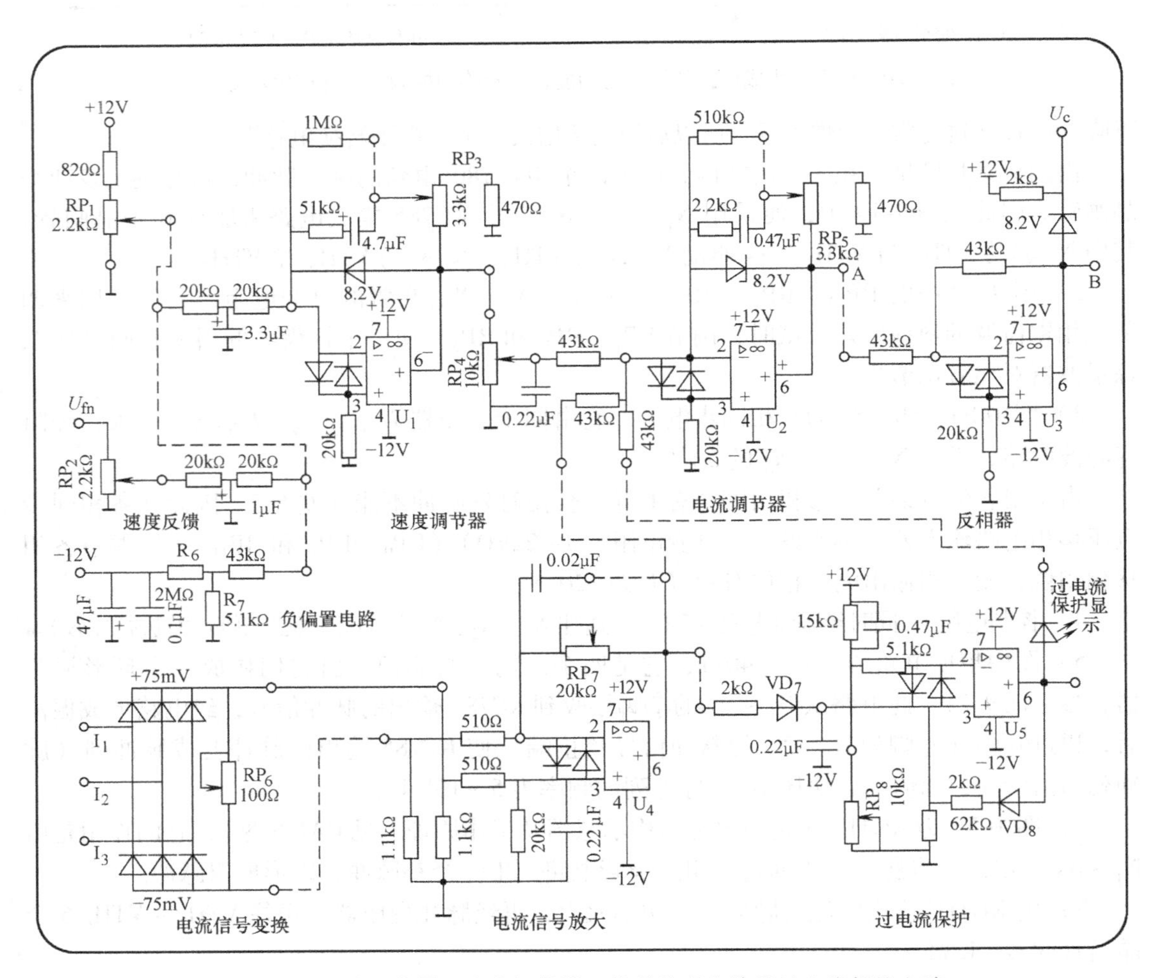

图 9-22　电流调节器、速度调节器、信号处理电路及过电流保护电路

现对控制电路中的各个环节介绍如下：

1. 电流调节器

图中运放器 U_2 构成的电路为电流调节器，它是在比例-积分调节器的基础上，还可增加一个510kΩ的反馈电阻，以利电流环的稳定。它输出电压的极性为正，8.2V稳压管为正向限幅。由 RP_5（3.3kΩ）电位器整定增益，串入470Ω电阻是为了防止增益过大[⊖]。

2. 速度调节器

图中运放器 U_1 构成的电路为速度调节器，它也是比例-积分调节器。同理，它还可增加一个1MΩ的反馈电阻，同样是为了速度环的稳定。输入端的 RC 滤波环节，主要为了滤掉干扰信号，并增加缓冲作用。它输出电压的极性为负，8.2V稳压管为反向限幅，其给定电压为0→8V。在运放器输入端还设置了一个负偏置电路（由-12V电压、2MΩ和5.1kΩ电阻组成的），可提供一个-0.03V的负偏置电压，以防止干扰信号引起的误动作。负偏置电路中的47μF及0.1μF电容，是为了滤去-12V电源中的干扰信号，43kΩ为输入限流电阻。

3. 电平转换电路

若将电流调节器的输出电压（U_A）作为控制电压 U_C，如前所述当 $U_A(U_c)$ 增大→U_c 与锯齿波交点后移→触发脉冲后移→整流电路输出电压 U_d 下降（参见图9-20b），这结果与我们的期望恰相反，为此要增设一个电平转换电路。图中的反相器 U_3 与它输出处（电压为 U_B）的电路（+12V电源—2kΩ电阻—8.2V稳压管）一起构成一个电平转换电路。

由图9-22可见，U_A、U_B、U_C 电平间的关系如下表所示。

U_A/V	U_B/V	U_C/V
0	0	8.2
8.2	-8.2	0

这样，便实现了当 $U_A\uparrow$→$U_c\downarrow$→触发脉冲前移→$U_d\uparrow$的结果。

4. 电流检测信号处理电路

图中 I_1、I_2 和 I_3 为三相电流互感器的输出端，它们经由（正向压降很小的）肖特基二极管构成的三相桥式整流电路整流后，成为电流反馈的直流信号。100Ω可变电阻用来整定电流信号电压（U_I），使电枢电流 $I_a=I_{aN}$（额定电流）时，$U_I=0.15V(\pm 75mV)$。

此信号经阻容滤波后，送往运放器 U_4 的同、反相输入端，U_4 可以是一个比例调节器（也可改成一惯性调节器），它输出的电流信号的极性为正，与速度调节器输出的负极性电压比较，构成负反馈，送往电流调节器。电位器 RP_7 整定电流反馈系数。

5. 过电流保护电路

由 U_4 调节器输出的电流信号 U_I，还同时送往由运放器 U_5 构成的比较器的（+）端，去与（由+12V电源、15kΩ及 RP_8 电阻构成的）基准电压［比较器的（-）端］进行比较。（此基准电压代表截止电流的数值）。当电流信号大于基准电压（意味着电流超过了截

⊖ 470Ω电阻是为了防止电位器 RP_3 调至零电位，形成反馈电压为零，造成运放器开路而出现故障。

止电流）时，则比较器立即输出饱和电压（+11V）（正极性），送往电流调节器输入端，这样电流调节器将使电流迅速下降，从而起到电流截止保护的作用（作用时间仅为10ms），若仅靠 U_4 的电流负反馈作用则要100ms）。而且 U_5 还有自锁作用（由二极管 VD_8 及2kΩ电阻构成的正反馈）。若不断开电源，排除故障，系统不会工作。

由上述分析可见，由 U_4 构成的电流负反馈环节，起限流作用；而由 U_5 构成的电流截止负反馈环节，起过电流保护关机作用（它需断电复位）。

6. 其他环节

1）运放器 U_1 ~ U_5 均有正、负输入二极管限幅保护。由±12V电源提供工作电源。

2）由电位器 RP_1 构成的为转速给定电路（正极性）。

3）由电位器 RP_2 及阻容滤波构成的为转速反馈调节电路，调节 RP_2，即可调节转速反馈系数（整定额定转速）。

9.5.5 综述

综上所述，与图9-10所示的原理图相比，一个实际系统的电路要复杂得多，因为工业产品有许多实际问题必须考虑，例如信号处理问题、信号同步问题、电压匹配问题、抗干扰问题、保护问题、参数整定问题以及增强可靠性问题等等。而我们将要面对的正是实际电路（而不是原理图），这也就是为什么要用这么大的力气来阐述、分析实际电路的原因。此外，通过实例分析，也是为了向读者示范分析实际电路的一般方法。

9.6 自动控制系统的一般调试方法

9.6.1 系统调试前的准备工作

1）了解工作对象的工作要求（或加工工艺要求），仔细检查机械部件和检测装置的安装情况，是否会阻力过大或卡死。因为机械部件安装得不好，开车后会产生事故，检测装置安装得不好（如偏心、有间隙，甚至卡死等）将会严重影响系统精度，形成振荡，甚至产生事故。

2）系统调试是在各单元和部件全部合格的前提下进行的。因此，在系统调试前，要对各单元进行测试，检查它们的工作是否正常，并做下记录。

3）系统调试是在按图样要求，接线无误的前提下进行的。因此，在调试前要检查各接线是否正确、牢靠。特别是接地线和继电保护线路，更要仔细检查（对自制设备或经过长途运输后的设备，更应仔细检查、核对）。未经检查，贸然投入运行，常会造成严重事故。

4）写出调试大纲，明确调试顺序。系统调试是最容易产生遗漏、慌乱和出现事故的阶段，因此一定要明确调试步骤，写出调试大纲；并对参加调试的人员进行分工，对各种可能出现的事故（或故障），事先进行分析，并订出产生事故后的应急措施。

5）准备好必要的仪器、仪表，例如双踪示波器、高内阻万用表、代用负载电阻箱、数字记录型多线示波器、绝缘电阻表，和其他监控仪表（如电压表、电流表、转速表等）以及作为调试输入信号的直流稳压电源和调试专用信号源等。

选用调试仪器时，要注意所选用仪器的功能（型号）、精度、量程是否符合要求，要尽量选用高输入阻抗的仪器（如数字万用表、示波器等），以减小测量时的负载效应。此外还要特别注意测量仪器的接地（以免高电压通过分布电容窜入控制电路）和测量时要把弱电的公共端线和强电的零线分开（例如测量电力电子电路用的示波器的公共线，便不可接强电地线[⊖]）。

6）准备好记录用纸，并画好记录表格。

7）清理和隔离调试现场，使调试人员处于进行活动最方便的位置，各就各位。对机械转动部分和电力线应加罩防护，以保证人身安全。调试现场还应配有可切断电力总电源的“紧停”开关和有关保护装置，还应配备灭火消防设备，以防万一。

9.6.2　制订调试大纲的原则

调试的顺序大致是：

1）先单元，后系统。

2）先控制回路，后主电路。

3）先检验保护环节，后投入运行。

4）通电调试时，先用电阻负载代替电动机，待电路正常后，再换接电动机负载。

5）对调速系统和随动系统，调试的关键是电动机投入运转。投入运行时，一般应先加低给定电压开环起动，然后再逐渐加大反馈量（和给定量）。

6）对多环系统，一般为先调内环，后调外环。

7）对加载试验，一般应先轻载后重载；先低速后高速。

8）系统调试时，应首先使系统正常稳定运行，通常先将 PI 调节器的积分电容短接（改为比例调节器），待稳定后，再恢复 PI 调节器，继续进行调节（将积分电容短接，可降低系统的阶次，有利于系统的稳定运行，但会增加稳态误差）。

9）先调整稳态精度，后调整动态指标。对系统的动态性能，可采用慢扫描示波器或采用数字记录型示波器记录下有关参量的波形（现在也可采用虚拟示波器来记录有关波形）。

10）分析系统的动、稳态性能的数据和波形记录，找出系统参数配置中的问题，以作进一步的改进调试。

9.7　实际系统调试举例（实训指导阅读材料）

现以 9.5 节所讲述的 YL-209 转速、电流双闭环直流调速系统为例，来阐述实际系统的调试过程。

9.7.1　系统部件的调试

如前所述，系统调试是在各部件均能正常工作的前提下进行的，所以前期的工作是把各部件调试好，使它们均能正常工作。

1）首先检查所有的直流稳压电源（如 ±12V、+15V、+24V 等电源）的输出电压是否符合要求。

⊖　由于双踪示波器探头的公共线与机壳相连，而机壳又接在三眼插座的“地”线上，此强电地线又与中性线相通（因电力变压器中性线接地），于是探头公共端便与中性线相通了，测量时会形成短路，烧坏元件。因此，示波器应经隔离变压器供电，或将三孔插头的“地”端悬空。

2）整定同步电压相位。

如图 9-17 所示，将整流变压器联成 Dy11 接法，将同步变压器联成 Yy10 接法，不接负载。将它们的一次侧接上 220V/380V 电源，用示波器分别测量 U_{A1}、U_A 和 U_{Sa}的幅值与波形，观察 U_{Sa}是否较 U_A 超前 30°。

3）整定触发电路。

① 切断电源，将整流变压器输出 U_A、U_B、U_C 分别接入主电路的 L_1、L_2 和 L_3 输入端。

② 在主电路的输出端 U_1 和 U_2 间接上一电阻负载（变阻器或白炽灯）。

③ 触发电路接上 +12V，+15V 及 +24V 电源，输入三相同步电压（16.5V）（U_{Sa}、U_{Sb}及 U_{Sc}），控制电压 U_c 端接在直流稳压电源上，U_c 在 0 ~8V 间进行调节，先使 U_c 为4V 左右，用万用表及示波器，观测 N_1 的 10 脚（锯齿波）及 14、15 脚的输出（双脉冲列）的幅值与波形。

④ 由 9.5.4 节中的分析已知，当调节控制电压 U_c（即 N 的 11 脚的输入电压）为最小时（$U_c \approx 0$），对应的控制角 α 应为最小（对应整流电路输出电压 U_d 为最大）；反之，调节 $U_c \approx 8$V 时，触发脉冲消失（对应 $U_d=0$）。由 N_1、N_2 和 N_3 的 6 个输出点（即 N_4 的 6 个输入点），用示波器测得触发脉冲。

⑤ 调节 RP_{12}，使 N_1 锯齿波的幅值为 7.8 ~7.9V，当 U_{c1}增大到最大（8V 左右）时，再适当调节 RP_{12}，使 N_1 的脉冲刚好消失（锯齿波顶点与 U_c 相交）。再由 N_1 的 10 脚，用示波器观察锯齿波的斜率（参见图 9-20）。

⑥ 以 N_1 的锯齿波为基准，调节 RP_9、RP_{10}、RP_{11}，使三个锯齿波的起始点互差 120°电角。

⑦ 再以 N_1 的锯齿波为基准，分别调节 RP_{13}和 RP_{14}，使 N_2 和 N_3 锯齿波的斜率与 N_1 相同（彼此平行）（用双踪示波器对比观察）。

⑧ 调节控制电压 U_c，使 U_c 由 0→8V，观察脉冲的移相范围。并测量 6 个触发脉冲，是否互差 60°，并记录下触发脉冲的波形。

⑨ 测量 N_4 的 10 ~15 脚的输出脉冲的幅值与相位。若各触发脉冲正确无误（如图 4-13 所示）。则在切断电源后，将脉冲变压器的输出接到对应的 6 个晶闸管的 G、K 极。

综上所述，触发电路的调试，主要是调节三相同步电压（调 RP_9、RP_{10}、RP_{11}），使三相同步电压互差 120°，即三个锯齿波的起始点，互差 120°。进一步调节 N_1、N_2、N_3 三个锯齿波斜率相同（平行）（调 RP_{12}、RP_{13}、RP_{14}），使各脉冲互差 60°。

4）调试主电路的输出。

① 检查如图 9-16 所示的主电路中的各个熔断器是否正常（有无断路或缺芯）。

② 将图 9-19 所示的触发电路的 6 个脉冲变压器的输出分别接到主电路中 6 个对应的晶闸管的门极（G）与阴极（K）上。

③ 将整流变压器一次侧电源断开，将三相主电路的进线端 L_1、L_2 和 L_3 分别接到整流变压器二次侧的 U_A、U_B 和 U_C 端（其相电压 $U_{AO}=47$V，以使三相整流电路输出电压$U_d=110$V）。

④ 将主电路输出 U_1 与 U_2 端接上电阻负载（变阻器），为了便于观察，建议在 U_1 与 U_2 间再接一只 15W/110V 的白炽灯。

⑤ 合上电源，观测电阻负载上的电压的数值与波形，调节 U_c 的大小，使控制角 α 分别为 30°、60°、90°及 120°，记录电压的平均值与波形。

⑥ 调节变阻器及 U_c 使电流 $I_d=I_{dN}$，I_{dN}为电动机电枢额定电流（由于亚龙 YL-209 装置采用的是 120W 小功率直流电动机，110V、1.2A、1000r/min，所以此处 I_{dN}取 1.4A），测量

电流互感器输出的电压数值（I_1 与 I_2 间或 I_2 与 I_3 间的电压）。

⑦ 测量 $\alpha=60°$时，VTH_1 器件 K、A 间的电压波形。

⑧ 若6只晶闸管中，有一只损坏（设 VTH_2 损坏，除去它的触发脉冲），重新测量 U_d 的幅值与波形，并从晶闸管的波形去判断该器件是否正常。

9.7.2 实际系统调试全过程

1. 完成全部连线

在确定整流变压器与同步变压器的连接、触发电路和主电路连接无误，且均能正常工作后，在此基础上再切断供电电源。接入电流调节器与速度调节器（图9-22）；以电平转换电路的输出电压 U_c，取代原先的给定电源；对该单元加上 ±12V 电压及公共线，在给定电压处，接入 RP_1 输出的电压 U_S。在 I_1、I_2 和 I_3 处接入电流反馈信号；在 U_{fn}处接入由直流机组上的测速发电机输出的转速信号 U_n [注意其极性，应将（-）端接 U_{fn}，（+）端接地]；从而完成该单元的连线，并接通 ±12V 工作电源。

2. 电流环的调试与整定

由于电流负反馈与过电流保护环节在电流调节器输入处会相互作用，所以要分别加以整定。事实上，只有当前者失效后，后者才起作用；所以，还是先调试电流负反馈环节，调好后拆去，再调试过电流保护环节。待两个分别都调试好以后，再同时接上去。

下面分别介绍如下：

1）先以变阻器（R）作负载，并置滑动触点于电阻为最大值处，串入电流表（2A 档），然后接在主电路输出端。

2）转速负反馈电压 U_{fn}暂不接入。调节 RP_1，使给定输入一个很小的电压（1.5V 左右），使速度调节器 U_1 的 1 脚输出为负限幅值（-8.2V 左右）（此时因无转速反馈，U_1 饱和）。

3）电流负反馈环节整定（0.02μF 反馈电容暂不接入）。

① 调节 U_2 输入处的 RP_4⇅→U_2 输出（-2.6V）左右。

② 调节负载电阻 R⇅→$I_d=1.2I_N=1.4A$（取 $I_N=1.2A$）。

③ 调节电流信号 RP_6⇅→$U_I\approx150mV$。（U_I 为 RP_6 两端电压）

④ 调节 U_4 反馈 RP_7⇅→$U_{fi}\approx2.5V$（U_{fi}为 U_4 输出）。

⑤ 将 U_{fi}接入 U_2 输入端，再适当整定 RP_4 与 RP_7 以及调节负载电阻，使 I_d 保持1.4A。

⑥ 在完成上述过程后，人为改变负载电阻，由于电流环的作用，电阻负载电流应保持不变，即 $I_d=1.2I_N=1.4A$ 保持不变（电流负反馈整定完毕）。

4）过电流保护环节的整定。

① 保持 RP_4 与 RP_7 位置不变。

② 在 U_2 输入端拆去 U_{fi}信号。

③ 调节负载电阻 R⇅→$I_{am}=1.5I_N=1.5\times1.2A=1.8A$。（$I_{am}$取 $1.5I_N$）。

④ 测量 U_4 输出，此时 U_{fi}约为 4.0V 左右。

⑤ 调节 U_5 反相给定 RP_8→使分压处电位 $U_0\approx U_{fi}$（$U_0\leqslant U_{fi}$，U_0 为电位器 RP_8 上端电位）。

⑥ U_0 已接在 U_5 反相输入端 5.1kΩ 电阻处。

⑦ 将 U_{fi} 接在 U_5 正相输入端 2kΩ 处。

⑧ 调节 RP_8 ⇸ 使 U_5 处于翻转边缘（翻转时，输出由 0V→+11V）。

⑨ 将 U_5 输出接入 U_2 输入端，控制电路应截止。（过电流保护环节整定毕）

⑩ 若发现直流电动机起动时，过电流保护环节使控制电路截止，则意味着保护过电流 I_{dm} 整定值过小，可适当增大 I_{dm} 值，或暂不接入此环节。

3. 速度环的调试与整定（空载）

（1）测速反馈环节的整定

1）测速反馈信号通常由装在直流电动机轴上的永磁直流测速发电机获得，测速反馈电压可根据电动机在额定转速时测速发电机的输出电压值，以直流稳压电源电压取代。在图9-22中 U_{fn} 处接入此取代电压（一般为10V），调节 RP_2，使 RP_2 输出 7.5V 左右。

2）由于 YL-209 装置采用的小功率电动机，因此也可在起动电动机后，由装在电动机上的测速发电机输出直接测量并接入：

① 将直流电动机电枢串 100～200Ω 变阻器（作起动电阻），串接在可调（0～110V）直流电源上，（开机前，使电压为最小，以防起动时冲击电流过大），然后逐步加大电压（由 0V→90V），使电动机转速达到额定转速（1000r/min）。0～110V 可调直流电源可用单相调压器加桥式整流获得。

② 将测速发电机输出 U_n 经分压后（10V 左右）接到图 9-22 中的 U_{fn} 接线端（注意极性），调节 RP_2，使分压后的输出 U_{fn} =7.5V 左右。至此测速反馈环节整定完毕。

（2）空载试验　将直流电动机取代变阻器作主电路负载，先做空载试验（白炽灯可保留）。

（3）检查联线，接通电源　先将 RP_1 调至最低（0V），再一次检查各单元之间的联线有无差错，若正确无误，且接线牢靠，则接通电源。

（4）调试电流环　调试时，先调电流环，即先以 U_S 代替速度调节器输出（此时速度调节器不接入）。调节 U_S，使电动机加速，并稳定运行。若有振荡，则可减小电流调节器增益（调节 RP_5）或调节电流反馈信号的大小（调节 RP_7），使 U_{fi} 与电流调节器的给定信号（由 RP_4 调节）相匹配。若电流环振荡，可在电流调节器反馈阻抗两端并接一个 510kΩ 的电阻（U_4 反馈电容可暂不接入）。电流环的整定，对系统稳定运行至关重要。

（5）调试速度环　待电流环调试好，再接入速度调节器。给定电压 U_S 在 0～8V 之间可调，观察系统运行是否正常，有无振荡，转速能否调节。电压、电流波形是否正常。若接入速度调节器后，出现振荡，则可适当减小速度调节器增益（调节 RP_3），或调节转速反馈信号的大小（调节 RP_2），使 U_{fn} 与 U_S 相匹配。若速度环振荡，可在速度调节器反馈阻抗两端并接一个 1MΩ 的电阻，或先将反馈电容 C_n 短接。

（6）电压、电流波形　若系统运行正常，电动机电枢的电压、电流波形如图 4-12b 所示。

4. 加载调试

1）对一个功率较大的直流电动机拖动系统，做加载试验是一件很繁重的困难任务，因为加载必须有加工对象，并且会消耗大量材料，而且发生事故的几率大大增加，因此对直流电动机及其控制系统，在出厂前，可用专用的测功机（如水力测功机、涡流测功机等）来作为拖动负载进行调试。

由于亚龙 YL-209 实训装置采用的是微型电动机，因此可配置小功率的测功机并配置了相应的测量机械转矩、转速和机械功率的测量仪（参见CAI光盘中的YL—209实训指导书）。

2）对一个实际系统，往往需要空载正常运行一段时间（例如几小时），然后才可分段［如（0.1，0.2，…，I_N］逐次增加负载至额定值，并记录下U_{sn}、n、U_d、I_d等的数值。

3）在系统稳定运行后，可将调节器反馈电容两端的临时短路线拆除，重复上述试验，观测系统是否稳定，特别是在低速和轻载时。若不稳定，可适当降低电流调节器CR的比例系数K_i，适当增大反馈滤波电容容量，使电流振荡减小。当然，电流振荡也与速度调节器SR的参数有关，也可同时适当降低SR的比例系数K_n及增加速度反馈滤波电容。若仍不能稳定，则对PI调节器，再增加一个高阻值的反馈电阻。当然这会降低稳态精度。

总之，参数的调节，首先要保证系统稳定运行（然后是提高稳态精度）。

9.7.3 调速系统机械特性的测定

机械特性是指电动机的转速（n）与机械负载转矩（T_L）间的关系，即$n=f(T_L)$，它是调速系统最重要的稳态特性。

测定调速系统机械特性，是在进线电源电压保持恒定，且电动机电压为额定电压的条件下进行的。测定时，从空载逐步加大机械负载转矩至满载（额定转矩T_{LN}），逐个记录下各次负载转矩的量值（T_L）和对应的电动机转速（n）（可从测量仪上读出），记录在已画好的表格内，并在坐标纸上画出机械特性曲线。

图9-23为YL-209转速、电流双闭环直流调速系统实测的机械特性曲线，空载转速n_0 = 971r/min≈97%n_N（额定转速），其中：

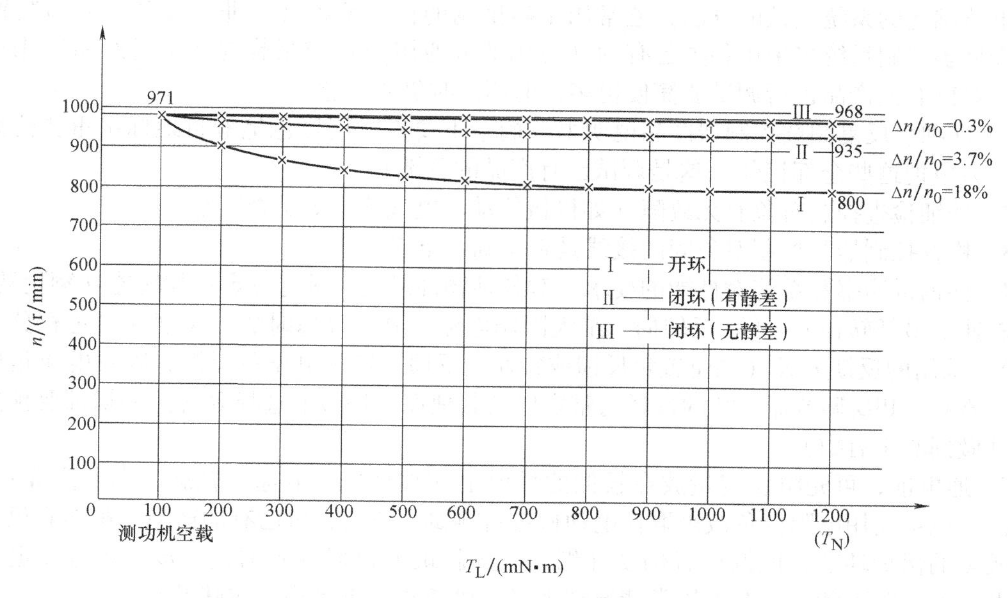

图9-23 YL-209转速、电流双闭环直流调速系统机械特性曲线

1）曲线Ⅰ：为开环机械特性（未接转速负反馈）。由图可见，特性很软，Δn = 171r/min，$\Delta n/n_0$≈18%，这样的特性是无法满足要求的。

2）曲线Ⅱ：为闭环（有静差）机械特性（此时接入了转速负反馈，但速度调节器反馈回路并接上一个1MΩ的电阻)。由图可见，机械特性有明显改善，但转速降仍不小，$\Delta n=36\mathrm{r/min}$，$\Delta n/n_0=3.7\%$。

3）曲线Ⅲ：为闭环（无静差）机械特性（在速度调节器电路中，将1MΩ电阻去掉)，使速度调节器恢复为PI调节器。由图可见，从空载到满载，$\Delta n=3\mathrm{r/min}$，$\Delta n/n_0\approx0.3\%$，机械特性很硬，可以获得满意的结果。

9.7.4 系统调试综述

在系统稳定运行并达到所需要的稳态精度后，可对系统的动态性能进行测定和调整。这通常以开关作为阶跃信号，观察并记录下主要变量［如U_{fn}（对应转速n)、U_{fi}（对应i_d)、U_{si}、U_c等］的响应曲线，并从中分析调节器参数对系统动态性能的影响，找出改善系统动态性能的调节趋向，再作进一步的调整，使系统动、静态性能逐渐达到要求的指标。

总之，系统调试要按照预先拟订好的调试大纲有条不紊地进行，边调试、边分析、边记录，记录下完整的调试数据和波形。系统调试是检验整个系统能否正常工作、能否达到所要求的技术性能指标的最重要的一环，也是判断系统的设计、制作是否成功（或移交、接收的系统是否合格）的最关键的一环。因此系统调试务必谨慎、仔细，作好周密的准备，切不可大意和慌乱，因为调试时的大意很可能造成严重的事故。

对YL—209型双闭环调速系统的调试与机械特性的测定，可参阅CAI光盘中实训项目八的指导书。

9.8 由专用的（或通用的）控制器驱动的自动控制系统的调试

上节阐述的系统调试的方法，通常用于新试制的控制系统（或非标设备或实验装置)。而如今许多控制系统多采用各种已有的（专用的或通用的）控制装置（市场产品）来进行控制。对已有的产品进行调试要简便得多，但调试时仍要注意：

1）仔细、反复阅读控制器产品说明书，摘录下要点，用彩色笔醒目地标出重要注意事项，并力争把这些全部记住（这是调试已有产品的关键)。

2）仔细检查控制对象有无故障（如机械传动、电气绝缘等是否正常)。

3）检查控制器与控制对象间的接线是否正确、牢靠。

4）根据说明书和系统对性能的要求，对各种物理量逐一进行设定；如转速（额定转速、最高转速、最低转速)，正、反转向，最大限制电流，升、降速时的加速度（给定积分时间常数)，采用的反馈方式（如位置负反馈或转速负反馈，还是电压负反馈，以及电流正反馈等）的选择，PID调节器参数的选择与整定以及其他保护环节的选择等（这一切都要预先确定，并做到心中有数)。

5）通电前，可先将设定量放在较低的量值上（如低压、低速、轻载、小电流等)，若有可能，也可先用电阻性负载来取代电动机进行测试。总之，对已有的产品，虽然它里面已设置较多的保护环节，但调试者仍要仔细、按部就班地根据说明书，一步一步地设定与调试，并在调试时不断观察有无异常情况产生（如摩擦声、振动声、焦味等)。

9.9 自动控制系统的维护、使用和故障的排除

掌握要领、正确使用、维护检查、及时修理，是提高生产效率，保证产品质量，充分发

挥自动控制装置性能的根本保证。

9.9.1 系统的维护和使用

晶闸管、晶体管和集成电路等半导体器件的装置，由于无机械磨损部分，故维修简单。但由于装置中电子部件小巧，对尘埃和温、湿度要特别注意。

1）一般维护：保持清洁，定期清理；定期清扫尘埃时，要断开电源，采用吸尘或吹拭方法。要注意压缩空气的压力不能太大，以防止吹坏零件和断线。吹不掉的尘埃可用布擦，清扫工作一般自柜体上部向下进行，接插件部分可用酒精或香蕉水揩擦。

2）长期停机再使用时，要先进行检查，检查项目如下：

① 外表检查：要求外表整洁，无明显损伤和凹凸不平。

② 查对接线：有否松头、脱落，尤其是现场临时增加的连线。

③ 接地检查：必须保证装置接地可靠。

④ 元器件完整性检查：装置中不得有缺件，对于易损的元器件应该逐一核对，已经损坏的或老化失效的元器件，应及时更换。

⑤ 绝缘性能检查：由于装置长期停机，可能带有灰尘和其他带电的尘埃，而影响绝缘性能，因此必须用绝缘电阻表进行绝缘性能检查，若较潮湿，则应用红外灯烘干或低压供电加热干燥。

⑥ 电气性能检查：根据电气原理，进行模拟工作检查，并且模拟制造动作事故，查看保护系统是否行之有效。

⑦ 主机运转前电动机空载试验检查　可以参照上节“系统调试”中的电动机空载试验方法进行。

⑧ 主机运转时系统的稳态和动态性能指标的检查：用慢扫描或数字记录型示波器查看主机点动、升速及降速瞬间电流和速度波形，用双踪或同步示波器查看装置直流侧的电压波形。检查系统性能、精度和主要参量的波形是否正常，是否符合要求。

3）日常维护：经常查看各类熔丝，特别是快速熔断器。快熔熔断一般都有信号指示，但也有可能信号部分失效，因此可以在停电情况下用万用表 $R\times1$ 档测量熔丝电阻是否为 0Ω。

有些连续生产的设备，可以带电检查，只要用万用表交流电压档测量，若熔丝两端有高压，则表明熔丝已经熔断。

对大电流部分也要经常注意是否有过热部件，是否有焦味、变色等现象。

4）定期检修：对于紧固件（晶闸管器件本身除外）在运行约6个月时需检查一次，其后2~3年再进行一次紧固。

对保护系统，1~2年需进行测试，检查其工作情况是否正常。这可在停机情况下，由控制部分通电进行检查，并根据其原理，制造模拟事故看其是否能有效保护（参见上节“系统调试”）。

导线部分要查看有否过热、损伤及变形等，有些地方需用500V或1000V绝缘电阻表检查其绝缘电阻。

有条件的地方，需经常用示波器查看直流侧的输出波形，如发现波形缺相不齐，要及时处理，排除故障。

9.9.2 系统的故障检查与排除（阅读材料）

表9-2为晶闸管直流调速系统的常见故障，产生这些故障的可能原因，检查的方法和处理建议。

表9-2 晶闸管直流调速系统的常见故障、可能原因，检查方法和处理建议

故障情况	可能原因	检查和处理
1. 电源电压正常，但晶闸管整流桥输出波形不齐	1. 有误触发 ①由于布线强电和弱电线混杂在一起引起干扰 ②触发单元本身接插件有虚焊、元器件质量等引起触发部分毛病	①查看电缆沟中强、弱电的布局，适当分开之 ②用示波器查看触发电路波形，发现不正常处先把好的备件插上，然后再修理有毛病的板子，若好板换上仍无效，说明其他方面有问题
	2. 相位不对 ①同步电源的相位有可能因同步滤波移相部分的 R、C 的影响而出现异常现象 ②调节单元故障 ③进线电源相序不对	①在触发电路中，检查同步电压相位与主电路是否匹配 ②调节单元的静态和动态性能可以通过万用表和示波器查看 ③用示波器查看三相波形，重新对准相序
2. 交、直流侧过电压保护部分故障	1. 过电压吸收部分元器件有击穿 2. 能量过大引起元器件损坏	1. 停电后，用万用表检查过电压吸收部分的 R、C 及二极管、压敏电阻等元器件有无损坏 2. 若保护元器件损坏，应及时更换
3. 快熔烧断	1. 晶闸管器件击穿 2. 误触发 3. 控制部分有故障 4. 过电压吸收电路不良 5. 电网电压或频率波动过大	1. 检查晶闸管器件 2. 检查晶闸管有无不触发、误触发、丢脉冲或脉冲宽度过小，检查逆变保护有无误动作 3. 检查保护电路 4. 查看稳压电源是否正常，电网电压是否正常 5. 检查外电路有无短路，或严重过载
4. 晶闸管器件不良	晶闸管器件耐压下降或吸收部分故障	晶闸管器件质量下降，保护元件损坏，应更换
5. 过电流（有过电流信号或跳闸）	1. 过负荷 2. 调节器不正常 3. 电流反馈断线或接触不良 4. 保护环节故障 5. 脉冲部分不正常 6. 有损坏元器件或缺相等情况	1. 检查机械方面有无卡死，或阻力矩过大 2. 检查调节器输出电压 3. 检查电流反馈信号数值和波形 4. 干扰影响，更换屏蔽线 5. 用示波器检查各触发脉冲波形 6. 检查接触器等有无误动作
6. 速度不稳定	1. 测速发电机连接不好，测速发电机内部有断线或电刷接触不良，或反馈滤波电容太小 2. 缺相、丢脉冲等 3. 动态参数未调好 4. 超调量过大 5. 电动机失磁或磁场过弱	1. 检查测速发电机的接线、测量其电压的数值与波形，或加大滤波电容 2. 检查输出电压波形，有无缺相，若缺相，则再检查快熔及触发器 3. 检查调节器参数，降低 K_i 及 K_n（$R_i\downarrow$及 $R_n\downarrow$），增大 T_i 及 T_n（$C_i\uparrow$及 $C_n\uparrow$） 4. 增设转速微分负反馈环节 5. 检查励磁电压、电流

小 结

（1）晶闸管直流调速系统通常包括：直流电动机及其拖动机械，晶闸管供电电路，转速和电流检测单元及对应的反馈环节，电流调节器、速度调节器及给定积分等控制环节，以及其他的保护、指示和报警单元等。

搞清各单元的次序通常是：

由被控对象（及被控量）→执行（驱动）部件→功率放大环节→检测环节→控制环节→［包括给定元件、反馈环节、给定信号与反馈信号的比较综合、放大及（P、T、PI、PID等的）调节控制］→保护环节（包括短路、过载、过电压、过电流保护等）→辅助环节（包括供电电源、指示、警报等）。

在搞清上述各单元作用的基础上，根据各单元间的联系，画出系统的框图，标出各部件名称、给定量、被控量、反馈量和各单元的输入和输出量（亦即中间参变量）。然后，分析当给定量变化时及扰动量变化时，系统的自动调节过程，并写出自动调节过程信号流程图。

（2）自动控制系统通常指闭环控制系统（或反馈控制系统），它最主要的特征是具有反馈环节。反馈环节的作用是检测并减小（甚至消除）输出量（被调量）的偏差。

反馈控制系统是以给定量 U_s 作为基准量，然后把反映被调量的反馈量 U_f 与给定量进行比较，以其偏差信号 ΔU 经过放大去进行控制的。偏差信号的变化直接反映了被调量的变化。

在有静差系统中，就是靠偏差信号的变化进行自动调节补偿的。所以在稳态时，其偏差电压 ΔU 不能为零。而在无静差系统中，由于含有积分环节，则主要靠偏差电压 ΔU 对时间的积累去进行自动调节补偿的，并依靠积分环节，最后消除静差；所以在稳态时，其偏差电压 ΔU 为零。偏差信号 ΔU 在稳态运行时是否为零，是区分无静差和有静差的重要标志。

常用的反馈方式通常有：

1）某物理量的负反馈：它的作用是使该物理量（如转速 n、电流 i、电压 U、温度 T、水位 H 等）保持恒定。

2）某物理量的微分负反馈：它的特点是在稳态时不起作用，只在动态时起作用。它的作用是限制该物理量对时间的变化率（如 $\mathrm{d}n/\mathrm{d}t$、$\mathrm{d}i/\mathrm{d}t$、$\mathrm{d}U/\mathrm{d}t$、$\mathrm{d}T/\mathrm{d}t$、$\mathrm{d}H/\mathrm{d}t$ 等）。

3）某物理量的截止负反馈：它的特点是在某限定值以下不起作用，而当超过某限定值时才起作用。它的作用是“上限保护”（如过大电流、过高温度、过高水位等的保护）。

4）某物理量的正反馈：它常用于作前馈补偿（见第8章）。由于正反馈易引起振荡，很少单独采用。采用时，反馈量也不宜过大。

（3）为保证系统安全可靠运行，实际系统都需要各种保护环节，常用的保护环节有：

1）过电压保护：如阻容吸收、硒堆放电、压敏电阻放电、续流二极管放电回路、接地保护等。

2）过电流保护：如熔丝和快熔（短路保护）、过电流继电器、限流电抗器、电流（截止）负反馈等。

3）其他保护环节：如直流电动机失磁保护，正、反组可逆供电电路的互锁保护，限位保护，超速保护、过载保护、通风顺序保护、过热保护等。

(4) 调速系统的主要矛盾是负载扰动对转速的影响，因此最直接的办法是采用转速负反馈环节。有时为了改善系统的动态性能，需要限制转速的变化率（亦即限制加速度），还增设转速微分负反馈。而在要求不太高的场合，为了省去安装测速发电机的麻烦，可采用能反映负载变化的电流正反馈和电压负反馈环节来代替转速负反馈。

(5) 无静差系统采用比例-积分调节器，兼顾了实现无静差和系统的快速性。系统在调节过程初、中期，其比例环节起主要作用，使转速迅速回复；在调节过程后期，其积分环节起主要作用，使转速回复并最后消除静差。

(6) 速度和电流双闭环直流调速系统是由速度调节器SR和电流调节器CR串接后分成两级去进行控制的，即由SR去“驱动”CR，再由CR去“控制”触发器。电流环为内环，速度环为外环。SR和CR在调节过程中各自起着不同的作用：

1) 电流调节器CR的作用是稳定电流，使电流保持在$I_d = U_{si}/\beta$的数值上。从而：

① 依靠CR的调节作用，可限制最大电流，$I_d \leqslant U_{sim}/\beta$。

② 当电网波动时，CR维持电流不变的特性，使电网电压的波动几乎不对转速产生影响。

2) 速度调节器SR的作用是稳定转速，使转速保持在$n = U_{sn}/\alpha$的数值上。因此在负载变化（或参数变化或各环节产生扰动）而使转速出现偏差时，则靠SR的调节作用来消除速度偏差，保持转速恒定。

(7) 对一个实际系统进行分析，应该先作定性分析，后作定量分析。即首先把基本的工作原理搞清楚。这可以把电路分成若干个单元，对每一个单元又可分成若干个环节。这样先化整为零，弄清每个环节中每个元器件的作用；然后再集零为整，抓住每个环节的输入和输出两头，搞清各单元和各环节之间的联系，统观全局，搞清系统的工作原理。在这基础上，可建立系统的数学模型，画出系统的框图。在系统框图的基础上，就可以分析那些关系到系统稳定性和动、稳态技术性能的参量的选择，和这些参量对系统性能的影响。以便在调试实际系统时，做到心中有数，有的放矢。

(8) 进行系统调试，首先要做好必要的准备工作，主要是检查接线是否正确和各单元是否正常，并且准备好必要的仪器，制订调试大纲，明确并列出调试顺序和步骤。然后再逐步地进行调试，并做好调试记录。当系统不稳定或性能达不到要求时，则可从各级输出（如主回路的电压、电流，调节器的输出电压，反馈电压等）的波形中找出影响系统性能的主要原因。从而制订出改进系统性能的方案。

(9) 出现故障时，首先要仔细观察和记录故障的情况，然后分析产生故障的各种可能的原因，在这基础上逐一进行分析检查，逐渐缩小“搜索圈”，并最后找出产生故障的真正原因。再针对这原因，采取相应的措施把故障排除，使系统恢复正常。

思 考 题

9-1 晶闸管直流调速系统的扰动量有哪些？其中哪一个是主扰动？克服扰动量对系统性能影响的措施有哪些，其中最常用的是哪一种？

9-2 由晶闸管线路供电的直流调速系统通常具有哪些保护环节？

9-3 如果反馈信号线断线，会产生怎样的后果？为什么？

9-4 如果负反馈信号线极性接反了，会产生怎样的后果？为什么？

9-5 电流负反馈、电流微分负反馈和电流截止负反馈这三种反馈环节各起什么作用？它们间的主要区别在哪里？它们能否同时在同一个控制系统中应用？

9-6 若采用电流负反馈环节，对调速系统的机械特性有什么影响？对过渡过程有什么影响？

9-7 测速发电机励磁电压不稳定，会产生怎样的影响？

9-8 在调速系统中，若电网电压波动（设电压降低）时，则会产生怎样的后果？为什么？若设有转速负反馈环节，能否起自动补偿作用，并写出其自动调节过程。

9-9 发生下列情况，无静差调速系统是否会产生偏差？为什么？

1）如果给定电压由于稳压电源性能不好而不稳定。

2）运放器产生零漂。

3）测速发电机电压与转速不是线性关系。

4）反馈电容间有漏电电流。

9-10 在双闭环直流调速系统中，若电流负反馈的极性接反了，会产生怎样的后果？

9-11 为了抑制零漂，通常在PI调节器的反馈回路中并联一高阻值的电阻。试分析这对双闭环调速系统性能的影响。

9-12 当PI调节器输入电压信号为零时，它的输出电压是否为零？为什么？

9-13 直流调速系统理想的机械特性[$n=f(T_L)$]是怎样的？机械特性是动态特性曲线，还是稳态特性曲线？

9-14 电压负反馈和电压微分负反馈环节在调速系统中，各起什么作用？

9-15 在转速、电流双闭环调速系统中，若将电流调节器由比例-积分调节器改为比例调节器，问此系统是否仍是无静差系统？

9-16 根据什么来判断系统是有静差？还是无静差？

9-17 在自动控制系统中，采用比例-积分调节器和惯性调节器各起什么作用？

9-18 在直流调速系统中，若希望快速起动，应采用怎样的线路？若希望平稳起动，则又应采用怎样的线路？

9-19 分析一个实际系统的一般步骤是哪些？

9-20 一般自动控制系统的主电路、控制电路、保护电路和辅助电路各包括哪些部分？它们的作用又各是什么？

9-21 系统调试时要提前做哪些准备工作？

9-22 系统调试的一般顺序是怎样的？

习　题

9-23 若调节给定电位器，使给定电压增大，试写出具有转速负反馈环节的直流调速系统的自动调节过程。若给定电压过大，会产生怎样的后果？

9-24 若调节给定电位器，使U_{sn}的幅值减小，试写出双闭环直流调速系统的自动调节过程。

9-25 在KZD—Ⅱ型直流调速系统中（见图9-6），试判断下列情况下，系统性能将产生怎样的变化？

1）二极管VD_4极性接反。

2）稳压管2CW9断路。

3）电位器RP_5右移。

4）电位器RP_3下移。

9-26 晶闸管直流调速系统故障原因分析。（多项选择题）

下面列出8种常见故障和24种可能的原因，试分别分析每一种故障的可能原因。故障情况：

1）起动时，晶闸管快速熔断器的熔丝熔断。

2）开机后，电动机不转动。

3）电动机转速不稳定，甚至发生振荡。

4）额定转速下运行正常，但降速、停车和反转过程中，快速熔断器的熔丝熔断。

5）电动机负载运行时正常，但空载、低速时振荡。

6）电动机轻载运行时正常，但重载运行时不稳定。

7）停车后，仍时有颤动。

8）整流输出电压波形不对称，甚至缺相。

可能原因：

1）整流桥输出端短路。

2）电动机被卡住，或机械负载被卡住。

3）电流截止环节未整定好，致使起动电流过大。

4）个别晶闸管器件老化，或因压降功耗过大而损坏。

5）晶闸管散热片接触不良，或冷却风（水）供量不足，或风机转向接反，导致器件过热。

6）整流元件阻容保护吸收元件虚焊。

7）三相全控桥运行中丢失触发脉冲。

8）稳压电源无电压输出。

9）熔断器芯体未安入或已熔断。

10）励磁电路未接通。

11）触发电路无触发脉冲输出，或触发脉冲电压幅值不够大，或触发电流不够大，或脉宽太窄。

12）个别晶闸管掣住电流值过大。

13）整流电流断续，电压、电流反馈信号中谐波成分过大。

14）速度调节器增益过大。

15）转速及电流反馈电路滤波电容过小。

16）直流测速发电机电刷接触不良。

17）电流反馈电路断线或极性接反。

18）电源进线相序与设备要求不符，或整流变压器相序不对，或同步变压器相序不对。

19）触发器锯齿波斜率不一致，触发脉冲间隔不对称。

20）电网电压过低。

21）供电强电线路与控制弱电线路混杂在一起，引起严重干扰。

22）锁零电路未起作用，运放器零漂过大。

23）晶闸管器件高温特性差，大电流时失去阻断能力。

24）整流变压器漏抗引起的电压波形畸变过大。

读图练习

9-27　图9-24为KCJ—1型小功率直流调速系统线路图。试分析：

1）该系统有哪些反馈环节，它由哪些元件构成？

2）电位器 $RP_1 \sim RP_6$ 各起什么作用？

3）此系统对转速为有静差还是无静差系统？

4）画出系统框图。

提示：图中KC05为锯齿波移相集成触发元件（详细说明见CAI光盘实训指导书实验四），其中a、b两端接同步电压，输入端6接触发控制电压，8端接地，R_8 和 C_4 为外接微分电路，由它决定触发脉冲宽度；图中 VD_{15} 在此处提供一个0.5V左右的阈值电压；VD_1、VD_2 为运放器输入限幅；VS_1 为运放器输出限

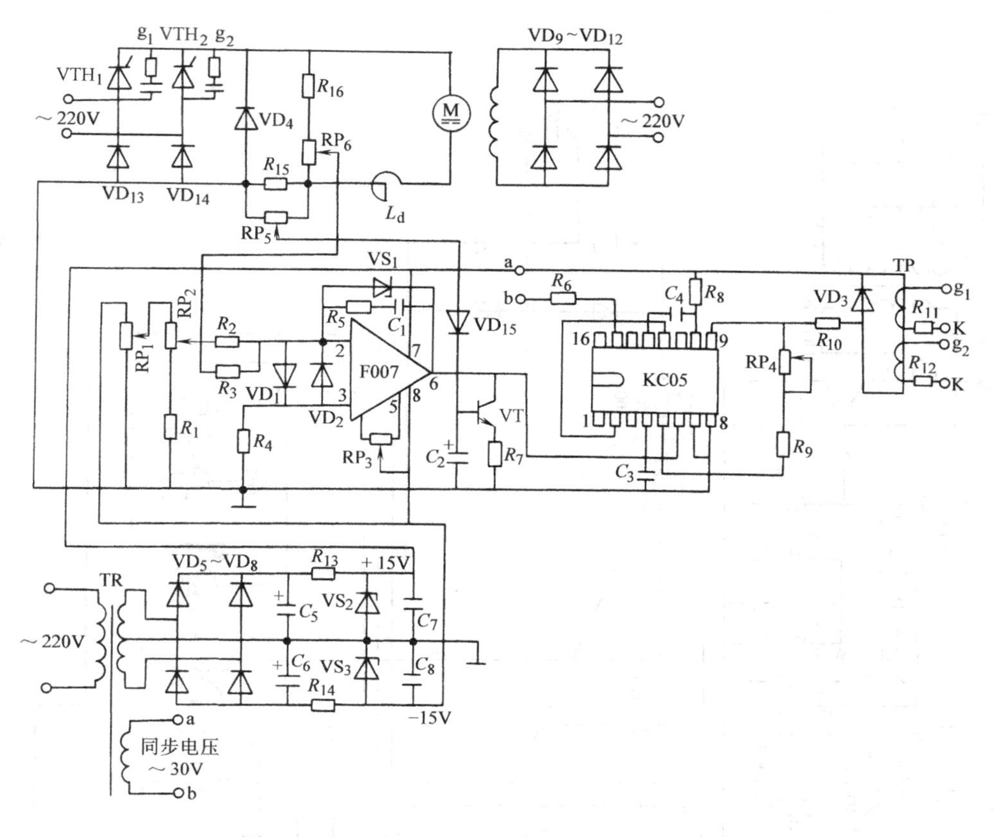

图 9-24　KCJ—1 型小功率直流调速系统线路图

图中 VTH_1、VTH_2：3CT5A/800V；VD_1 ~ VD_3、VD_{15}：2CZ52C；VD_4 ~ VD_8：2CZ84C；VD_9 ~ VD_{12}：2CZ55T；VD_{13}、VD_{14}：2CZ57F；R_1：2kΩ；R_2 ~ R_4：20kΩ；R_5：100Ω；R_6：10kΩ；R_7、R_{13}、R_{14}：220Ω；R_8、R_9：30kΩ；R_{10}：22kΩ；R_{11}、R_{12}：10Ω；R_{15}：0.36Ω；R_{16}：5kΩ；RP_1：20kΩ；RP_2：5.6kΩ；RP_3：10kΩ；RP_4：22kΩ；RP_5：56Ω；RP_6：4.7kΩ；C_1：1μF；C_2：10μF；C_3：0.47μF；C_4：0.047μF；C_5、C_6：220μF；C_7、C_8：100μF；VT：3DG6D；VS_1 ~ VS_3：2CW140。

幅；RP_3 调节运放器零点（使之“零输入”时，“零输出”）；RP4 调节锯齿波斜率。

9-28　图 9-25 为一注塑机直流调速系统电路图。

1）试搞清该电路图中所有的元器件的作用；分析该系统有哪些反馈环节，它们的作用是什么？

2）系统中 VD_1 是什么器件？RS 是什么元件？各起什么作用？

3）系统中的电容 C_1 和 C_2 各起什么作用？

4）系统中的二极管 VD_2 ~ VD_8 各起什么作用？

5）系统中的各个电位器（RP_1 ~ RP_9）各调节什么量，若设各电位器触点下移（或右移），则对系统的性能或运行状况会产生怎样的影响？

6）画出该系统的框图。

7）若设因负载减少而转速升高，写出该系统的自动调节过程。

提示：图中 RP_4（300Ω）电位器是用来调节励磁电流，以进行调磁调速的。

当弱磁升速使转速超过额定转速时，这时测速反馈电压 U_{fn} 也随之升高，它将使偏差电压 $\Delta U=(U_s-U_{fn})$ 降低，从而导致 U_d 的降低，影响转速 n 的上升。为了补偿这种消极影响，与 RP_4 电位器同轴带动一个 RP_3 电位器，它的作用是使给定电压 U_s 在 U_{fn} 升得过高时也作相应的增加。

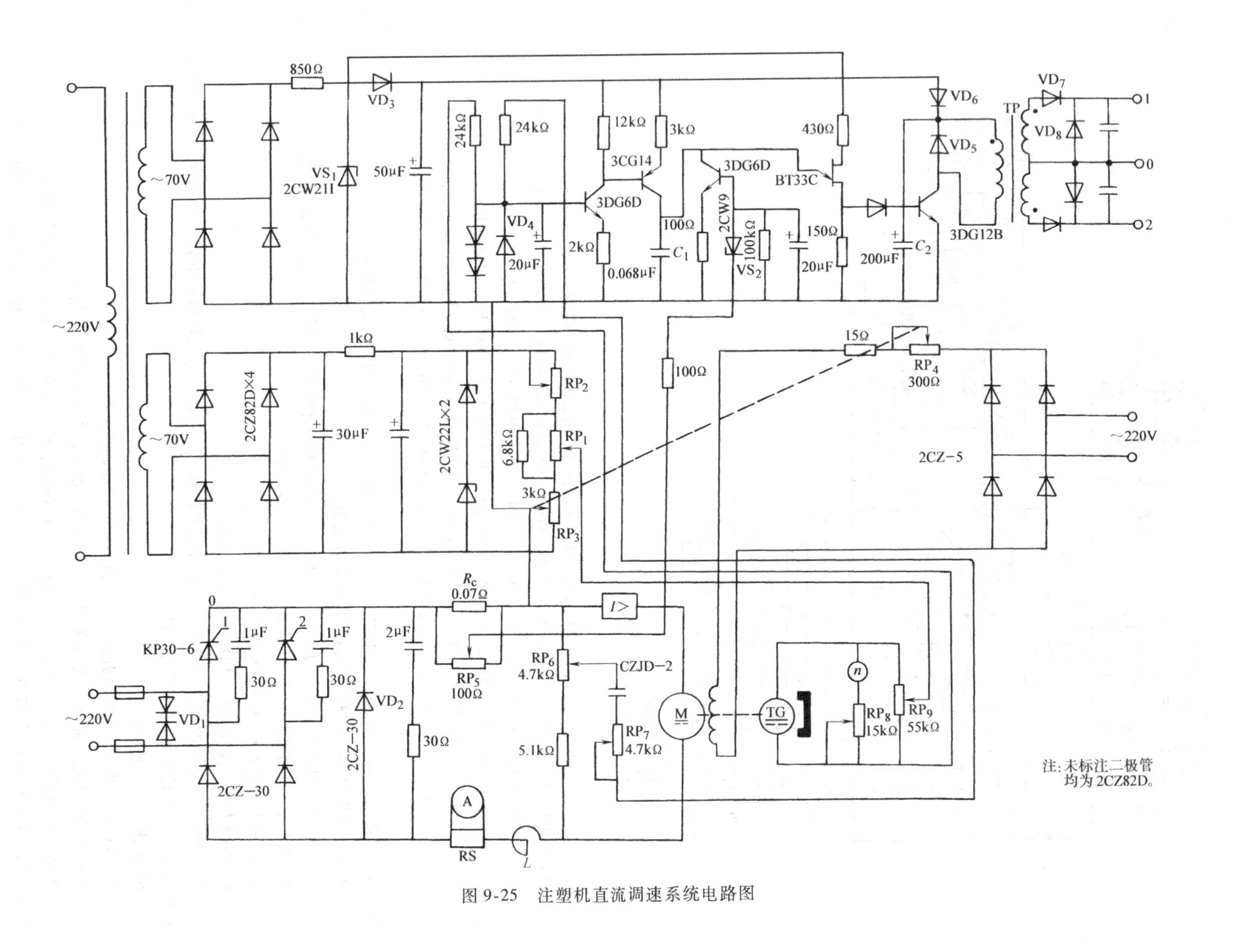

图 9-25 注塑机直流调速系统电路图

第10章 晶闸管直流可逆调速系统

内容提要

本章主要介绍逻辑无环流直流可逆调速系统的组成，可逆运行的四种工作状态，特别是形成有源逆变、实现回馈制动的工作机理。此外，还介绍了欧陆514C模拟式直流可逆调速系统的组成和工作原理；最后简要介绍了欧陆590数字式直流可逆调速系统的构成和工作特点。

10.1 转速、电流双闭环晶闸管逻辑无环流直流可逆调速系统

由于晶闸管的单向导电性，它只能为电动机提供单一方向的电流，因此前面讨论的晶闸管直流调速系统都是不可逆调速系统，它仅适用不要求改变电动机旋转方向（或不要求经常改变电动机的转向）、同时对停车的快速性又无特殊要求的生产机械，如造纸机、车床、镗床等。但是在生产中，有些生产机械往往要求电动机能经常正反转，在减速和停车时要有制动作用，以缩短制动时间。例如，初轧机的主传动和辅助传动、龙门刨床、起重机、提升机、电梯等机械，就要求电动机能迅速的制动，并能快速的正反转。对于这些拖动系统，必须采用可逆调速系统。

此外，采用可逆调速系统，在制动时，除了缩短制动时间外，还能将拖动系统的机械能转换成电能回送电网，特别是大功率的拖动系统，可以节约大量能量。

10.1.1 晶闸管可逆供电电路的两种方案

由电动机工作原理可知，要改变直流电动机的转向，就必须改变电动机转矩的方向。由电动机的转矩 $T_e = K_T \Phi I_a$ 可见，改变电动机转矩的方向有两种方法：一是改变电枢电流 I_a 的方向，即需改变电动机电枢供电电压 U_d 的极性；另一种方法是改变电动机的励磁磁通 Φ 的方向，即改变励磁电流的方向，则需要改变励磁电压 U_L 的极性。与这两种方法相适应，晶闸管可逆调速电路也有两种形式，一是电枢可逆电路，另一种是磁场可逆电路。

这两种方案也是各有优缺点，如前所述，电枢可逆方案是改变电枢电路中电流的方向，由于电枢回路电感小，时间常数小（约几十毫秒），反向过程进行得快，因此适用于频繁起动、制动和要求过渡过程尽量短的生产机械，例如可逆轧机的主、副传动，龙门刨床刨台的拖动等。但是这种方案需要两套容量较大的用于主回路的晶闸管整流装置，投资往往较大，特别是大容量可逆系统尤为突出。

在磁场可逆方案中，主回路只用一套晶闸管整流装置，而励磁回路用两套晶闸管整流装置。由于电动机的励磁功率较小（一般为1% ~5%额定功率），其设备容量比电枢可逆方案小得多，比较经济。但是由于电动机励磁回路电感量比较大，时间常数大（约零点几秒到几秒），因此这种系统反向过程较慢，在磁场采用强励之后（强迫励磁电压在短时间加到4 ~5倍，甚至十几倍额定电压），快速性可以得到一定程度的补偿，但其切换时间仍在几百

毫秒以上。还必须指出，磁场可逆方案在电动机反转过程中，当励磁电流 i_f 和磁通 Φ 反向过零时，应使电动机电枢供电电压 U_d 为零，以防止电动机在反转过程中产生“超速”（又称“飞车”）现象。这更增加了反向过程的死区，也增加了控制系统逻辑关系的复杂性。因此，磁场可逆方案应用较少，只适用于正、反转不太频繁的大容量可逆传动中，例如卷扬机、电力机车等。

由正、反两组晶闸管整流装置反并联对电枢可逆供电的方案在第4章4.4.2节已作介绍，可参见4.4.2节和图4-16。现以此方案为例，来说明晶闸管直流可逆调速系统的工作原理。

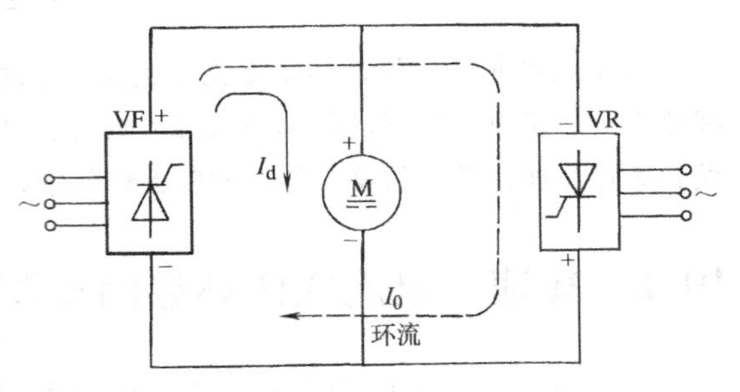

图10-1 反并联可逆电路中的环流

10.1.2 反并联可逆电路中的环流

在由正、反两组晶闸管整流装置（VF与VR）反并联供电的电枢可逆电路中，当其中一组向电动机供电的同时，还可能在正、反两组晶闸管间产生不流过电动机的电流（I_0），称为环流，如图10-1所示。这种环流消耗功率，加重了晶闸管和变压器的负担，并使功率因数变差。但保留适当大小的环流，可以减小电枢电流转换时的死区，加快过渡过程，并使过渡过程平滑。由此可见，对可逆系统来说，环流也是有利有弊的。因此根据对系统性能的不同要求，处理环流的方式也有不同。保留环流的可逆系统称为有环流可逆系统；没有环流存在的可逆系统称为无环流可逆系统。本节主要介绍在工业中应用得最多的逻辑控制无环流可逆调速系统（简称逻辑无环流可逆系统）。

10.1.3 可逆调速系统的组成

图10-2为逻辑控制无环流直流可逆调速系统原理图㊀。

1. 主电路

主电路是采用正、反两组晶闸管全控桥式整流装置（VF和VR）反并联供电的电路。L_d 为平波电抗器，以减小纹波和使电流连续。TR为Yd连接的三相整流变压器。

2. 检测电路和反馈电路

TG为永磁式测速发电机，它将转速检测信号 U_{fn}（$U_{fn}=\alpha n$）反馈到速度调节器SR的输入端。TA为三相电流互感器，U为三相整流桥，它将与电枢电流 I_d 成正比的电流检测信号 U_{fi}（$U_{fi}=\beta I_d$）分送到电流调节器1CR、2CR和逻辑控制器LC的输入端。

3. 触发电路和控制电路

GTF为正组晶闸管触发电路，GTR为反组晶闸管触发电路。1CR为正组电流调节器，它的输入信号 ΔU_{iF} 为速度调节器的输出信号 U_{si} 和电流反馈信号 U_{fi} 的综合，即 $\Delta U_{iF}=U_{si}-U_{fi}=U_{si}-\beta I_d$；其输出信号 U_{cF} 送往GTF。2CR为反组电流调节器，它的输入信号 ΔU_{iR} 为速度调节器的输出信号 U_{si} 经反相器A变成 $-U_{si}$ 后，再与 U_{fi} 的综合，即 $\Delta U_{iR}=-U_{si}-U_{fi}=-U_{si}-\beta I_d$；其输出信号 U_{cR} 送往GTR。1CR和2CR均为带输出限幅的PI调节器。速度调节器SR也为带

㊀ 图中带箭头的线条是指信号流传送路线，沿箭头方向单向传送（全书同）。

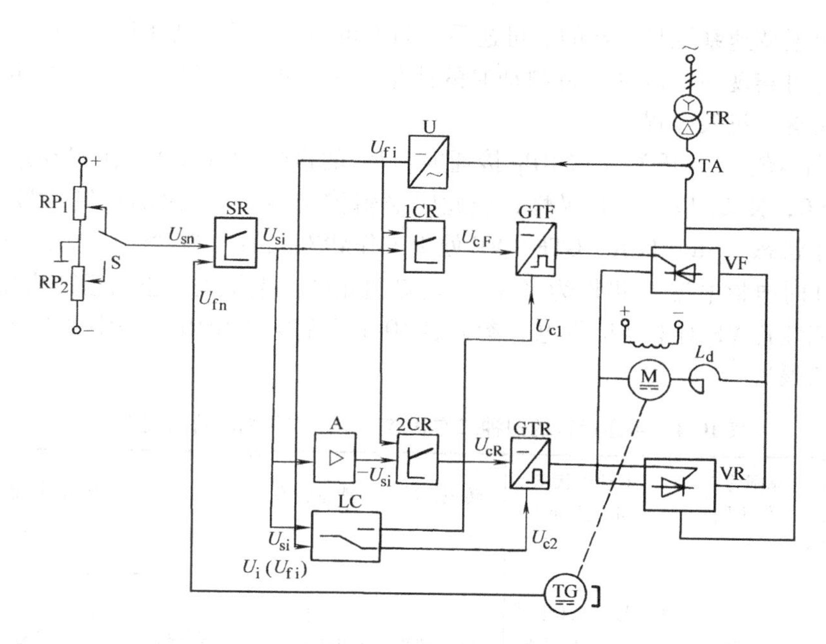

图 10-2 逻辑控制无环流直流可逆调速系统原理图

输出限幅的 PI 调节器。SR 和 CR 构成转速和电流两个闭环。SR 的输入信号为 U_{sn}，通过开关 S 可以输入正、负给定信号，调节 RP_1 可调节正向转速，调节 RP_2 可调节反向转速。

上面这些内容与第 9 章 9.3 节阐述的内容是完全相同的，仅仅多了一组而已。

4. 逻辑控制器

图中 LC 为逻辑控制器（Logical Controller），它是由电子元件构成的逻辑控制部件，它的作用是送出两个控制信号 U_{c1} 和 U_{c2}，分别送往正、反两组触发电路的“脉冲封锁”控制端，这两个控制信号的特点是：当其中一个是“1”（开放）信号，则另一个必定是“0”（封锁）信号。于是当其中一组在工作时，另一组的触发脉冲即被封锁，从而保证了在正、反两组晶闸管整流装置中，只可能有一组在进行工作，不会产生环流。

当系统需要实现反向及回馈制动时，将由逻辑控制器发出变更 VF、VR（正、反）两组供电极性的指令。但系统回馈制动时，速度给定信号 U_{sn} 和转速信号 U_{fn} 的极性均未变更，这时只有采用能反映电磁转矩 T_e 极性的电流给定信号 U_{si}㊀来作为正、反组切换的指令。此外，正反组的切换，还必须等到电枢电流 I_d 降为零时，才能进行；否则会产生很大的感应电动势，形成短路，烧坏整流装置。

由以上分析可见，送往逻辑控制器的切换指令为电流给定信号 U_{si} 的极性变更指令和零电流检测指令 U_{I0}（两个指令必须同时满足）。

10.1.4 可逆调速系统的工作原理（四象限工作状态分析）

在系统处于正转（或反转）稳态运行时，其工作原理与 9.3 中所叙述的转速、电流双

㊀ 由 $T_e=K_T\Phi I_d$ 及 $I_d=U_{si}/\beta$ 可见，U_{si} 的极性改变，将导致电流 I_d 的方向改变，同时电磁转矩 T_e 的方向也随着改变。

闭环直流不可逆调速系统是一样的。可逆系统与不可逆系统的主要不同之处在于前者可实现反向运行，并可实现回馈制动，将制动时的能量回馈给电网。现以开关 S 由 RP_1 转向 RP_2 时为例来分析这个过渡过程。

（1）正向运转　当开关 S 与 RP_1 接通时，U_{sn}的极性为（+），在起动过程中 $\Delta U_n=(U_{sn}-U_{fn})>0$，使 U_{si}呈（-）极性，设此时逻辑控制器 LC 发出的控制信号 U_{c1}为“1”，正组处于工作状态（SR、1CR、GTF、VF 处于工作状态）；U_{c2}为“0”，反组处于封锁阻断状态，并设此时电枢电流 I_d 极性为（+），电动机正转。系统处于正向运转状况，电网通过正组可控整流装置 VF 对电动机供电。参见表 10-1 中的第 I 象限（表中罗马数字指机械特性曲线所在象限）。

表 10-1　可逆运行的四种工作状态（未工作的晶闸管组别未画）

运行状态	晶闸管工作组别	电动机状态（电流流向）	转矩性质	能量转换	电路状态
Ⅰ. 正向运行	正组（整流）	电动机（电流流入）（$U_d>E$）（E 与 I_a 相反）	驱动转矩	从电网吸取电能转换为机械能	正组 ~ I_a + T_e U_d E 电能 − n
Ⅱ. 正向制动（回馈制动）	反组（逆变）	发电机（电流流出）（$U_d<E$）（E 与 I_a 一致）	制动转矩	电动机惯性动能转换为电能回馈电网	I_a 反组 + n E U_d ~ − T_e 电能
Ⅲ. 反向运行	反组（整流）	电动机（电流流入）（$U_d>E$）（E 与 I_a 相反）	驱动转矩	从电网吸取电能转换为机械能	I_a 反组 − n E U_d ~ + T_e 电能
Ⅳ. 反向制动（回馈制动）	正组（逆变）	发电机（电流流出）（$U_d<E$）（E 与 I_a 一致）	制动转矩	电动机惯性动能转换为电能回馈电网	正组 I_a − T ~ U_d 电能 E + n

（2）停车时的回馈制动　当 RP_1 动触点下移至零电位（$U_{sn}=0$）时，电动机依靠惯性仍在正向转动，因而 U_{fn}极性未变（仍呈负极性），这样将使 ΔU_n 变为数值较大的负电压（$\Delta U_n=(U_{sn}-U_{fn})<0$），此电压使速度调节器 SR 的输出电压 U_{si}的数值急骤下降。这时，随着 $|U_{si}|$ 的下降，将使 I_d 不断下降（因 $I_d=U_{si}/\beta$），电磁转矩 T_e 下降（因 $T_e=K_T\Phi I_d$），

电动机转速 n 下降。

$\Delta U_n<0$，将使 U_{si} 数值变小逐渐降到零，并继而改变极性，再当电流 I_d 下降至零时，逻辑控制器 LC 的输入端便**同时出现 U_{si} 极性变号及 $I_d=0$ 两个信号，LC 将发出逻辑切换指令**，使 U_{c1} 由“1”变为“0”，正组被封锁阻断；(1CR、GTF、VF 被阻断)；U_{c2} 由“0”变为“1”，反组开始投入运行（2CR、GTR、VR 处于工作状态）。由于反组开通工作，将使电枢电流反向流动。电动机的电磁转矩 T_e 也将反向。由于此时电动机依靠惯性仍在正向运转，这样电磁转矩 T_e 将与转速 n 反向，形成制动作用，使电动机转速 n 迅速下降。这时的电动机成为发电机，反组整流桥（VR）处于有源逆变状态㊀，向电网回馈电能。此时系统处于回馈制动状态。参见表 10-1 中的第Ⅱ象限。

（3）反向运转　当开关 S 与 RP_1 断开，而与 RP_2 接通，此时 U_{sn} 极性将变号成为（-）极性，$\Delta U_n<0$，反组整流桥继续保持工作状态（即 SR、2CR、GTR、VR 继续处于工作状态），随着电动机的转速迅速降到零，反向的电流和反向的电磁转矩，将使电动机反向运转，这时的工作过程与（1）相同，区别仅在于反组取代了正组，电流反向流入，参见表 10-1 中的第Ⅲ象限。

（4）反向回馈制动

其工作过程与（2）相同，区别仅在正、反组相互取代而已，工作状态参见表 10-1 中的第Ⅳ象限。

综上所述，可逆运行过程的特殊之处，就在于降速时呈现有源逆变状态，实现了回馈制动，将惯性运转的机械能转换成电能，回馈电网，这不仅实现了快速制动，而且回收了能量，这在功率达几千千瓦的大型提升机、轧钢机中有着广泛的应用。

10.2 欧陆 514C 型逻辑无环流直流可逆调速系统（阅读材料）

10.2.1 欧陆 514C 型装置的概况

欧陆 514C 型控制系统是英国欧陆（EURO THERM）驱动器器件公司生产的一种以运算放大器作为调节元件的模拟式逻辑无环流控制直流可逆调速系统，是一种使用于工业环境中的控制设备。

514C 系列控制器有 514C/04，514C/08，514C/16，514/32 四种不同规格的产品，分别可以提供 4A、8A、16A、32A 等不同的最大输出电流。当电流过载达到 1.5 倍额定电流时，故障检测电路发出报警信号，并在发生过载 60s 后切断电源，以对电动机进行保护；而在发生短路时，系统可在瞬间实现过电流跳闸，以对控制器进行有效的保护。

514C 型装置的主要技术参数有：

在采用电压负反馈时，系统的静差率可达 2%，调速范围为 20:1；而采用测速反馈时，静差率可达 0.1%，调速范围达 100:1。

㊀ 这时整流电路输出的直流电压 U_d 小于电动机的电动势 E，电动机变为发电机，整流电路变为逆变电路，将电能送往交流电网，由于逆变电路的输出接在交流电源上，所以称为“有源逆变”。

额定输入主电源电压：单相交流 110 ~ 480V ± 10%

辅助电源电压：交流 110/120V 或 220/240V ± 10%

电源频率：50/60Hz ± 5Hz

额定输出电枢电压：交流 220/240V 时为直流 180V

最大电枢电流：直流 4A，8A，16A，32A ± 10%

电枢电流标定：0.1 ~ 最大电枢电流值，步距为 0.1A

标称电动机功率（电枢电压为 320V 时）：1.125kW，2.25kW，4.5kW，9kW

10.2.2 欧陆 514C 型装置的面板及接线端子分布

欧陆 514C 型的面板及接线端子分布如图 10-3 所示。

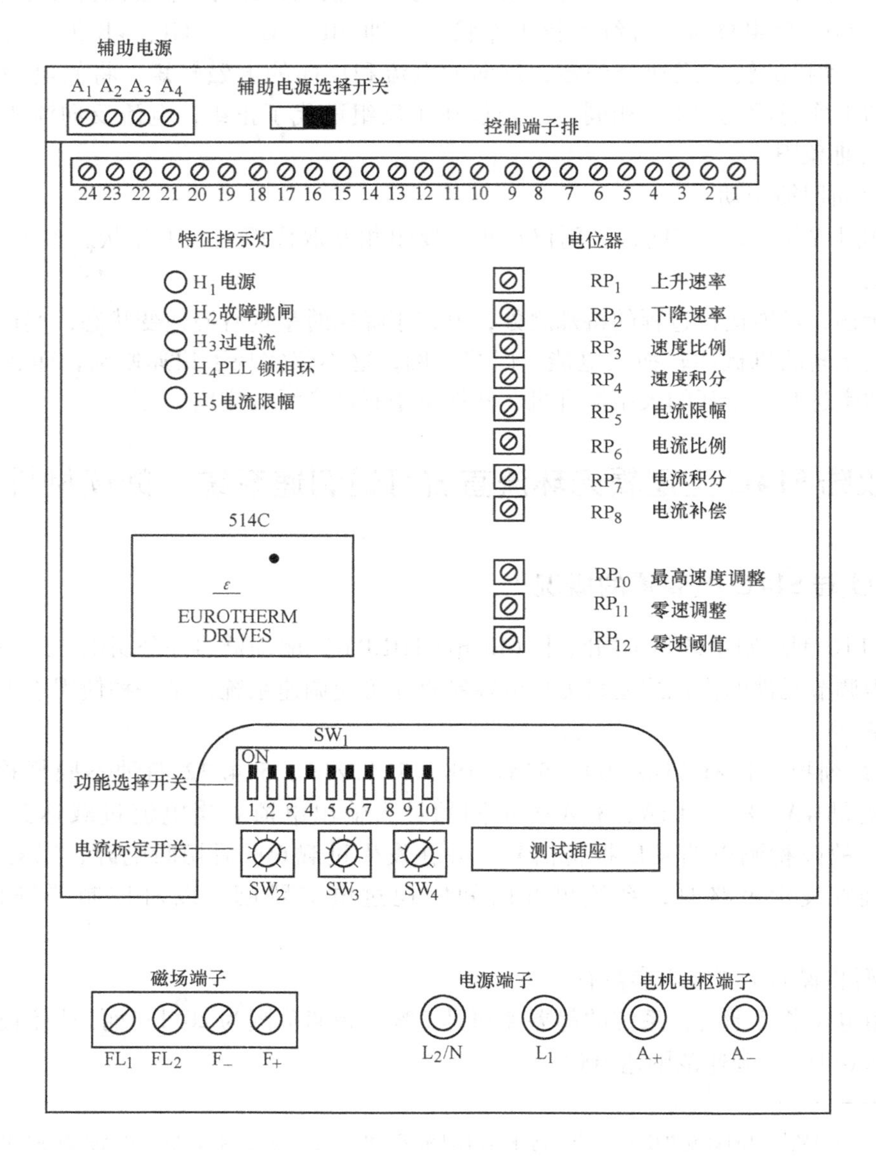

图 10-3 欧陆 514C 型的面板及接线端子分布图

10.2.3　欧陆 514C 型控制系统的原理图

图 10-4 为欧陆 514C 型控制系统原理图。在第 9 章和第 10 章 10.1 节的基础上，对欧陆 514C 的控制原理，还是不难理解的，图中带箭头线段均为信号流流向。

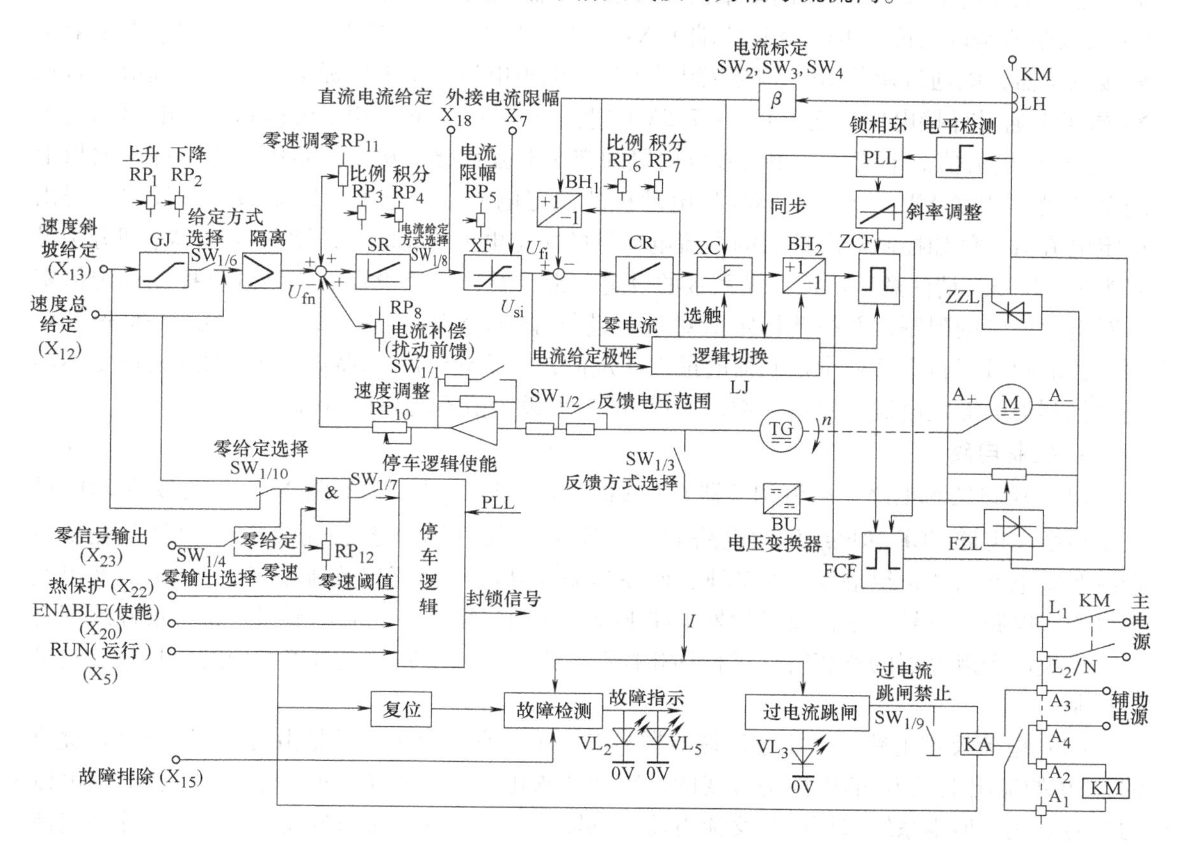

图 10-4　欧陆 514C 型控制系统的原理框图

10.2.4　欧陆 514C 型逻辑无环流直流可逆调速系统的工作原理

1. 反馈量的选择

由图 10-4 所示控制系统的原理框图中可以看出，514C 型控制系统为一个逻辑控制的无环流直流可逆调速系统。514C 型控制系统的控制回路是一个转速、电流双闭环系统，其外环是转速环，可采用测速反馈或电枢电压反馈，反馈的形式由功能选择开关 $SW_{1/3}$ [⊖]进行选择。注意如采用电压负反馈，则可使用电位器 RP_8，加上电流正反馈作为扰动前馈补偿；而如果采用转速负反馈，则不能加电流正反馈，应将电位器 RP_8 逆时针转到底。速度负反馈系数通过功能选择开关 $SW_{1/1}$，$SW_{1/2}$来设定反馈电压的范围（根据测速发电机的输出电压确定），并通过电位器 RP_{10}进行调整，通过调节电位器 RP_{10}，可以对电动机的稳态额定转速进行整定。

⊖ 面板下方 SW_1 是一组功能选择开关，它共有 10 个（1～10），$SW_{1/3}$ 表示 SW_1 中的第 3 个开关，开关向上拨为“ON”；反之向下拨则为“OFF”。$SW_{1/3}$：OFF，为选择测速发电机接入，ON，为选择电压负反馈（未装测速发电机）。

2. 最大电枢电流的设定

由图10-4可见，转速调节器SR的输出电压U_{si}经限幅后，作为电流内环的给定信号（U_{si}），并与电流负反馈信号U_{fi}进行比较，加到电流调节器的输入端，以控制电动机电枢电流。电枢电流的最大值由SR的限幅值U_{sim}以及电流负反馈系数β加以确定（$I_{dm}=U_{sim}/\beta$）。SR的限幅值是以电位器RP_5及接线端子X_7上所接的外部电位器来调整的。若X_7端子上未外接电位器，则通过调节RP_5，能得到对应最大电枢电流为1.1倍标定电流的限幅值；若在X_7端子上通过外接电位器输入0～+7.5V的直流电压时，通过RP_5可得到最大电枢电流为1.5倍标定电流值。电流负反馈信号以内置的交流电流互感器从主回路中取出，并以面板上的BCD拨码开关SW_2、SW_3、SW_4按电动机的额定电流来对电流反馈系数进行设置，得出标定电流值。例如控制器所控制的电流电动机的额定电流为12.5A，则SW_2～SW_4即分别设置为1、2、5。请注意，电流反馈系数的设定非常重要，一经设定后，系统就按此标定值实行对电枢电流的限制，并按此标定值对系统进行保护。SW_2～SW_4的满值设定可达39.9A，而该数值超过了整个系列中控制器的最大额定值，是不允许的。SW_2～SW_4的最大设定不能超过控制器的额定电流，例如514C—16型的最大设定值不能超过16A。

3. 控制电路

（1）逻辑选触电路　电流调节器CR的输出，经过选触逻辑电路XC㊀和变号器BH_2送往正组触发电路ZCF和反组触发电路FCF。当需要开放正组可控整流装置时，CR的输出经选触逻辑电路送往正组触发电路ZCF；而在当需要开放反组可控整流装置时，CR的输出经选触逻辑电路并反号后送往反组触发电路FCF，从而只用一个电流调节器，就可很好地配合正、反组两个触发器的移相特性进行移相控制。选触逻辑电路和变号器均由逻辑切换装置进行控制。

（2）电流反馈电路　由于电流调节器只有一个，它的给定信号是由转速调节器SR提供的，SR的输出电压U_{si}的极性是可变的，因此要求电流负反馈U_{fi}的极性也要随着电枢电流的方向变化，但本系统采用的是交流电流互感器，所取出的电流信号经整流以后，作为电流负反馈信号U_{fi}，因此它的极性始终是正极性的。为了保证电流环的负反馈性质，必须使电流负反馈信号U_{fi}的极性与SR的输出电压U_{si}的极性相反，所以在电流反馈通道上也设置了一个可控的变号器（即反相器）BH1，它可以根据逻辑切换装置的指令，在需要时对电流负反馈信号U_{fi}的极性进行变号。

（3）逻辑切换装置　逻辑切换装置（LJ）负责对正、反两组可控变流器进行切换控制。在电动机处于正向电动或反向制动状态时，开放正组可控变流器，封锁反组可控变流器；反之在电动机处于反向电动或正向制动状态时，则开放反组可控变流器，封锁正组可控变流器。逻辑切换装置对正、反两组可控变流器的切换指令是根据电动机的运行状态由电枢电流的给定信号U_{si}的极性来进行控制的，所以将转速调节器的输出电压（即电流环的给定信号）U_{si}作为逻辑切换装置的控制指令。同时，在U_{si}的极性改变之后，还必须等电枢电流减

㊀ 在10.1节中，正、反两组变流装置的触发电路是由两个电流调节器驱动的；而在无环流可逆系统中，其实仅有一组在工作，因此可考虑只使用一个电流调节器，而通过模拟电子开关，使它根据逻辑指令，分别轮流去驱动两组触发电路。我们把这种控制方式称为"逻辑选触"。在工业产品中，大多采用逻辑选触控制。XC实为一个模拟电子开关。有时通过逻辑选触控制，只采用一组触发电路。

小为零后才能进行正、反组的切换，因此，零电流信号 U_{I0} 是逻辑切换装置的第二个控制指令。由图 10-4 可见，给逻辑切换装置同时输入的指令是 U_{si} 变号及 U_{I0}。

（4）触发同步 触发同步是使触发脉冲始终与主电路电压的自然换相点保持着恒定的相位差（即控制角）（若控制角不作调整）。在第 9 章 9.2 节所述实例中，是直接引入主电路电压作为同步信号；而在 9.5 节中，则采用同步变压器提供触发同步信号；至于欧陆 514C 型装置，则采用“锁相环”技术（PLL）（Phase-Lock Loop），它又称“相位同步环路”。

锁相环技术原应用于通信系统，例如使无线电接收机频率同步，电视机水平与垂直扫描同步等，如今 PLL 已广泛应用到各个领域（如用于电动机的控制），现在已有专用的锁相环集成电路㊀。锁相环实际上是一个具有频率和相位负反馈的闭环控制系统，它能使输出和输入的信号频率相同，而且相位差保持为一个常数。514C 型装置中的锁相环主要是为了保证切换过程和主电路电压的同步，它对主电源的电压进行取样、变换、整形后，产生同步信号，送往逻辑切换装置进行同步；同时将此同步信号经自动斜率调整后，送往触发电路进行移相触发控制，产生触发脉冲。

（5）控制电路的其他环节

1）GJ——给定积分器，RP_1 整定上升斜坡斜率，RP_2 整定下降斜坡斜率。

2）SR——速度调节器，RP_3 整定比例系数 K_n，RP_4 整定积分时间常数 T_n。RP_{11} 为零速时调零用，RP_8 整定电流正反馈量（作负载扰动前馈补偿，只在采用电压负反馈方式时才可使用）。

3）XF——输出限幅电路，RP_5 整定 U_{sim}（亦即整定最大电流 I_{dm}）。

4）CR——电流调节器，RP_6 整定比例系数 K_i，RP_7 整定积分时间常数 T_i。

4. 保护电路

在 514C 型控制器内，还设置有保护电路，当发生故障后能及时报警并采取保护措施。

保护电路分为停车逻辑、故障检测和过电流跳闸三个部分。

1）停车逻辑电路能发出封锁信号，将整个控制系统中各个调节器全部封锁，使系统输出为零，电动机停止运行。在以下情况下会产生封锁信号：①给定信号为零并且电动机转速也为零：②锁相环发生故障；③电动机过热（热敏电阻呈高阻，X_{22} 端为高电平）：④系统“使能”（使能够运行）信号未加（ENABLE 为低电平）；⑤尚未起动（运行信号 RUN 为低电平）等。因此，要使系统能正常工作，应使锁相环正常工作，热保护端 X_{22} 为低电平，ENABLE 和 RUN 为高电平。在运行过程中，ENABLE 和 RUN 应保持高电平，从而使系统内部继电器 KA 保持得电吸合，接通外部接触器线圈回路，使主电源接通。

2）故障检测电路对电枢电流进行监视，当发生过电流（电枢电流达到限幅值）时，发出故障信号，并点亮“电流限幅”指示灯 VL_5：当电枢电流保持或超过限幅值 60s 后，点亮“故障跳闸”指示灯 VL_2。

3）过电流跳闸电路在电枢电流超限且指示灯 VL_2 点亮时，能自动断开内部继电器 KA 的线圈回路，使 KA 失电跳闸，从而切断主电源。但若“过流跳闸禁止”开关 $SW_{1/9}$ 为“ON”时，此开关接通 0V，使过电流跳闸电路不起作用，内部继电器 KA 始终得电，不会跳闸。此

㊀ 参见参考文献［6］。

外，当过电流达到3.5倍电流标定值以上（即发生短路）时，“过电流”指示灯 VL_3 点亮，并且内部继电器KA瞬时跳闸。

当发生故障跳闸或热保护停车后，系统可通过将RUN信号断开然后重新施加，从而使故障复位，控制器将重新起动。若发生短路故障引起“过电流”指示灯 VL_3 点亮，则不能通过重新施加RUN信号使故障复位，因为这种跳闸已表示发生了重大故障。只有在排除短路故障后，并通过将辅助电源断开，然后重新接通，才能使故障复位，但这里需注意，在重新接通辅助电源前，必须先将RUN信号断开。

以上为欧陆514C逻辑无环流直流可逆调速系统工作原理的简要说明，至于其他相关内容，如：

1）控制端子的功能与接线。

2）电源进线端子的接线，电动机的接线。

3）功能设置开关的设置。

4）电位器的功能与整定。

5）系统的联线。

6）系统的调试等。

请见本书所附CAI多媒体光盘中亚龙YL—209装置的第15项实训项目的指导书说明。

10.3 欧陆590型数字式直流可逆调速系统（阅读材料）

前面所讨论的转速、电流双闭环直流调速系统，其速度调节器SR、电流调节器CR及触发电路等控制部分都是采用运算放大器、晶体管和阻容等元器件构成，系统中传输的控制信号均为模拟量，故该系统又称为模拟式调速系统。随着单片微型计算机应用技术的迅猛发展，传统的模拟式调速系统正逐渐被具有单片计算机控制的数字式调速系统所取代。由于数字调速系统的控制功能都是通过软件来实现的，所以各种功能的选择和参数的整定，都可以单项逐一输入，简洁明了，而且修改极为方便。但整个系统的结构与控制思路与模拟系统基本上是相同的，因此对它的工作原理也不难理解。下面简单介绍数字式直流调速系统的组成和工作原理及应用。

10.3.1 数字式直流调速系统的组成

图10-5为数字式转速、电流双闭环调速系统的功能框图。由图可见，数字式调速系统与模拟式调速系统的主要差别在于：前者采用单片机及数字调节技术（程序）取代后者的模拟式速度调节器、电流调节器及触发电路。框图主要由以下部分组成：输入部分、速度环、电流环、触发逻辑及晶闸管主电路等。除晶闸管主电路及脉冲变压器外，其他部分均由软件实现。

10.3.2 数字式直流调速系统的软件功能

1. 输入部分

外部给定信号可由直接给定输入或斜坡给定输入端进入系统。在设定值综合模块中，通

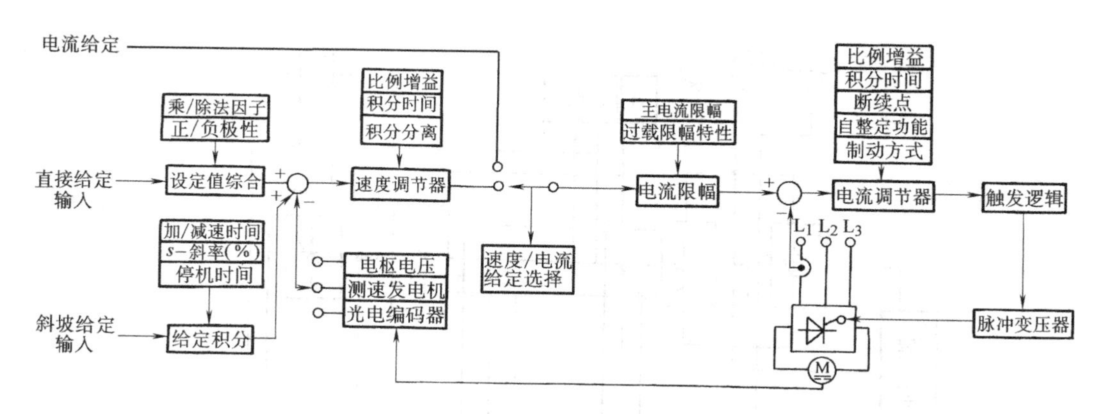

图 10-5 数字式转速、电流双闭环调速系统功能框图

过单片机可方便地对输入信号（A/D 转换后）进行扩大（乘法因子）、缩小（除法因子）、改变极性等处理；在给定积分模块中，可调整给定积分的加减速时间、斜率及停机时间，从而对不同的负载实现最佳的起、制动特性。

2. 电流环功能

电流环包括电流限幅及电流调节器。电流限幅模块可根据实际要求设置主电流限幅和根据负载的不同设置过载限幅特性，以实现对系统的过电流保护；电流调节器除了完成基本PI 调节器功能外，系统可在电流环参数设置菜单中预先设置比例增益、积分时间常数、断续点电流百分比以及制动方式。电流环的自整定功能更为我们提供了先进的调试手段。在调试时，先打开电流环菜单，将自整定功能置为“ON”，**数字式调速系统便自动测试对象（电动机）的参数，并由内部程序自动生成 PI 调节器参数**。

3. 转速环功能

与电流环相同，可以在参数设定子菜单下找到速度环，在速度环菜单中，可以方便地设置转速环 PI 调节器的比例增益和积分时间常数，为改善电动机的起动性能，可起用积分成份分离功能，以使系统在起动时转速调节器表现为 P 调节器，以加快起动过程，待起动后期再加入积分（I）功能，以消除静差。此外，根据实际的反馈元件，我们可在菜单中选择电枢电压反馈、测速发电机反馈或光电编码器反馈模式。转速环中先进的自适应功能使数字式调速系统的控制性能更加完美。

4. 触发逻辑

触发逻辑的功能是按照主电路晶闸管的导通时序分配脉冲。

5. 数字式直流调速系统

数字式直流调速系统的工作原理与模拟式的完全相同，由于采用了软件编程的数字式调节器取代模拟调节器，即用软件完成 PI 调节功能，使该系统的功能大大加强，而且更具控制的灵活性。

10.3.3 数字式直流调速系统的硬件组成

图 10-6 为欧陆（EURO THERM）590 系列（15 ~ 75kW）数字式直流调速系统的硬件框图。各部分功能简述如下：

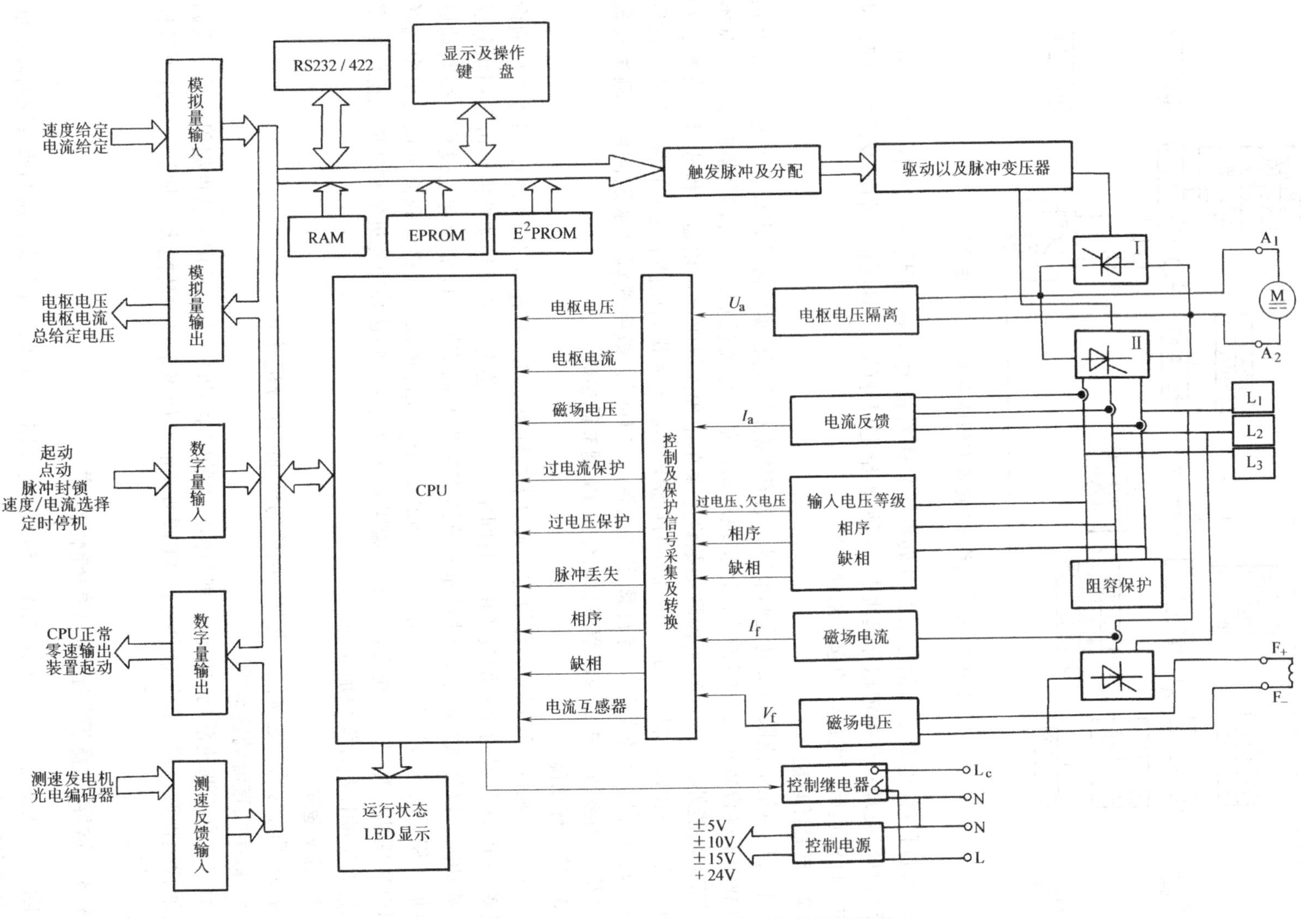

图 10-6 欧陆 590 系列数字式直流调速系统的硬件框图

（1）模拟量输入　对输入的速度给定、电流给定等信号进行A/D转换及定标。

（2）模拟量输出　经D/A转换，输出定标后的电枢电压、电枢电流及总给定电压，供给显示与监控电路。

（3）数字量输入　将起动、点动、脉冲封锁、速度/电流选择、定时停机等开关量信号输入CPU，供CPU作出相应控制。

（4）数字量输出　发出CPU工作正常、装置起动、零速或零给定等信号，以便与外部控制电路进行联锁控制。

（5）测速反馈输入　根据系统不同的速度反馈方式，可选择不同输出端，反馈信号经转换后输出定标信号㊀给CPU。

（6）RS232/422接口电路　利用RS232串行通信接口电路，可方便地建立数字式调速装置与上位计算机的通信，用上位计算机对调速装置进行组态及参数设置。

RS422驱动能力较RS232强，可为上位计算机提供远距离监控。

（7）CPU及RAM/EPROM/E^2PROM　这是调速系统的核心部分，CPU除了完成速度环、电流环的调节、运算及触发脉冲分配外，还要处理输入、输出，实时监控及各种控制、保护信号，并将各种运行参数及运行状态分别送往LCD、LED显示出来。

其中，RAM存放当前的运行参数；EPROM存放系统主程序；E^2PROM存放各种用户选择的参数，如PI参数，过电流、过电压参数等。

（8）控制及保护电路　用于采集电枢电压、电枢电流、磁场电压、磁场电流、欠电压、过电压、相序及缺相等信号，将信号转换后输入CPU。

（9）主电路及励磁电路　主电路包含两个反并联的三相桥式全控整流电路，其触发信号由驱动单元经脉冲变压器提供。励磁电路由一个单相桥式半控整流电路组成，提供电动机可控的励磁电压及电流。

（10）控制电源　由一组开关电源组成，分别产生±5V（CPU电源）、±15V（A/D、D/A转换）、±10V（给定电压）及+24V（开关量信号）所需的电源。数字式直流调速系统的A_1、A_2端连接电动机M的电枢，F_+、F_-端连接电动机M的励磁绕组，L_1、L_2、L_3端通过主接触器连接三相交流电源，L、N为控制电源交流输入，Lc、N接主接触器控制线圈。

10.3.4 数字式与模拟式直流调速系统的比较

下面从静态精度、动态性能及可靠性等方面对数字式与模拟式直流调速系统的主要性能进行比较。

（1）静态精度　数字式直流调速系统的静态精度比模拟式高，原因在于模拟式系统的精度受它采用的器件本身精度等因素的影响。而数字式调速系统一般采用16位甚至32位单片计算机，而且可采用光电编码器等高精度反馈元件，一般数字式调速系统的稳态精度可达万分之一，甚至更高。

（2）动态性能　数字式直流调速系统的动态性能比模拟式的系统稍差。这是由于增加了A/D、D/A转换时间及程序执行周期等延时因素的影响。因此在某些要求频繁正反转（要求每秒一、二次正反转）的设备中，宜采用模拟式。当然，随着计算机运算速度的提高，

㊀ 定标信号是指在性质与数值上与之将进行比较的信号相匹配的信号。

数字式系统的动态性能将会进一步改善。

（3）可靠性　模拟式调速系统中采用大量的运算放大器、电阻、电容等元器件，其可靠性无法与单片机相比，且模拟器件受温度影响较大，某些模拟系统，往往冬季调试好后，到了夏天可能运行不正常。

（4）调试难度　数字式调速系统的调试比模拟式调速系统要方便、简单得多。模拟式系统调试困难主要是因为元器件的参数不太精确，且受温度影响大，调试中要花大量的时间才能找到一组合适的PI调节器参数。对复杂的系统（如可逆、带弱磁控制的系统），调试周期更长。而数字式调速系统，其PI调节器为数字式的，精度高且不受温度影响。一般的数字式调速系统都有电流环自整定功能，因此调试非常方便、快捷。

综上所述，数字式与模拟式直流调速系统的主要性能比较列于表10-2中。

表10-2　数字式与模拟式直流调速系统主要性能的比较

调速系统＼性能	静态精度	动态性能	可靠性	调试难度
模拟式	低	好	低	难
数字式	高	稍差	高	易

小　　结

（1）在调速系统中，可逆供电电路主要应用于：

1）需要正、反两个方向运转的调速系统。

2）虽单向运行，但要求实现回馈制动的调速系统。

在可逆调速方案中，又分电枢可逆供电和励磁可逆供电两类，其中电枢可逆方案应用较多。

（2）逻辑无环流可逆系统的特点有：

1）采用正（VF）、反（VR）两组反并联供电电路。

2）采用逻辑控制器，以封锁触发脉冲的办法，来保证正、反两组中只能有一组在进行工作。

3）采用速度和电流双闭环控制。

4）系统回馈制动时，要求反组投入工作。这时，速度给定信号极性和转速方向都未改变，不能作切换指令。这时极性变更的信号是电流给定信号 U_{si}，因此逻辑控制器的切换指令为电流给定极性变更指令 U_{si} 和零电流指令 U_{I0}。

5）逻辑无环流可逆系统没有环流损耗，换流失败事故率低，但有换流死区。

（3）数字式直流调速系统，在工作原理上与模拟式是相同的；但在构造上，数字式采用单片机及数字调节技术（程序）来取代模拟式中速度调节器、电流调节器和给定积分等控制环节，它具有控制精度高、设定与修改参数方便、调试容易、可靠性高等显著优点；缺点是动态性能稍差，而且价格相对较贵。

思　考　题

10-1　晶闸管直流可逆调速系统与不可逆调速系统在构造上和性能上的主要差别何在？

10-2　逻辑无环流控制的控制特点是什么？晶闸管装置正、反组的切换指令是否就是电动机正、反向运转的切换指令？为什么？

10-3 数字式和模拟式的直流调速系统各有哪些优缺点？

读图练习

10-4 图10-7为一台由德国进口的设备的电气线路示意图（注意图形符号与我国标准不同）。从已学知识，试判断各种符号的意义，并判断这是什么系统，它含有哪些主要部件？[A～N各是什么单元（或部件）]，试分析该系统有哪些反馈环节？系统依靠那些信号发出切换指令，这指令去控制什么，对系统的运行状态有什么影响？它与10.2节所讲述的欧陆514C型调速系统主要区别有哪些？

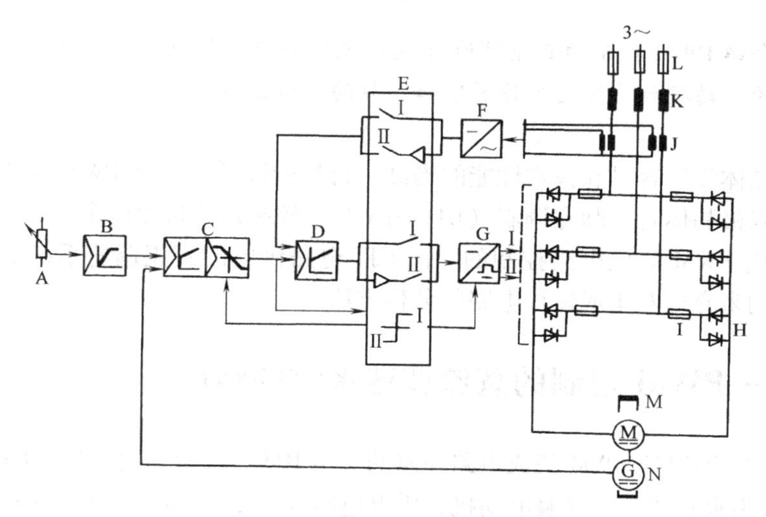

图10-7 某进口设备电气线路示意图

第 11 章　双极晶体管—脉宽调制控制的直流调速系统

内容提要

本章主要介绍 PWM 控制的直流调速（或伺服）系统的特点，并通过实例来介绍由专用集成电路控制的自动控制系统的工作原理和一般的分析方法。

随着双极晶体管的容量和技术性能的提高、价格的降低，以及 PWM 专用集成电路的日益完善，使得双极晶体管—脉宽调制（BJT—PWM）控制系统日益增多。下面将通过一个具体线路来介绍由 PWM 集成电路控制的、由 BJT 电路供电的直流调速系统的组成和工作原理，并通过实例来介绍对集成模块电路的分析方法。

11.1　BJT—PWM 控制的直流调速系统的组成

图 11-1 为由 SG1731 PWM 集成电路控制的、由 BJT（H 型）电路供电的直流调速系统。图中，SM 为永磁式直流伺服电动机，供电电路为由四个 BJT（VT_1 ~ VT_4）构成的 H 型

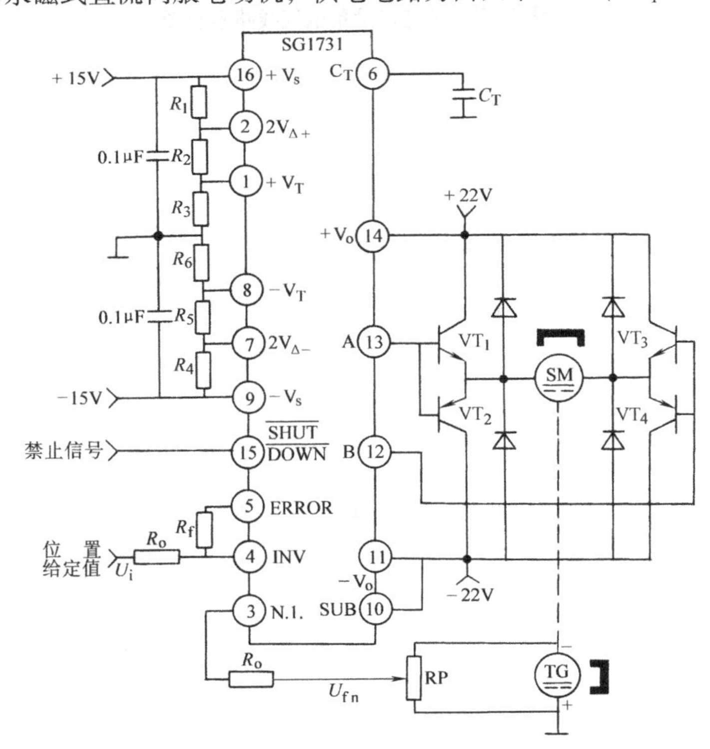

图 11-1　SG1731 PWM 集成电路控制的直流调速系统

电路，四个二极管为续流二极管，H型电路由±22V直流电源供电。SG1731为PWM专用集成电路，它由±15V和±22V两组直流电源供电。TG为测速发电机，电位器RP调节转速反馈电压U_{fn}，转速反馈信号送往集成模块③脚，给定信号送往④脚；电源电路和保护、警报、显示等环节的电路，未画在图上。

11.2 BJT—PWM控制的直流调速系统的工作原理

对由专用集成电路控制的电路，首先是搞清专用集成电路的功能、技术指标、各引脚的用途和对应的输入（或输出）信号，以及使用时应注意的事项（而对其内部结构、内部工作情况，则一般不必去深究）；然后，仍由主电路→驱动及控制电路（专用集成模块）→控制信号综合→工作过程→其他辅助电路→去搞清系统的工作原理。现在将通过实例，按照这个顺序，去说明PWM控制的调速系统的工作原理。

11.2.1 SG1731 PWM专用集成电路

1. SG1731 PWM集成电路的基本结构

SG1731 PWM集成电路（简称芯片）的引脚排列如图11-2所示。其内部功能结构示意图如图11-3所示。

该芯片内有三角波发生器、偏差信号放大器、比较器及桥式功放等电路。此电路的原理是将一个直流信号电压与三角波电压叠加后，形成脉宽调制方波，再经桥式功放电路输出。它具有外触发保护、死区调节和±100mA电流的输出能力；其振荡频率为100Hz～350kHz可调，适用于单极性PWM控制，是直流电动机专用的PWM控制集成电路。

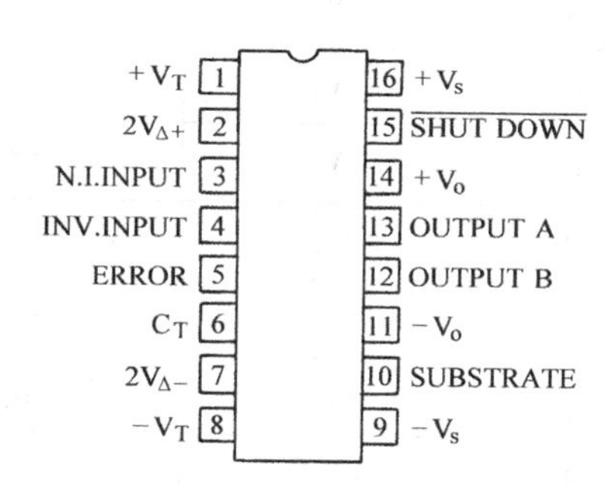

图11-2 SG1731 PWM集成电路引脚排列

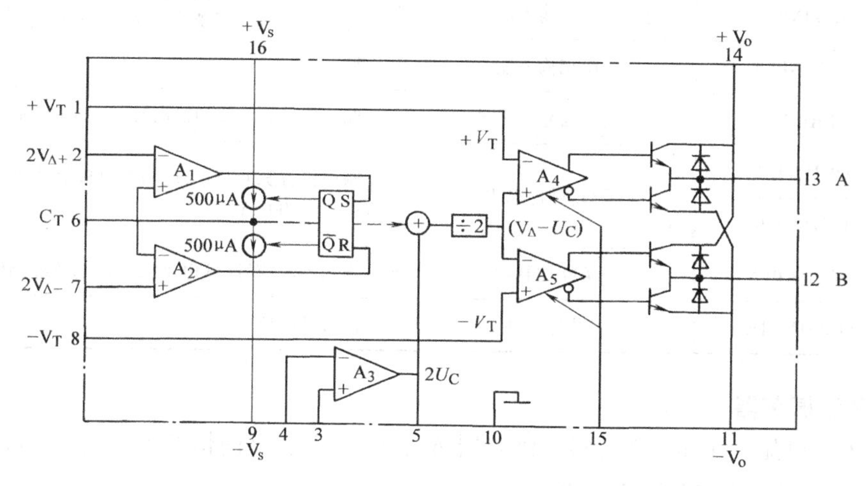

图11-3 SG1731 PWM集成电路内部功能结构示意图

2. SG1731 PWM集成电路各引脚的名称、输入（出）信号和功能

SG1731 PWM控制集成电路各引脚的脚名、输入（出）信号和它们的功能，根据产品

说明书，整理后列于表 11-1 中㊀。表中的符号仍保持原芯片说明书上的符号（如电压 V）。

3. 电源及电压信号

此集成电路需要两组电源：一组电源 $\pm V_s$（$\pm3.5\sim\pm15V$）（接 16 脚和 9 脚）用于芯片的控制电路；另一组电源 $\pm V_o$（$\pm2.5\sim\pm22V$）（接 14 脚和 11 脚）用于桥式功放电路。此功放级电路输出的电流可达 ±100mA（功放输出为 12 脚和 13 脚）。

由图 11-1 可见：±15V 电源电压分别经电阻 R_1、R_2、R_3 和 R_4、R_5、R_6 分压产生 $2V_{\Delta+}$、$2V_{\Delta-}$ 和 $\pm V_T$。适当选择这些电阻的阻值，便可得到所需电压的数值（它们决定芯片的工作频率）（见表 11-1）。此外，±15V 电源都经 0.1μF 的电容器接地，这是为了使从电源中传入的干扰信号能通过电容对地旁路。

表 11-1 SG1731 PWM 集成电路各引脚的名称，输入（出）信号和功能

脚号	脚名	输入(出)信号	功能
16	$+V_s$	正、负直流电源 I ($\pm3.5\sim\pm15V$)	芯片控制电路电源(此处为 ±15V)
9	$-V_s$		
14	$+V_o$	正、负直流电源 II ($\pm2.5\sim\pm22V$)	芯片功放级电路电源(此处为 ±22V)
11	$-V_o$		
2	$2V_{\Delta+}$	$V_{\Delta+}$，三角波正限幅电压	三者决定三角波振荡器频率：(f 为 100 ~ 350kHz) $f=\frac{5\times10^{-4}}{2\times\Delta U\times C_T}$ 式中，$\Delta U=(2V_{\Delta+}-2V_{\Delta-})$
7	$2V_{\Delta-}$	$V_{\Delta-}$，三角波负限幅电压	
6	C_T	外接电容后接地	
1	$+V_T$	正、负门槛(阈值)电压	为比较器 A_4、A_5 提供正、负门槛电压，以与三角波进行比较
8	$-V_T$		
3	N. I. INPUT	正相输入端	将给定信号与反馈信号接往偏差信号放大器进行比较
4	INV. INPUT	反相输入端	
5	ERROR	偏差信号输出端	偏差信号放大器的输出端。在④与⑤间接反馈阻抗
13	OUTPUT A	驱动脉冲输出	输出正方脉冲至正、反两组双极晶体管基极，输出电流可达 ±100mA
12	OUTPUT B		
15	SHUTDOWN	关断控制端	输入关断信号(低电平)，能使功放级晶体管截止
10	SUBSTRATE	芯片片基	接最低电位

4. 三角波振荡器

由图 11-3 可见，由 RS 触发器，比较器 A_1、A_2，正、反向恒流源（I_s 均为 500μA）和外接电容器 C_T 等构成三角波振荡器。

㊀ 根据产品说明书，整理并将集成电路各引脚的名称、功能和使用注意事项，列成表格，对理解并掌握专用集成电路的应用是十分重要的。表 11-1 是按引脚功能排列，而非按引脚序号排列，请注意。

5. 偏差放大器（内部调节器）

图11-3中的A_3为偏差放大器（即调节器），它的正、反相输入端③、④和输出端⑤均引出芯片外，因此，通过配置不同的输入回路阻抗和反馈回路阻抗，可以构成不同的调节器。在图11-1所示的系统中，输入回路阻抗为电阻R_0，反馈回路阻抗为电阻R_f，所以它是一个比例调节器，比例系数$K=-R_f/R_0$。

6. PWM 波的形成

由图11-3可见，三角波电压和偏差放大器输出电压进行叠加后，再经除法器送出的电压为（$V_\Delta+U_C$），此电压将送往比较器A_4和A_5，并与正（或负）阈值电压$+V_T$（或$-V_T$）进行比较，这样，比较器A_4(或A_5)输出的便是PWM电压（详见后面分析）。

7. 关断控制功能

当引脚⑮端接入低电平（与TTL电平兼容——为方便微机控制）时，此低电平将使输出级中的晶体管迅速截止，使系统停止工作。这种功能可为系统的各种保护环节（外触发保护）提供服务。

8. 使用 SG1731 时应注意的事项

1）$+V_s$与$-V_s$的差值不能小于7.0V，但也不得超过30V。

2）$+V_o$与$-V_o$的差值不能小于5.0V，但也不得超过44V。

电动机供电可共用此电源，也可另设电源。

3）**基片“地”**（⑩脚）**必须连到最低电位处，否则会烧坏芯片。**

11.2.2 主电路

在图11-1所示的系统中，主电路为由四个BJT（$VT_1\sim VT_4$）构成的H型供电电路，其中VT_1和VT_3为NPN管，VT_2和VT_4为PNP管，电路中两个NPN管和两个PNP管组成互补式主电路，这样就只需要两路基极控制信号，刚好与SG1731两路输出相匹配。而在一般H型主电路（如图4-22b所示），则为四个NPN（或PNP）管，这样便需要输入四个控制信号，当然，这四个信号，也可由两路驱动电路分出，如图4-31所示。图中四个二极管为续流二极管，其中SM为永磁式直流伺服电动机，电路由±22V直流电源供电。

11.2.3 控制信号的综合（PWM波的形成）和系统的工作过程

关于PWM波的形成，在第4章4.6节中已作详细介绍，4.6节中采用的调制波是锯齿波，而这里采用的是三角波，但PWM波的形成原理是完全相同的。

1. PWM 波的形成

由图11-3可见，在比较器A_4（或A_5）上进行比较的是（$V_\Delta+U_C$）与$+V_T$（或$-V_T$）。其中，$\pm V_T$是预先设定的。

当控制电压$U_C=0$时，（$V_\Delta+U_C$）即为三角波V_Δ，它对称于横轴（见图11-4a）。

当$U_C>0$时，V_Δ与U_C叠加后，三角波将上移U_C值。由图11-4b可见，（$V_\Delta+U_C$）与$-V_T$无相交点。由图11-3可见，此时在比较器A_5中，$-V_T$起主导作用，使比较器A_5输出负信号，芯片功放级内部电路将使**输出级B呈现低电平（U_B=“0”信号）**。

与此同时，（$V_\Delta+U_C$）送往比较器A_4⊕端，与A_4⊖端的$+V_T$进行比较，当（$V_\Delta+$

U_C) > (+ V_T) 时（图 11-4 中点状的阴影部分），此时在比较器 A_4 中，(V_Δ + U_C) 起主导作用，**A_4 输出正信号，使输出级 A 输出正信号（U_A = "1" 信号）**。由图可见，对应图中阴影的部分，则为一正方脉冲列 U_A。调节 U_C 的大小，即可改变其脉宽；U_C 越大，脉宽越宽，输出的平均电压也就越大。于是 PWM 波形成。

同理，当 U_C <0 时，三角波下移，与 (− V_T) 相交，三角波 (V_Δ + U_C) < (− V_T) 的部分，使 U_B = "1" 信号，(U_A = "0" 信号)，如图 11-4c 所示。

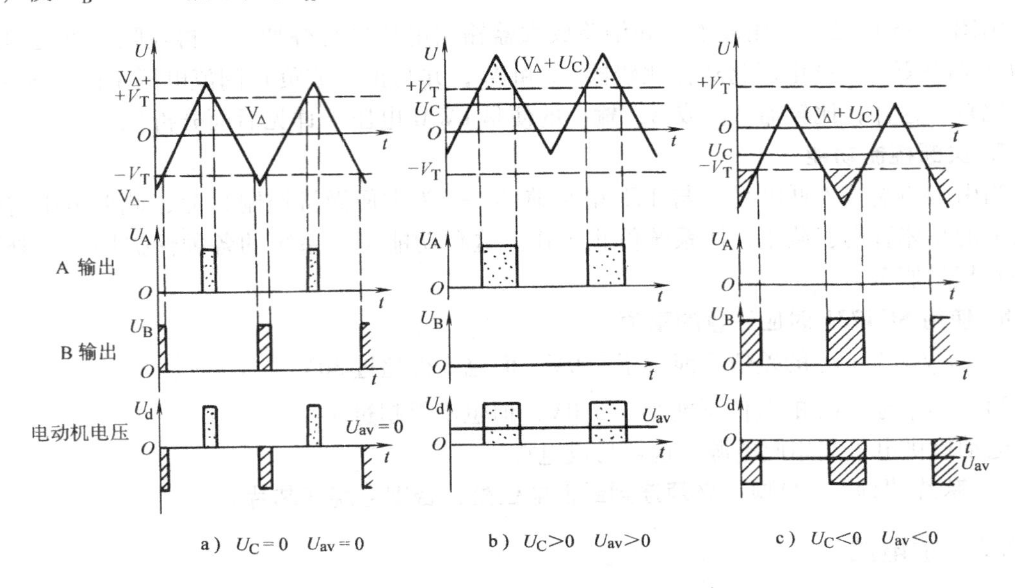

图 11-4 无死区单极性 PWM 波形的生成

2. 主电路工作状况

当输出级 A 的高电平送往主电路中的 VT_1 和 VT_2 的基极时，与此同时，输出级 B 的低电平送往 VT_3 和 VT_4 的基极，由图 11-5 可见，这将使 VT_1 和 VT_4 导通，而 VT_2 与 VT_3 截止，这样，便在伺服电动机上加上正向的 PWM 电压（见图 11-5），此时平均电压 U_{av} 为正，它将使伺服电动机正转，这个过程将一直继续到转速到达接近预定值，$U_{fn} \approx U_i$，$\Delta U \approx 0$ 时为止。

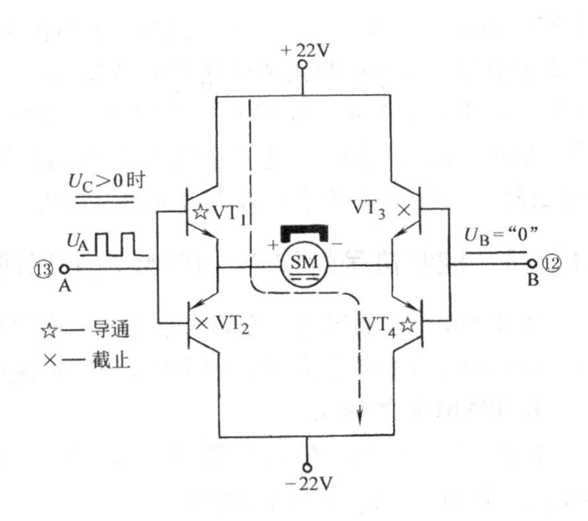

图 11-5 U_C >0 时主电路工作状况示意图

反之，当 U_C < 0 时，同理可知，(V_Δ + U_C) 三角波将下移（见图 11-4c）。对应图 11-4 中线状阴影部分，这时输出 A 将呈低电平，输出 B 为正方脉冲列，这将导致晶体管 VT_3 和 VT_2 导通，VT_1 和 VT_4 截止，电动机端电压为负方脉冲列，平均电压 U_{av} 为负，电动机将反转，直到转速到达预定值为止。

系统的自动调节过程与图 9-3 相同，这里不再重复。

3. 电压死区的消除

为消除电压死区，在整定电压值时，使 $|\pm V_T|$ 略小于 $|V_{\Delta\pm}|$ （见图 11-4a），这样，在 $U_C=0$ 时，（$V_\Delta+U_C$）与 $+V_T$ 和 $-V_T$ 均有相交点，于是在电动机两端便加有正、负相等的方脉冲列（见图 11-4a）。由于正、负脉冲列相等，所以平均电压仍为零，电动机不会转动。但这时 VT_1、VT_4 与 VT_2、VT_3 却交替工作着，为电动机的起动、反转准备了条件，从**而消除了死区，加快了电动机的起动或反向过程**。如前所述，由图 11-1 可以看出，适当选择分压电路中 $R_1\sim R_6$ 的数值，便可整定 $\pm V_T$ 和 $V_{\Delta\pm}$ 的数值，来满足上述的要求。

由以上分析可见，采用 PWM 专用集成电路后，使得自动控制系统的组成和调整变得简单得多。**在分析由专用集成电路控制的自动控制系统时，应把主要注意力放在集成电路的功能、特点、技术指标和在系统中的应用上；放在外接电源的确定、外接阻抗的选择、有关参数的整定，以及使用时应注意的问题上。**

11.3 BJT—PWM 控制系统的特点

1）由于双极晶体管（BJT）是可控器件，它的开关频率可达 1～10kHz，而 SG1731 PWM 专用集成电路的调制频率可以整定得更高（100～350kHz）（见表 11-1），在实际使用中，通常整定为 2kHz 左右，这样高频率的供电电压（PWM 波），经直流电动机电枢电感滤波后，通过电动机电枢的电流将是脉动很小的直流电流（电枢两端的电压仍是 PWM 波形），因此系统的控制性能好（精度高，响应快）。当然也可用 IGBT 管来取代 BJT 管，其控制特点仍是一样的。

2）BJT—PWM 供电电路，可采用 H 型，也可采用 T 型；PWM 波形可以是单极性，也可以是双极性；可实现可逆供电，或不可逆供电；调制波可采用锯齿波，也可采用三角波。在此处 BJT—PWM 供电电路为 H 型可逆供电电路，PWM 波为单极性，调制波为三角波；而在第 4 章 4.6 中，则为 T 型可逆电路，PWM 波为双极性，调制波则为锯齿波。

3）PWM 控制电路可采用如图 4-24 所示的分列元件电路，可采用如图 11-7 所示的由单元集成电路构成的电路（见习题 11-6）。也可采用如图 11-1 所示的采用专用的集成电路，当然，也可采用由单片机来进行控制。此外，在此处，SG1731 的外围电路接成比例调节器，当然，改变反馈网络阻抗，也可接成 PI 或 PID 调节器，从而实现无静差控制。

小　结

对由专用集成电路控制的自动控制系统，其分析步骤大致为：

（1）首先搞清集成电路的功能、特点和工作原理：即由集成电路的功能、特点和技术性能指标→各引脚的名称和作用→需外接的电源和阻抗→输入和输出的信号→参数的整定（整定的依据和它对系统的影响）→应用和使用时应注意的问题→集成电路中各主要单元的作用和在系统中的应用。

（2）综观整个系统，由给定信号→集成电路→驱动单元→主电路→电动机，分析系统的组成和工作原理。

（3）分析各种保护环节和辅助电路等。

思 考 题

11-1 单极性 PWM 控制和双极性 PWM 控制在电压波形上最大的区别在哪里？在可逆调速系统中，这两种控制方式各有什么优、缺点？

11-2 从图 11-4a 中的电机电压波形可以看出，消除电机反向死区的方法是：在反向瞬间，将单极性 PWM 波变换成了什么样的波形？

11-3 在图 11-1 所示的系统中，由于 $R_1 \sim R_6$ 阻值选择不当，原先规定三角波的频率应整定为 2kHz，结果为 200Hz，问对系统的性能有什么影响？后来改变 $R_1 \sim R_6$ 阻值，又使频率高达 100kHz，问对系统性能又有什么影响？

11-4 面对一个由专用集成电路控制的自动控制系统，首先要做的技术工作是什么？

习 题

11-5 图 11-6 为一实例电路图（图中限流环节未画出）。图中 SM 为微型伺服电动机。通过读图，请回答下列问题：

1）这是什么控制系统？

2）伺服电动机的最大供电电压为多少？

3）伺服电动机的最大供电电流为多少？

4）伺服电动机能否实现正、反可逆转动？为什么？

5）此时偏差放大器与外接阻抗构成哪种调节器？它的作用是什么？

6）此为单极性控制还是双极性控制？伺服电动机正转（设电压为正）时的电压波形是怎样的？

7）这是开环控制还是闭环控制？是有静差系统？还是无静差系统？

8）若如今要求将调制频率整定到 400Hz，那最方便的是整定哪个参数？怎样调节？

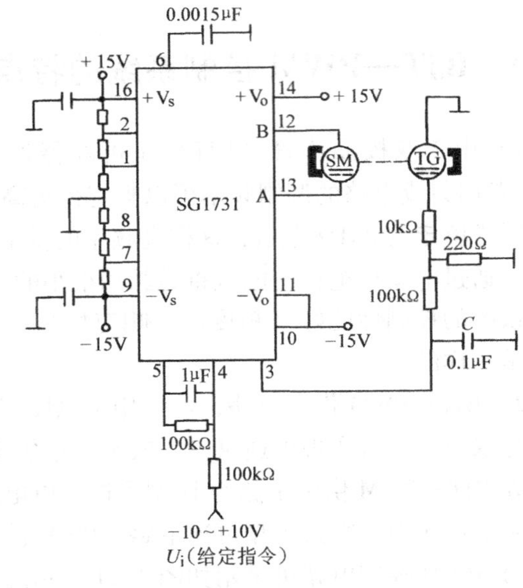

图 11-6 实例电路图

读图练习

11-6 图 11-7 为一小功率脉宽调制控制的直流调速系统的实际电路。

试分析：

1）这是开环控制还是闭环控制？

2）这是可逆调速系统还是不可逆调速系统？

3）电动机两端电压的波形是怎样的（单极性的还是双极性的）？电动机端电压的调节范围为多少？

提示：

在图 11-7 所示的电路中，方波/三角波发生电路由（IC：D）、两只稳压二极管、（IC：A）等组成。（IC：D）运放构成迟滞比较器，当同相端输入电压大于反相端输入电压时，输出为正电源电压，反之则输出为负电源电压，故（IC：D）输出为 ±12V 的方波。（IC：A）构成反相积分放大器。当（IC：D）⑧脚输出为 +12V 时，经 R_{16} 等对 C_1 充电，在（IC：A）输出端⑦脚形成三角波的下降沿，它经 RP_3、R_{14} 与 R_{13} 分压后反馈到（IC：D）的同相端，与其反相端电压比较，当同相端电压低于反相端电压时，比较器翻转，

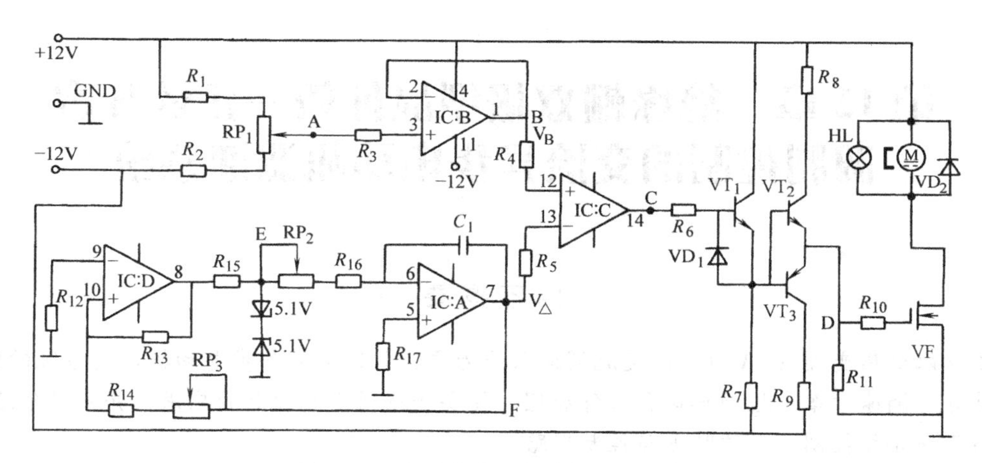

图 11-7 小功率直流电动机调速电路

R_1、R_2、R_7、R_{11}：4.7kΩ；R_3 ~ R_5、R_{12}、R_{16}、R_{17}：10kΩ；R_6、R_8、R_9、R_{14}、R_{15}：1kΩ；

R_{10}：47Ω；R_{13}：5.1kΩ；RP_1：4.7kΩ；RP_2：50kΩ；RP_3：10kΩ；

VD_1、VD_2：1N4148；VT_1、VT_2：9013；VT_3：9012；V_4 2SK1270 IC LF347

则⑧脚输出低电平，这时后级积分放大器中的 C_1 经 R_{16} 放电并反向充电，使（IC：A）⑦脚电平由低渐升，形成三角波的上升沿；这样不断反复，在 E 点将形成被两只反串联的（±5.1V）稳压管限幅的方波（±5.8V）（5.1V+0.7V），而在⑦脚则形成了三角波。调节 RP_3 可使三角波的输出幅值改变，三角波要求调到 V_{PP} = ±3V（峰-峰电压）。调节 RP_2 可改变三角波的频率，本电路要求调到 f = 1000Hz。

给定电路由 R_1、R_2、RP_1、R_3 及（IC：B）构成。其中（IC：B）为电压跟随器，RP_1 的滑点（A 点）电压通过调节 RP_1 可在 -4 ~ +4V 内变化。

PWM 发生器由（IC：C）及 R_4、R_5 组成电压比较器。反相输入端为 f = 1000Hz、V_{PP} = ±3V 的等腰三角波，在同相输入端是 ±4V 范围内的 V_B、当 $V_B > V_\Delta$ 时（IC：C）输出高电平（+12V），反之则输出低电平（-12V）。给定电压越高，（IC：C）输出的高电平时间越长，即占空比越大，被调制的直流电压平均值就越高，相反，给定电压低时，被调制的直流电压平均值就低，从而实现了调压目的。

驱动电路及功率开关电路：由 VT_1、VT_2、VT_3 等组成，它把脉宽调制的小信号进行功率放大和整形后推动负载。大功率开关电路由 VF、R_{10} 组成（VF 为耗尽型 NMOS 场效应晶体管），直接控制负载。图中的负载是一直流微型电动机（及 12V/1W 的小指示灯），负载大小的选择应考虑场效应晶体管的功率及电源输出功率的大小。

第12章　绝缘栅双极型晶体管—正弦脉宽调制控制的交流异步电动机调速系统

内容提要

本章以变压变频（VVVF㊀）交流调速系统为主，叙述交流异步电动机调速系统的组成、结构特点、调速方案、控制思路和工作原理；扼要介绍通用变频器的应用；并简单介绍矢量控制与直接转矩控制的结构特点与控制思路。

由前面的分析已知，直流调速系统具有较优良的静、动态性能指标，因此，在过去很长一段时期内，调速传动领域大多为直流电动机调速系统。如今，由于全控型电力电子器件（如 BJT、IGBT 等）的发展、SWPM 专用集成芯片的开发、交流电动机矢量变换控制技术以及单片微型计算机的应用，使得交流调速的性能获得极大的提高，在许多方面已经可以取代直流调速系统，特别是各类通用变频器的出现，使交流调速已逐渐成为电气传动中的主流。

12.1　交流调速的基本方案与变压变频的基本控制方式

12.1.1　交流调速的基本方案

在电机学中，为了定量分析电动机的特性，引入了转差率 s 的概念，转差率为转子与定子旋转磁场的转速差 Δn 与同步转速 n_1 之比，即

$$s = \frac{\Delta n}{n_1} = \frac{n_1 - n}{n_1}$$

由上式及 $n_1 = 60f_1/p$ 有

$$n = n_1 - sn_1 = n_1(1 - s) = \frac{60f_1}{p}(1 - s)$$

由上式可见，异步电动机的调速方案有：改变极对数 p，改变转差率 s（即改变电动机机械特性的硬度）和改变电源频率 f_1。交流调速按这三种方案分类如下：

- 交流调速
  - 变极调速
  - 变转差率调速
    - 调压调速（降低电压，将使机械特性变软，(参见图 3-12a)
    - 绕线转子串接可变电阻调速（转子电阻增加，将使机械特性变软）
    - 绕线转子串接附加电动势调速（串级调速）
    - 滑差电动机调速
  - 变频调速
    - 交—直—交变频调速
    - 交—交变频调速

㊀ VVVF 是英文变压变频（Variable Voltage Variable Frequency）的缩写。

以上三种调速方案中，变极调速是有级的；变转差率调速时，同步转速不变，低速时电阻能耗大、效率较低，只有在串级调速情况下，转差功率才得以利用，效率较高；而变频调速是调节同步转速，可以从高速到低速，都保持很小的转差率，效率高、调速范围大、精度高，是交流电动机比较理想的调速方案。在变频控制方式上，又可分为变压变频调速，矢量控制变频调速和直接转矩控制变压变频调速等几种。下面将介绍变频调速的基本控制方式——变压变频调速。

12.1.2　变压变频调速的基本控制方式

1. 基频㊀以下，恒磁恒压频比的控制方式

我们知道，异步电动机的转速 n 虽小于但很接近于同步转速 n_1，即

$$n \approx n_1 = \frac{60f_1}{p} \tag{12-1}$$

由上式可见，调节供电频率 f_1，即可方便地调节电动机的转速。但调节频率 f_1 时，却会改变电机的磁通，这由下列分析可以加以说明。

在电机学中已知，异步电动机每相定子绕组的感应电动势为 e_1

$$e_1 = K_1N_1\frac{\mathrm{d}\Phi}{\mathrm{d}t} = K_1N_1\frac{\mathrm{d}(\Phi_{\mathrm{m}}\sin\omega t)}{\mathrm{d}t} = K_1N_1\omega\Phi_{\mathrm{m}}\cos\omega t = E_{1\mathrm{m}}\cos\omega t$$

式中，$E_{1\mathrm{m}} = K_1N_1\omega\Phi_{\mathrm{m}}$。由上式可知，$e_1$ 的有效值为 $E_{1\mathrm{m}}/\sqrt{2}$，即

$$E_1 = \frac{E_{1\mathrm{m}}}{\sqrt{2}} = \frac{1}{\sqrt{2}}K_1N_1\omega\Phi_{\mathrm{m}} = \frac{2\pi}{\sqrt{2}}K_1N_1f_1\Phi_{\mathrm{m}} = 4.44K_1N_1f_1\Phi_{\mathrm{m}} \tag{12-2}$$

式中，K_1 为绕组系数；N_1 为每相定子绕组匝数；f_1 为定子电压频率；Φ_{m} 为每极下的磁通（最大值）。

又由定子绕组的电压方程（相量式）有

$$\dot{U}_1 = \dot{E}_1 + \dot{I}_1\dot{Z}_1 \tag{12-3}$$

式中，$\dot{U}_1$ 为定子每相绕组电压，$\dot{E}_1$ 为定子每相绕组电动势；$\dot{I}_1\dot{Z}_1$ 为定子电流在绕组阻抗上产生的电压降落。

在一般情况下，$I_1Z_1 \ll U_1$，所以有 $E_1 \approx U_1$，代入式（12-2）有

$$U_1 \approx E_1 = 4.44K_1f_1N_1\Phi_{\mathrm{m}} \tag{12-4}$$

由上式有

$$\Phi_{\mathrm{m}} \approx \frac{1}{4.44K_1N_1}\frac{U_1}{f_1} = K\frac{U_1}{f_1} \tag{12-5}$$

由于电源电压通常是恒定的，即 U_1 为恒定，这样，由上式可见，**当电压频率变化时，磁极下的磁通也将发生变化。**这从电磁物理过程不难理解，例如当频率 f_1 增加时，这意味着电流变化得更快，从电磁感应定律可知，产生的感应电动势将增大，而电压大小未变，这样励磁电流将减小，使磁通 Φ 减少，从而使电动势与电压保持基本相等，综上所述，频率 f 增加，将使磁通 Φ 减小。

在电机设计时，为了充分利用铁心通过磁通的能力，通常将额定磁通（或额定磁感应强度 B）选在磁化曲线的弯曲点（选得较大，已接近饱和），以使电动机产生足够大的转

㊀　基频通常即为额定频率。

矩（因转矩与磁通成正比）。如今若将频率增加，则磁通 Φ_m 将减小，会降低对铁心的利用，这是一种浪费；反之，若减小频率，则磁通将会增加，前面已经指出，在额定时，磁通已接近饱和，如今若再增加，则将使铁心饱和；当铁心饱和时，要使磁通再增加，则需要很大的励磁电流；这将导致电动机绕组的电流过大，会造成电动机绕组过热，甚至烧坏电动机，这也是不允许的。因此，比较合理的方案，**是设法保持 U_1/f_1 为恒量，即保持 Φ_m 为恒量（并保持在额定值左右，以充分利用铁心），这就是恒磁恒压频比调速方案**。

恒压频比控制方式的特点是：调速时使 U_1/f_1 保持恒值，即供电电压 U_1 随频率 f_1 的变化而变化，见图 12-1 中 $f<f_{1N}$（f_{1N} 为额定频率）段的虚斜直线。这时磁通保持在额定值，即 $\Phi_m=\Phi_{mN}$。

以上分析的依据 $\Phi_m \approx U_1/f_1$，是在略去 I_1Z_1 的基础上得出的，但当 f_1 很小时（U_1 也将很小），I_1Z_1 相对就较大而不能略去了，这时应对 U_1 加一个用来补偿 I_1Z_1 的量。这样，控制特性 U_1—f_1 将如图 12-1 中 $f<f_{1N}$ 段的斜直实线。

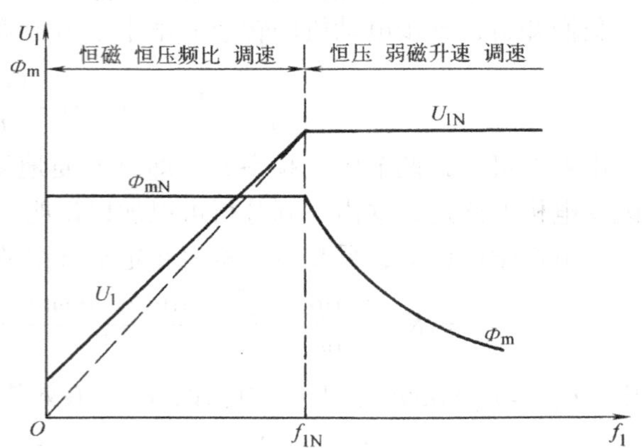

图 12-1 异步电动机变压变频调速控制特性

恒压频比的控制方式可以有效地保持 $\Phi_m=\Phi_{mN}$，充分利用了铁心通过磁通的能力，但这种方式只适用基频（额定频率 f_{1N}）以下的范围，这是因为当频率调节到超过基频（即 $f_1>f_{1N}$）时，若仍保持 $\Phi_m=\Phi_{mN}$，则电压 U_1 将超过额定电压 U_{1N}，而这在电动机的运行中是不允许的（会损坏绝缘）。因此在基频以上，为了定子电压不超过额定值，在升频时，应使磁通降下来，这就是基频以上，恒压弱磁升速的控制方式。

2. 基频以上，恒压弱磁升速的控制方式

恒压弱磁升速控制方式的特点是：**升频时，定子电压保持恒定**，即 $U_1=U_{1N}$；而**磁通 Φ_m 随着频率升高**（转速升高）**而下降**（因 $\Phi_m \approx U_{1N}/f_1$）。此时控制特性如图 12-1 中 $f>f_{1N}$ 范围的曲线所示。

综上所述，**异步电动机的变压变频调速是进行分段控制的；基频以下，采取恒磁恒压频比控制方式；基频以上，采取（恒压）弱磁升速控制方式**。

12.2 模拟式 IGBT—SPWM—VVVF 交流调速系统

图 12-2 为采用模拟电路的 IGBT—SPWM—VVVF 交流调速系统原理框图。

由图可见，系统主电路为由三相二极管整流器—IGBT 逆变器组成的电压型变频电路。供电对象为三相异步电动机。IGBT 采用专用驱动模块驱动。SPWM 生成电路的主体是由正弦波发生器产生的正弦信号波，与三角波发生器产生的载波，通过比较器比较后，产生正弦脉宽调制波（SPWM 波）。以上这些部件的工作原理已在第 4 章 4.7.2 节中做了介绍，现对其他环节再做一简单说明。

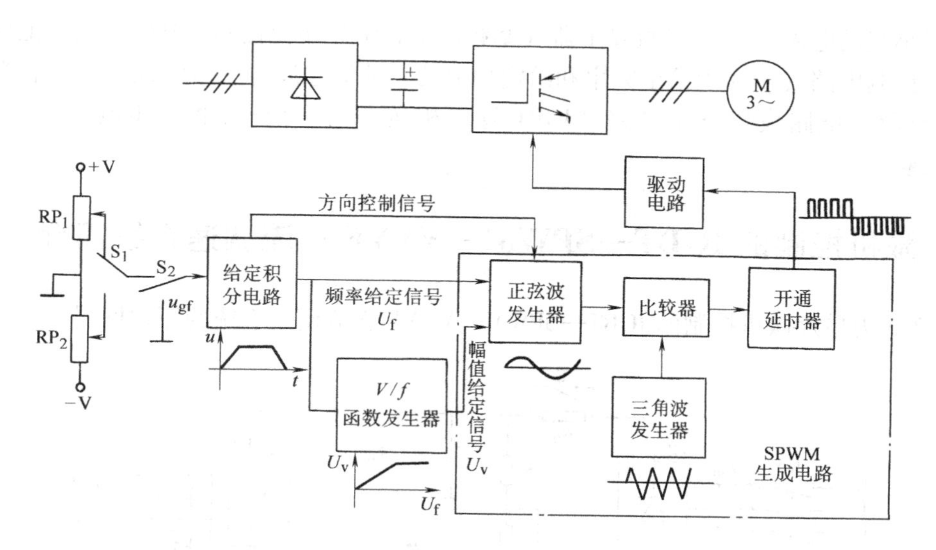

图12-2　模拟式IGBT—SPWM—VVVF交流调速系统原理框图

1. 开通延时器

它是使待导通的IGBT管在换相时稍作延时后再驱动（待桥臂上另一IGBT完全关断）。这是为了防止桥臂上的两个IGBT管在换相时，一只没有完全关断，而另一只却又导通，形成同时导通，造成短路。

2. *V/f* 函数发生器

由第4章的分析已知，SPWM波的基波频率取决于正弦信号波的频率，SPWM的基波的幅值取决于正弦信号波的幅值（见图4-34）。*V/f* 函数发生器的设置，就是为了在基频以下，产生一个与频率f_1成正比的电压（$U_V \propto U_f$），作为正弦信号波幅值的给定信号，以实现恒压频比（V/f = 恒量）的控制。在基频以上，电压U_V = 恒量，则实现恒压弱磁升速控制。函数发生器的输出特性即为图12-1中的U_1—f_1曲线（亦即图12-2中“函数发生器”框图下方的U_V—U_f曲线）。

3. 给定积分电路

它的主体是一个具有限幅的积分环节，以将正、负阶跃信号，转换成上升和下降，斜率均可调的，具有限幅的，正、负斜坡信号。正斜坡信号将使起动过程变得平稳，实现软起动，同时也减小了起动时的过大的冲击电流。负斜坡信号将使停车过程变得平稳（见第9章9.3.5中的分析）。

4. 给定环节

图中，S_1为正、反向运转选择开关。电位器RP_1调节正向转速；RP_2调节反向转速。S_2为起动、停止开关，停车时，将输入端接地，防止干扰信号侵入。

5. 其他环节

此系统还设有过电压、过电流等保护环节以及电源、显示、报警等辅助环节，图中未画出（可参见下例分析）。但此系统未设转速负反馈环节，因此是一个转速开环控制系统。

综上所述，此系统的工作过程大致如下（见图12-2）：

由给定信号（给出转向及转速大小）→起动（或停止）信号→给定积分器（实现平稳

起动、减小起动电流)→*V/f* 函数发生器(基频以下，恒压频比控制；基频以上，恒压控制)→SPWM 控制电路(由体现给定频率和给定幅值的正弦信号波与三角波载波比较后产生 SPWM 波)→驱动电路模块→主电路(IGBT 管三相逆变电路)→三相异步电动机(实现了 VVVF 调速)。

12.3 微机控制的 IGBT—SPWM—VVVF 交流调速系统简介

图 12-3 为单片微机控制的 IGBT—SPWM—VVVF 交流调速系统的原理框图。

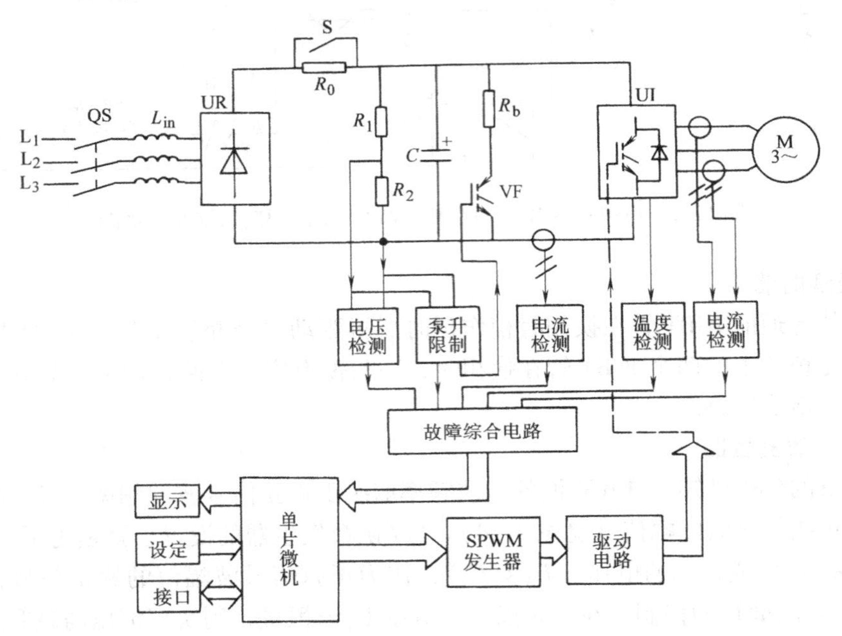

图 12-3 单片微机控制的 IGBT—SPWM—VVVF 交流调速系统原理框图

此系统的特点是采用单片微机来进行控制，主要通过软件来实现变压变频控制、SPWM 控制和发出各种保护指令(包含着上例中各单元的功能)。SPWM 发生器可采用专用的集成电路芯片，也可由微机的软件来实现。它的主电路也是由二极管整流器、IGBT 逆变器和中间的(电压型)直流电路组成。它也是一个转速开环控制系统。此系统的控制思路与上例是相同的，此处不再重复。现再对系统中的其他环节做一简单的介绍。

1. 限流电阻 R_0 和短接开关 S

由于中间的直流电路并联着容量很大的电容器，在突加电源时，电源通过二极管整流桥对电容充电(突加电压时，电容相当于短路)，会产生很大的冲击电流，会使元器件损坏。为此在充电回路上，设置电阻 R_0(或电抗器)来限制电流。待电源合上，起动过渡过程结束以后，为避免 R_0 上继续消耗电能，可延时以自动开关 S 将 R_0 短接。

2. 电压检测与泵升限制

当异步电动机减速制动时，它相当一个感应发电机，由于二极管不能反向导通，电动机将通过续流二极管向电容器充电，使电容上的电压随着充电而不断升高(称泵升电压)，这样的高电压将使元器件损坏。为此，在主电路设置了电压检测电路，当电压过高时，通过泵升限制保护环节，使开关管 VF 导通，使电机制动时释放的电能在电阻 R_b 上消耗掉。

3. 进线电抗器

由于整流桥后面接有一个容量很大的电容，在整流时，只有当整流电压大于电容电压时，才会有电流，从而造成电流断续，这样电源供给整流电路的电流中便会含有较多的谐波成分，对电源造成不良影响（使电压波形畸变，变压器和线路损耗增加），因此在进线处增设进线电抗器 L_{in}，以减小电流波动（抑制谐波成分）。

4. 温度检测

主要是检测 IGBT 管壳的温度，当通过电流过大，壳温过高时，微机将发出指令，通过驱动电路，使 IGBT 管迅速截止。

5. 电流检测

由于此系统未设转速负反馈环节，所以通过在交流侧（或直流侧）检测到的电流信号，来间接反映负载的大小，使控制器（微机）能根据负载的大小，对电动机因负载而引起的转速变化，给予一定的补偿。此外，电流检测环节还用于限制电流过大和过电流保护。

以上这些环节，在其他类似的系统（如上例所示的和后面的系统）中，也都可以采用。

12.4　矢量控制的交流变频调速系统简介

交流变频调速的矢量变换控制，涉及电机数学模型的等效变换，其中很多的数学运算将超出本书的基本要求。因此，这里主要从物理过程上说明矢量控制（Vector Control）（VC）的基本思路及其框架结构。

12.4.1　矢量控制的基本思路

前面讨论的 VVVF 交流调速系统解决了异步电动机平滑调速的问题，使系统能够满足许多工业应用的要求，特别对中、小功率的交流调速系统。然而，其调速后的静、动态性能仍无法与直流双闭环调速系统相比。究其原因在于：他励直流电动机的励磁电路和电枢电路是互相独立的，电枢电流的变化并不影响磁极磁场，因此可以通过控制电枢电流的大小，去控制电磁转矩。

异步电动机的励磁电流和“负载电流”（转子电流通过电磁耦合，在定子电路中增加的电流）都在定子电路内（定子电流为励磁电流与转子电流折合过来的“负载电流”之和），彼此相互叠加，其电流、电压、磁通和电磁转矩各量是相互关联的，而且属于强耦合状态，从而使交流异步电动机的控制问题变得相当复杂。如果在异步电动机中能对负载电流和励磁电流分别加以控制，那么，其调速性能就可以和直流电动机相媲美了。这就是矢量控制的基本思想。

异步电动机的矢量控制的目的就是仿照直流电动机的控制方式，利用坐标变换的手段，把交流电动机的定子电流分解为磁场分量电流（相当励磁电流）和转矩分量电流（相当负载电流）分别加以控制，以获得类似于直流调速系统的动态性能。

图 12-4 为对三相异步电动机进行矢量控制的交流变频调速系统结构示意图。

图中暗条线框内为三相异步电动机的数学模型，为将它变换成直流电动机；我们设想，将产生旋转磁场的三相电流 i_U、i_V、i_W，经（三相→二相）变换器，变换成二相交流电 $i_{\alpha1}$ 和 $i_{\beta1}$，再经过坐标旋转 φ 角变换器（VR），变换成相当直流电动机励磁电流的 i_{m1} 和相当直

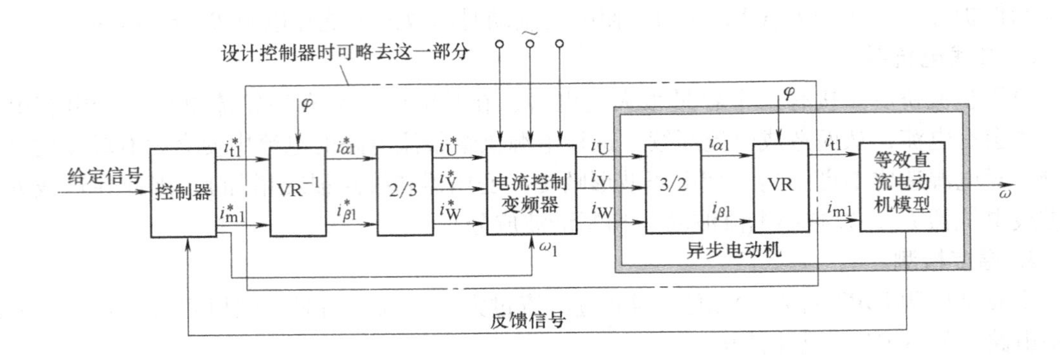

图 12-4 矢量控制交流变频调速系统结构示意框图

流电机电枢电流的 i_{t1}，i_{t1} 与 i_{m1} 后面的对象便是等效的直流电动机模型。旋转的 φ 角，可以通过检测三相异步电动机的电压、电流、转速和反馈环节，由计算机间接换算出来。

如前所述，由图 12-4 所示的异步电动机的结构模型，不难想像，若在电动机前面设置一个反旋转变换器 VR^{-1}，这样，VR^{-1} 便能与电动机内部设想的旋转变换环节 VR 的作用相抵消；同理，再在电动机前面设置一个 2/3（两相→三相）变换器，这样，2/3（相）变换器便能与电动机内部设想的 3/2（相）变换环节相抵消，若忽略变频器中可能产生的滞后，那么，点划线框外，剩下的便是等效的直流电动机物理模型了，便可采用类似直流电动机的控制器去进行控制了。

当然，以上这些变换与控制，都是由计算机来完成的。所以“矢量控制”，实质上是依靠计算机软件来实现的一种控制方法。

这种方法是建立在异步电动机动态数学模型变换的基础上的，因此矢量控制涉及大量的数学运算，这些都是由计算机来完成的。目前许多新系列的变频器设置了“无 PG㊀矢量控制”，这里的无速度传感器的矢量控制方式，并不表明系统无速度反馈，而是指该系统的速度反馈信号不是来自于速度传感器，而是来自于系统内部通过对旋转磁场的计算获得的。这种控制方式，无需用户在变频器外部另设速度传感器及反馈环节，大大地方便了使用者；当然，这增加了系统内部计算机的运算量。目前，带矢量控制的变频器采用“精简指令集计算机”（Reduced Instruction Set Computer），简称 RISC。它是一种矢量微处理器，它可将指令执行时间缩短到纳秒（ns）（10^{-9}s）级，运算速度相当于巨型计算机的水平。以 RISC 为核心的数字控制，可以实现无速度传感器矢量控制变频器的矢量控制运算、转速估计运算及 PID 调节器的在线实时运算等，使交流调速系统的性能基本上达到了直流调速系统的性能，因此，获得广泛的应用。

12.4.2 微机矢量控制—SPWM—BJT 供电的通用变频器电路（阅读材料）

图 12-5 为一种常见的、由矢量控制的、采用正弦脉宽调制（SPWM）驱动的、由三相晶体管（BJT）逆变器供电的通用变频器电路框图。

在第 4 章的 4.7.2 节（图 4-29 ~ 图 4-35）及本章 12.2 ~ 12.4 节中，对图 12-5 所示系统的许多部件和它们的工作原理都作了简要的介绍，因此要读懂此电路框图，并不是很困难

㊀ PG 是脉冲发生器（Pulse Generator）的缩写，这里指光电编码器、旋转变压器等速度传感器。

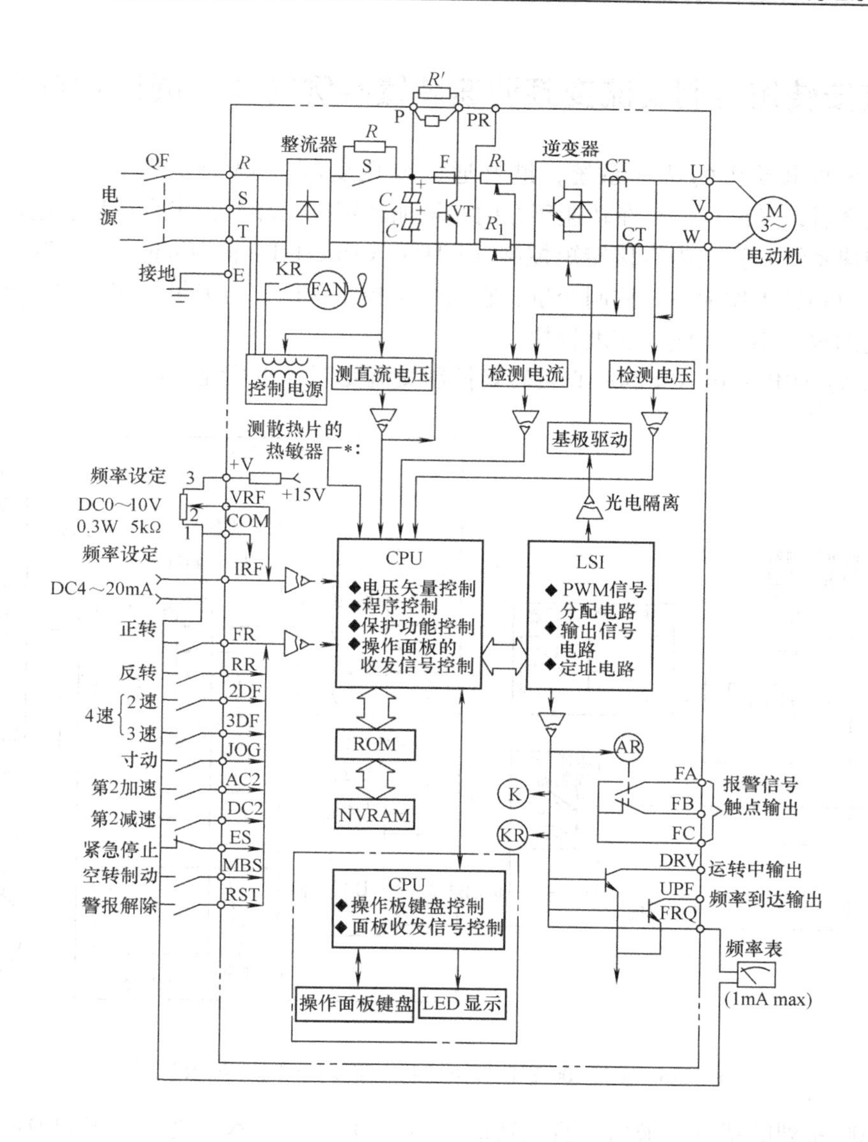

图 12-5　微机矢量控制—SPWM—BJT 供电的通用变频器电路框图

(这将作为读图练习，由读者解读)。下面再作一些补充说明。

1）该系统由微机进行矢量控制、SPWM 驱动、三相晶体管逆变器供电的变频器电路。共中 CPU（Central Processing Unit）为计算机中心处理单元，LSI（Large Scale Intergrated Circuits）为大规模集成（SPWM 驱动）电路（如 Mullard 公司生产的 HEF4752，Siemens 公司生产的 SLI4520 等）。

2）由于此为进口产品，因此图中有的符号与我国标准不同，请读图时注意。如 CT 为电流互感器，AR 与 KR 为继电路，PWM 与 SPWM 通用等，图中割裂成两半的放大器符号为光耦合器，以实现强、弱电的隔离或与输入、输出信号的隔离。

3）图中的频率设定，可采用 D. C 0 ~ 10V 的电压信号，也可采用 D. C 4 ~ 20mA 的电流信号（它们均为标准给定信号）。

12.5 直接转矩控制交流变频调速装置实例简介（阅读材料）

对交流异步电动机的调速系统，继普通的变压变频（VVVF）控制系统和矢量控制（VC）系统之后，又出现一种在转速环之内，增加转矩反馈环节，来直接控制电动机转矩的变压变频调速系统，称之为直接转矩控制（DTC）（Direct Torque Control）系统。它的特点是将定子磁通和转矩作为主要控制变量，它简化了控制结构，与矢量控制相比，低速性能略差，调速范围也略小，但响应速度较快。

图 12-6 为 ABB 公司 ACS 800 直接转矩控制交流变频调速系统示意图。

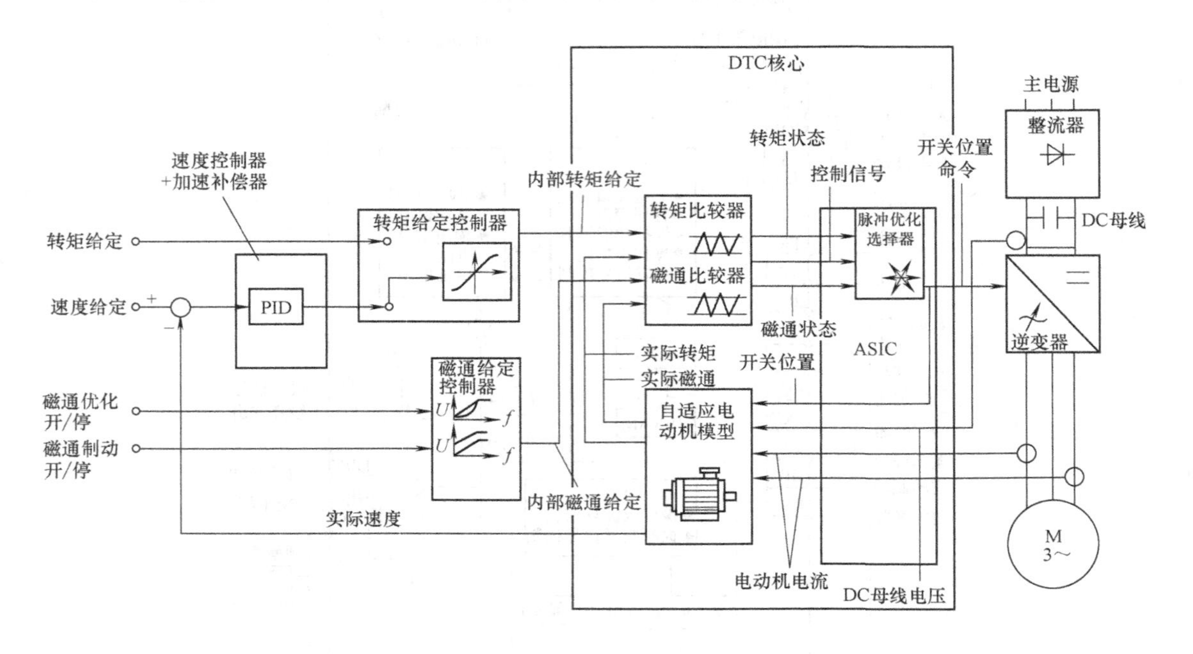

图 12-6 ACS 800 直接转矩控制交流变频调速系统示意图

ACS 800 系列的特点是采用“直接转矩控制”（DTC）技术。这里采用的 DTC 技术，即使不用光电编码器反馈，也可以实现对电动机转速和转矩的精确控制。在 DTC 中，将定子磁通和转矩作为主要的控制变量㊀，使用高速数字处理器与自适应电动机模型软件，通过对电动机电压、电流和控制信号的采样、比较和处理，可以得到电动机转矩、转速等状态参数，从而可实现对电动机的状态参数进行每秒 40，000 次的更新控制；这意味着，控制器对负载扰动和电网瞬时断电可作出精确的快速响应。

ACS 800 系列变频调速系统的技术数据如下：

1）输出电压：（三相） 0～供电电压（380～690V）。

2）输出频率：$f=0\sim300\text{Hz}$。

3）输出功率：$P=2.2\sim3000\text{kW}$。

4）静态速度精度：（0.1%～0.5%）×标称转速。

㊀ 在矢量控制中，是以转子磁通和转矩作为主要控制变量的。

5）转矩上升时间：$t_r<5ms$。

由以上技术指标可以看到，直接转矩（开环）控制的精度，可以达到磁链矢量（闭环）控制的精度。

12.6　通用变频器

随着电力电子器件的自关断化、复合化、模块化，变流电路开关模式的高频化，控制手段的全数字化，使变频装置的灵活性和适应性不断提高。目前中小容量（600kVA 以下）的一般用途的变频器已实现了通用化。在这里，“通用”一词有两方面的含义：一是这种变频器可用以驱动通用型交流电动机，而不一定使用专用变频电动机；二是通用变频器具有各种可供选择的功能，能适应许多不同性质的负载机械。此外，通用变频器也是相对于专用变频器而言的，专用变频器是专为某些有特殊要求的负载而设计的，如电梯专用变频器。

1. 通用变频器的功能

通用变频器产品大致分为三类：普通功能型 V/f 控制通用变频器、高功能型 V/f 控制通用变频器和高动态性能矢量控制通用变频器。目前，还出现了“多控制方式”的通用变频器产品。如安川公司的 VS-616G5 系列通用变频器，它有四种控制方式可供选用：①无 PG（速度传感器）的 V/f 控制方式；②有 PG 的 V/f 控制方式；③无 PG 的矢量控制方式；④有 PG 的矢量控制方式。这种“多控制方式”通用变频器的性能，可满足多数工业传动装置的需要。

2. 通用变频器的结构

通用变频器的硬件主要由以下几个部分组成（参见图 12-5 与图 12-6）：

（1）整流单元　三相桥式不可控整流电路。

（2）逆变单元　由 6 个大功率开关管组成的三相桥式电路。大功率开关多为 IGBT 模块。

（3）滤波环节　电阻与电解电容器。

（4）计算机控制单元　用于控制整个系统的运行，是变频器的核心。

（5）主电路接线端子　电源、电动机、直流电抗器、制动单元和制动电阻等外接单元的接线端子。

（6）控制电路接线端子　用于控制变频器的起动、停止、外部频率信号给定及故障报警输出等。

（7）操作面板　用于变频器的功能与频率设定，以及控制操作等。如设定频率（基波频率，载波频率，上限频率，下限频率，高、中、低速频率等），运行正、反转选择（及正、反转防止设定）（“0”为正反转均可，“1”为不可反转，“2”为不可正转），起动、停车的加速度设定，过载电流设定等，以及起动、停止、点动、升速、降速等的操作。

（8）冷却风扇　用于变频器机体内的通风。

3. 通用变频器的使用

（1）变频器类型的选择

根据控制功能，又可将通用变频器分为三种类型：普通功能型 V/f 控制变频器、具有转矩控制功能的 V/f 控制变频器和矢量控制变频器。

通常应根据负载的要求来选择变频器的类型，如：

1）风机、泵类负载，它们的阻力转矩与转速的平方成正比，起动及低速时阻力转矩较小，通常可以选择普通功能型。

2）恒转矩类负载，如挤压机、搅拌机、传送带等，则有两种情况。一是可采用普通功能型变频器，但为了实现恒转矩调速，常用增加电动机和变频器的容量的办法，以提高起动与低速时转矩。二是采用具有转矩控制功能的高功能型变频器，其实现恒转矩负载的调速运行比较理想。因为这种变频器起动与低速转矩大，静态机械特性硬度大，能承受冲击性负载，而且具有较好的过载截止特性。

3）对一些动态性能要求较高的生产机械，如轧钢、塑料薄膜加工线等，可采用矢量控制型变频器。

（2）变频器容量的计算　对于连续恒载运转机械所需的变频器，其容量可用下式近似计算

$$S_{CN} \geqslant \frac{kP_N}{\eta\cos\varphi}$$

$$I_{CN} \geqslant kI_N$$

式中，P_N 为负载所要求的电动机的轴输出额定功率；η 为电动机额定负载时的效率（通常为0.85）；$\cos\varphi$ 为电动机额定负载时的功率因数（通常为0.75）；I_N 为电动机额定电流（有效值）（A）；k 为电流波形的修正系数（PWM 方式时取 1.05～1.0）；S_{CN} 为变频器的额定容量（kVA）；I_{CN} 为变频器的额定电流（A）。

（3）变频器外部接线

各种系列的变频器都有其标准接线端子，主要分为两部分：一部分是主电路接线；另一部分是控制电路接线。

下面以富士电机公司 FRN-G11S/P11S 系列变频器为例加以说明。

图 12-7 为变频器的基本原理接线图。将图中的主电路接线端子分列，即为图 12-7。图中 R、S、T 为电源端，电动机接 U、V、W，P1 和 P（+）用于连接改善功率因数的 DC 电抗器，如不接电抗器，必须将 P1 和 P（+）牢固连接。容量较小（11kW 以下）的变频器，内部装有制动单元，外部制动电阻可接在 P（+）和 DB 两端；11kW 以上的变频器制动控制单元在外面，接在 P（+）和 N（-）两端，外部制动电阻接入 BU（参见图 12-7 和图 12-8）；E（G）为接地端。

FRN 变频器的控制端子分为五部分：频率输入、控制信号输入、控制信号输出、输出信号显示和无源触点端子（见图 12-7）。

（4）变频器的调试和运行

变频器的调试和运行通常可按下列步骤进行：

1）通电前检查。参照变频器的使用说明书和系统设计图，检查变频器的主电路和控制电路接线是否正确。

2）系统功能设定。为了使变频器和电动机能运行在最佳状态，必须对变频器的运行频

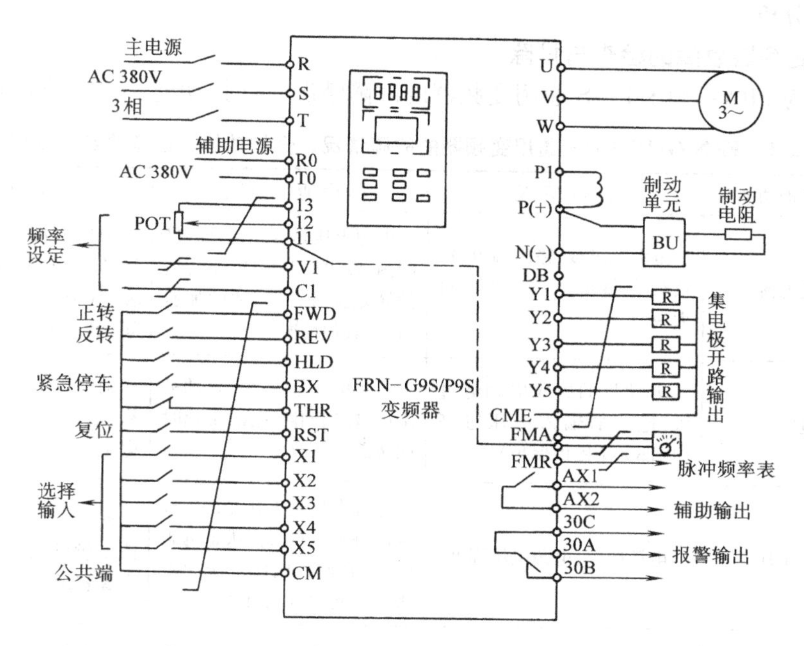

图 12-7 FRN-G11S/P11S 变频器的基本原理接线图

率和功能进行设定。

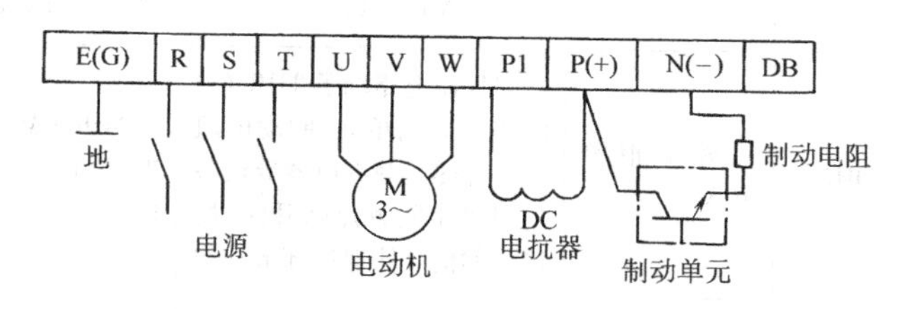

图 12-8 主电路接线端子（11kW 以上）

① 频率的设定。变频器的频率设定有三种方式：第一种是通过面板上的（↑)/(↓）键来直接输入运行频率；第二种方式是在 RUN 或 STOP 状态下，通过外部信号输入端子（图 12-6 中电位器端子：11、12、13。电压端子：11、V1。电流端子：11、C1）输入运行频率。第三种方式是通过 X1 ~ X5 输入（1 或 0）的排列组合的选择，使变频器输出某一事先设定好的固定频率。我们只能选择这三种方式之一来进行设定，这是通过对功能码 00 的设置来完成的。

② 功能的设定。变频器在出厂时，所有的功能码都已设定。在实际运行时，应根据功能要求对某些功能码进行重新设定。几种主要的功能码如频率设定命令（功能码 00）、操作方法（功能码 01）、最高频率（功能码 02）、最低频率（功能码 03）和额定电压（功能码 04）等。

3）试运行 变频器在正式投入运行前，应驱动电动机空载运行几分钟。试运行可以在 5、10、15、20、25、30、35、50Hz 等几个频率点进行，同时查看电动机的旋转方向、振动、噪声及温升等是否正常，升降速是否平滑。在试运行正常后，才可投入负载运行。

（5）变频器的自身保护功能及故障分析 通用变频器不仅具有良好的性能，而且有先进的自诊断、报警及保护功能。FRN-G11S/P11S 系列变频器保护功能及故障诊断与处理见

表12-1中的分析。

4. 通用变频器故障的检查与排除

表12-1为FRN-G11S/P11S通用变频器的故障情况、保护功能、检查要点和处理方法。

表12-1 FRN-G11S/P11S通用变频器的故障情况、保护功能、检查要点和处理方法

面板显示	保护功能	故障情况	检查要点	处理方法
OC	过电流	电动机过载，输出端短路，负载突然增大，加速时间太快	电源电压是否在允许的极限内，输出回路短路，不合适的转矩提升，不合适的加速时间，其他情况	调整电源电压，输出回路绝缘，绝缘电阻表测量电动机绝缘，减轻突加负载，延长加速时间，增大变频器容量或减轻负载
OU	过电压	电动机的感应电动势过大，逆变器输入电压过高(内部无法提供保护)	电源电压是否在允许的极限内，输出回路短路，加速时间负载突然改变	调整电源电压，输出回路绝缘，延长加速时间，连接制动电阻
LU	欠电压	电源中断，电源电压降低	电源电压是否在允许的极限内，KM、QF闭合状态电源断相，在同一电源系统中是否有大起动电流负载	调整电源电压，闭合KM、QF，改变供电系统，改正接线，检查电源容量
OH1 OH3	过热	冷却风扇发生故障，二极管、IGBT管散热板过热，逆变器主控板过热	环境温度是否在允许极限内，冷却风扇的运行(1.5kW以上)，负载超过允许极限	调整到合适的温度，清除散热片堵塞，更换冷却风扇，减轻负载，增大变频器容量
OH2	外部报警输入	当控制电路端子THR-CM间连接制动单元、制动电阻及外部热过载继电器等设备的报警常闭触点断开时，按接到的信号使保护环节动作	THR-CM间接线有无错误，检查外部制动单元端子1-2	重新接线，减轻负载，调整环境温度，降低制动频率
OL	电动机过载	电动机过载，电流超过热继电器设定值	电动机是否过载，电子热继电器设定值是否合适	减轻负载，调整热继电器动作值
OLU	逆变器过载	当逆变器输出电流超过规定的反时限特性的额定过载电流时，保护动作	电子热过载继电器设定不正确，负载超过允许极限	适当设定热过载继电器，减轻负载，增大变频器容量
FUS	熔断器烧断	IGBT功率模块烧损、短路	变频器内主电路是否短路	排除造成短路的故障 更换熔断器
Er1	存储器出错	存储器发生数据写入错误	存储出错	切断电源后重新给电
Er2	通信出错	当由键盘面板输入RUN或STOP命令时，如键盘面板和控制部分传递的信号不正确，或者检测出传送停止	关闭出错	将功能单元插好
Er3	CPU出错	如由于噪声等原因，CPU出错	CPU出错	变频器内部故障，申报维修
Er7	自整定出错	在自动调整时，如逆变器与电动机之间的连接线断路或接触不好	端子U、V、W开路功能单元没接好	将U、V、W端子接电动机将功能单元接好

小 结

（1）变频调速常用的控制方式有变压变频调速、直接转矩控制变压变频调速和矢量控制变频调速三大类。

（2）变压变频调速基本控制方式

1）基频以下，指导思想是保持磁通为额定值（以充分利用铁心、减小定子励磁电流）。为此实行恒压频比控制（U/f＝恒量）。

2）基频以上，指导思想是定子电压不能超过额定值。为此实行恒压弱磁升速控制（$U\approx$额定值）。

在系统中，常采用 V/f 函数发生器来实现上述要求。当然也可通过软件实现相同的功能。

（3）对 IGBT—SPWM—VVVF 交流调速系统的分析过程大致为：预设给定值（转向、转速）→起动信号→给定积分器→V/f 函数发生器→SPWM 控制电路→驱动电路→主电路（IGBT 管三相逆变电路）→三相异步电动机。此外还有过电压、过电流、过热和泵升限制等保护环节以及其他辅助环节等。

（4）通用变频器在采购时，有铭牌、类型的选择、容量的计算以及性价比的分析等。在使用前，有说明书的阅读、理解、摘要和注意事项的记忆等。在使用时，则有外部的接线（包括导线的选择，合理的布线等）和控制信号接线；有功能的设定，频率的设定以及通电前的检查等。通电后，则有工况的记录和各种数据的测量与处理（如转向、转速、振动、噪声、温升以及升、降速是否平滑，运行是否稳定等）。

运行中还有故障的发现、分析、诊断和排除等。

思 考 题

12-1 直流调速系统和交流调速系统各有哪些调速方案？

12-2 在图 12-3 所示的变频调速系统中，“泵升限制”环节的输入信号来自何处？输出的信号送往何处？起什么作用？此外，各检测环节的作用是什么？

12-3 异步电动机变压变频调速的基本控制方式有哪两种？它们的指导思想是什么？

12-4 在 IGBT—SPWM—VVVF 交流调速系统中，在实行恒压频比控制时，是通过什么环节，调节哪些量来实现调速的？为什么要实行恒压频比？

12-5 在变压变频的交流调速系统中，给定积分器的作用是什么？

12-6 变频调速矢量控制的目的是什么？矢量控制的基本思路是怎样的？

12-7 通用变频器有哪几类？各用于什么场合？

12-8 通用变频器的基本结构由哪几部分组成？

12-9 通用变频器的外部接线通常包括哪几部分？

习 题

12-10 某空调使用 750W 变频电动机驱动的压缩机，若配单相通用变频器供电，问此变频器额定容量应选多大？取用的额定电流为多少？

读图练习

12-11　读懂如图 12-5 所示的变频器电路，并回答下列问题：

1）它属于哪一类变频器？它是开环系统，还是闭环系统？其主电路与书中哪一个图相同？

2）它有哪些检测环节，起什么作用？

3）图中“整流器”右边的 R 与 S 起什么作用？

4）异步电动机由三相电源供电，为什么电流互感器 CT 只用二只？

5）既然已设有“检测电压”环节测定了交流侧电压，为什么还要设置“测直流电压”环节？

12-12　图 12-9 为由 IR2233 驱动的三相 IGBT 逆变器电路。试判断：

1）这属哪一种逆变器？主要的用途有哪些？

2）主电路属哪一种电路，采用的器件（$VF_1 \sim VF_6$）是什么器件？

3）图中的 IC 是什么芯片，它的功能有哪些？

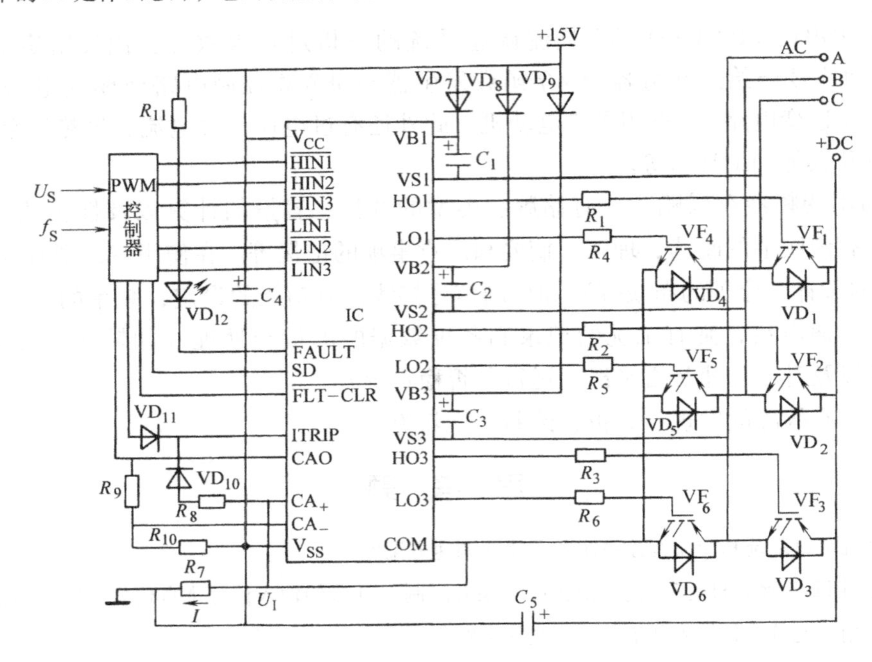

图 12-9　由 IR2233 驱动的三相 IGBT 逆变器电路

$R_1 \sim R_3$　33Ω　$R_4 \sim R_6$　27Ω　R_7　1Ω　$R_8 \sim R_{11}$　5.1kΩ　$C_1 \sim C_3$　1μF

C_4　30μF　$VF_1 \sim VF_6$　IRGPH50KD2　IC　IR2233

提示：

IR2233 是专为高电压、高速度的功率 MOSFET 和 IGBT 驱动而设计的。该系列驱动芯片内部集成了互相独立的三组半桥驱动电路，可对上下桥臂提供死区时间（避免上下桥臂元件同时导通而形成的短路），特别适合于三相电源变换等方面的应用。芯片的输入信号与 5V CMOS 或 LS TTL 电路输出信号兼容，因此可直接驱动 MOSFET 或 IGBT，而且其内部集成了独立的运算放大器，可通过外部桥臂电阻取样电流构成模拟反馈输入。该芯片还具有故障电流保护功能和欠电压保护功能，可关闭 6 个输出通道。同时，芯片能提供具有锁存的故障信号输出，此故障信号可由外部信号清除。各通道良好的延迟时间匹配简化了其在高频领域的应用。

芯片有输入控制逻辑和输出驱动单元，并含有电流检测及放大、欠电压保护、电流故障保护和故障逻辑等单元电路。

在使用时，如驱动电路与被驱动的功率器件较远，则连接线应使用双绞线。驱动电路输出串联电阻一般应在10~33Ω，而对于小功率器件，串联电阻应增加到30~50Ω。

该电路可将直流电压（+DC）逆变为三相交流输出电压（A、B、C）。直流电压来自三相桥式整流电路，交流最大输入电压为460V。逆变电路功率元件选用耐压为1200V的IGBT器件IRGPH50KD2。驱动电路使用IR2233，单电源+15V供电电压经二极管隔离后又分别作为其三路高端驱动输出供电电源，电容C_1、C_2和C_3分别为高端三路输出的供电电源的自举电容。PWM控制电路为逆变器提供6路控制信号和SD信号［外接封锁信号（高电平）］。f_S为频率设定，U_S为输出电压设定。

图中R_7为逆变器直流侧的电流检测电阻，它可将电流I转换为电压信号U_I，送入驱动芯片IR2233的过电流信号输入ITRIP端，如电流I过大，IR2233将关闭其6路驱动输出。

为增强系统的抗干扰能力，可使用高速光耦合器6N136、TLP2531等元件将控制部分与由IR2233构成的驱动电路隔离。

第 13 章　位置随动系统

内 容 提 要

本章主要叙述随动系统的组成，结构特点，工作原理和自动调节过程；建立系统的框图，并在此基础上，分析影响系统性能的参数和改善系统性能的途径。

13.1　位置随动系统概述

位置随动系统又称跟随系统或伺服系统。它主要解决有一定精度的位置自动跟随问题，如数控机床的刀具进给和工作台的定位控制，工业机器人的工作动作，工业自动导引车的运动，国防上的雷达跟踪、导弹制导、火炮瞄准等。在现代计算机集成制造系统（CIMS）、柔性制造系统（FMS）等领域，位置随动系统得到越来越广泛的应用。

13.1.1　位置随动系统的组成

位置随动系统有开环控制系统，如由单片机控制—步进电动机驱动的位置随动系统，以前开环控制精度较低，如今已有精度相当高（10000step/r 以上）的步进随动系统。

在跟随精度要求较高而且驱动力矩又较大的场合，多采用闭环控制系统，它们多采用直流（或交流）伺服电动机驱动。典型位置随动系统的系统框图如图 13-1 所示。

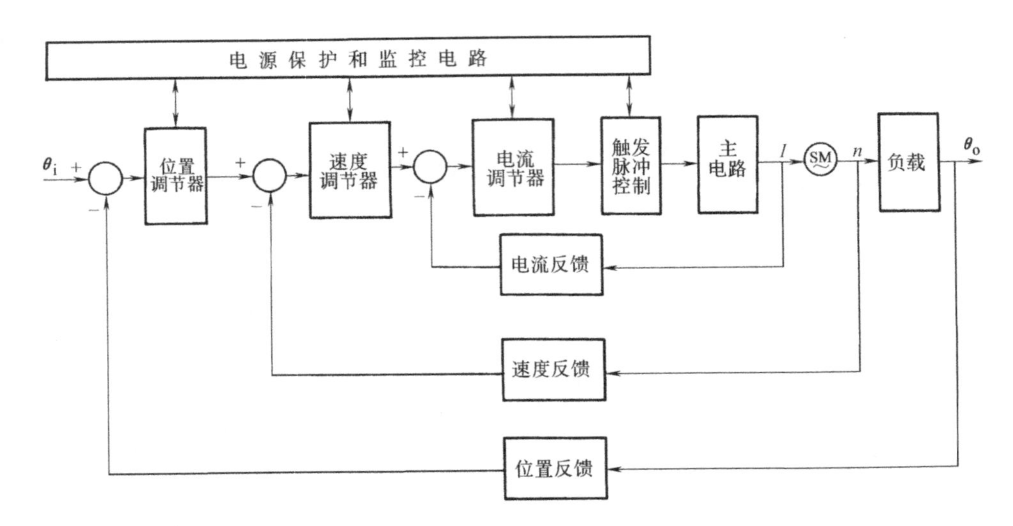

图 13-1　典型位置随动系统的系统框图

由图可见，系统有位置环、速度环和电流环三个反馈回路。其中位置环为主环（外环），主要起消除位置偏差的作用；速度环和电流环均为副环（内环），速度环为稳定转速，电流环为稳定电流并起限制电流过大的作用。其中，位置环是必需的，而速度环、电流环则可以不设。

13.1.2 位置随动系统的特点

位置随动系统与调速系统比较，有下面一些特点：

1）输出量为位移，而不是转速。

2）输入量是在不断变化着的（而不是恒量），它主要是要求输出量能按一定精度跟随输入量的变化。而调速系统则主要是要求系统能抑制负载扰动对转速的影响。

3）供电电路应是可逆电路，使伺服电动机可以正、反两个方向转动，以消除正或负的位置偏差。而调速系统可以有不可逆系统。

4）位置随动系统的主环为位置环。

5）位置随动系统的技术指标，主要是对单位斜坡输入信号的跟随精度（稳态的和动态的），其他还有最大跟踪速度、最大跟踪加速度等。

13.2 小功率交流位置随动系统

交流位置随动系统是以交流伺服电动机为执行元件的控制系统，由于近年来新型功率电子器件、新型的交流电机控制技术等的重要进展，这种类型的位置随动系统取得了突破性的进展。下面通过一个小功率晶闸管交流调压供电的交流位置随动系统为例㊀，来说明随动系统的组成、工作原理和控制特点。

13.2.1 系统的组成

图13-2为该系统的原理图。

1. 交流伺服电动机

图中的被控对象是两相感应交流伺服电动机SM。A为励磁绕组，为使励磁电流与控制电流互差90°电角度，励磁回路中串接了电容 C_1，它通过变压器 T_1 由交流电源供电；B为控制绕组，它通过变压器 T_2 经交流调压电路接于同一交流电源。供电的电源为115V、400Hz交流电源。

系统的被控量为角位移 θ_o。

2. 主电路

系统的主电路为单相双向晶闸管交流调压供电电路。由于随动系统的位置偏差可能为正，也可能为负；要消除位置偏差，便要求电动机能作正、反两个方向的可逆运行。因此，调压电路便为由 VT_F 和 VT_R 构成的正、反两组供电电路。两组电路的联接，如图13-2所示，VT_F 与 VT_R 均设有阻容吸收电路。当 VT_F 组导通工作时，变压器 T_2 的一次绕组a便有

㊀ 交流伺服系统如今多采用微机控制及专用集成驱动模块，这里为说明位置随动系统的组成与特点，仍采用模拟控制系统。而把专用集成模块驱动、微机控制、采用三相永磁同步电动机的伺服系统放到下一章去介绍。

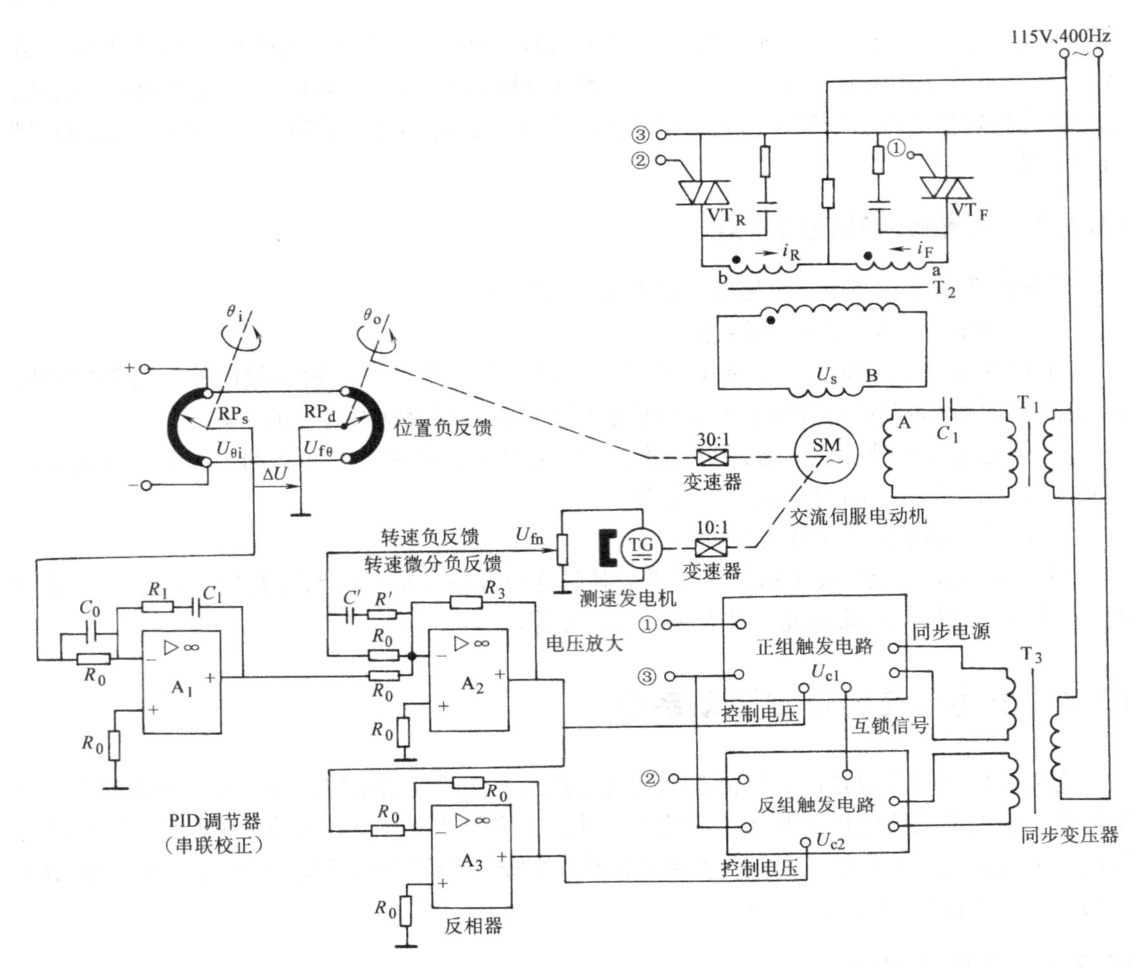

图 13-2 小功率交流位置随动系统原理图

电流 i_F 通过（设它从异名端[㊀]流入[㊁]），电源交流电压经变压器 T_2 变压后提供给控制绕组，使电动机转动（设此方向为正转）。当 VT_R 组导通工作时，变压器 T_2 的一次绕组 b 的电流 i_R 将从同名端“流入”（i_R 与 i_F 相位相差 180°），电源交流电压经变压器 T_2 变压，在二次侧产生的电压 U_s 与 VT_F 导通时产生的 U_s 反相（相位差 180°）。此电压供给控制绕组，将使电动机反转。

调节双向晶闸管 VT_F（或 VT_R）的导通程度，今设导通角增大，则交流调压线路输出的电压 U_s 便增大。由交流伺服电动机的调节特性（见图 3-17）可知，电动机的转速 n 将升高，角位移量 θ 的增长加快。

由角位移 $\theta = \dfrac{2\pi}{60}\int_0^t n\mathrm{d}t$ 可知，伺服电动机的转速 n 愈大，或运转的时间 t 愈长，则角位移量 θ 将愈大。

㊀ 同极性的端点称为同名端，如图中带黑点的端子。另一边无黑点的端子，便称为异名端。

㊁ i_F 实为交流电，此处的流入实为一参考方向，以与 i_R 进行比较。其中角标 F 为正方向（Forward），R 为反方向（Reverse）。

3. 触发电路

与主电路 VT_F 与 VT_R 相对应，触发电路也有正、反两组（具体触发线路略去未画出），它们由同步变压器 T_3 提供同步信号电压。图中①、③为正组触发输出，送往 VT_F 门极；②、③为反组触发输出，送往 VT_R 门极；③为公共端。

由于在主电路中，VT_F 与 VT_R 不允许同时导通（若同时导通，由于 i_F 与 i_R 反相，它们在变压器一次绕组中产生的磁通势将相互抵消，绕组中的自感电动势将消失；而绕组的电阻是很小的，一次绕组接在交流电源上便相当于短路，会形成很大的电流，烧坏晶闸管、线路和变压器）。因此，在正、反两组触发电路中要增设互锁环节，以保证在正、反两组触发电路中，只能有一组发出触发脉冲（一组发出触发脉冲时，另一组将被封锁）。

4. 控制电路

（1）给定信号　设位置给定量为 θ_i，它通过伺服电位器 RP_s 转换成电压信号 $U_{\theta i}$，$U_{\theta i}=K\theta_i$。

（2）位置负反馈环节　此位置随动系统的输出量为角位移 θ_o，因此其主反馈应为角位移负反馈。检测到的输出量 θ_o，通过伺服电位器 RP_d 转换成反馈信号电压 $U_{f\theta}$（$U_{f\theta}=K\theta_o$）。由于 $U_{f\theta}$与 $U_{\theta i}$极性相反，因此为位置负反馈，其偏差电压 $\Delta U=U_{\theta i}-U_{f\theta}=K(\theta_i-\theta_o)$，$\Delta U$ 为控制电路的输入信号。

（3）调节器与电压放大器　图中，A_1 为比例-积分-微分（PID）调节器，它是为改善随动系统的动、静态性能而设置的串联校正环节（在第 8 章 8.1.4 中，对它的作用已作了说明）。它的输入信号为 ΔU，输出信号送往电压放大电路。

图中，A_2 为电压放大电路，它的输入信号即为 PID 调节器的输出；它的输出信号即为正组触发电路的控制电压 U_{c1}。而反组触发电路控制电压 U_{c2}的极性应与 U_{c1}相反，因此增设了一个反相器 A_3。

（4）转速负反馈和转速微分负反馈环节　有时为了改善系统的动态性能，减小位置超调量，还设置转速负反馈环节。图中 TG 为测速发电机，U_{fn}为转速负反馈电压，它主要是限制速度过快，亦即限制位置对时间的变化率（$\omega=d\theta/dt$）过快。

图中除了转速负反馈环节外，U_{fn}另一路还经电容 C'和电阻 R'后，反馈到输入端，这就是微分负反馈环节。由于通过电容的电流 $i'\propto\frac{dU_{fn}}{dt}\propto\frac{dn}{dt}$，此式表明，反馈电流与转速的变化率成正比，由于此为负反馈，所以 **i'将限制 dn/dt 的变化，亦即限制加速度过大。微分负反馈的特点是只在动态时起作用，而稳态时不起作用**（这是因为稳态时，$dn/dt=0$，电容 C'相当开路，$i'=0$）。

（5）控制信号的综合　如今有一个输入量和三个反馈量，若在同一个输入端处进行综合，几个参数互相影响，调整也比较困难，因此可将它们分成两个闭环，使位置反馈构成外环，信号在 PID 调节器输入端进行综合，而把转速负反馈和转速微分负反馈构成内环，信号在电压放大器输入端进行综合，如图 13-2 所示。

13.2.2　系统的组成框图

综上所述，可得到如图 13-3 所示的位置随动系统的组成框图。

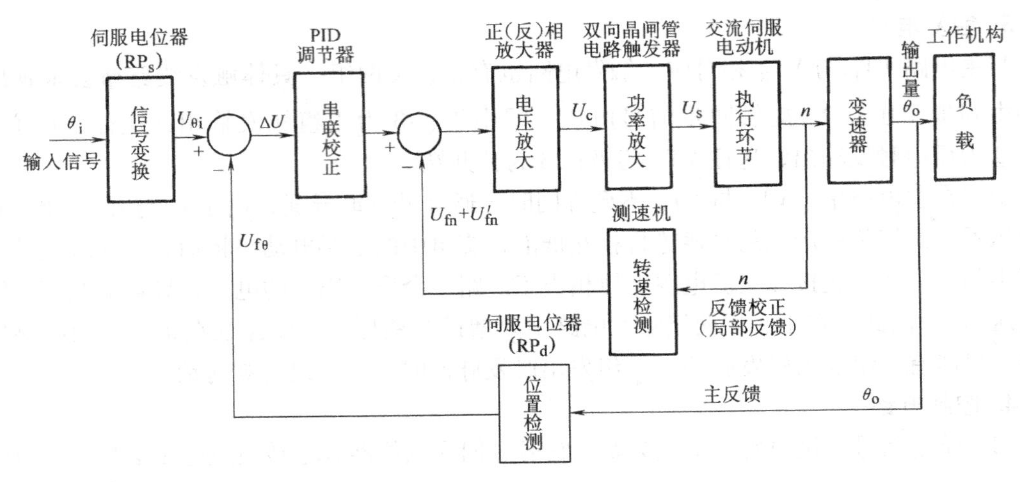

图 13-3　位置随动系统的组成框图

13.2.3　系统的工作原理与自动调节过程

在稳态时，$\theta_o=\theta_i$，$\Delta U=0$，$U_{c1}=U_{c2}=0$，VT_F 与 VT_R 均关断，$U_s=0$，电动机停转。

当位置给定信号 θ_i 改变时，设 $\theta_i\uparrow$，则 $U_{\theta i}=K\theta_i\uparrow$，偏差电压 $\Delta U=(U_{\theta i}-U_{f\theta})>0$，此信号电压经 PID 调节器 A_1 和放大器 A_2 后产生的 $U_{c1}>0$，使正组触发电路发出触发脉冲，双向晶闸管 VT_F 导通，使电动机正转，$\theta_o\uparrow$。这个调节过程一直要继续到 $\theta_0=\theta_i$，到达新的稳态，此时 $U_{f\theta}=U_{\theta i}$，$\Delta U=0$，$U_{c1}=0$，VT_F 关断，电动机停转为止，如图 13-4a 所示。

同理可知，当 $\theta_i\downarrow$时，则 $U_{c2}>0$，VT_R 导通，电动机反转，使 $\theta_o\downarrow$，直到 $\theta_o=\theta_i$ 为止，如图 13-4b 所示。

综上所述，当输入量在不断变化时，位置跟随系统输出的角位移 θ_o 将跟随给定的角位移 θ_i 的变化而变化。

位置随动系统的自动调节过程如图 13-4 所示。

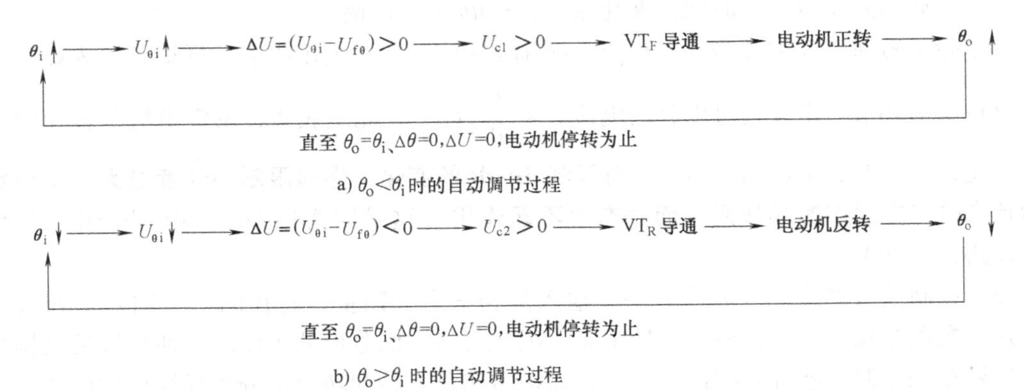

图 13-4　位置随动系统的自动调节过程

若输入量在不断地变化着，则上述调节过程将不断地进行着；这些调节过程一方面使偏差缩小，但也可能造成调节过度而出现超调甚至振荡。因此，如何确定系统的结构和系统的参数配合，以使这种调节成为较理想的过程，这在第7章与第8章中已作分析。

13.2.4 系统框图

由图13-3所示的系统组成框图，根据第4章介绍的建立系统数学模型的方法，就可得到如图13-5所示的系统框图。

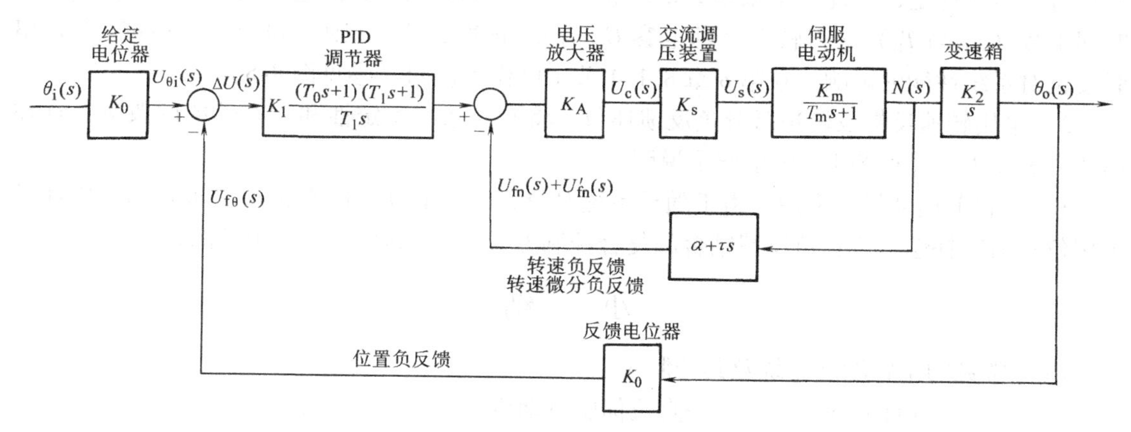

图13-5 位置随动系统框图

图中各单元框图说明如下：

1）伺服电动机：它为执行环节，其框图可参见图5-17c，其传递函数可参见式（5-36）和式（5-37），即

$$\frac{N(s)}{U_B(s)}=\frac{K_m}{(T_ms+1)} \quad 及 \quad \frac{\theta(s)}{N(s)}=\frac{K_2}{s}$$

2）交流调压装置、电压放大器、给定电位器与反馈电位器等均为比例环节，它们的传递函数分别为K_s、K_A和K_0。

3）PID调节器：它的传递函数在第5章5.5.2节的［例5-3］中已经导出，由式（5-13）有

$$G(s)=\frac{K_1(T_0s+1)(T_1s+1)}{T_1s}$$

4）转速负反馈环节为α，转速微分反馈环节为τs（参见第8章8.2节及表8-1），两者叠加，即为$\alpha+\tau s$。

5）由图13-5可见，由转速负反馈和转速微分负反馈构成内环，其反馈量为$U_{fn}(s)$及$U'_{fn}(s)$。由位置负反馈构成外环（主环），其反馈量为$U_{f\theta}(s)$。事实上，对实际系统，还会设置一个电流负反馈环节（电流环），以稳定电流并限制最大电流（参见图13-1及第9章9.3节）。

13.2.5 系统性能分析

1. 稳态性能分析

由图13-5可以看出，即使先不考虑PID校正，在系统前向通路中，含有一个积分环节，因此，它对给定信号，是I型系统，它对阶跃给定信号将实现无静差（$e_{ssr}=0$），但对斜坡输入信号，则将是有静差的。如今增设了PID串联校正，而且PID传递函数中还包含一个积

分环节，这样它成了Ⅱ型系统，对斜坡输入信号，也将是无静差的。

2. 系统稳定性与动态性能分析

1）由于位置随动系统较调速系统多含一个积分（K_2/s）环节，系统的稳定性相对较差[伺服电动机未经简化处理的传递函数 $\theta(s)/U_s(s)$ 实为一个三阶系统]，若采用PI调节器，系统有可能不稳定，因此这里采用PID调节器。若对PID调节器传递函数中的两个比例微分时间常数（T_1 与 T_0）选得较大（即电容 C_0 与 C_1 选得大些），则有利于系统稳定。PID串联校正对系统性能的影响，在第8章8.1.4节中已作了说明（参见图8-8）。

2）采用转速反馈及转速微分负反馈环节，将有利系统稳定性和动态性能的改善，这在第8章8.2.3节［例8-1］中也作了说明。

3）位置前馈补偿的采用。由于随动系统对位置跟随的动、静态精度要求较高，因此常采用位置前馈补偿与位置负反馈结合的复合控制方式（参见第14章应用举例）。

小　　结

（1）常见的位置随动系统及其控制对象

随动系统（伺服系统）
- 直流伺服系统——直流伺服电动机
- 交流伺服系统
  - 两相感应伺服电动机
  - 无刷直流电动机
  - 交流永磁伺服电动机（同步电动机）
- 步进驱动系统——步进电动机

（2）随动系统的特点（与调速系统对照）

1）输出量为位移（而不是转速），因此主环为位置环。

2）供电电路应是可逆电路，使伺服电动机可正、反两个方向转动，以消除正或负的位置偏差。

3）输入量是在不断变化着的，要求输出量能按一定精度跟随输入量的变化。因此其着眼点主要是跟随误差。

4）线位移检测较多采用磁栅，要求高的采用光栅。角位移检测较多采用光电编码盘和无刷旋转变压器。

（3）随动系统的控制特点

1）通常具有位置环、转速环和电流环三个闭环。

2）位置调节器较多采用PID调节器。

3）较多采用位置前馈补偿和位置负反馈相结合的复合控制。

思　考　题

13-1　说明位置随动系统在自动控制中的地位和作用。

13-2　说明位置随动系统的分类和结构特点。

13-3　将位置随动系统与调速系统作比较，说明两者之间的异同点。

13-4　在图13-2所示的交流位置随动系统中，如何调节位移，又如何整定转速？

13-5　在图13-5所示的随动系统中，增大转速微分负反馈系数（τ），意味着什么（即哪个物理量发生变化，怎样改变）？

习 题

13-6 画出如图1-10所示的位置随动系统的框图（框内为传递函数）。若设 θ_i 增大，写出其自动调节过程。若设 θ_i 移动了5.0°，问 θ_c 最终移动了多少度（误差为几度）？

13-7 如今要将如图11-1所示的直流调速系统改为角位移随动系统，请提出改造方案（改造的成本要尽可能低）。

读图练习

13-8 图13-6为一位置随动系统电路图，试画出此控制系统的系统框图（传递函数），并根据图中给出的数据，求出调节器和放大器的具体数学模型（标出具体数值）。

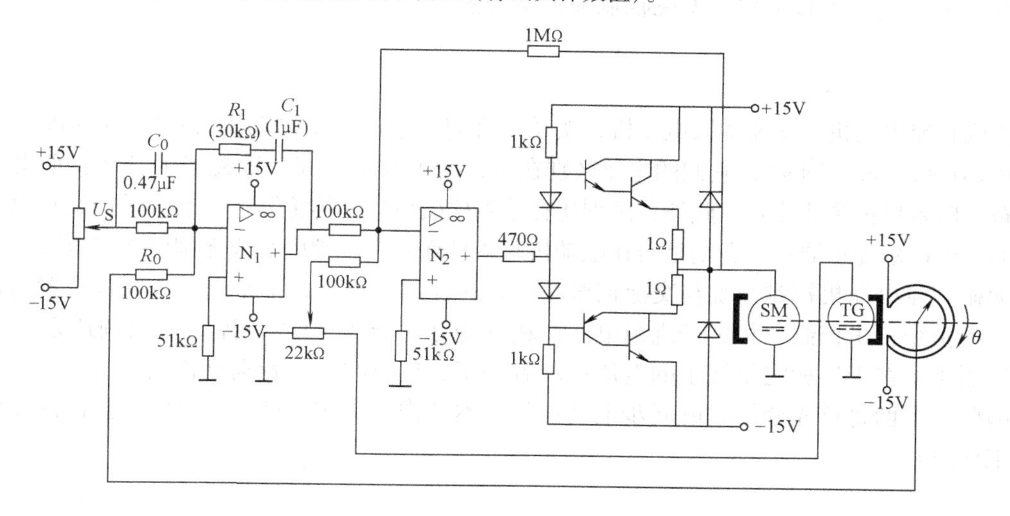

图13-6 位置随动系统电路图

第 14 章　无刷直流电动机控制系统与交流伺服系统

内容提要

本章主要介绍永磁同步电动机的基本结构，电子换向的原理和工作过程，并以典型实际系统为例，着重介绍无刷直流电动机控制系统（专用集成电路控制）和交流伺服系统（微机控制）的组成、工作原理、系统性能和控制特点。

无刷直流电动机与交流伺服电动机，实质上都属于永磁同步电动机（PMSM）（Permanent Magnet Synchronous Motor），它们的主要区别在于，磁极与定子间气隙磁场的分布：前者呈方波分布，后者呈正弦波分布。此外，区别还在检测磁极位置的传感器上：前者采用装在电动机内部的三个霍尔传感器；后者则是装在电动机端盖外面的光电编码盘或无刷旋转变压器。

无刷直流电动机控制系统与交流伺服系统，在控制原理上，都是以转子磁极位置的检测信号作为指令，来控制三相定子绕组电流换相（电子换向）的“自控式变频调速系统”它们的区别主要在于三相定子绕组的电流：前者是正、负方波；后者则是正弦波。

因此，下面将首先介绍永磁同步电动机的基本结构、工作原理，以及电子换向的工作原理和工作过程。

14.1　永磁同步电动机

1. 永磁同步电动机的基本结构

图 14-1 为永磁同步电动机结构示意图，其定子为硅钢片叠成的铁心和三相绕组，转子为高矫顽力[㊀]稀土磁性材料（如钕铁硼 NdFeB）制成的磁极（这是它与异步电动机的最大区别），图 14-1 中为 8 极电动机。

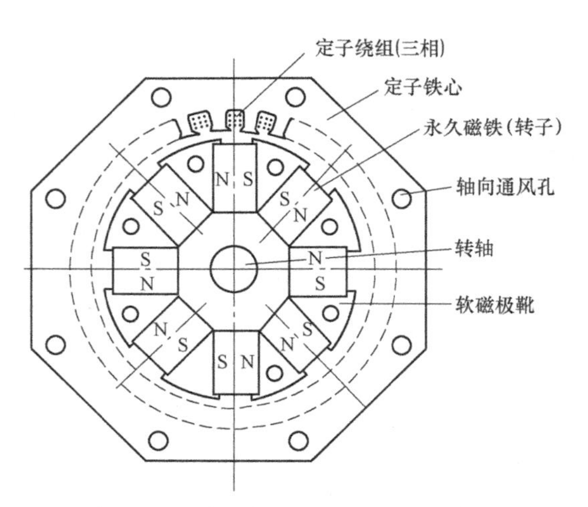

图 14-1　永磁同步电动机结构示意图

2. 三相永磁同步电动机的工作原理

给定子通以三相交流电，会产生旋转磁场，当转子的转速已接近旋转磁场的转速 n_1（$n_1=60f/p$）时，

㊀ “矫顽力”是指使磁性材料退掉剩磁所需加的反向的磁场强度 H_c。一般的软磁材料如硅钢片，$H_c=4\text{A/m}$ 左右，而永磁材料钕铁硼则高达 $H_c=800\times10^3\text{A/m}$。

定子磁场将“吸住”永磁转子以同步转速沿旋转磁场方向一起转动。因此称它为“同步”电动机。

但同步电动机起动时，转子是静止的，这时定子旋转磁场以很高的转速 n_1（两极电动机 $n_1 = 3000\text{r/min}$，4 极电动机 $n_1 = 1500\text{r/min}$）对转子作相对运动。由于转子的机械惯性，作用在转子的转矩，时正时负，这样作用定子的平均转矩将为零（即同步电动机的起动转矩为零），不能自行起动，这是同步电动机的一个重大的缺点，因此，要起动同步电动机，必须借助于其他的方法。

3. 三相永磁同步电动机起动方法

对三相永磁同步电动机，通常采用变频起动的方法，即采取使电动机电源的频率，从零逐渐增大的办法来起动（当定子电流频率很低时，同步转速 n_1 也很低，这样，定子旋转磁场就可以“吸住”永磁转子跟着转动）。此外，自控式换向指令，它使定子电流的综合磁场与转子磁极磁场保持近似垂直（见下面分析），从而保证了同步电动机有足够的起动转矩正常起动。

14.2　电子换向原理

1. 直流电动机电枢电流与磁极的相互作用

在第3章直流电动机的工作原理中已知，使用电刷—换向器后，当电枢转动时，可使同一磁极下方导线的电流方向保持不变，从而使导线受力方向保持不变。另外从磁场位置的角度看，换向的目的可以说是，使电枢电流产生的磁场 B_a 与磁极磁场 B_f 保持相互垂直。参见图14-2a。

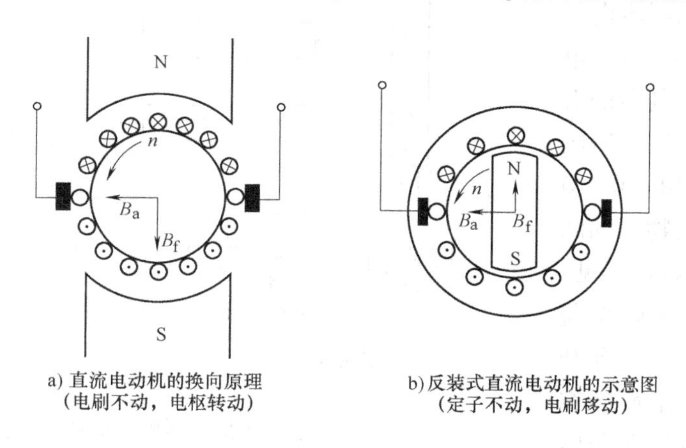

a) 直流电动机的换向原理（电刷不动，电枢转动）

b) 反装式直流电动机的示意图（定子不动，电刷移动）

图14-2　直流电动机的换向

2. 反装式直流电动机的设想

如果设想将电动机的磁极装在转子上，电枢绕组和换向器装在定子上，电刷可在换向器上滑动，如图14-2b所示。当磁极转动时，若设想人为移动电刷位置，使电枢绕组电流也随着变化，并使产生的磁场 B_a，也随着磁极 B_f 的转动而同步转动，从而保持了 B_a 与 B_f 的垂直位置，这样便能获得恒定电磁转矩的输出（分析时请注意，磁极受力为绕组受力的反作用力）。

3. 电子换向的设想

当然上述人为移动电刷的设想是无法实现的，但却启发我们可以通过测定磁极的位置，并采用自动控制的电力电子供电电路，使定子（即电枢）中的电流的方向，能跟随磁极的转动而同步改变，并使定子绕组电流产生的磁场 B_a 与磁极磁场 B_f 保持相互垂直（或保持一定的角度），从而输出恒定的转矩（或基本恒定的转矩），这就是“电子换向”。电子换向的具体电路及工作过程，将结合无刷直流电动机控制系统在下一节中分析。

14.3 无刷直流电动机

直流伺服电动机具有线性的机械特性、宽调速范围、大起动转矩、响应快、较高的效率和控制电路简单等显著优点，但它的电刷和换向器需要经常维护，使可靠性降低，加上换向时会产生火花，更限制了它在严酷环境（如矿井）中的应用。而交流电动机虽然没有电刷和换向器，但运行特性不理想。进入20世纪80年代以后，随着稀土永磁电动机、电力电子器件、专用集成电路和计算机控制技术的发展，出现了采用电子换向的办法，使交流永磁电动机的工作过程和工作特性类似直流电动机，这样便兼有了直流电动机和交流电动机的优点，因而获得广泛的好评与应用，这就是下面要介绍的无刷直流电动机。

1. 无刷直流电动机的结构特点

无刷直流电动机（BL Motor）（Brushless Direct-Current Motor），它又称电子换向电动机（EC Motor）（Electronic Commutation Motor）。无刷直流电动机控制系统实质上是交流永磁同步电动机—磁极位置传感器—电力电子供电电路—自动控制器的有机结合体，其结构框图如图14-3所示。巨风60BL—01型无刷直流电动机的实物图如图14-4所示。由图14-4可见，其特点是在电动机（后端盖外的）后罩内，有一具有圆孔的支架（印板），上面装有3只相差120°电角的霍尔传感器。支架圆孔内置入（套在转子轴上的）“感应磁钢”，感应磁钢表征着磁极的位置，感应磁钢对霍尔传感器的磁化作用，可间接检测出磁极的位置；由霍尔传感器发出的信号，作为三相绕组精确的换流的指令。感应磁钢与霍尔传感器间的气隙恒定，它不会像磁极气隙那样，分布不均匀。

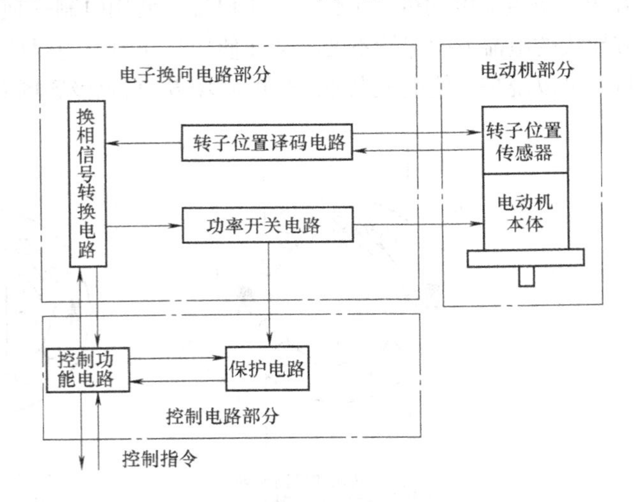

图14-3　无刷直流电动机控制系统结构框图

2. 磁极位置的检测——霍尔传感器与霍尔集成电路

（1）霍尔传感器　霍尔传感器是一种半导体薄片（如N硅片、砷化镓片、锑化铟片等），若将它置于磁场中，并通以电流（如图14-5a所示），则会在与电流方向垂直的两个侧面产生电动势，由于此现象为美国物理学家霍尔（E. H. Hall）所发现，因此称它为“霍

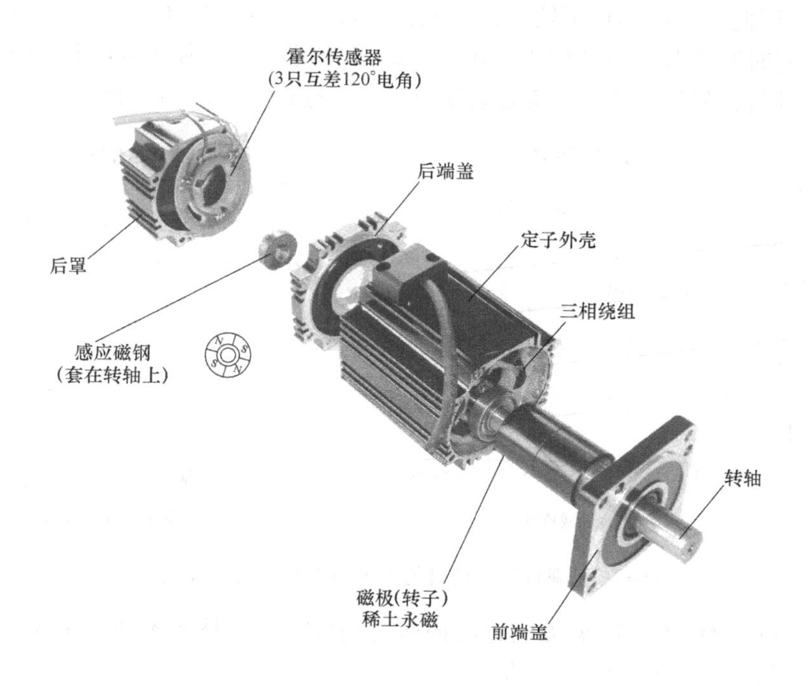

图 14-4　巨风 60BL—01 型无刷直流电动机实物图

尔电动势”，标以 E_H，其极性如图 14-5a 所示。利用此原理做成的传感器叫做霍尔传感器（Hall Sensor），它的符号如图 14-5b 中的①所示。

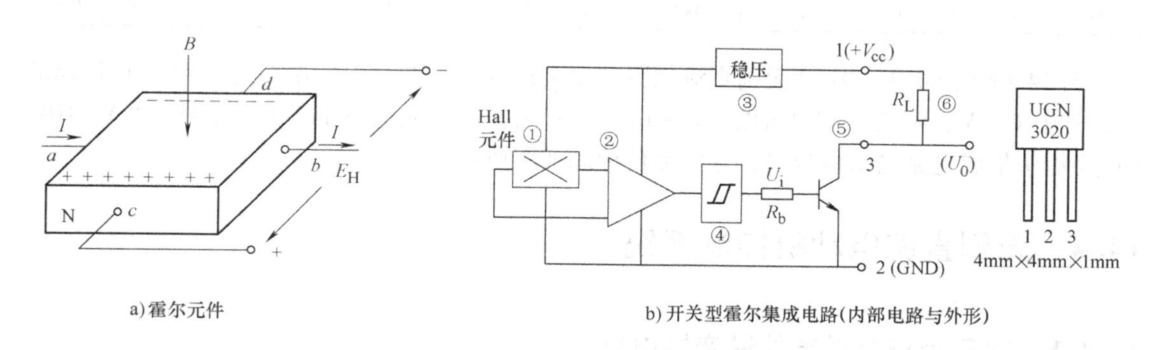

a) 霍尔元件　　b) 开关型霍尔集成电路(内部电路与外形)

图 14-5　霍尔传感器与霍尔集成电路

（2）霍尔集成电路　应用霍尔传感器时通常还需附加信号放大与处理电路。如今已有许多将霍尔元件与附加电路整合在一起的“霍尔集成电路”（Hall IC）。霍尔集成电路又分线性型与开关型；在无刷直流电动机中作开关指令用，所以选用开关型，如 UGN 3020，其外形与内部电路如图14-5b所示。图 14-5b 中①为霍尔元件，②为放大电路（差动输入），③为稳压电路，④为史密特触发器（波形整形），⑤OC 门（集电极开路输出门），⑥为上拉电阻（它的作用是使晶体管截止时输出高电平）。

3. 无刷直流电动机的机械特性与电动机端线颜色标志

由于无刷直流电动机的工作原理（及工作过程）与永磁有刷直流电动机十分相似（参

见下节分析)，因此它的起动转矩较大，机械特性较硬，如图 14-6a 所示，它有较宽的调速范围，开环控制时调速范围可达到 $D=10:1\sim20:1$，闭环控制则可达到 $D=100:1$，甚至更高。过载能力［峰值转矩（T_{max})/额定转矩（T_N)］也较大（3~4）倍。

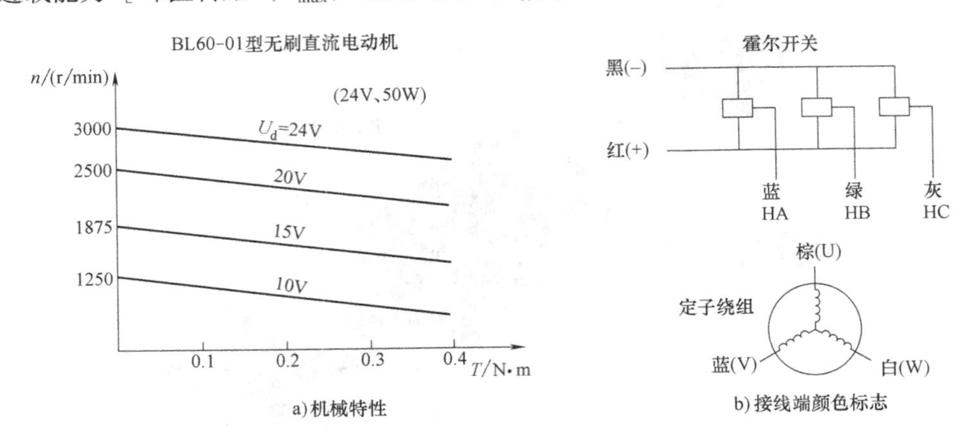

图 14-6　无刷直流电动机的机械特性与接线端颜色标志

表 14-1 为巨风 60BL—01 型无刷直流伺服电动机的主要技术参数，由表 14-1 可见，其过载能力 $T_{max}/T_N=0.56/0.19=2.9$ 倍。

表 14-1　巨风 60BL—01 型无刷直流伺服电动机技术参数

机座号	规格序号	额定功率 /W	额定转矩 /N·m	额定转速 /(r/min)	额定电压 /V	额定电流 /A	峰值转矩 /Nm	线电阻 /Ω	转动惯量 /kg·m²	重量 /kg
60BL	01	50	0.19	3000	24	3.8	0.56	3.5	6.2×10^{-6}	0.9

图 14-6b 为 60BL—01 型无刷直流伺服电动机接线端与及对应的颜色标。它共有 8 根端线，其中 U、V、W 为三相电进线，(+)、(−) 为霍尔集成电路工作电源进线，HA、HB、HC 为霍尔集成电路输出信号线，它们颜色标志如图所示。

14.4　无刷直流电动机控制系统

14.4.1　向三相绕组供电的逆变器电路

图 14-7 为电子换向的结构示意图，图中的电动机为三相永磁同步电动机（无刷直流电动机)，它的转子为稀土永磁磁极，它的定子绕组为 U、V 和 W 三相绕组，由六个功率晶体管（$VT_1\sim VT_6$）组成的逆变电路向三相绕组供电，此处三相绕组接成Y形（当然也可以接成△形)，逆变电路的输入为直流电压 U_d，晶体管 VT_1、VT_3 和 VT_5 的集电极接在电源正极，VT_4、VT_6 和 VT_2 发射极接在电源负极，$VT_1\sim VT_6$ 的标号是依据导通的先后次序排列的。晶体管 $VT_1\sim VT_6$ 作为开关管起“电子开关”的作用，它根据转子位置传感器（霍尔传感器）测得的磁极位置，通过晶体管控制电路（单片机或专用集成电路）向 $VT_1\sim VT_6$ 发出导通指令、使定子绕组的电流（和它产生的磁场 B_a)，跟随磁极磁场 B_f 的转动而改变，使 B_a 尽量与 B_f 垂直。下面将具体分析电子换向过程。

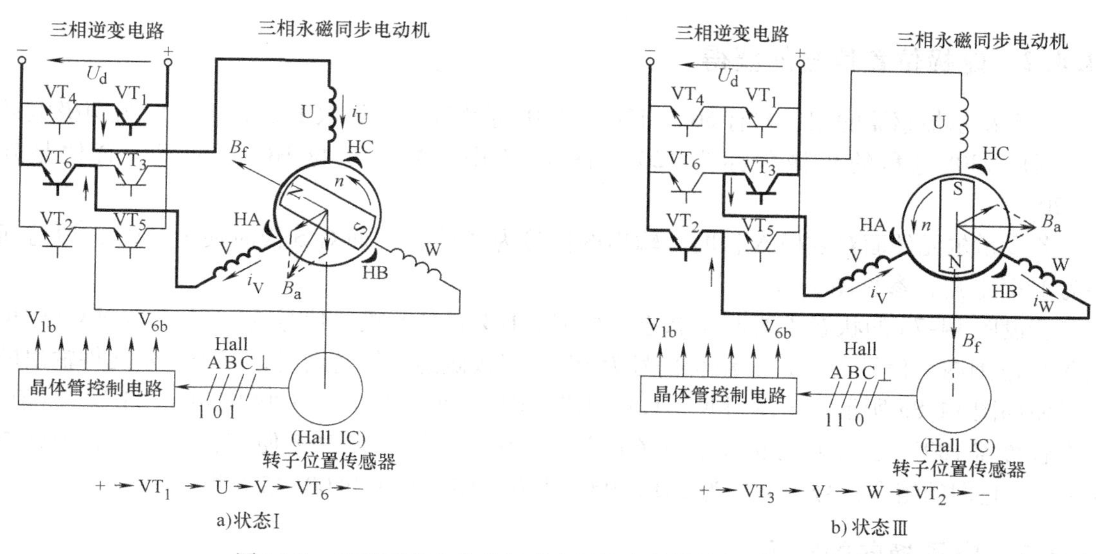

图14-7 无刷直流电动机实现电子换向的结构与原理示意图

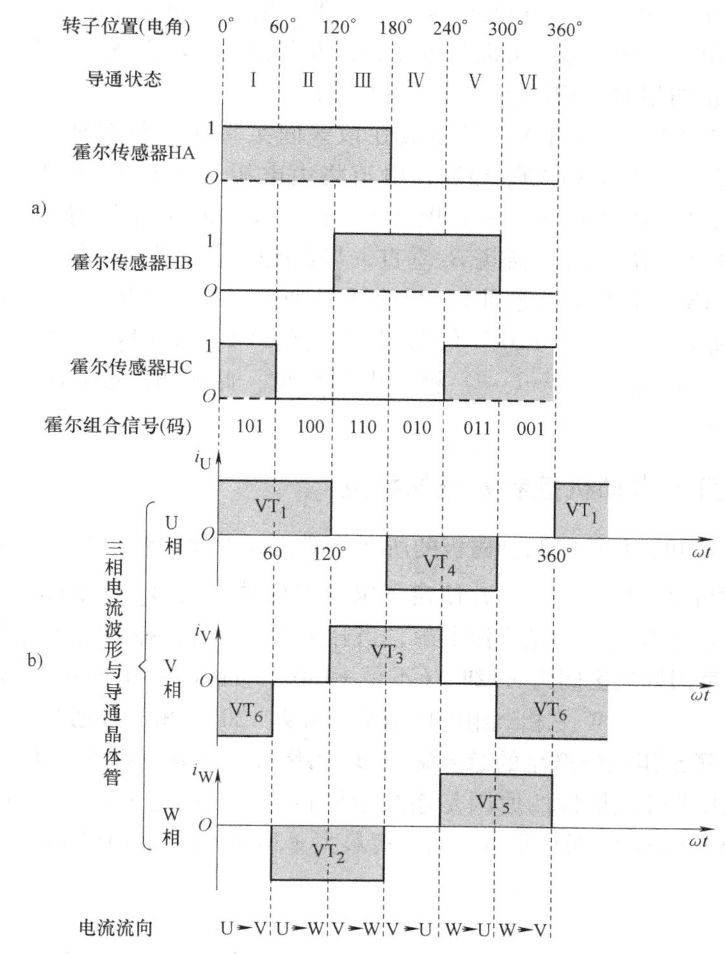

图14-8 霍尔元件信号、导通晶体管及三相绕组的电流波形

注：图中霍尔元件面对N极时为“1”，面对S极时为“0”。

14.4.2 磁极位置信号的获得

三个霍尔传感器的相位差有60°、120°、240°等几种，此处取120°，由于此为两极电动机，对应120°电角的机械角亦为120°，图14-7中HA、HB与HC的机械位置便是互差120°。

若设霍尔元件面对磁极N极时，输出的信号为“1”，则面对S极时便为“0”，覆盖面各为180°电角，参见图14-8a。

若设图14-7a的状态Ⅰ为起始状态，此时，HB面对S极，信号为“0”，而HA与HC在N极范围内，信号为“1”，组合信号为101。当极磁逆时针转动时，三个霍尔元件输出的信号便如图14-8a所示。由图可见，HA、HB、HC三个信号互差120°电角，“1”与“0”状态各覆盖180°，三个信号的组合每60°变换一次，这样一转360°便变换6次，分为状态Ⅰ~Ⅵ，它们的组合信号码分别为101、100、110、010、011和001等6组。

14.4.3 电子换向的实现

下面将选取0°~60°（Ⅰ）和120°~180°（Ⅲ）两个区间来分别分析电子换向过程。为便于分析，今设电流磁场相量的方向与电流路径方向相同，若流经两组绕组，则为此两相电流产生的磁场相量的相加（相量和）。现分别分析如下：

（1）0~60°区间（状态Ⅰ） 设磁极在该区间某瞬时的位置如图14-7a所示，此时“101”信号使开关管VT_1和VT_6导通，电流将由电源（+）极→VT_1→U（相绕组流）入→V（相绕组流）出→VT_6→（−）极（图中的粗线条即为电流通路）。此时定子电流i_U与i_V形成的综合磁场B_a与磁极磁场B_f垂直，与直流电动机相同（参见图14-2b）。

（2）120°~180°区间（状态Ⅲ） 设磁极已逆时针转了120°，在该区间某瞬时的位置如图14-7b所示，此时“110”信号使开关管VT_3和VT_2导通，电流将由（+）极→VT_3→V入→W出→VT_2→（−）极，由图可见，此时B_a也逆时针转动了120°，B_a与B_f仍保持垂直。

14.4.4 无刷直流电动机控制系统的特点

由以上分析可知，只要能测到磁极的所在位置，并以此位置组合信号来控制VT_1→VT_6依次的导通，便可完成电子换向，并使**定子电流产生的磁场B_a与磁极B_f保持近似垂直的关系**。由于提供给逆变电路的是直流电源，当开关管导通时，**在各相绕组中形成的电流波形是正负方波**[㊀]**，每相导通区间为±120°**（不是±180°）如图14-8b所示（方波中为相应导通的晶体管符号）。U、V、W三相绕组的电流彼此互差120°电角，导通状态每60°电角变换一次，这意味着**定子绕组电流产生的综合磁场B_a每隔60°电角跳动地转动一次（而不是连续转动）**，而磁极由于机械惯性的原因是连续地旋转着，这样定子绕组电流产生的综合磁场B_a，便不能始终与磁极B_f保持垂直，而是有最大±30°电角差，（区间为60°电角），使**电动**

㊀ 三相正负方波电压（与电流）换相，是无刷直流电动机的一个特征。这与三相正弦波电压驱动的三相交流伺服电动机，存在明显的区别。

机的转矩会有14%$(1-\cos30°)$ **的波动**[㊀]，当然，这会影响控制精度[㊁]。

14.5　无刷直流电动机控制系统实例分析（阅读材料）

图14-9为采用专用集成电路控制驱动的三相四极无刷直流伺服电动机的闭环调速系统电路原理图。

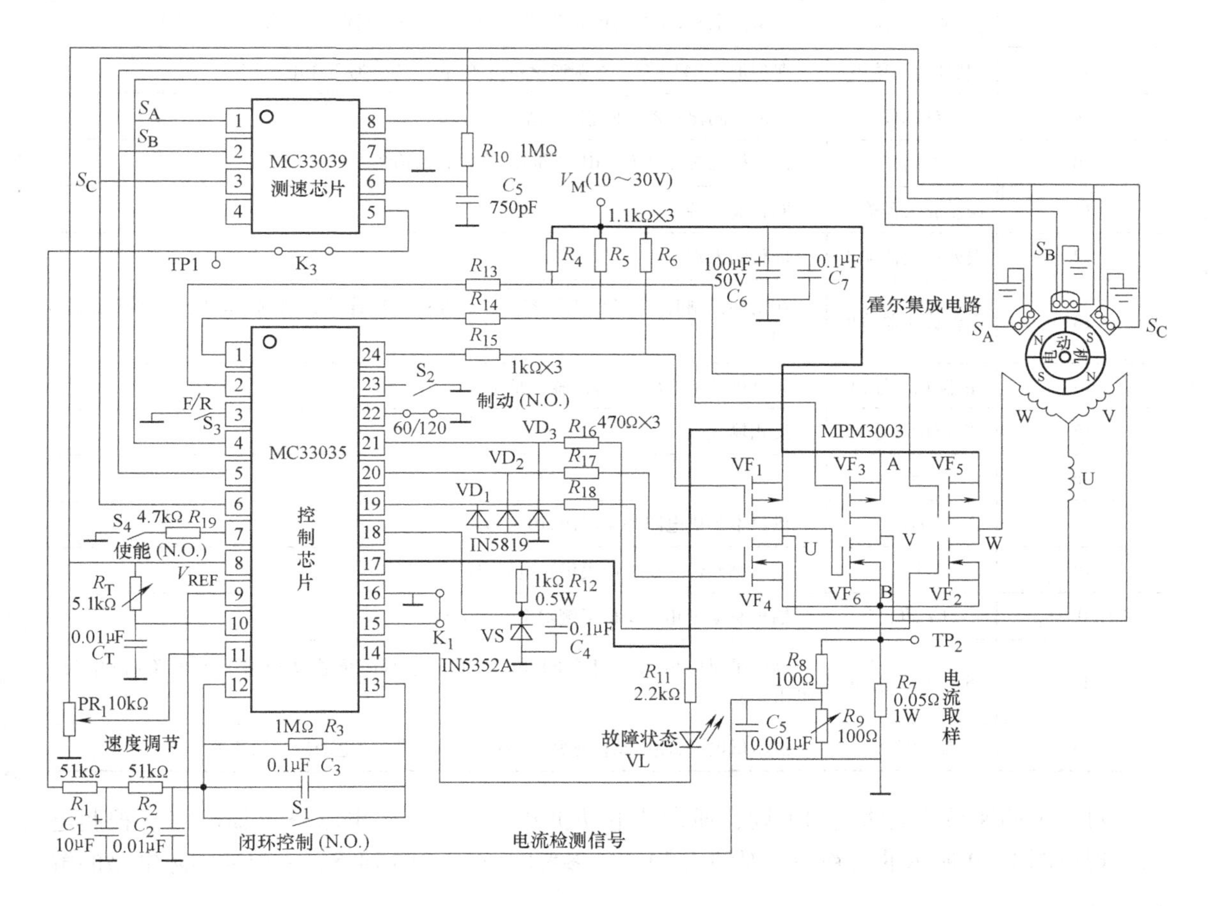

图14-9　转速负反馈无刷直流伺服电动机调速系统电路原理图

1. 无刷直流电动机控制器专用集成电路

图中的MC33035芯片是摩托罗拉（MOTOROLA）公司第二代无刷直流电动机控制器专用芯片（24脚DIP塑封）；表14-1为MC33035控制器的各引脚的标号与功能。MC33039也是MOTOROLA公司专门为无刷直流电动机设计的电子测速专用芯片（8脚塑封）。

㊀ 当B_a与B_f垂直时，产生的转矩最大（为T_m），若两者偏离垂直θ角，则转矩$T=T_m\cos\theta$，与最大转矩的差值即$\Delta T=T_m-T_m\cos\theta=T_m(1-\cos\theta)$，由此式有转矩波动$\Delta T/T_m=(1-\cos\theta)$。如今$\theta=30°$，于是$\Delta T/T_m=(1-\cos30°)=14\%$。

㊁ 因此无刷直流电动机的控制精度便不及转矩保持恒定的交流伺服系统。

表 14-1 MC33035 引脚功能说明

引脚号	符号与功能	功能说明
1,2,24	B_T, A_T, C_T	输出驱动三相逆变桥上侧三个功率开关元件,最大允许电压为40V,最大吸入电流为50mA
3	正向/反向(F/R)	改变电动机转向
4,5,6	S_A, S_B, S_C	转子位置传感器输入端
7	使能控制	逻辑高电平,使电动机起动(图中 S_3 断开);逻辑低电平,使电动车停车
8	基准电压输出	典型值6.24V(图中作调速给定电源,霍尔传感器工作电源)
9	电流检测输入	电流检测比较器的同相输入端
10	振荡器	由外接定时元件 R_T(RP_2)和 C_T 决定其振荡频率
11	误差放大器输入	同相输入端
12	误差放大器输入	反相输入端
13	误差放大器输出	在闭环控制时,连接校正阻容元件。此引脚亦连接到内部PWM比较器反相输入端
14	故障信号输出	集电极开路输出,故障时输出低电平
15	电流检测输入	反相输入端
16	地	
17	V_{CC}	供给本集成电路的正电源,10~30V
18	V_C	给下侧元件驱动输出提供正电源,10~30V
19,20,21,	C_B, B_B, A_B	输出驱动三相逆变桥下侧功率开关元件
22	60°/120°选择	高电平对应传感器相差60°电角,低电平对应传感器相差120°电角(图中为低电平)
23	制动输入	逻辑低电平,使电动机正常动转;逻辑高电平,使电动机制动减速

对一个调速系统电路图的解读，通常从电动机开始→供电主电路→反馈电路→控制电路，现以图 14-9 所示的电路图，对照表 14-1，参考图 14-7、图 14-8，来叙述实际电路的解读过程。

2. 无刷直流电动机

电动机为Y形接法的三相四极无刷直流伺服电动机，由于为四极电动机，因此三个霍尔传感器的空间位置相差为 180°机械角（对应 360°电角），于是各元件相差 60°机械角（对应 120°电角）。它们的工作电源来自 MC33035 芯片 8#脚，其基准电压为 V_{REF}（6.24V）。霍尔集成电路输出的位置信号 S_A、S_B、S_C 送往 MC33039 测速芯片的 1、2、3 脚，同时送往控制器芯片 4#、5#、6#脚⊖。

3. 主电路

图中 MPM3003 是三相逆变桥功率模块（12 脚塑封）。上侧功率开关是三个 P 沟道功率

⊖ 打#号的引脚专指 MC33035 芯片的引脚。

MOSFET，下侧功率开关为三个 N 沟道功率 MOSFET。其漏源额定电压为 60V，漏源额定电流为 10A，内部各功率管均带有反向续流二极管（图上未画出）。它们输入的直流电压，通常由交流电经桥式整流再经电容滤波获得。此处电压 V_M 取 24V（以适应 24V 电动机），主电路直流通路中串入一个电流取样电阻 R_7（0.05Ω、1W）此电阻的电压降与电流成正比，此电压经 R_8、R_9 分压，再经 C_5 滤波后，作为电流取样信号送往控制器芯片的 9#脚，作过电流保护用。

下面以#号标明脚号的，均指 MC33035 芯片的引脚。

控制器芯片的 1#、2#和 24#脚输出的方波电压去控制上侧三个功率 MOSFET，其公共端在上方 A 点；芯片的 19#、20#和 21#脚输出的脉宽调制方波电压去控制下侧三个功率 MOSFET，其公共端在下方 B 点。在芯片内部 6 个驱动信号的另一端点均为地。

4. 反馈回路

MC33039 测速芯片也是专门为无刷直流电动机设计的，它可以直接根据三个霍尔传感器引出的位置信号 S_A、S_B 和 S_C 的频率，通过内部的频率/电压（F/V）（Frequeney/Voltage）变换器，变换成与转速成正比的电压信号，由 5 脚输出，作为转速负反馈信号，再经由电阻 R_1、R_2 及电容 C_1、C_2 构成的滤波电路，送往控制芯片的 12#脚（误差放大器的反相输入端）（参见图 14-10），去与误差放大器正相输入端（11#脚）的速度给定信号进行比较，从而构成转速负反馈。转速给定电压由电位器 RP_1 调节。

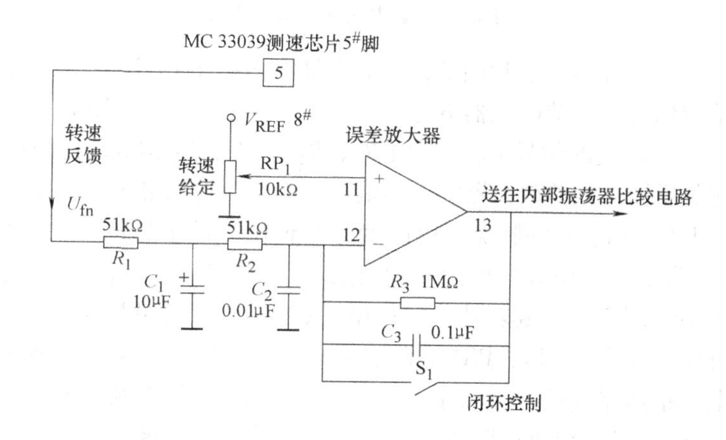

图 14-10 芯片内的误差放大器电路

5. 控制电路

1）工作电源：由 17#脚接入芯片工作电源。工作电源经电阻 R_{12}、稳压管 VS（18V）成为小于 20V 的电压接入 18#脚，作为驱动下侧 MOSFET 栅极电源。为便于读图，在图 14-9 中工作电源线用粗线标出。

2）振荡器：控制器输往三相逆变桥下侧 3 个功率 MOSFET 的电压波形为如图 14-11 所示的脉宽调制方波电压。控制器的核心是芯片内部的振荡器，**它产生脉宽调制**（PWM）**信号。通过改变脉宽的占空比，就可调节输出方波电压的平均幅值**（参见图 14-11），**从而调节电动机的转速**。振荡器的频率（即调制波的频率）由芯片 10#脚外接的 R_T 与 C_T 决定（由 8#脚的基准电压 V_{REF}，经 R_T、C_T 至地，中点接至 10#脚），通常希望调制波频率为 20 ~

30kHz。图 14-11 中三个驱动信号 S_A、S_B、S_C 的相位与图 14-8 中 VT_2、VT_4 和 VT_6 三个元件的导通相位是一致的。下侧功率开关的电压波形将决定整个电路的电压波形，因为上侧为方波，即开通状态。

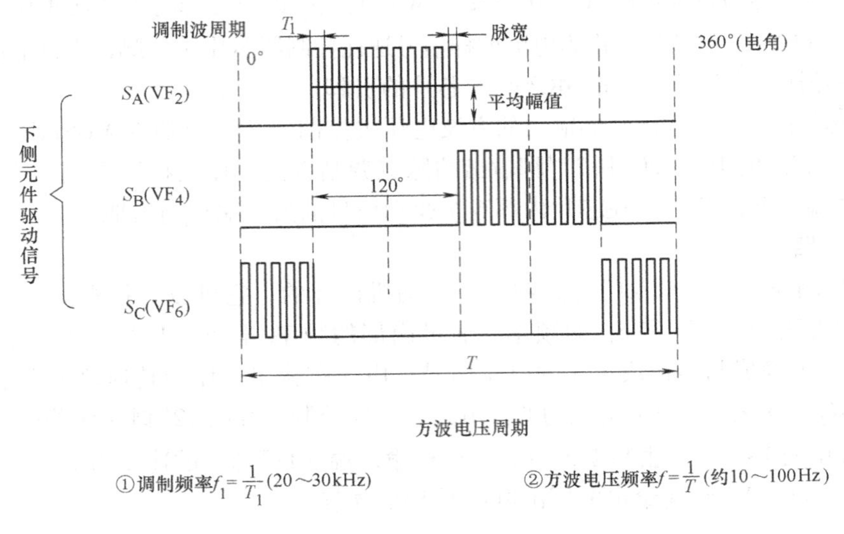

图 14-11　下侧元件调制方波驱动电压波形

3）误差放大器（即调节器）：芯片内的误差放大器电路如图 14-10 所示，它的正相输入端（11#脚）接入转速给定信号；调节电位器 RP_1，即可调节转速的大小；RP_1 的工作电源来自 8#脚的基准电压 V_{REF}。来自测速的信号 U_{fn}，经由 R_1、R_2 和 C_1、C_2 构成的滤波电路接入反相输入端，从而构成转速负反馈。误差放大器的输出端一方面作为控制电压，直接送往内部振荡器的比较电路，去控制 PWM 调制波的脉宽，以改变芯片输出方波电压的平均幅值。另一方面，误差放大器输出由 13#脚引出，在 12#脚与 13#脚间接入并联的 R_3 与 C_3，这样它们与 R_2 一起使误差放大器成为一个惯性调节器（起转速稳定作用）（当然，改变误差放大器的输入回路和反馈回路的阻抗，还可使它成为 P、PI、PID 等调节器）。若将开关 S_1 闭合，则误差放大器便成为比例系数为 1 的电压跟随器（U_{fn}失去了作用），使系统成为开环控制系统。

4）控制路径：由给定（或转速负反馈）电压变化→误差放大器→振荡器→改变调制波脉宽的占空比→调节各相输出正、负方波电流的平均幅值→改变电动机转速（磁极转速）→霍尔传感器→使电压方波的频率（f）也跟着磁极的转速而变化。

由以上分析可见，**控制器实质上也是一个变频器，不过频率改变的指令来自霍尔传感器，输出的是正、负方波电压**（而不是正弦波电压）。**流经电动机的相电流的波形亦为近似的方波波形，参见图 14-12**。**这种控制方式，实际上是以转子位置作为控制信号的自控式变频调速系统。**

5）使能控制：7#脚与地间接开关 S_4。S_4 断开，7#脚呈高电平，使电动机起动；S_4 合上，7#脚呈低电平，电动机停转。

6）正反转控制：3#脚与地间接开关 S_3，控制电动机的正反转。

7）制动控制”23#脚与地间接开关 S_2。当 S_2 合上时，23#脚呈低电平，电动机正常减速；当 S_2 断开时，23#脚呈高电平，电动机制动减速。

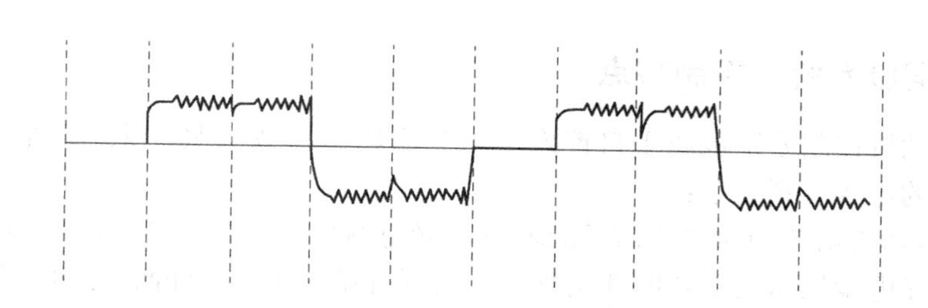

图 14-12　三相无刷直流电动机相电流波形

6. 故障显示

当出现故障时，14#脚呈低电平，使发光二极管 VL 发光。故障包括下列常见的五种故障：

1）不正常的位置传感器输入状态。

2）电流过大，电流检测端输入电压大于 100mV。

3）欠电压。

4）内部芯片过热，典型值超过 170℃。

5）使能端（7 脚）为逻辑 0 状态。

以上对控制器的主要功能作了介绍，至于芯片内部的电路和其他细节可参阅产品说明书和参考文献［12］。

14.6　交流伺服系统

14.6.1　交流伺服电动机

交流伺服电动机也是三相永磁同步电动机，如前所述，它与无刷直流电动机的主要区别在于，一是气隙磁场呈正弦波分布，二是位置传感器多采用光电编码器或无刷旋转变压器，它们装在电动机端盖外侧，并加罩壳（如图 2-16a 所示）。交流伺服电动机的结构与外形如图 14-13 所示，图中的位置传感器为光电偏码器。

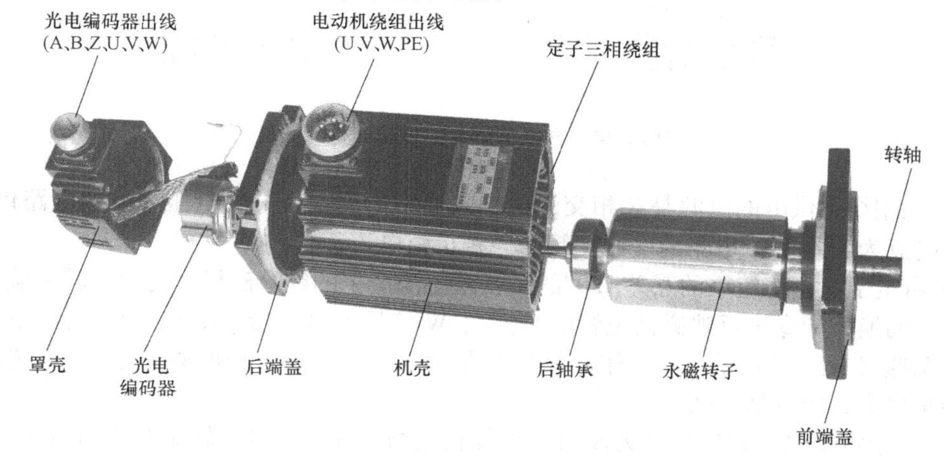

图 14-13　交流伺服电动机的结构与外形

14.6.2 交流伺服系统的控制特点

交流伺服电动机控制系统也属于自控式变频交流调速（或伺服）系统，它与无刷直流电动机控制系统的主要区别在于：

1）位置信号通常由含绝对位置信号的增量式光电编码器给出，图 14-14 为含有绝对位置信号的增量式光电编码盘的示意图和实物图。由图可见，光盘的外面两圈是零位标志光槽和增量式光电码线，里面是 U、V、W 三圈明暗相间的位置码条，每圈码条中，明暗各占 180°电角，U、V、W 三圈码条互差 120°电角。图 14-14a 为四极电动机的编码盘，对四极电动机，一圈（360°空间角）对应 720°电角，图中分成 12 个等份，每个等份为 60°电角。占 180°，相当占三个等份；相差 120°，相当差 2 个等份，参见图 14-14a。若对应三圈码条，放置三个光源与三个对应的接收器，便能由三圈的明暗条码，获得相应的组合信号码。对应 360°电角，便能生成 100、110、010、011、001 和 101 六组编码（这与无刷直流电动机中三个霍尔元件产生的编码相同）。由此可见，含有绝对位置信号的增量式光电编码器的输出信号为 A、B、Z 和 U、V、W 及它们的反相信号（参见图 14-18）。其中 U、V、W 信号表征着磁极位置；输出信号中的 Z 为角位移的起始点（零点），A（或 B）的脉冲数反映了转子的角位移（可作位置反馈信号），A（或 B）的频率 f（或周期 T），经信号处理，可转化为测速信号（作转速反馈信号）（参见第 2 章 2.4.4 节），由 A 脉冲与 B 脉冲的先后顺序，便可推知电动机的转向。

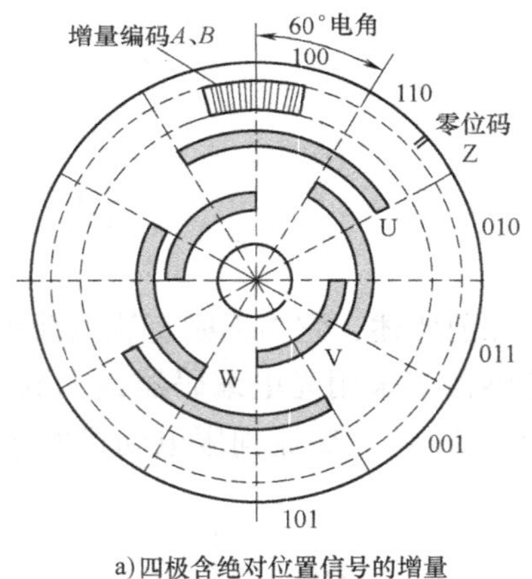

a) 四极含绝对位置信号的增量光电编码盘示意图

b) 六极含绝对位置信号的增量编码盘实物图

图 14-14　含绝对位置信号的增量编码盘

2）三相绕组供电的电源是三相交流电，它通常由交—直—交电压型逆变电路供电，三相绕组电流为互差 120°电角的变压变频的三相正弦电流。

3）由定子三相绕组中的互差 120°的正弦波电流产生的综合磁场是匀速旋转的旋转磁场。三相电流的换相指令由反映磁极位置的 U、V、W 信号给出（参见图 14-14），因此也属自控式变频调速（或伺服）系统。工作过程与直流电动机相似，因此机械特性硬，调速范围大，起动转矩也大，控制精度高。

4）由于定子磁场为匀速（无波动的）旋转磁场，形成的电磁转矩亦为恒定转矩，系统的平稳性好，响应速度快，低速性能也好。因此交流伺服系统多应用于要求高精度、高动态性能的装备中，如数控机床、机器人和加工中心等。

5）对位置伺服系统，通常为设有位置环（精确定位和准确跟随）、转速环（稳定转速和整定加速度）和电流环（限制最大电流，和抑制电网电压波动对电流的影响）的三闭环控制系统。这可参考第13章中关于位置随动系统的分析，也可参考下节实例分析中的论述。此外，对交流伺服系统的发展历史、现状和展望，可参阅CAI光盘中的“参考资料”；对交流伺服系统与无刷直流电动机控制系统的比较，请见本章小结。

14.7 交流伺服系统实例分析

图14-15为台达公司生产的ASDA型交流伺服驱动器原理框图。读图时请注意：有的符号与国家标准有所不同，如二极管、发光二极管、电解电容器、开关、电流互感器、IGBT管和电动机等。图中“GATE DRIVER”是（IGBT管的）栅极驱动器，“PWM ENC”（PWM ENGINEERING COMMAND）为（正弦）脉宽调制技术控制（单元）。

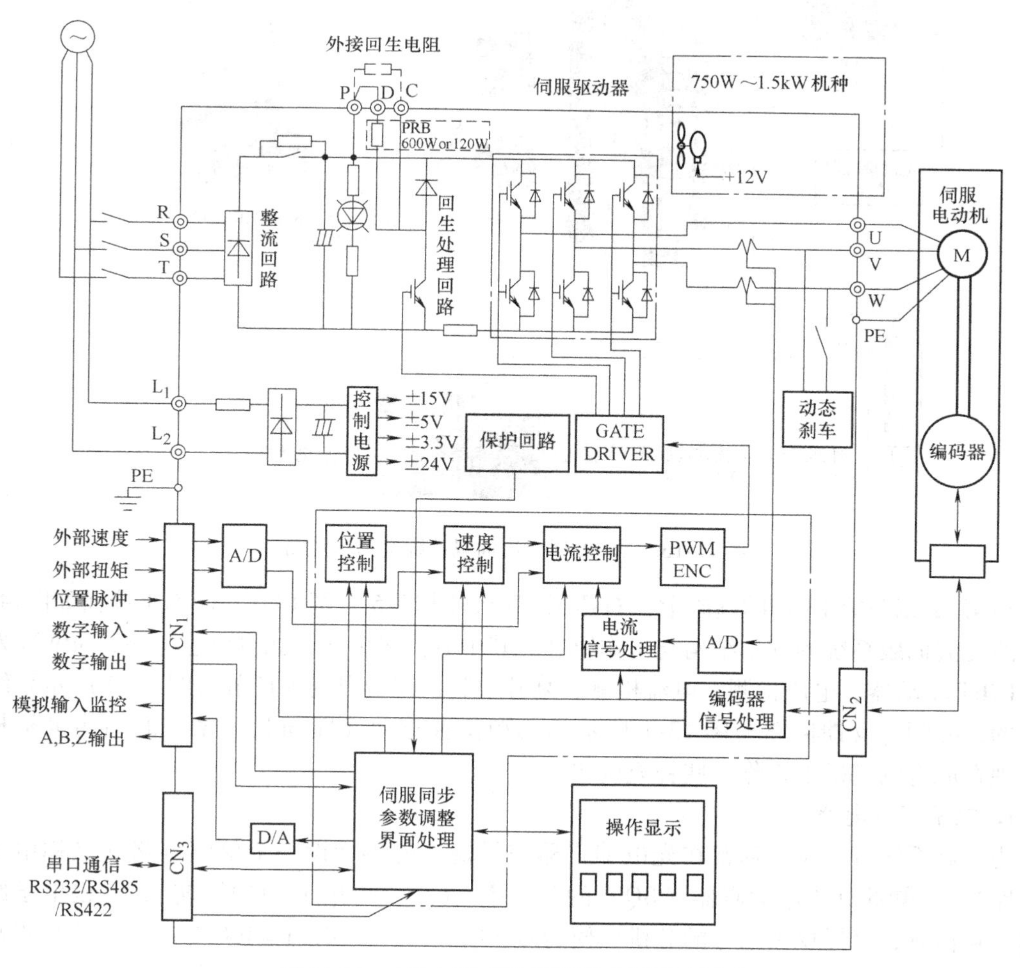

图14-15 ASDA型交流伺服驱动器原理框图

图 14-16 为 ASDA 型交流伺服系统的实物示意图。图中展示了交流伺服驱动器与外围装置的联接。上位的 PLC 控制（CN_1 接口），与上位计算机通信与控制（CN_3 接口），是可供选择的装置和控制方式。CN_2 为光电编码器接口，与光电编码器连接的反馈信号线要采用双绞屏蔽线，且线长要小于 20m。由接口 CN_1 接入的控制线长度要小于 3m。此外，信号线与强电动力线间的距离至少要大于 30cm。供给控制器的工作电源 $V_{DD}=24V$（500mA），$V_{CC}=12V$（100mA）。

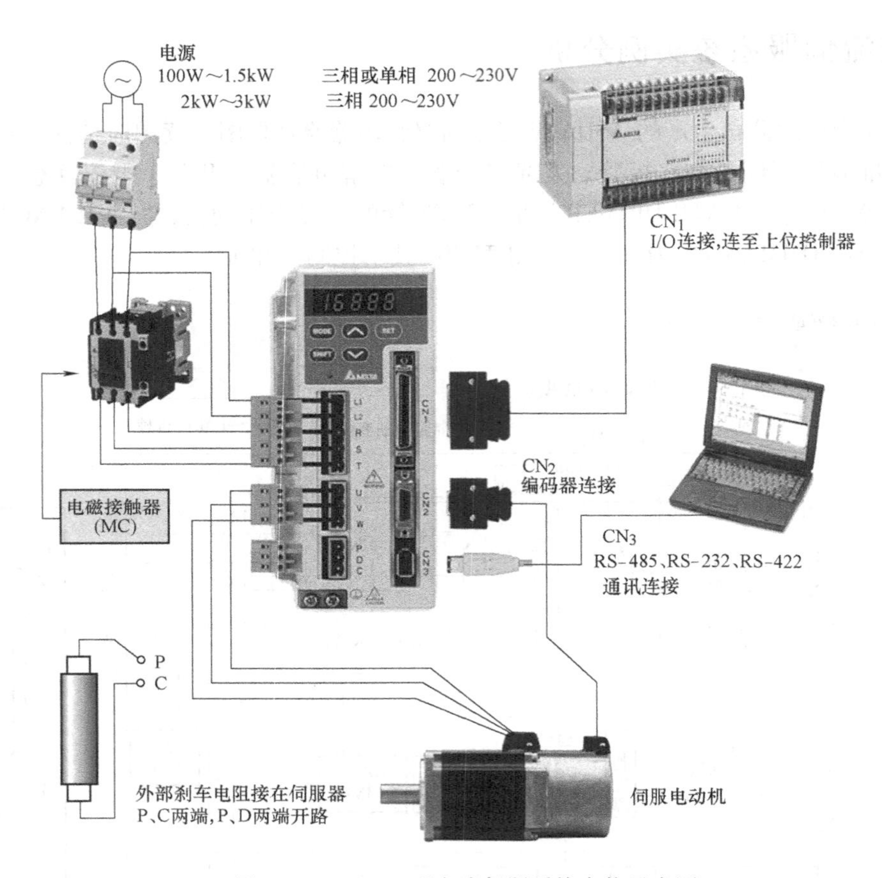

图 14-16　ASDA 型交流伺服系统实物示意图

在第 12 章与第 13 章的基础上，对照图 12-3、图 12-5 及图 13-1，便不难读懂如图14-15 所示的交流伺服系统的基本结构与工作原理。其中有许多单元，如供电主电路，SPWM 发生器、IGBT 驱动器、电压检测、电流检测、泵升限制、起动限流等环节与图 12-3 所示系统是相同的；控制与反馈回路与图 13-1 所示的典型位置随动（即伺服）系统的结构也是相同的。现在原有的基础上再作一些补充说明。

1. 电子细分电路

为提高系统分辨率，通常在光电编码器信号输出处再增设一个倍频电路（又称电子细分电路）。已知此处光电编码器（BQ）的分辨率。$C_0=2500p/r$（脉冲/转），若设电子细分电路为 4 倍频，这样反馈信号的分辨率便为 $C=4C_0=4\times2500p/r=10000p/r$，分辨率提高了 4 倍。

2. 电子齿轮

电子齿轮是一个对位置输入脉冲信号进行分频（或倍频）的电路，给定信号（脉冲数）要通过电子齿轮后，才转变为位置指令，目的是通过电子齿轮变比的设置，使系统满足用户对控制分辨率（角度/脉冲）的要求。

今设输入 P 个指令脉冲对应伺服电动机旋转一圈（P 即控制分辨率），设电子齿轮变比为 G，这意味着电动机旋转一圈，对应在位置调节器输入端获得的指令脉冲数为 $P\times G$（参见图 14-18）；稳态时它应与来自编码器（BQ）的反馈脉冲个数 C（脉冲/转）（即编码器经电子细分电路后的分辨率）相同，于是有

$$P\times G=C \text{ 或 } P=C/G \tag{14-1}$$

由式（14-1）可知，齿轮比 G 设置值越小，则控制分辨率越高。本装置规定 $0.02<G<200$。

［例 14-1］ 今已知 $C=10000\text{p/r}$，希望 $P=6000\text{p/r}$（相当 0.06°/脉冲），求电子齿轮比 G。

［解］ 由式（14-1）可求得

$$G=\frac{C}{P}=\frac{10000\text{p/r}}{6000\text{p/r}}=\frac{5}{3}=\frac{N(\text{分频分子})}{M(\text{分频分母})}$$

于是可在控制器功能与参数设置时，设定电子齿轮比分子 $N=5$，电子齿轮比分母 $M=3$。

3. “S 形速度曲线”运动特性的获得

在第 9 章 9.3.5 节中已经说到，为了使系统转速的升降更平滑，常使电动机的速度呈如图 14-17 所示的 S 形速度曲线。

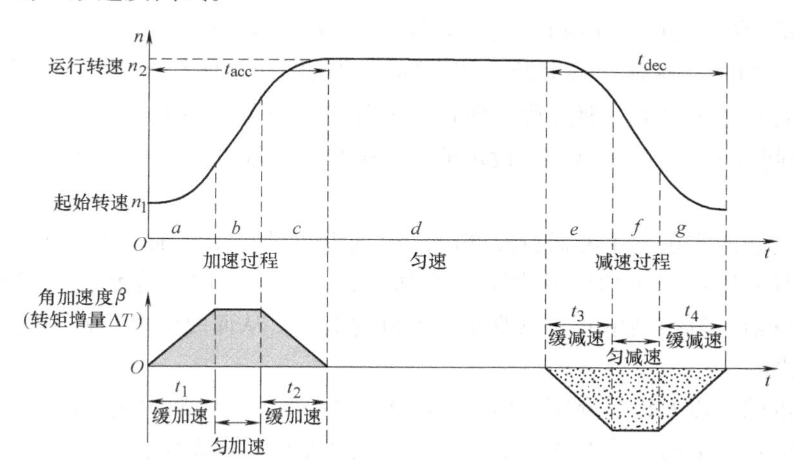

图 14-17　S 形速度曲线及其加速度曲线

如何能达到这样的性能呢？由运动公式有（参见 5.8.2 节）

$$\text{角加速度 }\beta=\frac{\mathrm{d}\omega}{\mathrm{d}t}=(T_e-T_L)/J=\Delta T/J \tag{14-2}$$

式中，J 为系统的转动惯量；T_e 为电动机电磁转矩，T_L 为负载阻力转矩，$\Delta T=(T_e-T_L)$ 则为合转矩（或转矩增量）。

由式（14-2）可见，当 $T_e=T_L$ 时，角加速度 $\beta=0$，系统作匀速转动。当 $\Delta T>0$（即 $T_e>T_L$），角加速度 $\beta>0$，则电动机作加速转动。若 $\Delta T<0$（即 $T_e<T_L$），使 $\beta<0$，则电动

机作减速运动。下面对图 14-17 中的 S 形速度曲线，分 $a\sim g$ 共 7 段进行分析：

a 段：起动时，ΔT 从零开始，线性增加（而不是突变），这样角加速度 β 也从零开始呈线性增加，电动机转速由起始状态 n_1（n_1 也可以为零）开始，循二次幂函数规律平稳而快速上升。对应 a 段的时间段为 t_1。

b 段：$\Delta T=$（正）恒量（且维持较高数值），这时角加速度 β 也为恒量，电动机将以较大的加速度匀加速升速（速度曲线呈斜直线），b 段为升速的主要阶段。

c 段：当电动机转速升至接近预期值（n_2）时，ΔT 将由最高点逐渐下降，角加速度 β 也随着下降，升速过程将变为缓慢平稳升速，直到升至预期转速 n_2。对应 c 段的时间段为 t_2。至此，升速阶段完成。

d 段：当 $\Delta T=0$，$\beta=0$ 时，电动机作匀速转动（正常运行阶段），速度曲线为水平段，此时 $T_e=T_L$。

e 段：当电动机需减速时，ΔT 便由零开始，作线性负增长（也不是突变），这时 $\Delta T<0$（即 $T_e<T_L$），$\beta<0$，电动机的减速度也呈线性负增长，电动机转速较快下降。对应 e 段的时间段为 t_3。

f 段：$\Delta T=$（负）恒量（且维持较大数值），电动机以较大的减速度匀减速降速，f 段为降速的主要阶段。

g 段：当电动机的转速降至接近另一预期值时，ΔT 的数值将减小，虽然 ΔT 仍为负值，仍在降速，但已是缓慢平稳降速，直至电动机转速降至预期值。对应 g 段的时间段为 t_4。

由以上分析可见，a、b、c 段 $\Delta T>0$，为加速过程，经历的加速时间（accelerated time）为 t_{acc}；d 段 $\Delta T=0$ 为匀速工作段；e、f、g 段 $\Delta T<0$，为减速过程，经历的减速时间（decelerated time）为 t_{dec}。这样，其上升（或下降）的速度曲线便呈 S 形，所以称为 S 形速度曲线，显然这是一个平滑的过渡过程，而且 β 上升（或下降）的斜率、过渡过程时间 t_{acc} 和 t_{dec} 以及各段时间 $t_1\sim t_4$，都是可预先设定的（ASDA 控制器便具有上述的功能与相关参数的设定）。

至于上述功能的实现，主要通过改变电动机的电磁转矩 T_e，使 ΔT 发生改变来变速的。这从图 14-15 所示的系统原理框图中可以看到，其中“伺服同步参数调整界面处理单元”可将相关指令发给电流控制单元，以改变电动机的电流，从而改变电动机的电磁转矩。

4. 系统框图

根据产品说明书以及以上介绍，由图 14-15，并参考第 13 章中的图 13-1 和图 13-3，便可画出如图 14-18 所示的系统框图。下面再对系统框图作一些说明：

（1）编码器的连线及输出的信号　台达 SAMT 系列永磁同步电动机内附有一个 2500p/r 的编码器（含换相信号的增量型编码器），它产生的信号有 A、B、Z 及 U、V、W，它们经电子分相电路转变为 A（$\overline{A}$）、B（$\overline{B}$）、Z（$\overline{Z}$）及 U（$\overline{U}$）、V（$\overline{V}$）、W（$\overline{W}$）、等差分信号（在第 2 章中已介绍，差分信号通过屏蔽双绞线输送，抗干扰性能较好）。在接通电源后，编码器输出 U、$\overline{U}$、V、$\overline{V}$及 W、$\overline{W}$等 6 个信号，经过 6 条信号线在 0.5s 内告知驱动器，这些信号表征了转子磁极的位置，使驱动器发出的电动机三相绕组电流指令能使三相绕组电流产生的综合磁场与转子磁极磁场接近 90°电角，从而产生较大的电磁转矩，使电动机快速起动（参见 14.5 节注释㊀）。

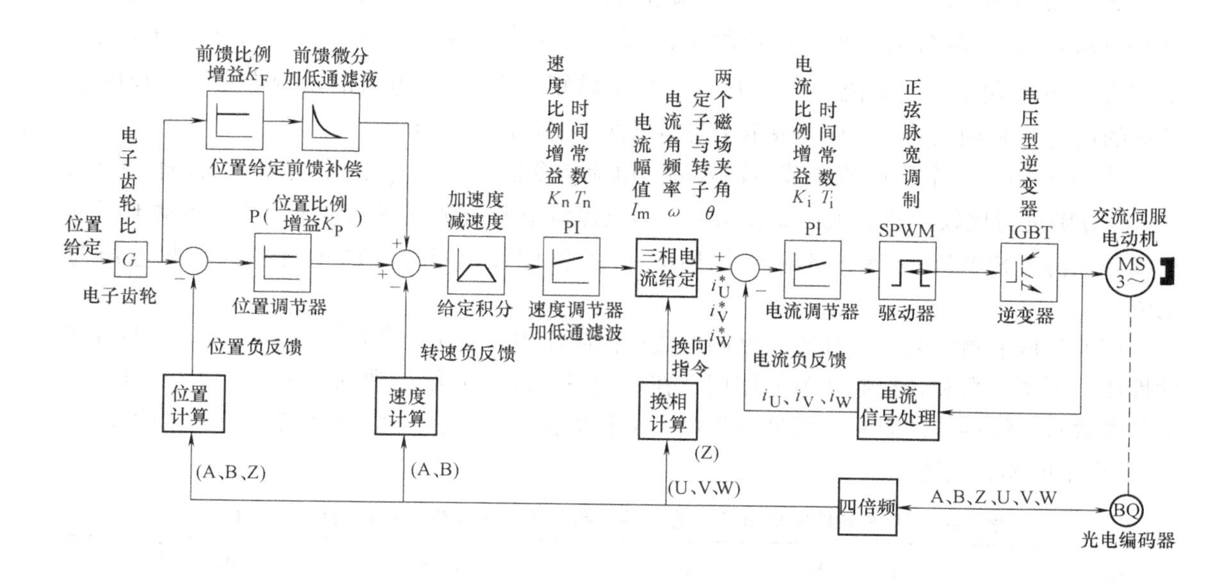

图14-18 台达ASDA交流伺服系统框图

当电动机起动运转后（一转以上），编码器便可识别并记住作为基准信号的“一转信号”Z，由于Z缝隙与磁极的相对位置是固定的，Z信号与U信号起始点同步，这样当电动机运转后，便可由Z信号转换为磁极位置信号，并由此转化成各相绕组电流换相指令。因此，当电动机起动后，6条信号线的输入端通过电子转换开关，将原先的U、$\overline{U}$、V、$\overline{V}$和W、$\overline{W}$ 6个信号改换成A、$\overline{A}$、B、$\overline{B}$和Z、$\overline{Z}$ 6个信号（这样可节省6条信号连线），编码器的连线与输出信号示意图如图14-19所示。

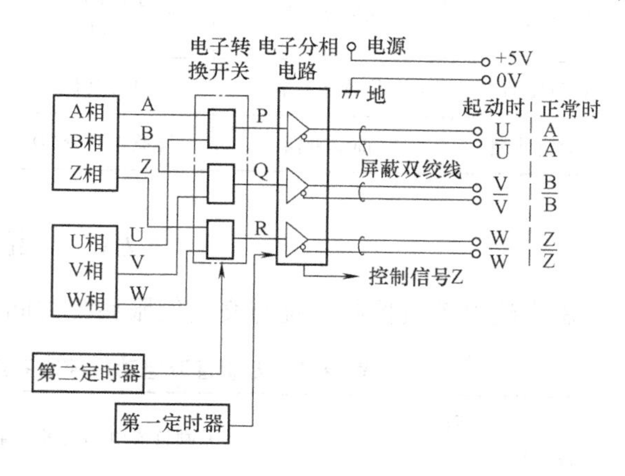

图14-19 编码器的连线与输出信号的示意图

如前所述，由A（或B）的每秒脉冲数，可推算出转速；由A与B的相位关系，可判断转向；由A（或B）相对Z的脉冲数，可推算出角位移的数值。

综上所述，编码器的连线为A、$\overline{A}$、B、$\overline{B}$和Z、$\overline{Z}$ 6条，再加上2条（+5V）电源线和2条地线（GND），共10条连线。

（2）电流信号的综合与驱动指令的给出

① 由图14-15可见，电动机的电流仅由V、W两相电流互感器进行检测。这是因为，对三相三线制负载，由基尔霍夫定律可知，$i_U + i_V + i_W = 0$，于是有$i_U = -i_V - i_W$，这意味着由i_V及i_W即可推知i_U，这样由i_V和i_W经过电流信号处理单元，便可获得i_U、i_V和i_W三个电流反馈信号（可省去一个电流互感器）。

② 电流调节器的给定信号是由速度调节器指令，先与光电编码器输出的转子磁极位置（电流换相）信号综合后，再经电流给定控制单元计算，而给出的预期三相电流指令 i_U^*、i_V^* 和 i_W^*，它们包括三相电流的幅值 I_m（它反映转矩的大小）、电流的角频率 ω（它反映了转速的快慢）和相位角 θ（它反映定子与转子两个磁场间的夹角）。

③ 在三相（三个）电流调节器输入端，电流指令信号 i_U^*、i_V^* 和 i_W^* 与电流反馈信号 i_U、i_V、i_W 分别进行比较。然后根据比较结果，由电流调节器给脉宽调制（SPWM）驱动电路发出指令，再由 SPWM 驱动电路给 6 个 IGBT 开关器件发出指令，产生自控式变频电压与电流。

（3）各调节器的名称、性质、可调参数和控制作用　系统中各控制环节的名称、调节器的性质、可调参数和各控制环节的作用，在以前各章均已介绍，现列于表 14-2 中。至于调节各参数对系统性能的影响，可见第 7 章 7.4 节及表 7-2，还可参考第 8 章（系统校正）和第 13 章中的相关论述。

表 14-2　系统各控制环节的名称、调节器性质、可调参数和控制环节作用

控制环节	调节器	性质	可调参数	作用
电流负反馈	电流调节器	比例积分(PI)	增益 K_i 时间常数 T_i	限制最大电流，保持电流稳定
转速负反馈	速度调节器	比例积分 (PI)	增益 K_n 时间常数 T_n	保持转速稳定
位置负反馈	位置调节器	比例(P)	增益 K_p	减少位置偏差
位置给定前馈	前馈补偿	增益与微分(D)	增益 K_F	加快对位置给定的响应

小　结

无刷直流电动机控制系统与交流伺服系统共同点与不同点的比较如表 14-3 所示。

表 14-3　无刷直流电动机控制系统与交流伺服系统比较

比较项目 \ 系统		无刷直流电动机控制系统	交流伺服系统
共同点	电动机	三相永磁同步电动机	
	检测量	磁极(转子)位置	
	换相指令	(电子换向)磁极位置检测信号，指令三相绕组换相	
	控制方式	自控式变压变频调速系统	
	工作过程	与直流电动机相似	
	控制性能	机械特性硬、调速范围大、精度高，起动转矩大，响应快	
	起动方式	由位置检测信号，使定子磁场与转子磁极磁场垂直	
	控制器	电子线路、专用集成电路、数字处理器(DSP)、微机	

（续）

比较项目＼系统		无刷直流电动机控制系统	交流伺服系统
不同点	气隙磁场分布	方波	正弦波
	反馈信号	HA、HB、HC	A、B、Z、U、V、W
	定子绕组电流	正、负方波	正弦波
	旋转磁场	每隔60°电角转动一次	匀速连续旋转
	电磁转矩	有14%的波动	无波动
	控制性能	平稳性略差，低速性能较差	平稳性好、精度高、低速性能好
	应用场合	起停操作 定位系统 调速系统	高精度（位置）伺服系统（如数控机床、加工中心） 调速系统

思 考 题

14-1 采用电子换向的目的是什么？

14-2 电子换向是怎样实现的？

14-3 “自控式”变频的物理含义是什么？它与一般变频器的主要区别在哪里？

14-4 光电编码器（或无刷旋转变压器）输出信号中，哪些信号与无刷直流电动机中的霍尔信号相当？对用于交流伺服电动机的光电编码器的输出信号，通常要提出哪些要求？

14-5 为什么光电编码器输出的信号中常带有其本身的反相信号，如A与$\overline{A}$。

14-6 光电编码器输出的信号A、B、Z和U、V、W，各有什么用途？

14-7 对光电编码器的联接线，要注意哪些问题？

14-8 三相永磁同步电动机与三相异步电动机的主要区别有哪些？

14-9 无刷直流电动机和交流伺服电动机的主要共同点与主要区别在哪里？

14-10 能不能将如图14-9所示的系统用作位置随动系统？为什么？

14-11 无刷直流电动机能不能用于位置随动系统（即伺服系统）？若用于定位控制，则必须增加哪种传感器？

14-12 在图14-18所示系统中，若增加位置调节器的增益K_p，对系统性能有哪些影响？

14-13 图14-15所示交流伺服系统是模拟控制系统，还是数字控制系统？根据是什么？

14-14 在图14-15系统中，位置控制采用比例调节器加微分前馈补偿的复合控制的好处在哪里？它能不能实现定位无静差？

14-15 在图14-15所示系统中，若将位置调节器也改为比例-积分（PI）调节器，请分析对系统性能的影响？

14-16 能不能将图14-15所示系统用于调速系统？为什么？

读 图 练 习

14-17 图14-20为OMRON R88D-GT（01H）（100W）交流伺服（电动机）驱动器原理框图（由于为国外产品，所以有些符号与国家标准不同）。请读者根据已学知识回答下列问题：

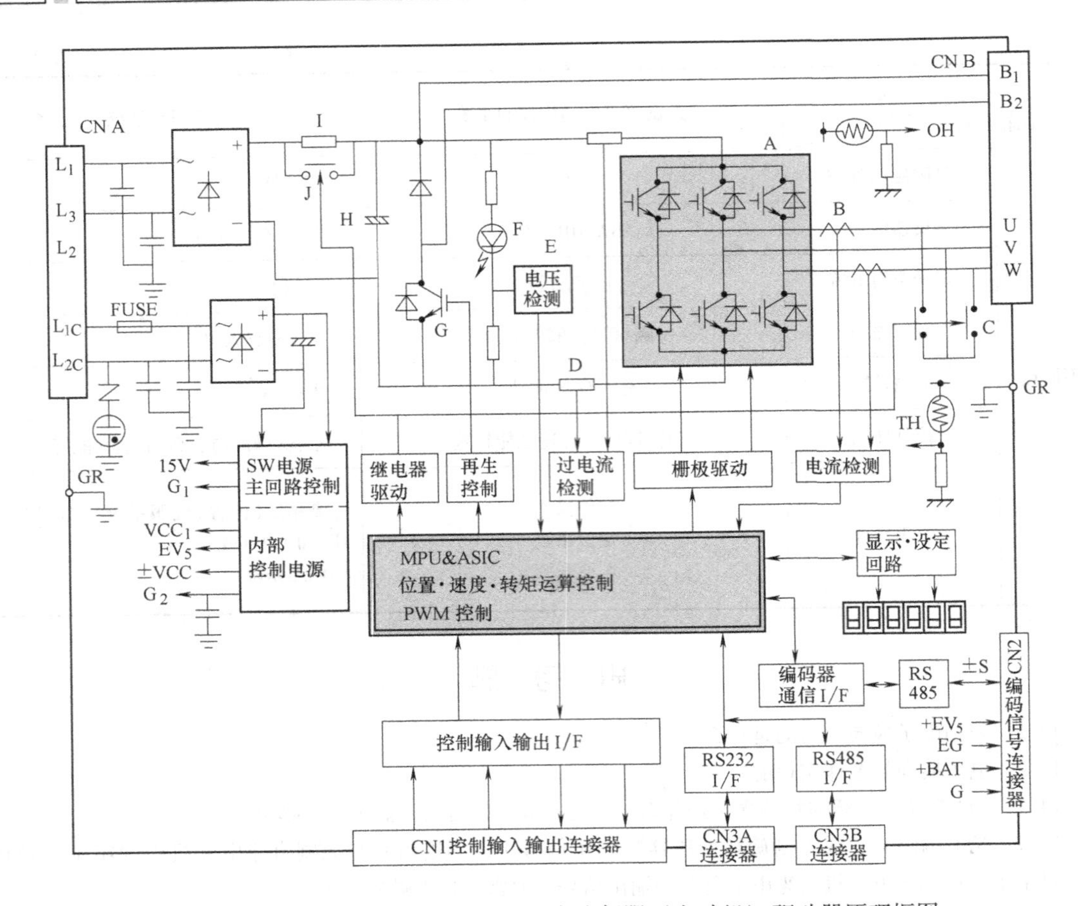

图 14-20 OMRON R88D-GT（01H）交流伺服（电动机）驱动器原理框图

1）驱动器进线电源是怎样的？对应此电源，主电路中的直流电压是多少？

2）驱动器主电路输出连接器（CNB）中的 B_1、B_2 接什么？U、V、W 接什么？

3）对驱动器 CN_2 连接器输入电缆的要求是什么？如今采用 RS485 通信接口，若改成 RS232 通信接口行不行？为什么？

4）驱动器 CN3A 与 CN3B 连接器有可能接什么？

5）图中 A～J 各是什么元件（或单元），它们的作用是什么？

6）对于三相交流输出，为什么仅用两个电流互感器检测即可？（注：当然也有用三个的）

7）在图中哪一个单元是核心单元，它有哪些功能？

第15章　步进电动机及步进控制系统

内容提要

本章主要介绍步进电动机的基本结构和工作特点；并以实际电路为例，来介绍步进控制系统的基本组成、工作原理和控制特点。

步进电动机不像一般的电动机那样是连续旋转的，而是一步一步转动的，驱动电源每对电动机输入一个电脉冲信号，它就转动一个固定的角度，即前进“一步”（step），因此称为步进电动机（step-by-step Motor），其驱动电源则称为步进控制系统（step-by-step Control System）。步进电动机按励磁方式分类，可分为反应式（磁阻式）、永磁式和混合式（永磁反应式）三种。其中反应式步进电动机具有惯性小、响应快、转速高和结构简单等特点，应用比较普遍，因此下面将以反应式步进电动机为例来介绍步进电动机的结构和工作特点。

15.1　反应式步进电动机

15.1.1　反应式步进电动机的基本结构

图15-1a为三相反应式步进电动机的典型结构。其定子、转子都由硅钢叠成。定子铁心上有均匀分布的6个磁极（相对的两个磁极组成一相），磁极上绕有U_1—U_2、V_1—V_2和W_1—W_2三相控制（励磁）绕组。磁极上有若干个小齿。转子上没有绕组，但有较多的小齿，其齿距与定子齿距相等。

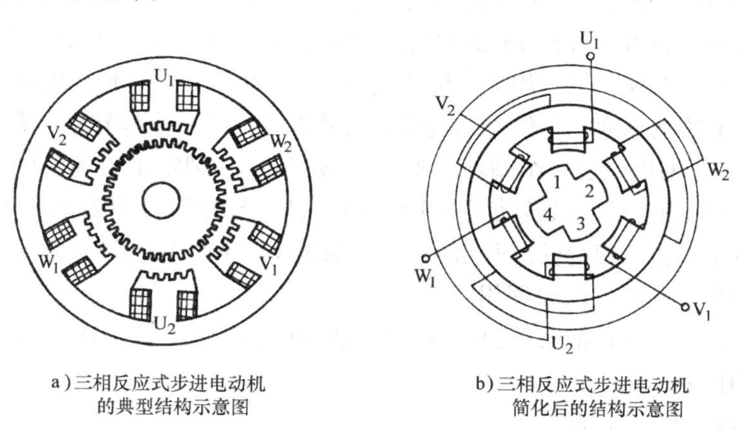

a）三相反应式步进电动机的典型结构示意图　　b）三相反应式步进电动机简化后的结构示意图

图15-1　三相反应式步进电动机结构示意图

15.1.2　三相反应式步进电动机的工作特点

为了分析方便起见，先假定转子上只有4个齿，这样齿距角为90°；并设定子的6个磁极上没有小齿，如图 15-1b 所示。

当步进电动机工作时，驱动电源将电脉冲信号按一定的顺序轮流加到定子的三相绕组上。按通电顺序的不同，三相反应式步进电动机又有单三拍控制、双三拍控制和六拍控制等三种方式。所谓“拍”，是指步进电动机从一相通电状态，换接到另一相通电状态的过程。“三拍”就是一个循环中有三个换接过程。每一拍将使转子在空间转过一个角度（即前进一步），这个角度称为步距角，以 θ 表示。下面将分别分析三种控制方式时，步进电动机转动的情况。

1. 单三拍控制（1 相控制）

三相单三拍控制方式是每次只有一相绕组通电。当 U 相绕组单独通入电脉冲时，由于磁力线总是力图从磁阻最小的路径通过，即要使转子的 1、3 两个齿与定子磁极 U_1、U_2 轴线对齐，如图 15-2a 所示。若转子的齿未对齐，则定子磁场对磁化了的转子产生磁拉力，形成反应转矩，使转子转向磁路磁阻最小位置。

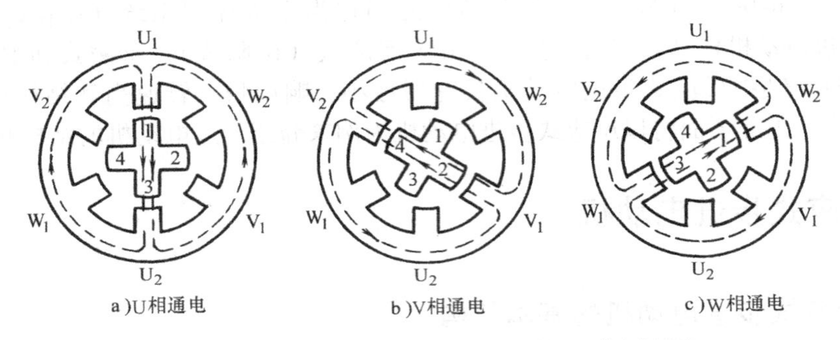

图 15-2　三相单三拍控制时步进电动机工作原理图

当 U 相脉冲结束，V 相通入电脉冲，又会建立以 V_1V_2 为轴线的磁场，它将使靠近 V 相磁极的 2、4 齿转到与 V_1V_2 极对齐的位置，如图 15-2b 所示，这样转子就顺时针方向转过 30°；同理，当 V 相脉冲结束，W 相通入电脉冲后，靠近 W_1、W_2 极的 1、3 齿又将会转到与 W_1、W_2 极对齐的位置，如图 15-2c 所示，这样，转子又按顺时针方向转过了 30°。

综上所述，不难发现，当三相定子绕组按 U→V→W→U……**顺序依次通电时**，依次通**入各相的一个一个的电脉冲**，将使电动机按顺时针方向一步一步地转动，每次转动 30°（即步距角 $\theta=30°$）。若通电经过一个循环（通电换接三次），则定子磁场将旋转一周，而转子却只转动了 $30°\times3=90°$，即只转动了一个齿距角（转子 4 齿时，齿距角为 90°）。

如果通电顺序，在三相中任意两相互换，（如由 U→W→V→U），则步进电动机便反向转动（与三相同步电动机反向原理相同）。

上述控制方式，是各相依次单独通电，换相时电压为零，这容易产生通电间隙，造成失步（丢掉一步动作）。

2. 双三拍控制（2 相控制）

三相双三拍控制是每次有两组绕组同时通电，即按照由 U、V→V、W→W、U→U、V 的顺序依次通电。

当 U、V 两相绕组同时通电时，由于 U、V 两相的磁极对转子齿都有吸力，所以转子的齿将转到如图 15-3a 所示的位置；当由 U、V 两相绕组通电，过渡到由 V、W 两相绕组同时

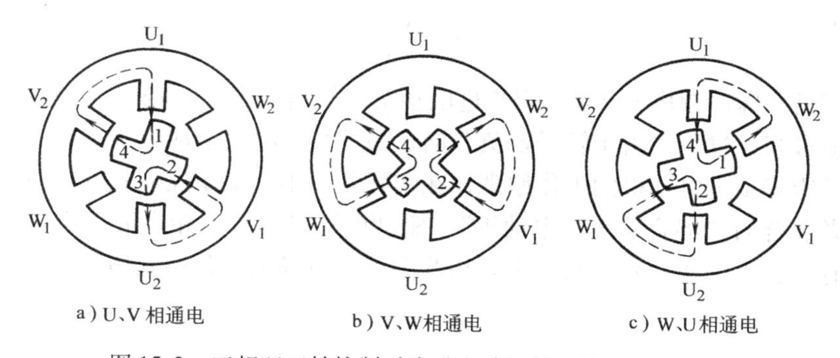

图 15-3　三相双三拍控制时步进电动机的工作原理示意图

通电时，转子将转到如图 15-3b 所示的位置。这样，转子按顺时针转过了 30°；随后，再过渡到 W、U 两相绕组同时通电，转子又转过 30°，如图 15-3c 所示。由以上分析可见，三相双三拍控制的步距角也为 30°（即 $\theta=30°$）。

若通电顺序改为 U、W→W、V→V、U→U、W⋯，则步进电动机反向转动。

由于三相双三拍控制每次都有两相绕组通电，在换相的过程中，总有一组绕组维持在通电状态，因而工作可靠。

3. 三相六拍控制（1—2 相控制）

三相六拍控制是上述两种控制方式的混合，先是 U 相绕组通电，而后是 U、V 两相同时通电，接着是 V 相通电，然后是 V、W 两相同时通电⋯，即通电顺序为 U→U、V→V→V、W→W→W、U→U→⋯。

当 U 相绕组单独通电时，转子的位置如图 15-2a 所示；当 U、V 两相绕组同时通电时，转子位置如图 15-3a 所示。由图可见，转子仅转了 15°（30°/2）。以后情况，依次类推，每转换一次，步进电动机便顺时针旋转 15°（即 $\theta=15°$）。

由于定子三相绕组需经 6 次换接，才能完成一个循环，所以称为六拍控制。

若通电顺序反过来，即变为 U→U、W→W→W、V→V→V、U→U⋯，则步进电动机反向转动。

由于这种控制方式，也保证了在转换过程中，始终有一相维持在通电状态，因而工作也比较可靠。

15.1.3　步距角的计算

由以上分析可以看出，无论采用何种控制方式，每一个循环，转子转动一个齿距，因此，若转子的齿数 z 愈多，控制的拍数 m 愈多，则步距角 θ 愈小，它们的关系式为

$$\theta=\frac{360°}{zm} \tag{15-1}$$

这是由于齿距为 $360°/z$，而每一拍转动齿距的 $1/m$，因而 $\theta=360°/(zm)$。

如三相三拍控制时，$m=3$，设 $z=4$，则 $\theta=30°$；若 $z=40$，则 $\theta=3°$。若为三相六拍控制，则 $m=6$，设 $z=40$，则 $\theta=1.5°$。

由式（15-1）可知，每一拍转子转动了 $1/(zm)$ 圈，若脉冲的频率为 f，则转子每秒将转 $f/(zm)$ 圈，因此转子每分钟的转数（即转速 n）将为 $60f/(zm)$，即

$$n = \frac{60f}{zm} \tag{15-2}$$

由上式可见，脉冲频率f愈高，则步进电动机的转速n愈大，响应愈快。但实际上电脉冲频率也不能过高，过高，由于转子及负载的机械惯性，将会造成失步。

以上是反应式步进电动机的工作原理，在实际使用中，除了反应式外，还常用由反应式和永磁式两者混合的“混合式步进电动机”。驱动电源可以是三相方波，也可以是三相正弦电流。相数有二、三、四、六、八、十二相等多种。市场上有各种规格的步进电动机的驱动器可供选应。

15.1.4 步进电动机的规格和技术指标

1. 步进电动机的规格

采购一台步进电动机，必需列出的规格有：励磁方式（是反应式，还是混合式），额定电压（如12V、27V、40/12V、60V、60/12V、80/18V、130/30V 等），额定电流（静态相电流，如0.5~8A 等），相数［如三相、六相（反应式）、二相、四相、八相、十二相（混合式）等］。

2. 步进电动机的技术指标

除上述规格参数外，技术指标还有：

（1）步距角θ　步距角愈小，则驱动控制的精度愈高，一般反应式步进电动机的步距角为0.75°~3°。如今采用微机控制、由变频器三相正弦电流供电的混合式步进电动机驱动的伺服系统，步距角能小到0.036°，即一转能达到10000步（step/r）（每转的步数，又称分辨率）。这表明，如今步进伺服系统已达到了很高的控制精度。

（2）最大静态转矩T_m　它是步进电动机可能驱动的最大的负载转矩。T_m通常以N·m表示。如0.5N·m、1.5N·m、2.5N·m、…、20N·m 等。

（3）起动频率f_{st}　起动频率是指步进电动机不失步起动的最高脉冲频率。这通常指空载起动频率f_{st}，如1000step/s、1800step/s、3000step/s 等。起动频率愈高，则表明步进电动机响应的速度愈快。但事实上，步进电动机大多是在带载的情况下起动的。带载时，负载转矩愈大，则起动的频率便愈低，因此另设有一个“负载起动频率”指标，它是指在一定负载转矩下的起动频率，如2.5N·m/1500step·s^{-1}，显然，负载起动频率将低于空载起动频率［约为（0.5~0.8）空载起动频率］。

（4）静态步距角误差$\Delta\theta$　它是指实际的步距角与理论的步距角之间的差值。也有用相对误差（$\Delta\theta/\theta$）%来表示的，对常用步进电动机，一般$\Delta\theta/\theta$其值在±15%左右。

（5）步进电动机的主要技术数据举例　表15-1为BF系列步进电动机技术数据举例。

表15-1　BF系列步进电动机技术数据举例

型号	相数	步距角	电压 /V	静态电流 /A	最大静转矩 /N·m	空载起动频率 /s^{-1}	空载运行频率 /s^{-1}	负载起动频率 /N·m·s^{-1}	负载运行频率 /N·m·s^{-1}	步距角误差
90BF02	3	1.5°	60	5.0	1.96	1500	8000	0.589/1000	0.589/4000	15′

15.2 步进电动机控制系统

对步进电动机控制而言，主要的问题是各相通电顺序的产生和电流波形的控制，其次是一些保护问题。下面将通过一个典型的实际电路，来介绍步进电动机控制系统的组成、工作原理和控制特点。

15.2.1 系统的组成框图

图15-4为典型的开环步进电动机控制系统组成框图。

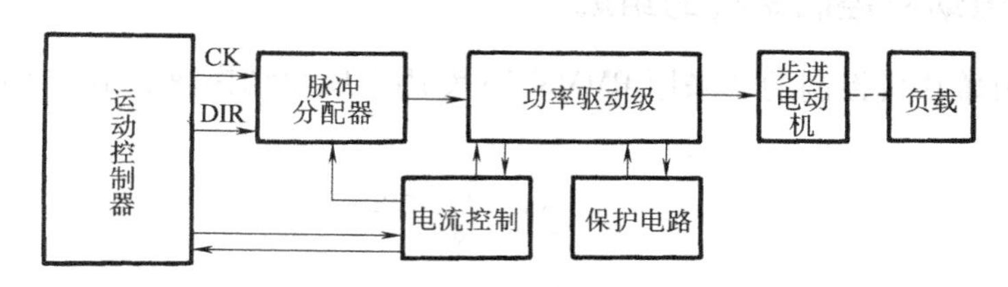

图15-4 步进电动机控制系统组成框图

图中的运动控制器通常由微机构成，其给出的指令是时钟CK和方向指令DIR。它们在脉冲分配器中，经逻辑组合，转换成各相通断的时序逻辑信号。这些逻辑信号送至功率驱动级，成为功率开关管的基极（或栅极）的驱动信号。功率驱动级除包括功率开关管及其驱动电路外，可能还包括一些电流反馈控制和限流、限压、过热保护等辅助电路。

步进电动机控制专用集成电路把脉冲分配和功率放大这两部分做在一起，构成驱动器，使用时只要由控制器输出脉冲信号即可，这样步进电动机的控制系统由三部分组成，即：控制器、驱动器和步进电动机。下面分别介绍这三大部件：

15.2.2 步进电动机专用集成控制芯片

PMM8713为三洋（Sanyo）公司生产的步进电动机专用控制芯片，它的结构框图与引脚功能说明如图15-5所示，它由时钟选通、激励方式控制、激励方式判断、可逆环形计数器等主要部分构成。所有输入端内都设有施密特电路，提高了抗干扰能力。PMM8713的引脚

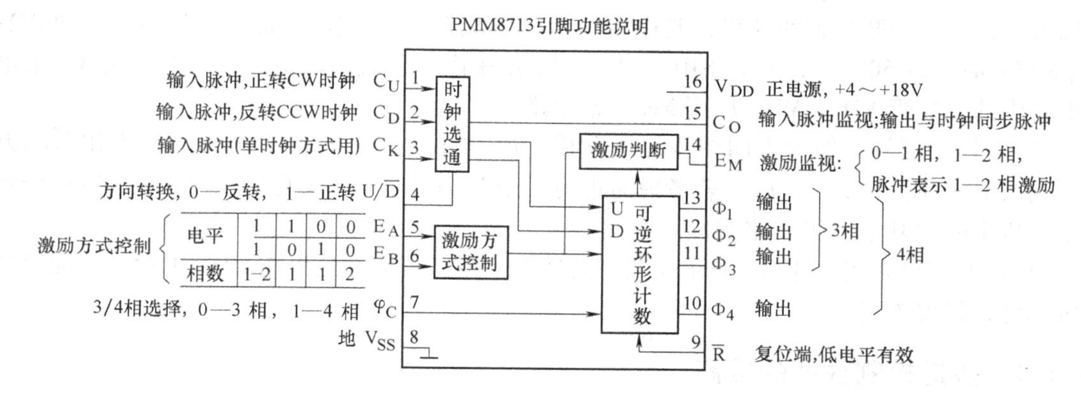

图15-5 PMM8713专用芯片的结构框图与引脚功能说明

及其功能见图 15-5。PMM8713 集成芯片是一个具有脉冲分配器（又称逻辑转换器）功能的单片 CMOS 集成电路。它适用于三相和四相步进电动机，可选择 1 相、2 相和 1-2 相激励方式。它的输入方式可选择单时钟（加方向信号）和双时钟（正转或反转时钟）方式，具有正反转控制、初始化复位、原点监视、激励方式监视和输入脉冲监视等功能。使用电源电压：$V_{DD}=4\sim18V$，相输入（或输出）电流为 ±20mA。在控制电路中，采用专用集成电路有利于降低系统的成本和提高系统的可靠性，而且能够大大方便用户，当需要更换电动机本身时，不必改变电路设计，仅仅改变一下电动机的输入参数就可以了。同时通过改变外部参数也能变换励磁方式。

15.2.3 步进电动机控制系统的组成

图 15-6 是由单片机控制的、采用 PMM8713 专用集成驱动模块、由步进电动机拖动的位置随动系统。

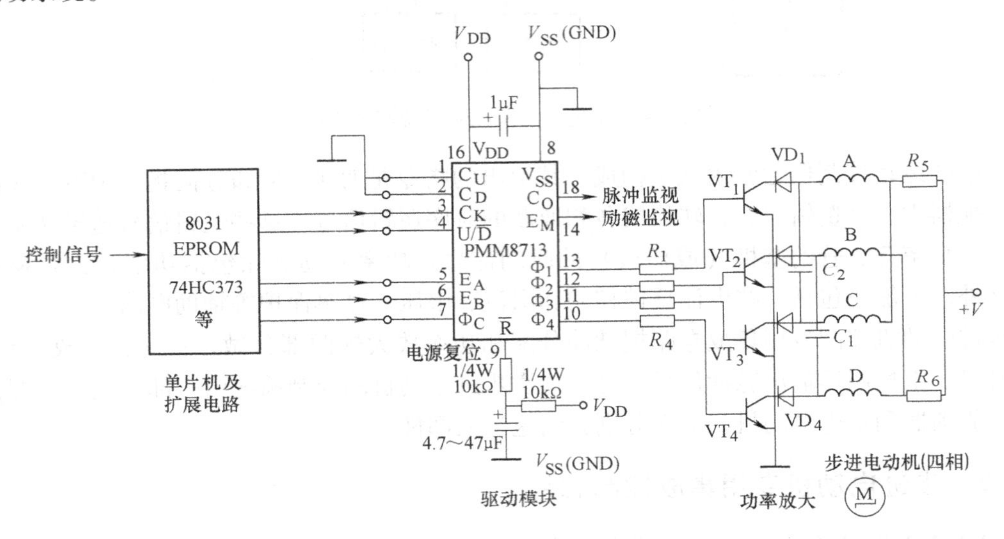

图 15-6 由单片机控制的、采用 PMM8713 集成驱动模块的开环步进位置随动系统

1）图中 M 为四相反应式步进电动机，（$+V$）为 A、B、C 和 D 四相绕组供电的工作电源，$VT_1\sim VT_4$ 为四相的功率晶体管（开关管）。由驱动芯片“输出”（$\Phi_1\sim\Phi_4$）发出的驱动脉冲，送往四个开关管的基极，其中 $R_1\sim R_4$ 为基极限流电阻（$V_{DD}=10V$ 时，取 300Ω；$V_{DD}=15V$ 时，取 500Ω）。主电路中的 R_5 和 R_6 用来限定主绕组电流。串在开关管 VT 集电极电路中的二极管 $VD_1\sim VD_4$ 为了隔离各相通路。

2）对控制信号，如今为四相步进电动机，所以 $\Phi_C\Rightarrow$“1”；若考虑采用 1-2 相激励方式，则取 E_A、$E_B\Rightarrow$“1”、“1”。若考虑为正转，则 $U/\overline{D}\Rightarrow$“1”（参见图 15-5）。这些指令将由单片机中的“功能设置”来完成。

3）控制器可采用单片机、DSP（数字处理器）或微机。此处采用 8031 单片机及配套的外围部件、扩展单元。

15.2.4 步进控制性能的提高

1）在控制方面，为了提高控制系统的性能（既提高运行速度，又保证步进电动机不失步），电动机运行可采用变速控制，即在设置频率时，使起动时频率低，起动中间频率高，控制到位前再降低频率（减速）。

2）在精度要求较高的步进系统中，还采用一种叫“微步距控制”的技术（又称为细分技术）（这是步进电动机开环控制最新技术之一），它主要是利用计算机数字处理技术和D/A转换控制技术，将各相绕组电流通过PWM控制，获得按规律改变其幅值的大小和方向，实现将步进电动机一个整步均匀分为若干个更细的微步。每个微步距可能是原来基本步距的数十分之一，甚至是数百分之一。[如美国精密工业公司（American Precision Industries）的高功率微分步进驱动器的分辨率就可做到50000step/r，达到很高的精确度]。

微步距技术使步进电动机的振动、噪声和转矩波动问题得到很大改善，运转更为平稳，使步进电动机在高级控制系统中获得更大的竞争力。

15.2.5　步进电动机控制系统的优点与不足

步进电动机驱动的系统具有显著的优点：

① 其步距值不受电压、电流及温度等变化的影响，其转速仅取决于脉冲的频率，位移量仅取决于脉冲的个数。因而可实现开环控制或半闭环控制。

② 步距误差不会长期积累。尽管有步距角误差，但每一圈的积累误差将为零。

③ 起动、停车、反转等运行方式的改变，都可在几个脉冲内完成，且不会失去，因而其控制性能好。

④ 其调速范围宽、驱动精度高、响应速度快、系统结构简单（可开环控制）、控制方便。

正是由于有上述独特的优点，因此如今在较高精度的位置跟随系统中（如数控机床，加工中心、磁盘驱动器、绘图仪、自动记录仪等方面）获得广泛的应用。

它的不足是起动转矩较小，过载能力较低，低速运行时容易振荡，在控制性能方面不及交流伺服系统（参见CAI光盘中的参考资料）。

小　结

（1）步进电动机定子磁极的极性，根据各相绕组通电（脉冲）的顺序，会沿着正（或反）的转向一步一步地转动（一个脉冲，转动一步）；而其转子磁极（永磁的或磁化的）将受到磁化作用力（趋向最小磁阻位置）而跟着一步一步地转动。

（2）步进电动机的步距角 $\theta=360°/zm$，转速 $n=60f/zm$（式中，z 是转子磁极齿数，m 是拍数，f 是脉冲频率）。

（3）步进电动机的激励方式有三种：

① 1相：U→V→W→U…

② 2相：UV→VW→WU→UV…

③ 1—2相：U→UV→V→VW→W→WU→U…

（4）步进控制系统的主要技术指标，除型式、相数、功率、电压、电流等以外，常用的还有步距角、静态步距角误差、最大静态转矩和起动频率等。

（5）步进电动机控制系统的主要优点是可应用于开环控制，结构简单，控制方便，成本较低；最大的不足是起动转矩较低，过载能力不足。

思 考 题

15-1 说明三相步进电动机和三相永磁同步电动机的共同点和不同点。

15-2 步进电动机的步距角、最大静态转矩和起动频率的含义是什么？它们各表征着电动机的什么性能？

15-3 数控车床X—Y方向走刀架拖动，在什么情况下采用步进电动机控制系统，又在什么情况下采用交流伺服系统？

15-4 为什么步进电动机可采用开环控制，而晶闸管供电的直流伺服电动机则必须采用闭环控制？

习 题

15-5 某四相步进电动机的四相分别为A、B、C、D相。若为四相八拍控制，试写出各相的通电顺序。此四相步进电动机技术指标中的步距角为0.9°/1.8°，试问这两个数是什么意思？

读 图 练 习

15-6 图15-7为一步进电动机驱动电路，其中SLA4061为恒压驱动电路。试问：

1）步进电动机的转速怎样设定？

2）若已知此步进电动机的步距角为0.9°/1.8°，如今要求角位移量为540°，问如何设定？

3）希望步进电动机正转，如何设定？

4）写出各相通电程序。

5）请增设一个复位电路。

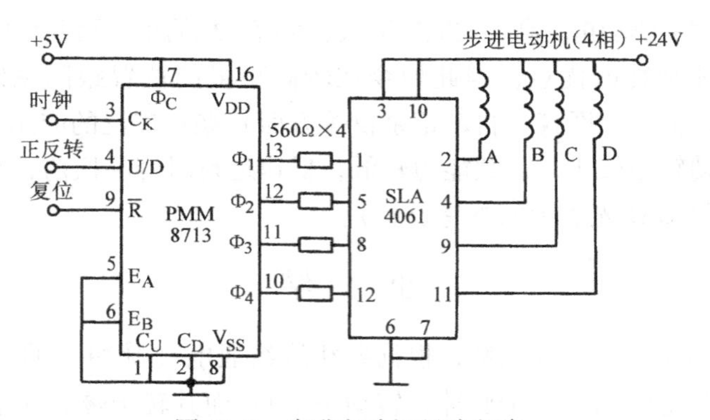

图15-7 步进电动机驱动电路

附　　录

附录 A　常用文字符号

一、元件和装置用的文字符号(按国家标准 GB 7159—1987)(图形符号按国家标准 GB/T 4728—2000)

A	放大器，调节器，电枢绕组，A 相绕组
ACR、CR	电流调节器
APR	位置调节器
AR	反号器
ASR、SR	转速调节器
ATR	转矩调节器
AVR	电压调节器
B	非电量-电量变换器
BIS	感应同步器
BJT	双极晶体管（Bipolar Junction Transistor）
BQ	位置变换器
BR	旋转变压器
BS	自整角机
C	电容器
F	励磁绕组
FA	具有瞬时动作的限流保护
FB	反馈环节
FBS	测速反馈环节
FR	热继电器
G	发电机；振荡器，发生器
GI	给定积分器
GM	调制波发生器
GS	同步发电机
GT	触发装置
GTF	正组触发装置
GTR	反组触发装置
GTO	门极可关断晶闸管（Gate Turn-off Thyristor）
GTR	电力晶体管（Giant Transistor）
IGBT	绝缘栅双极晶体管（Insulated Gate Bipolar Transistor）
K	继电器，接触器
KA	电流继电器
KF	正向继电器
KM	接触器
KMF	正向接触器
FMR	反向接触器
KR	反向继电器
KT	时间继电器
L	电感，电抗器
LS	饱和电抗器
M	电动机（总称）
MA	异步电动机（必须区分时用）
MD	直流电动机（必须区分时用）
MS	同步电动机（必须区分时用）
MT	力矩电动机
N	运算放大器
P-MOSFET	场效应晶体管（Power Mos (Field Effect Transistor)
PWM	脉宽调制（Pulse Width Modulation）
QS	刀开关
R	电阻器，变阻器
RP	电位器
RV	压敏电阻器

S	开关
SA	控制开关，选择开关
SB	按钮开关
SM	伺服电机
SPWM	正弦波脉宽调制（Sinusoidal PWM）
T	变压器
TA	电流互感器
TAFC	励磁电流互感器
TC	控制电源变压器
TG	测速发电机
TM	电力变压器
TR	整流变压器
TU	自耦变压器
TV	电压互感器
TVD	直流电压隔离变换器
U	变换器，调制器
UI	逆变器
UPW	脉宽调制器
UR	整流器
URP	相敏整流器
V	开关器件：二极管、晶体管、晶闸管等总称；晶闸管整流装置
VC	控制电路用电源的整流器
VD	二极管
VF	正组晶闸管整流装置；场效应晶体管；IGBT 管
VR	反组晶闸管整流装置
VS	稳压管
VT	晶体管；晶闸管
VTH	晶闸管 } 必须区分时用
VTR	晶体管 } 必须区分时用
VU	单结晶体管
VVC	晶闸管交流调压器
VVVF	变压变频（Variable Voltage Variable Frequency）
YB	电磁制动器
YC	电磁离合器

二、参数和物理量的文字符号

(1) 英文字母

A	面积
a	线加速度，特征方程系数
B	磁通密度
	粘性阻尼系数
C	电容，热容量
	输出被控变量
D	调速范围
D，d	扰动量
E，e	反电动势，感应电动势（大写为平均值或有效值，小写为瞬时值，下同）
	误差
e_d	扰动误差
e_r	跟随误差
e_{ss}	稳态误差
F	磁通势，作用力
f	频率，阻尼力
G	重力
$G(s)$	传递函数，开环传递函数
g	重力加速度
GD^2	飞轮惯量
h	开环对数频率特性中频宽
I，i	电流，电枢电流
i	减速比
I_a，i_a	电枢电流
I_d，i_d	整流电流
I_f，i_f	励磁电流
J	转动惯量
J_G	转速惯量
K	控制系统各环节的放大系数（以环节符号为下角标）
	闭环系统的开环放大系数
k	弹簧弹性系数
K_e	直流电动机电动势常数
K_g	增益稳定裕量
K_o	整流装置放大倍数

K_T 直流电动机转矩常数
L 电感、自感
$L(\omega)$ 幅频特性
L_a 直流电机电枢电感
L_m 互感
M 系统频率特性幅值（模）
M_r 闭环系统幅频特性峰值
m 整流电压（流）一周内的波头数
N 匝数，振荡次数
n 转速
n_0 理想空载转速，同步转速
P，p 功率，有功功率，极对数，压强
Q 无功功率，流量，热量
R，r 电阻，电枢回路总电阻，参考输入变量
R_a，r_a 直流电机电枢电阻
R_{rec} 整流装置内阻
S 转差率
s 拉氏变量
T 时间常数；开关周期；感应同步器绕组节距，转矩，力矩，温度
t 时间
T_a 直流电机电枢回路时间常数（电磁时间常数）
T_e 电磁转矩
T_L 负载转矩
T_m 电机机电时间常数
T_o 滤波时间常数，延迟时间
t_f 恢复时间
t_p 到达峰值时间
t_r 上升时间
t_s 调整时间
U，u 电压
$U(\omega)$ 实频特性
U_a，u_a 直流电机电枢电压
U_b 晶体管基极电压
U_C 输出电压
电容电压
U_d，u_d 整流电压
U_{d0}，u_{d0} 理想空载整流电压
U_f，u_f 励磁电压
U_g 晶闸管控制极电压
U_i 输入电压
U_c 触发电路控制电压
U_o 输出电压
U_i 输入电压
U_s 电源电压
U_U，U_A
U_V，U_B
U_W，U_C
} U、V、W 三相电压（A、B、C 三相电压）
U_x 或 U_{fx} 变量 x 的反馈电压（x 可用变量符号替代）
U_x 或 U_{sx} 变量 x 的给定电压（x 可用变量符号替代）
V 体积
$V(\omega)$ 虚频特性
v 速度，线速度
W 能量
X 电抗，物理量通用符号
x、y 机械位移
Z 电阻抗
z 负载系数

（2）希腊字母

α 转速反馈系数
可控整流器的控制角
β 电流反馈系数
可控整流器的逆变角
γ 电压反馈系数，相位稳定裕量
δ 误差带宽度系数，脉冲宽度
Δ 偏差量
增量
Δn 转速降落
ΔU 偏差电压

ΔU_D	正向管压降
$\Delta\theta$	角差
ξ	阻尼比
η	效率
θ	电角位移；可控整流器的导通角
θ_m	机械角位移
λ	电机允许过载倍数
μ	磁导率，换流重叠角
ν	积分个数
Π	乘积（各因子相乘）
ρ	密度
	占空比；电位器的分压系数
Σ	代数和（各项的代数和）
σ	漏磁系数
	最大超调量
τ	时间常数，积分时间常数；微分时间常数，延迟时间
Φ	磁通
$\Phi(s)$	系统闭环传递函数
φ	相位角，阻抗角
$\varphi(\omega)$	相频特性
Ψ	磁链
Ω	机械角速度
ω	角速度；角频率
ω_c	开环频率特性穿越频率
ω_b	闭环特性通频带
ω_d	阻尼振荡频率
ω_g	开环频率特性交接频率
ω_m	机械扭振频率
ω_n	自然振荡频率

三、常用下角标

abs	绝对值（absolute）
av	平均值（average）
b	偏压（bias）
	基准（basic）
b，bal	平衡（balance）
bl	堵转，封锁（block）
br	击穿（breakdown）
c	环流（Circulating Current）
	控制（Control）
	被控输出变量（controlled output variable）
cl	闭环（Closed）
Com	比较（Compare）
	复合（Combination）
C_r	临界（Critical）
d	延时、延滞（delay）
ex	输出，出口（exit）
f，fin	终了（finish）
f	正向（forward）
g	气隙（gap）
in	输入，入口（input）
ini，o	初始（initial）
inv	逆变器（inverter）
k	短路
L	负载（Load）
l	线值（line）
	漏磁（leakage）
lim	极限，限制（limit）
m	极限值，峰值
max	最大值（maximum）
min	最小值（minimum）
n，nom	额定值，标称值（nominal）
o	开路（open circuit）
	输出（output）
obj	控制对象（object）
off	断开（off）
on	闭合（on）
op	开环（openloop）
p	脉动（pulse）
par	并联、分路（parallel）
ph	相值（phase）
r	转子（rotor）
	参考输入（reference input）

	上升（rise）
	反向（reverse）
	额定（rated）
rec	整流器（rectifier）
s	定子（stator）
	调整（settling）
	电源（Source）
Sa	锯齿波（Saw Teath）
S. Ser	串联（series）
ss	稳态（steady-state）
t	触发（trigger）
1	一次、定子边
2	二次、转子边
∞	稳态值，无穷大处

附录 B　自动控制技术术语中、英名词对照
（以汉语拼音序排列）

an	
安全阀	relief valve
bai	
摆动	hunting
bao	
包含	involve
包络线	envelope curve
包围	enclose（encircle）
饱和	saturation
饱和电抗器（磁放大器）	transductor
保持	holding
保持元件	holding element
保护环节	protective device
beng	
泵	pump
bi	
比较器	comparator
比例	proportion
比例（P）控制器	proportional controller
比例-积分（PI）控制器	proportional-plus-integral controller
比例-微分（PD）控制器	proportional-plus-derivative controller
比例-积分-微分（PID）控制器	proportional plus-integral-plus-derivative controller
比值控制	ratio control
biao	
表达式	expression
bian	
辨别	identification
闭环	closed loop
闭环控制系统	closed-loop control system
闭环传递函数	closed-loop transfer function
bian	
编码器	coder
变量	variable
变送器	transmitter
变压器	transformer
bing	
并联	parallel
bo	
波	wave
伯德图	Bode diagram
bu	
补偿（校正）	compensation
补偿前馈	compensating feedforward
补偿反馈	compensating feedback
补偿绕组	compensating winding
补码	complement

不稳定的 unstable
布尔代数 Boolean algebra
步 Step
步进电动机 stepping (repeater) motor
步进控制 step-by-step control
步骤 procedure
部件 component

cai
采样 sampling
采样控制系统 sampling control system
采样数据 sampled data
采样间隔 sampling interval
采样周期 sampling period
采样频率 sampling frequency

can
参数 parameter
参考（输入）变量 reference-input variable
参考信号 reference signal

ce
测量传感器 measuring transducer
测量值 measured value
测速发电机 tacho-generator

cha
差动放大器 differential amplifier
差动机构 differential gear
差分方程 difference equation

chan
颤振 dither

chang
常闭触点 normally-closed contact
常开触点 normally-open contact

chao
超调量 overshoot

cheng
程序 program
程序控制 programmed control

chi
齿轮 gear

chong
重叠 overlap

chu
触点 contact
触发器 flip-flop
触发电路 trigger circuit

chuan
传递函数 transfer function
传感器 sensor
串级控制 cascade control

ci
磁滞（滞后） hysteresis

cun
存储器 store
存储元件 storage element

dai
代码 code
带宽 band-width

dan
单位阶跃响应 unit-step response
单位脉冲函数 unit impulse function

dao
导纳 impedance

dian
电动机 motor
电感（器） inductance (inductor)
电角 electrical angle
电零位 electrical zero
电容（器） capacitance (capacitor)
电位器 potentiometer
电压放大器 voltage amplifier
电源 source
电源线路 power circuit
电网 AC supply (line)
电阻（器） resistance (resistor)
电抗（器） reactance (reactor)

电动势	electromotive force
电枢漏磁电感	armature leakage inductance
电枢电阻	armature resistance
die	
叠加原理	principle of superposition
ding	
定义	definition
dong	
动态性能分析	dynamic performance analysis
动态指标	dynamic specification
dui	
对数衰减率	logarithmic decrement
e	
额定值	rated value
二阶系统	second-order system
二极管	diode
二进制的	binary
fa	
发展	progress
发送器	transmitter
阀	valve
fan	
反变换	inverse
反馈	feedback
范围	range
fang	
方向	direction
方波	square wave
方法论	methodology
仿真（器）	simulation（simulator）
放大器	amplifier
fei	
飞轮	flywheel
非线性	non-linearity
“非”元件	NOT-element
fen	
分析	analysis
分贝	decibel
分辨率	resolution
分布参数系统	distributed-parameter system
分配器	divider
分压器	potential divider
分流器	shunt
feng	
峰值电压	peak voltage
峰值时间	peak time
fu	
辅助设计	aided design
幅值	amplitude
幅相频率特性	magnitude-phase characteristic
负反馈	negative feedback
负载	load
复变量	complex
复合控制	compound control
复平面	complex plane
傅里叶展开［式］	Fourier expansion
gai	
概率	probability
gan	
感应电动机	induction motor
感应式检出器	inductive pick-off
gang	
刚度（刚性）	stiffness
刚体	rigid body
gen	
根	root
根轨迹法	The root locus method
跟随控制系统	follow-up control system
gong	
工作［状态］	duty
功率放大器	power amplifier

共轭根 conjugate roots
共振频率（谐振频率） resonant frequency
gu
固有频率 natural frequency
固有稳定性 inherenty stability
guan
惯量（惯性） inertia
guo
过程 process
过程控制系统 process control system
过电压 overvoltage
过载 overload
过电流继电器 overcurrent relay
过阻尼 over-damping
han
函数发生器 function generator
hua
滑动 slide
滑阀 slide valve
hui
恢复时间 recovery time（correction time）
hun
混合计算机 hybrid computer
huo
活塞 piston
“或”运算 OR-operation
“或非”元件 NOR-element
ji
机械化 mechanization
机械手 manipulater
积分调节器 integrated regulator
基准变量 reference variable
极点 pole
极限 limit
极大（值） maximum
极小（最小量） minimum
计算元件 computing element
计算机 computer
继电器 relay
机器人 robot
jia
加速度 acceleration
加速度计 accelerometer
jian
检验 check
尖峰信号 spike
间隙 backlash
渐近线 asymptote
检测元件 detecting element
减压阀 reducing valve
jia
假定（假设） assume
jiao
［交磁］电机放大机 amplidyne
交流测速发电机 a. c. tacho-generator
交越频率 cross-over frequency
交接频率 break frequency
焦点 focus
角加速度 angular acceleration
角偏差 angular deviation（miss-lingment）
角速度 angular velocity
角位置 angular position
矫正 correction
校正（补偿） compensation
jie
阶跃响应 step function response
接近 approach
接触式 contact
接触器 contactor
结果（绪论） consequence
节点（结点） node

结构	structure
截止频率	cut-off frequency
解调器	demodulator
jin	
近似	approximate
jing	
晶体管	transistor
晶闸管	thyristor
精［密］度	accuracy (precision)
［精［确］度］	
经典控制理论	classical control theory
静摩擦	static (dry) friction
静态的	static
静态精度	static accuracy
静态工作点	quiescent point
kai	
开关	switch
开环	open loop
开环控制系统	open loop control system
开环传递函数	open loop transfer function
ke	
可靠性	reliability
可控性	controltablility
可调整的	adjustable
可实现的	realizable
kong	
控制	control
控制范围	control range
控制绕组	control winding
控制系统	control system
控制线路	control circuit
控制元件	control element
kuang	
框图	block diagram
La	
拉普拉斯变换	Laplace transform

Li	
离合器	clutch
离心调速器	centrifugal governor
离散系统	discrete system
理想终值	ideal final value
力矩电机	torque motor
力平衡	force balance
励磁绕组	excitation winding
Lian	
连杆	linkage
连续变量	continuous variable
连续控制	continuous control
联动机构	linkage
联锁	inter locking
链	chain
Liang	
两相感应电动机	two-phase induction motor
量程	range
Lin	
临界点	critical point
临界增益	critical margin
临界阻尼	critical damping
Ling	
零点	zero
零状态响应	zero-state response
零漂	zero-drift
灵敏的（敏感的）	sensitive
灵敏度	sensitivity
Liu	
流程图	flow diagram (flow chart)
Lu	
滤波器	filter
滤波电容	filter capacitor
Luo	
逻辑控制	logic control
逻辑图	logic diagram
逻辑运算	logic operation

mai

脉冲 pulse (impulse)

脉冲宽度 pulse width

脉冲［序］列 pulse train

脉冲变压器 pulse transformer

脉动 pulsation

miao

描述 description

描述函数 describing function

min

敏感元件（传感器） sensing element (sensor)

mo

模 magnitude

模型 model

模拟计算机 analogue computer

模拟信号 analogue signal

模拟电路 analogue simulator

模—数转换器 analogue-digtial converter

膜片 diaphragm

摩擦 friction

mu

目的（目标） objective

目标值 desired value

nai

奈奎斯特图 Nyquist diagram

nei

内环（副环） inner loop (minorloop)

ni

尼科尔斯图 Nichols diagram

逆变换（反变换）inverse transform

nian

粘性摩擦 viscous friction

粘性阻尼 viscous damping

niu

扭振频率 torsional vibration frequency

扭振阻尼器 torsional vibration damper

ou

耦合系数 coupling coefficient

pan

判据 criterion

pi

匹配 match

pian

偏差 deviation

偏离 departure

偏置电压 bias voltage

piao

漂移 drift

pin

频率 frequency

频率响应法 the frequency response method

频率特性 frequency charactersistic

频谱 frequency spectrum

频域 frequency domain

ping

平衡状态 balance state

平均值 average value

qian

前馈 feedforward

欠阻尼 under-damping

qiang

强迫振荡 forced oscillation

qu

趋势（趋向） trend

rao

扰动 disturbance

扰动变量补偿 disturbance variable compensation

shang

上升时间 rise time

she

设定 setting

设定值 set value (set point)

shi

失真	distortion
时间常数	time constant
时延	time delay
时域分析	time domain analysis
时滞	time lag
实时计算机	real-time computer
实轴	real axis
释放	release
shou	
手动操作	manual operation
受控对象（受控装置）	controlled member（controlled device）
shu	
输出	output
输出变量	output variable
输入变量	input variable
数据处理	data processing
数一模转换器	digital-analogue converter
数字信号	digital signal
数字计算机	digital computer
shun	
顺序控制	sequential control
瞬时值	instantaneous value（actual value）
瞬态	transient state
瞬态响应	transient response
si	
死区	dead zone
四端网络	quadripole
伺服机构	servomechanism
伺服马达（伺服电动机）	servomotor
伺服系统	servo-system
su	
速度	velocity（speed）
速度反馈	velocityfeedback
速度误差	velocity error
sui	
随机的	random（stochastic）
te	
特性［曲线］	characteristic curve
特征方程	characteristic equation
tiao	
条件稳定性	conditional stability
调节	requlate（govern）
调节器	regulator
调整	adjustment
调整时间	settling time
调制	modulation
调查、研究	investigate
tong	
通带	pass-band
通道	channel（path）
通断控制	on-off control
同步指示器	synchro indicator
同时的	simultaneous
tu	
图表	chart
tui	
推挽功率放大器	push-pull power amplifier
wai	
外环（主环）	outer loop（major loop）
wei	
微分元件	derivative element
位移	displacement
位置	position
位置反馈	position feedback
位置误差	position error
wen	
稳定性	stability
稳定判据	stability criterion
稳定裕量	stability margin
稳态值	steaty-state value
稳态偏差	steaty-state deviation
稳态误差	steaty-state error
wu	

无静差控制器 static controller
无源元件 passive element
误差 error
xian
显示 display
限幅器 limiter
限流器（节流器）restrictor (choke)
限制 limitation (restrict)
线路 circuit
线绕电位器 wire-wound potentiometer
线性的 linear
线性化 linearization
现代控制理论 modern control theory
xiang
响应 response
响应曲线 response
响应时间 response time (settling time)
相似 similar
相加点 summing point
相消 cancellation
相角 phase angle
相位 phase
相位超前 phase lead
相位滞后 phase lag
相位裕量 phase margin
相位交越频率 phase crose-over frequency
相移 phase shift
相对稳定性 relative stability
xie
斜坡函数 ramp function
斜坡［函数］响应 ramp function rsponse
谐振 resonance
谐振频率 resonant frequency
xin
信息处理 deta handling
信号 signal
信号流图 signal flow diagram
xing
性能 property (performance)
性能指标 performance specification
xu
虚线 dotted line
虚轴 imaginary axis
xuan
选择开关 selector switch
yan
延迟 delay
延迟元件 delay element
yao
遥控 remote control
ye
液压缸 cylinder
液压马达 hydraulic motor
液压执行机构 hydraulic actuator
yi
一阶系统 first-order system
译码器 decoder
you
有效范围 effective range
有效值（方均根值） effective value (root-mean square value)
有源元件 active element
yu
“与”运算 AND-operation
“与非”元件 NAND-element
预期的 preconceived
yuan
元件 element
原理图 schematic diagram
yun
运算放大器 operational amplifier
运行 operate (function)
zao
噪声 noise
zeng

增益（放大倍数）gain（amplification）
增益交越频率 gain cross-over frequency
增益裕量 gain margin
增幅振荡 increasing oscillation
zhan
斩波器 chopper
zhe
折衷（方案） compromise
zhen
真值表 truth table
振荡 oscillation
振动阻尼器 vibration damper
振簧 vibrating reed
zheng
整理 arrangment
整流器 rectifier
正反馈 positive feedback
正交放大绕组 ampliator winding
正态分布 normal distribution
正向通道 forward channel（forward path）
正弦波 sine wave
zhi
执行机构 actuator
直流电动机 direct-current motor
指令信号 command signal
指数滞后 exponential lag
制动器 brake
滞环 hysteresis
滞后 lag
zong
综合 synthesis
zhong
中心［点］ centre
终值 final value
zhou
周期波 periodic wave
zhu
主导零点 dominant zero
主导极点 dominant pole
主反馈 monitoring feedback
主电路 power circuit
zhuan
转动惯量 moment of inertia
转速—转矩特性（机械特性） speed-torque characteristic
转速 speed
转矩 torque
转轴 spin axis
转子 rotor
zhuang
状态 state
状态变量 state value
状态空间 state space
状态向量 state vector
zhun
准则 criterion
zi
自变量 independent variable
自动操作 automatic operation
自动控制系统 automatic control system
自动化 automation
自激振荡 self-excited oscillation
自耦变压器 auto-transformer
自适应控制 self-adptive control
自由振荡 free oscillation
自整角机 synchro
子系统 subsystem
zu
阻抗 impedance
阻尼 damping
阻尼器 damper
阻尼振荡 damped oscillation
最小相移系统 minimum phase-shift system
最优控制 optimal control

最大超调量	maximum overshoot	阻容吸收电容	RC snubber
作用信号	actuating signal		

附录 C 实验、实训项目与实验设备

一、实验、实训项目

实验一、单相半控桥式整流电路与单结晶体管触发电路的研究
实验二、晶闸管直流调速系统
实验三、IGBT 管的驱动、保护电路的测试及直流斩波电路、升降压电路的研究
实验四、单相交流调压电路及集成锯齿波触发电路的研究
实验五、BJT 单相并联逆变电路
实验六、单相交流（过零触发）调功电路的研究
实验七、三相晶闸管全（半）控桥（零）式整流电路及三相集成触发电路的研究
实验八、双闭环三相晶闸管全控桥式整流直流调速系统的调试与机械特性的测定
实验九、三相交流调压电路
实验十、SPWM 控制单相交-直-交变频电路的研究
实验十一、PWM 控制的开关型稳压电源的性能研究
实验十二、给定积分电路的研究
实验十三、SG3731 专用 PWM 集成电路控制的直流位置随动系统
实验十四、锯齿波移相触发电路
实验十五、欧陆 514C 型逻辑无环流控制可逆直流调速系统
以上这些项目与教材内容紧密配合，有利于学生分析能力与实践能力的提高。

二、实验实训设备

浙江亚龙教学装备公司根据著者提出的方案，研制了亚龙 YL-209 型电力电子技术及自动控制系统实验实训装置。装置中全部项目的实训指导书已录入所附 CAI 光盘内。

参考文献

[1] 孔凡才. 自动控制原理与系统 [M]. 3版. 北京：机械工业出版社，2005.
[2] 绪方胜彦. 现代控制工程 [M]. 卢伯英，佟明安，罗维铭，译. 北京：科学出版社，1976.
[3] 陈伯时. 电力拖动自动控制系统——运动控制系统 [M]. 3版. 北京：机械工业出版社，2003.
[4] 莫正康. 电力电子应用技术 [M]. 3版. 北京：机械工业出版社，2000.
[5] 潭建成. 电机控制专用集成电路 [M]. 北京：机械工业出版社，2003.
[6] 秦继荣，沈安俊. 现代直流伺服控制技术及其系统设计 [M]. 北京：机械工业出版社，1993.
[7] 魏克新，王云亮，陈志敏，MATLAB语言与自动控制系统设计 [M]. 北京：机械工业出版社，1999.
[8] 李序葆，赵永健. 电力电子器件及其应用 [M]. 北京：机械工业出版社，1998.
[9] 陈伯时. 陈敏逊. 交流调速系统 [M]. 北京：机械工业出版社，1998.
[10] 孔凡才. 自动控制系统及应用自学辅导 [M]. 北京：机械工业出版社，2000.
[11] 焦斌. 自动控制原理及应用 [M]. 北京：高等教育出版社，2004.
[12] 梁森，王侃夫，黄杭美. 自动检测与转换技术 [M]. 2版. 北京：机械工业出版社，2005.
[13] 邵群涛，徐余法. 电机及拖动基础 [M]. 北京：机械工业出版社，1999.
[14] 敖荣庆，袁坤. 伺服系统 [M]. 北京：航空工业出版社，2006.
[15] 宋书中，常晓玲. 交流调速系统 [M]. 2版. 北京：机械工业出版社，2006.
[16] 胡崇岳. 现代交流调速技术 [M]. 北京：机械工业出版社，1998.
[17] 中国标准出版社，电气简图用图形符号国家标准汇编 [S]. 北京：中国标准出版社，2005.